BIANDIANZHAN ERCI XITONG ANQUAN
GONGZUO SHIWU

变电站二次系统安全
工作实务

国网江苏省电力有限公司苏州供电分公司　编

中国电力出版社
CHINA ELECTRIC POWER PRESS

内 容 提 要

本书详细介绍和分析传统变电站、智能变电站在检修、技改、基建验收等环节中二次工作安全措施的执行要求和注意要点，涵盖500kV及以下电压等级的主要二次保护设备，包括二次工作安全措施概述、规范，线路保护二次安措，变压器保护二次安措，母线保护二次安措，备用电源自动投入装置保护二次安措，电容器保护二次安措，电抗器保护二次安措，500kV断路器保护二次安措，常规变电站综自改造二次保安措施，事故案例分析共十一章内容。

本书可作为二次检修工作从业人员岗位培训教材及工作手册使用。

图书在版编目（CIP）数据

变电站二次系统安全工作实务/国网江苏省电力有限公司苏州供电分公司编．—北京：中国电力出版社，2022.7

ISBN 978-7-5198-6452-1

Ⅰ.①变… Ⅱ.①国… Ⅲ.①变电所—二次系统—运行 Ⅳ.①TM63

中国版本图书馆CIP数据核字（2022）第016303号

出版发行：中国电力出版社
地　　址：北京市东城区北京站西街19号（邮政编码100005）
网　　址：http：//www.cepp.sgcc.com.cn
责任编辑：吴　冰（010-63412356）
责任校对：黄　蓓　常燕昆　王小鹏
装帧设计：张俊霞
责任印制：石　雷

印　　刷：河北鑫彩博图印刷有限公司
版　　次：2022年7月第一版
印　　次：2022年7月北京第一次印刷
开　　本：787毫米×1092毫米　16开本
印　　张：23.75
字　　数：501千字
印　　数：0001—1500册
定　　价：150.00元

编　委　会

前言

二次设备是电网抵御故障侵入的“免疫系统”，二次设备的检修维护质量攸关电网的安全稳定运行。而二次安全措施是开展二次检修工作时，避免误碰、误跳运行设备的安全技术保障，其可靠性直接决定着二次检修作业安全。国家电网有限公司最新版《安规》中对二次工作安全措施提出了原则性要求，但针对各项具体工作的二次安全措施执行往往会因为人为因素产生偏差，这给二次工作安全带来一定影响。因此二次安全措施内容需要精准，执行需要标准化、规范化和制度化。

本书详细介绍和分析传统变电站和智能变电站在检修、技改、基建验收等各项生产工作中二次安全措施的执行要求和注意要点，涵盖 500kV 及以下电压等级的主要二次保护设备，把变电站二次安全措施执行与实际生产工作相结合，通过竣工图和现场实际接线的对照展现，采用场景图像式的描述方式，从各种主要保护设备的二次回路连接关系入手，细节式描述它们各自的二次工作安全措施（简称二次安措）试行步骤，讲明实施各步骤安措的原因及不执行所带来的危害，最后结合典型案例让读者直观体验二次安全措施执行的重要性。

本书可作为新进公司的二次检修人员自学教材与岗位培训教材，也可供从事二次检修工作的技术人员参考。本书作者期望通过上述方式，不仅能指导读者实施安措的细节，还能让读者明白“为何而做”和“做好的标准”。

编　者

2022 年 2 月

目 录

第一章　二次工作安全措施概述

二次工作安全措施（简称二次安措），即在二次回路上采取的将检修设备与运行设备进行有效隔离的措施，以保障人身安全和设备安全为出发点。

传统的二次回路可分为交流回路和直流回路，交流回路包括交流电压回路和交流电流回路，直流回路主要包括控制回路和信号回路。随着电网建设步伐的加快，传统的二次回路也在不断革新与发展，日趋规范化和合理化。近年来，随着智能变电站的大量出现，二次回路也有了新的呈现形式。智能变电站中合并单元、智能终端的应用，将模拟量电信号转变为光信号，致使变电站中部分二次回路由传统的电回路转变为光回路，由实体回路转变为虚拟回路，这一切都对二次专业工作者提出了新的要求。

因此，现场二次工作安全措施的制订与实施需要建立系统概念，在宏观方面把握好保护装置与装置间、装置与一次设备间的联系，准确判断保护作业危险点，切实落实好风险预控措施。

第一节　二次工作安全措施介绍

继电保护专业工作人员及运行管理人员担负着生产、修理、反事故措施、技术改造、基建工程等一系列工作，支撑着复杂、庞大的电力系统，工作任务繁重，但由于现场人员对二次回路及设备的不熟悉、对二次安措重要性的认识不足、未切实落实执行二次工作安全措施票等，导致二次安全措施执行不力，作业现场违章违规行为、误碰事故仍未彻底杜绝。

一、二次回路概述

如何正确有效地完成二次安全措施，其首要条件是理清检修设备所涉及的二次回路接线，隔离影响运行设备的相关回路，防止运行中的设备受到影响，避免继保“三误”（误碰、误整定、误接线）事故的发生。二次回路如果出现任何影响装置运行及安全生产的错误，都必将造成严重的后果。本节将从二次回路的划分、保护装置涉及的主要二次回路等方面展开简单介绍。

1. 二次回路的划分

通常根据电气设备的作用将电力系统中的设备分为一次设备和二次设备。一次设备是指直接用于生产、输送、分配电能的电气设备，包括发电机、断路器、电力变压器、母线、隔离开关、电力电缆和输电线路等，它们是构成电力系统的主体。二次设备是为了保障一次系统稳定运行和操作管理的需要而配置的辅助电气设备，如各类继电保护装置、测控单元、故障录波装置、安全自动装置等。所谓的二次回路即把上述设备以一定要求连接起来所形成的电气回路，以实现对一次系统设备的状态进行保护、测量、控制、监视、调节等功能。

二次回路通常包括用以采集一次系统电压、电流信号的交流电压回路、交流电流回路，用以对隔离开关及断路器等一次设备进行操作的控制回路，用以对变压器分接头、发电机励磁回路进行控制的调节回路，用以反映一、二次设备运行状态（包括异常、故障等）的信号回路，用以提供二次设备工作电源的电源系统等。

随着以微机为核心，保护、测量、控制、信号、远动和管理功能集成、信息共享的综合自动化系统在变电站的广泛应用，二次回路间的分界已日趋模糊，范围也更加宽泛，彻底改变了常规二次系统设备庞杂、功能独立、接线复杂的局面，分层分布式的综合自动化系统如图 1-1 所示。

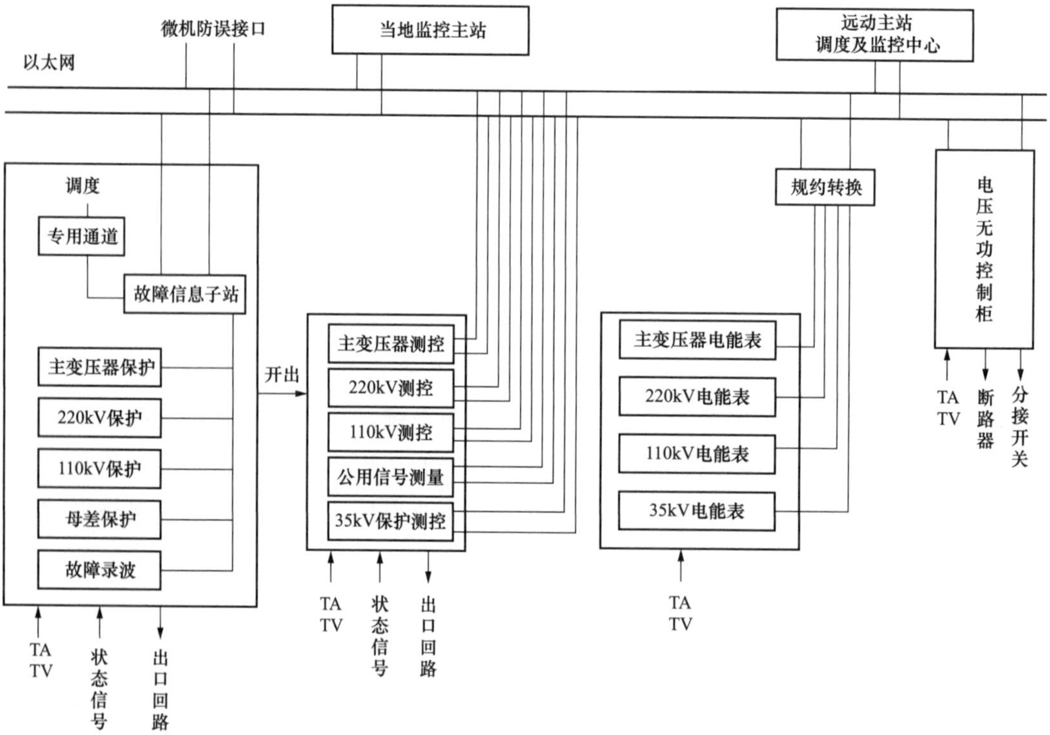

图 1-1　分层分布式的综合自动化系统

2. 单一装置的主要二次回路

就某一个二次装置而言，内部与外部的二次回路连接，大致包含以下几个部分。

（1）模拟量输入回路。

模拟量输入回路又分为采样回路（电流回路、电压回路）以及为装置提供工作电源的直流电源回路。微机保护装置的典型交流采样回路如图 1-2 所示，该采样回路包含了四路电压输入和四路电流输入。其中 TV1 为母线电压互感器（三相），TV2 为线路电压互感器（单相），TA 为电流互感器。

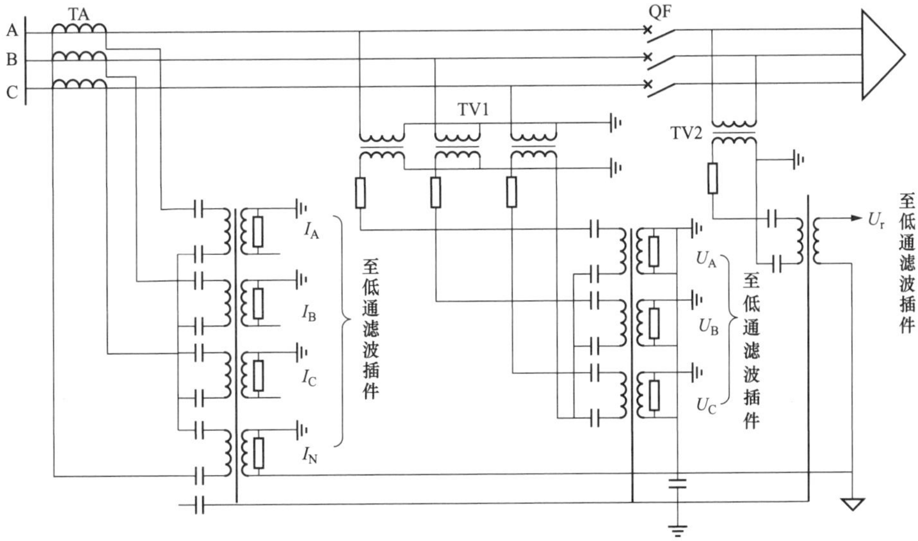

图 1-2　典型交流模拟量输入回路

（2）开关量输入回路。

开关量输入插件实现不同开关量的输入，以便完成相关的保护功能。不同的保护所需要的开关量不同。根据开关量的来源可将开关量输入回路分为内部开入回路和外部开入回路。内部开入回路的开关量是本装置内的接点，如面板的转换接点、内部继电器触点等。外部开入回路的开关量提供装置逻辑回路所需的外部开关量辅助判别信号等，包括本屏或相邻屏上其他装置引入的弱电开入量信号以及从较远处电气一次设备引入的强电开入量信号，反映一次设备（如断路器、隔离刀闸、接地刀闸等）的分合状态、异常告警（如 SF_6 压力低闭锁）等。微机保护装置常用的光电耦合式开入回路如图 1-3 所示。

（3）开关量输出回路。

开关量输出回路提供各继电器引出的空触点，串入其他电气设备的二次回路。开关量输出插件主要完成保护的跳闸出口、重合闸出口及就地和中央信号的输出。为了加强抗扰能力，通常在输入和输出回路上采用光电隔离，信号电压采用 24V 的电压。微机保护装置常用的开出回路如图 1-4 所示。

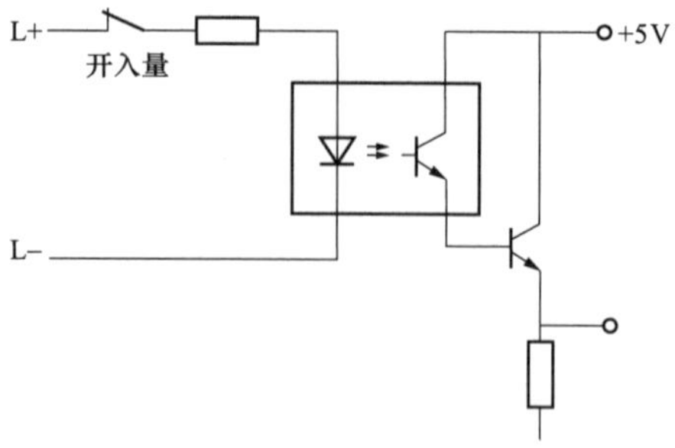

图 1-3 光电耦合式开入回路

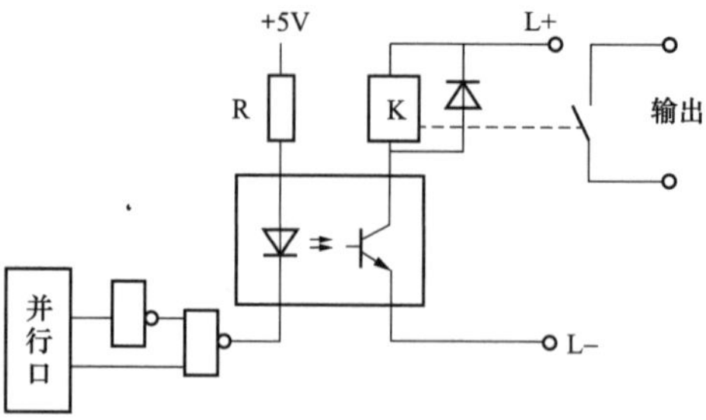

图 1-4 常用开出回路

（4）光纤传输回路。

继电保护装置采用的光纤通道主要有两种方式：一种是专为保护敷设的专用光纤通道，另一种是复用已有的数字通信网络。相对应的连接方式分别为专用通道方式和复用通道方式，复用通道方式分为 2M 接口复用和 64kbit/sPCM 复用两种。如图 1-5 所示，图 1-5（a）为专用通道方式，图 1-5（b）为复用通道方式。

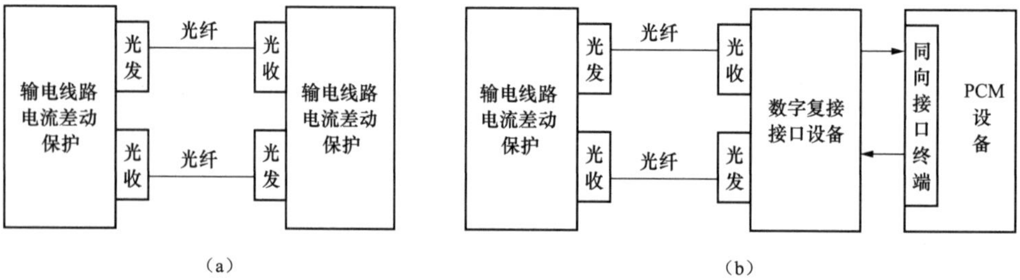

图 1-5 光信号传输回路

（a）专用通道方式；（b）复用通道方式

3. 装置间的主要二次回路

（1）保护装置双重化的接线。

根据《国家电网有限公司十八项电网重大反事故措施（2018 年修订版）》中的规定“220kV 及以上电压等级线路、变压器、母线、高压电抗器、串联电容器补偿装置等输变电的设备的保护应按双重化配置，相关断路器的选型应与保护双重化配置相适应”。双重化配置的两套保护应采用不同原理或不同厂家的设备，以实现原理及性能上的互补。如在运行中任意一套因故退出，另一套仍可保证一次设备的安全稳定运行，可靠地切除故障，保证电网的安全稳定运行。

1）线路保护的双重化：对于电流回路，两套保护分别接入电流互感器的两个次级，以实现电流回路的完全独立。

对于电压回路，不同的电压等级及不同的主接线有所不同，在双母线等主接线的 220kV 保护上，由于该电压等级及以下的电压互感器一般未配置两个主次级，其线路保护的电压需要进行正、副母切换，双重化后电压回路的接线过于复杂，因此 220kV 及以下的保护仍使用同一组电压互感器次级。330kV 及以上电压等级的系统，常采用 3/2 断路器的主接线，采用线路电压互感器，该电压等级的电压互感器一般有两个主次级绕组，一组电压互感器只供一个单元的设备使用，因此每套保护可分别接一个二次绕组，实现电压回路的双重化。

对于跳闸回路，如采用双跳圈断路器，则两个跳闸回路应分别使用独立的控制电源，每套保护分别对应一个跳圈，彼此独立；如采用单跳圈断路器，则每套保护应有独立的装置电源、独立的跳闸出口压板（可单独投退），可通过操作箱共用该跳圈跳断路器，共用一组控制电源。3/2 接线的断路器保护一般是按断路器配置的，每个断路器只有一套。220kV 及以下系统的断路器保护（如重合闸）一般按保护配置，两套保护装置就配有两套重合闸。在现场运行中，为防止断路器出现多次重合，一般只投入一套重合闸的合闸压板，而将另一套停用。

2）变压器与发电机-变压器组保护：只设一套主保护与后备保护时，变压器、发电机-变压器组保护是由多套不同保护功能的保护装置来组成的，双重化的保护则将相对完备的主保护与后备保护功能集中在一套装置中。变压器及发电机-变压器组保护的电压回路、跳闸回路的接线方式与线路保护接入方式一样，由于变压器与发电机-变压器组有差动保护，在旁路断路器代路时，旁路的保护无法满足变压器与发电机-变压器组保护的要求，一般停用或只作为后备保护，这时需要将旁路的电流二次回路切入变压器或发电机-变压器组保护，以满足其保护范围及功能的要求。

在主保护、后备保护使用相对独立装置时，主保护与后备保护常常分别接一组电流互感器的次级，一般为差动保护接独立电流互感器，后备保护接变压器套管电流互感器的次级，在双母带旁路主接线方式下，旁路断路器代变压器断路器时，差动保护的电流回路进行相应切换，后备保护的电流回路不用切换；保护双重化后一般将第一套保护接原差动保护电流互感器次级，即独立电流互感器，旁代时需切换，第二套保护接原后备保护电流互感器次级，即套管电流互感器，旁代时不需要切换，但对降压变的高压侧来说，无论是差动保护还是该侧的后备保护，其保护范围不包括开关电流互感器到变压器套管的引线，对低压侧来说，因其后备保护的保护范围指向非电源侧，所以引线故障将由后备保护切除。

（2）母差保护跳闸回路。

在变电站中，母差保护能以极快的速度有选择性地切除母线上的故障，以减小母线故障对设备及系统的影响，是极其重要的保护装置。母差保护不能拒动，亦不能误动，误动时将切除一条母线或同电压等级母线的全部断路器，后果十分严重。

防止母差保护误动的一个有效措施即采用复合电压闭锁。因此，在母差保护二次回路中除各支路的电流回路外，还包括母线电压回路。为了确保足够的灵敏度，电压测量元件同时采用低电压元件及负序电压元件，无论哪个元件动作，都会开放母差保护的出口回路，如同时满足差动电流动作条件，母差保护即可出口跳闸。常用母差保护的出口回

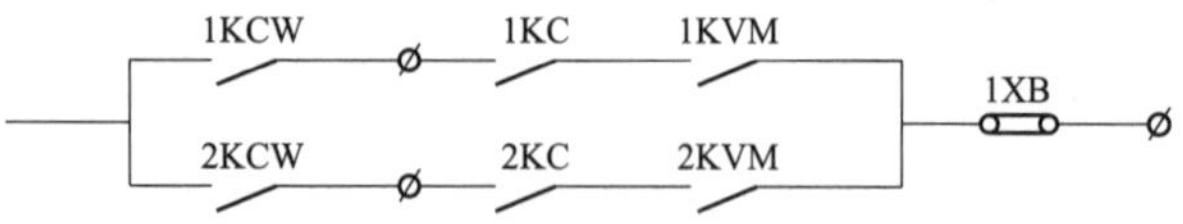

图 1-6　常用母差保护的出口回路接线

路接线如图 1-6 所示，图中 1KCW、2KCW 为该断路器所在回路隔离开关位置的重动继电器接点，1KC、2KC 分别为正、副母母差保护动作接点，1KVM、2KVM 为相应母线电压元件动作接点，从接线可以看出，只有相应的母差与电压元件均动作才能跳运行于该母线上的断路器。

母差至各断路器的跳闸回路中应有单独的压板，各断路器的跳闸回路可以单独停用，母差保护动作跳闸后，不允许线路开关的重合闸动作，因此母差保护的跳闸回路必须接入不启动重合闸的跳闸端子。如果所用保护没有专用的不启动重合闸出口端子，则应该有母差保护在跳闸的同时，给出一个闭锁重合闸的接点，其原理接线如图 1-7 所示。

（3）断路器失灵保护的跳闸回路。

电力系统发生故障时，相应的保护装置将动作跳开断路器，如果该断路器因故不能跳闸，故障将不能切除，这时将由远后备保护来切除故障，但远后备保护的动作时间较长，这给系统的安全稳定带来不利影响，因此在 220kV 及以上系统中配置失灵保护在断路器拒动时快速切除故障。

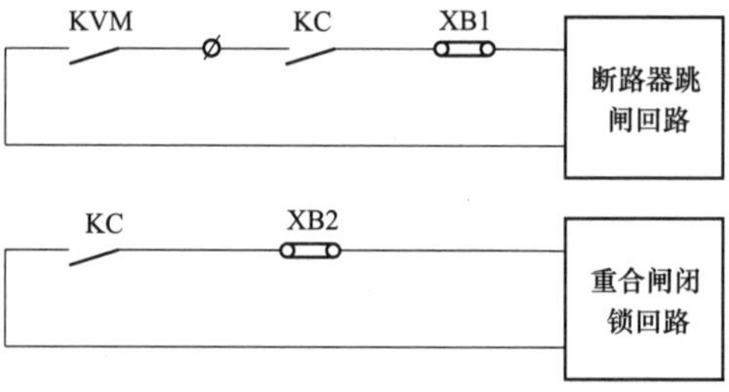

图 1-7　母差跳闸及闭锁重合闸原理接线

失灵保护的启动回路一般按断路器设置，启动条件为：相关保护动作后不返回，经过一定时间后与动作保护有关的断路器未断开。常规接线的双母线接线的断路器失灵保护启动回路如图 1-8 所示，其中虚线框内为各线路保护装置提供的启动回路。KAa、KAb、KAc 是检定是否有故障电流的电流继电器接点，KRC_A、KRC_B、KRC_C 为该线路的分相跳闸继电器，KRC_Q、KRC_R 为三相跳闸继电器。

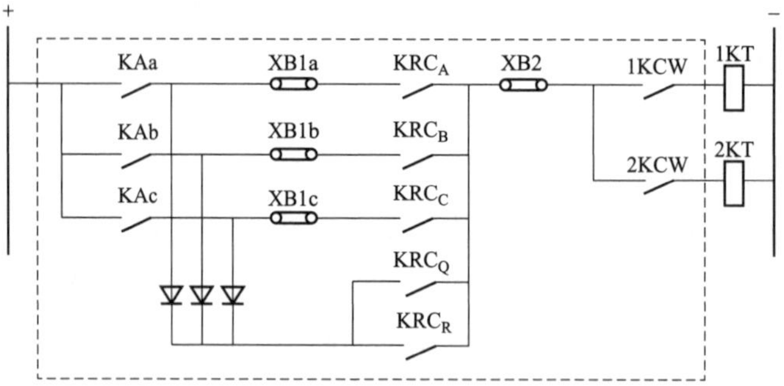

图 1-8　双母线接线的断路器失灵保护启动回路

由于变压器的短路阻抗较大，当变压器低压侧故障而变压器断路器失灵时，母差保护的复压元件可能因灵敏度不够而不动作，失灵启动后无法跳闸，所以变压器断路器失灵启动前，首先要提供一对接点解除母差保护中的复压闭锁，只要失灵启动时间一到，即使母差保护中复压闭锁元件不动作，也能出口跳闸。

失灵保护的出口方式有两种：一种是独立出口，另一种是与母差保护共用出口，随着微机型母差保护的大量采用，现在大多数的失灵保护与母差保护共用出口回路。

（4）保护的远方跳闸回路。

对于220kV及以上的超高压线路，当发生某些故障时，仅断开本侧的断路器并不能真正切除故障，而需将对侧断路器也跳开时就需要进行远方跳闸。典型的情况包括以下几类：①3/2接线的断路器失灵保护动作，断路器失灵后需要发远方跳闸命令将和失灵断路器连接的电源切除；②高压侧无断路器的线路并联电抗器保护动作，并联电抗器未配置专用断路器而和线路共用时，本侧断路器跳开并不能切除故障，需要发远跳命令使对侧跳闸；③线路过电压保护动作，本侧线路过电压动作后并不能解决线路过电压问题，需要发远方跳闸命令使对侧跳闸才能避免过电压；④线路—变压器组的变压器保护动作，线路—变压器组中间无断路器，变压器故障只能发远方跳闸命令使远方的断路器跳闸切出故障。

远方跳闸保护对通道的依赖较大，应当尽可能采用光纤等性能较好的通信通道，同时为了提高远方跳闸保护的安全性，防止误动作，接收端宜设置就地故障判别元件，以确定是否发生故障及是否应进行远方跳闸。典型的就地故障判别元件启动量有：低电流、过电流、负序电流、零序电流、低功率、负序电压、低电压、过电压等。远方跳闸保护动作应闭锁重合闸。

4．“四统一”及“六统一”概念

20世纪70、80年代制定的继电保护“四统一”原则，在规范我国继电保护设计、制造，促进继电保护设备更新换代，提高继电保护运行水平，保障电网安全方面发挥了举足轻重的作用。所谓“四统一”，即在设计技术条件、接线回路、元件符号、端子排编号四个方面统一标准。2009年以来，国家电网公司先后发布Q/GDW 161—2007《线路保护及辅助装置标准化设计规范》、Q/GDW 175—2008《变压器、高压并联电抗器和母线保护标准化设计规范》等标准，对保护装置功能配置、回路设计、端子排布置、接口标准、屏柜压板、保护定值（报告格式）六方面作出统一规范，简称“六统一”。

二、二次安措的必要性

二次安措的规范执行具有重要意义。历年来，在设备检修、消缺、技改工程中，因二次安措未执行到位引发的事故时有发生，二次专业工作者应时刻警醒，强化自身安全责任意识和技能水平，从思想上真正认识到二次安措的重要性和必要性，落实二次安措执行的工艺要求，才能从根源上减少人为事故的发生。二次安措的必要性主要归纳为以下几点：

（1）可靠保障人身安全。以多专业班组协同工作的作业现场为例，需特别注意断开一次设备相关的二次回路，如可能引起分合断路器的操作回路、造成二次电压反送的电压回路、反映一次设备状态的相关信号回路等，防止一次设备现场电缆带电、一次绕组带电或设备震动造成一次作业人员触电或受到机械伤害。

（2）有效隔离运行设备。变电站的二次回路错综复杂，当设备检修停电时，尽管其一次设备已停电，但其二次回路往往与运行设备仍有联系，导致端子排上仍能测量到交直流电压，如保护装置的直流电源、控制电源、母线电压等仍然存在。如果不采取有效的二次安全措施，将带电部分隔离，将可能由于二次人员工作中的疏忽（误碰、短接等），引起直流接地、运行间隔TV断线告警、复压开放等后果，更有甚者可能会引起保护误动、一次设备跳闸等负荷失电的情况。二次工作是一项严谨细致的工作，良好的工作习惯、规范的安措执行将会极大地降低人为事故率，保障电网的可靠供电。

（3）隔离对监控系统的影响。保护工作中对信号回路采取隔离措施，可以防止校验过程中保护动作信号发信导致监控端误判断，并且大量的事故动作信号、开关变位信号涌出可能会将站内其他运行设备的相关信号淹没，影响作业人员对现场设备运行情况的判断。

因此，明晰二次安措的必要性，并切实落实好二次安措的执行，将为现场保护工作的安全开展奠定重要的基础。二次工作者应牢记事故教训，杜绝侥幸心理，扎扎实实完成每一项安措内容。

三、二次工作安全措施票的意义

当二次设备（包括二次回路）上有工作时，为了可靠和运行设备隔离，检修人员在正式工作前必须提前做好二次安措，并应使用二次工作安全措施票（简称安措票）。根据Q/GDW 1799.1—2013《国家电网公司电力安全工作规程　变电部分》及Q/GDW 11359—2014《智能变电站继电保护和电网安全自动装置现场工作安保规定》中的规定，检修中遇有下列情况应填用二次工作安全措施票：① 在与运行设备有联系的二次回路上进行涉及继电保护和电网安全自动装置的拆、接线工作；②在对检修设备执行隔离措施时，需拆断、短接和恢复同运行设备有联系的二次回路或拔插与运行设备有联系的SV、GOOSE网络光纤的工作；③开展修改、下装配置文件且涉及运行设备或运行回路的工作；④其他需编制二次工作安全措施单（票）的现场工作。原则上二次工作安全措施票和工作票相对应。

切实落实好二次工作安全措施票制度具有重要意义。

（1）促使工作负责人提前了解现场工作条件及工作内容，对即将开展的工作心中有数。在二次工作安全措施票不健全的情况下，容易造成漏拆接线，导致其他保护误动，影响设备运行安全。如在进行某变压器保护周期性校验前，通过提前查阅图纸编写二次工作安全措施票，发现该变压器存在联跳母联开关和小发电支路开关的情况，对试验工作可能存在的风险进行充分估计，从而保证整个校验工作的圆满完成。

（2）促使工作负责人检查核实现场运行设备及检修设备的情况。对于与运行设备有联跳回路的保护装置应在二次工作安全措施票上的明显位置注明，并记录所拆接线回路编号及端子号。二次安措的执行和恢复均应在二次工作安全措施票中打“√”，对不需要恢复的项在恢复栏里注明不执行标志“/”，充分规避风险，保证运行设备安全，不致因漏拆线导致工作中运行设备跳闸，也不致因遗漏恢复接线导致保护装置拒动等。如在某10kV线路停电改造时，因未认真执行二次工作安全措施票制度，在工作结束时遗漏恢复电流端子连片，导致送电后TA开路，端子排烧毁，其危险性可见一斑。

（3）促使保护工作相关人员落实安全职责。二次工作安全措施票上应有填写人、签发人、执行人、恢复人、监护人的签名，要求在安措具体执行前，填写人、签发人切实履行好自己的安全职责，完成编写、审阅二次工作安全措施票的工作。工作班组人员通过查看、执行二次工作安全措施票，了解当前工作条件和工作性质，在工作中更加注意分析危险因素，共同监督工作开展，提前采取相关防护措施，并对执行情况进行签字认可，敦促工作班组各成员履行好自己的安全职责。

总而言之，二次工作安全措施票制度是通过无数次的事故教训总结出的经验，稍有懈怠就会导致严重后果。对于从事继电保护运维管理的现场工作者，必须从思想上充分认识到其重要性，并在工作中贯彻落实；对于各级生产管理部门，也应充分认识到二次工作安全措施票制度对电力安全生产的保障作用，明确二次工作安全措施票的审批流程，落实二次工作安全措施票填写人、签发人、执行人、恢复人、监护人的安全责任。二次工作安全措施票制度的执行是一项长期、艰巨的任务，需要所有继电保护工作者的共同努力。

第二节　智能变电站二次安措介绍

随着智能电网建设步伐的加快，智能变电站大量投入运行，给二次专业工作者带来了新的挑战。智能变电站是常规变电站的继承与革新，理清两者在回路上的区别与联系，掌握好智能变电站的二次安措，将在以后的二次工作中发挥重要作用。

智能变电站与常规变电站的不同主要表现在：

（1）网络架构的差异。智能变电站采用三层两网结构，相较于常规变电站，过程层中增加了合并单元、智能终端等智能组件，光缆回路取代了常规变电站的电缆回路，相较于传统保护装置，智能站保护设备的装置结构、装置接口、站控层通信均发生了变化，装置保护原理依然沿用常规保护装置成熟算法，智能变电站典型网络架构如图1-9所示。

（2）保护硬压板功能的差异。智能保护设备配置四类压板：硬压板、功能软压板、SV软压板、GOOSE软压板。与常规变电站不同，智能变电站保护设备硬压板通常只设置“远方操作”和“保护检修状态”硬压板，“保护检修状态”硬压板表征保护装置发送报文的检修品质位。

（3）保护软压板功能的差异。常规变电站的保护功能正常情况下同时设置功能软压板以及功能硬压板，软压板及硬压板通过“与”门或者“或”门的逻辑决定保护功能的

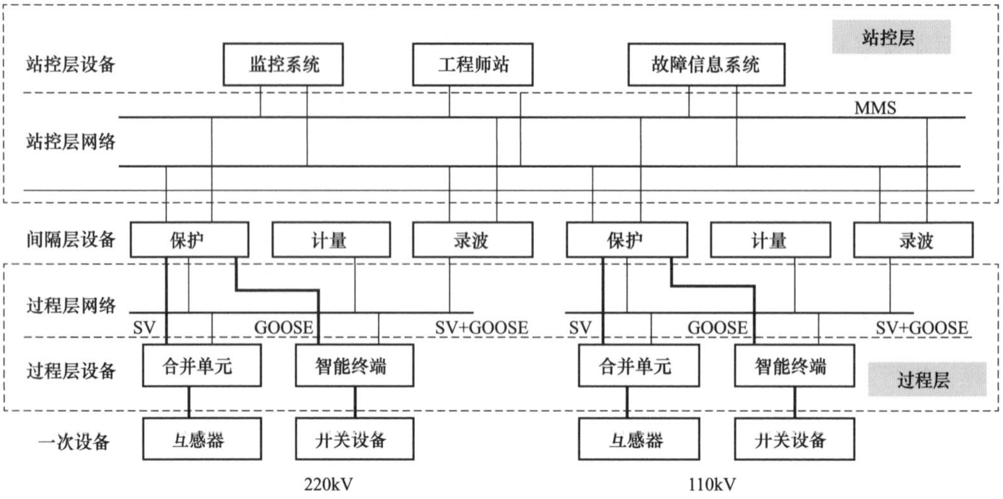

图 1-9　智能变电站典型网络架构

投退。智能变电站装置取消了保护功能硬压板，保护功能投退完全由软压板控制，即 SV 软压板与 GOOSE 软压板，分别控制保护装置 SV 采样值报文与 GOOSE 报文的接收与发送。常规变电站保护装置出口压板在智能变电站中被 GOOSE 出口软压板代替；常规变电站的保护装置开入软压板在智能变电站中被 GOOSE 接受软压板代替；常规变电站保护装置的电流电压连接端子在智能变电站中被 SV 接收软压板代替。

（4）检修机制的差异。常规变电站保护装置和测控装置的检修压板可用于在保护装置进行检修试验时屏蔽软报文和闭锁遥控，不影响保护动作、就地显示和打印等功能，以方便检修人员调试维护为目的。智能变电站保护装置的检修压板则可影响相关保护的动作行为。保护、测控、合并单元和智能终端均配置检修压板，检修压板设置的不同对应不同的动作行为。

（5）信号传输方式的差异。智能变电站各智能装置之间由传统的点对点触点信号传输方式变为由 GOOSE、SV、MMS 网络组成的报文传输方式，与之对应的二次回路安全措施也发生了改变。智能变电站在不破坏网络结构的前提下，物理上不能完全将检修设备和运行设备隔离。要实现有效地隔离，只有通过对装置进行各种设置，改变信息发送方和接收方的状态，才能避免误跳运行设备等情况的发生。

由于智能变电站与常规变电站的差异化，其二次安措也产生了一些变化。本节将重点介绍智能变电站二次安措特点、实施原则、操作注意事项等。

一、智能变电站二次安措特点

智能变电站检修设备与其他运行设备的联系主要依靠光纤和网络，在不破坏网络结构的前提下，物理上无法完全将检修设备和运行设备隔离。要实现有效的硬件隔离，在回路上已不可能实现，只有通过对装置进行各种设置，改变信息发送方和接收方的状态，才能避免“三误”（误碰、误整定、误接线）等情况的发生。为此智能变电站引入了特殊的检修机制逻辑，即在装置检修压板投入时，其发出的SV、GOOSE报文均带有检修品质标识，接收端设备将收到的报文检修品质标识与自身检修硬压板状态进行一致性比较判断，仅在两者检修状态一致时，对报文做有效处理。检修机制是实现智能变电站二次系统检修安全措施的重要环节。另外，装置的接收软压板和出口软压板可以控制装置是否接收相关信息或发送相关信息，以此实现对信息的隔离。

继电保护和安全自动装置的安全隔离措施一般可采用投入检修压板、退出装置软压板、退出装置出口硬压板以及断开装置间连接光纤等方式，以实现检修装置与运行装置的安全隔离，具体说明如下：

（1）投入检修压板。继电保护装置、安全自动装置、合并单元以及智能终端均设一块检修硬压板。装置将接收到GOOSE报文Test位、SV报文数据品质Test位与装置自身检修压板状态进行比较，做"异或"逻辑判断，两者一致时，信号进行处理或参与逻辑运算，两只不一致时则该报文视为无效，不参与逻辑运算。

（2）退出软压板。继电保护装置、安全自动装置通过发送软压板和接收软压板，在逻辑上隔离信号的输出、输入。装置输出信号由保护输出信号和发送压板共同决定，装置输入信号由保护接收信号和接收压板共同决定，通过改变软压板的状态可实现某一信号的逻辑通断，其中：GOOSE发送软压板负责控制本装置向其他智能装置发送GOOSE指令，该软压板退出时，不向其他装置发送相应的GOOSE指令；GOOSE接收软压板负责控制本装置接收来自其他智能装置的GOOSE指令，该软压板退出时，本装置对其他装置发送来的相应GOOSE指令不作逻辑处理；SV软压板负责控制本装置接收来自合并单元的采样值信息。该软压板退出时，相应采样值不参与保护逻辑运算。

（3）退出智能终端出口硬压板。出口硬压板安装于智能终端出口节点与断路器操作回路之间，可作明显断开点，实现相应二次回路的通断。出口硬压板退出时，保护装置无法通过智能终端实现断路器的跳闸、合闸。

（4）拔出光纤。继电保护、安全自动装置和合并单元、智能终端之间的虚拟二次回路连接均通过光纤实现。断开装置间的光纤能够保证检修装置与运行装置的可靠隔离，可作明显断开点。

需要注意的是，在安全隔离措施执行完毕后需对安全措施进行再次确认。安全措施的确认主要采用"三信息"核对方法，即在检修装置、相关联运行装置及后台监控系统三处核对装置的检修压板、软压板等相关信息，以确认安全措施执行到位。

二、智能变电站二次安措实施原则

装置校验、消缺等现场检修作业时，应隔离与安全设备相关的采样、跳闸（包括远跳）、合闸、启动失灵、闭锁重合闸等回路，并保证安全措施不影响运行设备的正常运行。

在一次设备不停电状态下，合并单元或相关电压、电流回路故障检修工作开展前，应将所有采集该合并单元采样值（电压、电流）的保护装置转信号状态；智能终端检修工作开展前，应将所有采集该智能终端开入量（断路器、隔离开关位置）的保护装置转信号状态；保护装置检修工作开展前，应将该保护装置转信号状态，与之相关的运行设备的对应开入压板（启失灵压板等）退出。

在一次设备停电状态下，相关电压、电流回路或合并单元检修时，必须退出运行中的线路、变压器、母线保护对应的 SV 压板、开入压板（失灵启动压板、断路器检修压板等）。

此外，在智能变电站二次安措实施过程中，还应遵循以下原则：

（1）落实二次工作安全措施票制度。对重要的保护装置，特别是复杂保护装置、有联跳回路以及存在跨间隔 SV、GOOSE 联系的虚回路的保护装置，如母线保护、失灵保护、变压器保护、安全自动装置等装置的检修作业，工作前应认真核对编制的二次工作安全措施票与现场实际情况是否相符。

（2）防止一次设备失去保护。单套配置的装置进行校验、消缺等现场检修作业时，需停役相关一次设备；双重化配置的二次设备仅单套设备校验、消缺时，可不停役一次设备，但应防止一次设备失去保护。

（3）优先采用退出装置软硬压板、投入检修硬压板、断开二次回路接线、退出装置硬压板等方式实现安措。断开装置间光纤的安全措施可能造成装置光纤接口使用寿命缩减、试验功能不完整等问题，对于可通过退出发送侧和接收侧两侧软压板以隔离虚回路连接关系的光纤回路，检修作业不宜采用断开光纤的安全措施。当无法通过上述方法进行可靠隔离（如运行设备侧未设置接收软压板时）或保护和电网安全自动装置处于非正常工作的紧急状态时，可采取断开 GOOSE、SV 光纤的方式实现隔离，但不得影响其他保护设备的正常运行。断开光纤回路前，应确认其余安全措施已做好，且对应光纤已作好标识，退出的光纤应用相应保护罩套好。

（4）虚回路安全隔离应至少采取双重安全措施。如退出相关运行装置中对应的接收软压板，退出检修装置对应的发送软压板，投入检修装置的检修压板等。智能终端出口硬压板、装置间的光纤可实现具备明显断点的二次回路安全措施。

（5）检修压板操作原则。操作前应确认保护装置处于信号状态，且与之相关的运行保护装置（如母线保护、安全自动装置等）二次回路的软压板（如启动失灵软压板等）已退出。在一次设备停役时，操作间隔合并单元检修压板前，需确认相关保护装置 SV 软压板已退出，特别是仍在运行的装置；在一次设备不停役时，应在相关保护装置处于信号或停用后，方可投入该合并单元检修压板。对于母线合并单元，在一次设备不停役时应先按母线电压异常处理，根据需要申请变更相应保护运行方式后，方可投入该合并单元检修压板。在一次设备停役时，操作智能终端检修压板前，应确认相关线路保护装置的“边（中）断路器置检修”软压板已投入（若有）；在一次设备不停役时，应先确认该智能终端出口硬压板已退出，并根据需要退出保护重合闸功能，投入母线保护对应隔离开关强制软压板后，方可投入该智能终端检修压板。

三、智能变电站二次工作注意事项

智能变电站保护装置、安全自动装置、合并单元、智能终端、交换机等智能设备故障或异常时，运维人员应及时检查现场情况，判断影响范围，根据现场需要采取变更运行方式、投退相关保护、停役相关一次设备等措施，并在现场运行规程中细化、明确。

1. 检修工作安措执行注意事项

在智能变电站中对相关设备进行检修时，必须将该设备“置检修”压板投入，操作保护装置、合并单元、智能终端等检修压板后，应查看装置指示灯、报文或开入变位等情况，确认设备“置检修”状态已投入，同时核查相关运行装置是否出现非预期信号，确认后方可进行后续操作。在一次设备仍在运行，而需要退出部分保护设备进行试验时，在相关保护未退出前不得投入合并单元检修压板。

另外，智能设备保护校验后，由于数字校验仪的SV采样延时与合并单元不一致，光纤恢复后容易发生采样通道延时异常，部分保护装置会判采样延时不一致闭锁保护功能，导致保护装置可能出现故障时的拒动。因此在保护装置校验过后应重启保护装置，使保护装置和合并单元的数据重新同步。

典型安全措施执行顺序：

一次设备停役时，如需退出继电保护系统，宜按以下顺序进行操作：

（1）退出该间隔智能终端出口硬压板；

（2）退出该间隔保护装置中跳闸、合闸、启动失灵等GOOSE发送软压板；

（3）退出相关运行保护装置中该间隔SV软压板或间隔投入软压板；

（4）投入该间隔保护装置、智能终端、合并单元检修压板。

一次设备复役时，继电保护系统投入运行，宜按以下顺序进行操作：

（1）退出该间隔合并单元、保护装置、智能终端检修压板；

（2）投入相关运行保护装置中该间隔SV软压板；

（3）投入相关运行保护装置中该间隔GOOSE接收软压板（如启动失灵、间隔投入等）；

（4）投入该间隔保护装置跳闸、重合闸、启动失灵等GOOSE发送软压板；

（5）投入该间隔智能终端出口硬压板。

2. 装置异常处理安措执行注意事项

双重化配置的二次设备中，单一装置异常时，现场应急处置可首先尝试重启装置，参照以下执行：保护装置异常时，投入装置检修压板，重启一次；智能终端异常时，退出出口硬压板，投入装置检修压板，重启一次；间隔合并单元异常时，相关保护退出（改信号）后，投入合并单元检修压板，重启一次；交换机异常时，现场重启一次。上述装置重启后，若异常消失，将装置恢复到正常运行状态，若异常未消失，应保持该装置重启时的状态，并申请停役相关二次设备，必要时申请停役一次设备。各装置操作方式及注意事项应在现场运行规程中细化明确。

合并单元、采集单元异常或故障时一般不单独投退，应根据影响程度确定相应保护装置的投退。双重化配置的合并单元、采集单元单台校验、消缺时，可不停役相关一次设备，但应退出对应的线路保护、母线保护等接收该合并单元、采集单元采样值信息的保护装置。单套配置的合并单元、采集单元校验、消缺时，需停役相关一次设备。一次设备停役，合并单元、采集单元校验、消缺时，应退出对应的线路保护、母线保护等相关装置内该间隔的软压板（如母线保护内该间隔投入软压板、SV接收软压板等）。母线合并单元（采集单元）校验、消缺时，相关保护按母线电压异常处理。

智能终端可单独投退，也可根据影响程度确定相应保护装置的投退。双重化配置的智能终端单台校验、消缺时，可不停役相关一次设备，但应退出该智能终端出口压板，退出重合闸功能，同时根据需要退出受影响的相关保护装置。单套配置的智能终端校验、消缺时，需停役相关一次设备，同时根据需要退出受影响的相关保护装置。

保护装置和安全自动装置异常或故障时，应退出相应保护装置的相关软压板，当无法通过退软压板停用保护时，应采取其他措施，但不得影响其他保护设备的正常运行。

网络交换机异常或故障时一般不单独投退，可根据影响程度确定相应保护装置的投退。

第二章　二次工作安全措施规范

二次回路如果出现任何影响装置运行及安全生产的错误，都必将酿成严重后果。在Q/GDW 269—2009《继电保护和电网安全自动装置现场工作保安规定》中指出“特别复杂或有联跳回路的保护装置，如母线保护、断路器失灵保护等的现场校验工作，应编制经技术负责人审批的试验方案和由工作负责人填写并经技术负责人审批的二次工作安全措施票”。因此规范填写、执行二次安措对现场工作的安全开展有着极其重要的作用。

第一节　二次工作安全措施的实施要求

为了避免因二次安全措施执行不力引发各类安全事故，各省市电网公司相继出台了《二次专业安全措施相关管理规定》等以规范继电保护工作中二次安措的执行。对于二次安措的执行，危险点分析是前提，危险点防范是目的。危险点分析的关键是找准检修设备、运行设备以及两者之间的联系，重点关注一些公用的开关、公用的保护、公用的二次回路。危险点防范的关键是可靠地断开检修设备与运行设备之间的联系，确保断开点可确认，断开点不唯一。

Q/GDW 269—2009《继电保护和电网安全自动装置现场工作保安规定》中指出“若工作的柜（屏）上有运行设备，应有明显标志，并采取隔离措施，以便与检验设备分开。相邻的运行柜（屏）前后应有‘运行中’的明显标志（如红布帘、遮拦等）。若不同保护对象组合在一面柜（屏）时，应对运行设备及其端子排采取防护措施，如对运行设备的压板，端子排用绝缘胶布贴住或用塑料扣板扣住端子。凡与其他运行设备二次回路相连的压板和接线应有明显标记，应按安全措施票断开或短路有关回路，并做好记录。”

二次安措工艺的总体要求为有效隔离、绝缘良好、标识清晰，本节将主要对二次回路拆接线、端子排连片隔离、个人工器具绝缘、电流互感器及电压互感器二次工作实施要求等方面进行介绍。

一、二次回路拆接线要求

在保护更换、电缆更换等工作执行安措时，需两头拆除带电电缆，先拆来电侧电缆，后拆受电侧电缆，可采用一些经验技巧核对电缆和芯线，如电缆核对法、拆接地线法、测试电位法等。具体操作如下：

（1）电缆核对法：如果保护工作涉及多间隔保护屏柜，且需要拆解电缆两头接线以隔离带电侧时（如保护更换、设备退役等），需要进行电缆核对，可通过电缆备用芯进行电缆识别。首先根据图纸和电缆标牌（编号、起始点）定位电缆，选取该电缆的备用芯，核对两侧备用线芯号是否一致，如一致，则将备用芯一侧接地，另一侧用万用表通断档对地量通断，如发出“嘀”的蜂鸣声，说明备用芯对地导通，则两侧选取的是同一根电缆。

（2）拆接地线法：拆接地线法通常用于认清电流回路电缆，首先需用钳型电流表测量电流回路是否带电，确保一次设备已停电，通过电流回路的回路编号确认电缆功能，然后在接地点处拆除接地线，电缆对侧 N 线对地测量电阻从 0 至无穷大，则确认电缆正确。

（3）测试电位法：在保护更换时，安措执行时需要确认电源侧电缆是否拆除，需两人配合，分别在电源侧屏柜和本屏柜进行配合，采用电缆核对法找到相应电缆，一人监视本屏柜电缆芯线电位，当对侧拆除电缆芯线时，本侧对应电缆芯线电位应消失，说明拆解的电缆芯线正确。

图 2-1　螺式绝缘接线头

解除的电缆芯线无论是否带电均需用绝缘胶带包裹或采用专用的螺式绝缘接线头旋紧（螺式绝缘接线头如图 2-1 所示），电缆芯线包裹至少采用两层胶带。凡与其他运行设备二次回路相连的压板和接线应有明显标记，应按安全措施票断开或短路有关回路，并做好记录。断开二次回路的外部电缆后，应立即用红色绝缘胶包扎好电缆芯线头（电缆芯线绝缘包裹方法如图 2-2 所示）。红色绝缘胶布只作为执行继电保护安全措施票安全措施的标识，未征得工作负责人同意前不应拆除。对于非安全措施票内容的其他电缆头应用其他颜色绝缘胶布包扎。在包裹电缆时，电缆头不能顶住绝缘胶带，电缆头前方胶带预留长度不少于 5mm，后方不少于 2cm。绝缘胶带包裹电缆后需要捏紧、贴实，确保胶带不会脱落，电缆芯线不裸露。

二、带电回路安措隔离要求

对于通过断开端子排上连片进行隔离的，应将连片固定，确保连片不滑动，被隔离一侧需用红色胶带做好隔离标识（如图 2-3 所示），标识应清晰、牢固，无误碰可能，防止工作中无意识触碰。邻近的带电部分和导体应用绝缘器材、绝缘胶带隔离，防止造成短路或接地。对于一些公共回路，在后段已进行了隔离，但该段端子排相关回路依然同运行设备有联系的，需用红色胶带做好隔离标识，标识应清晰、牢固，无误碰可能，防止工作中无意识触碰。

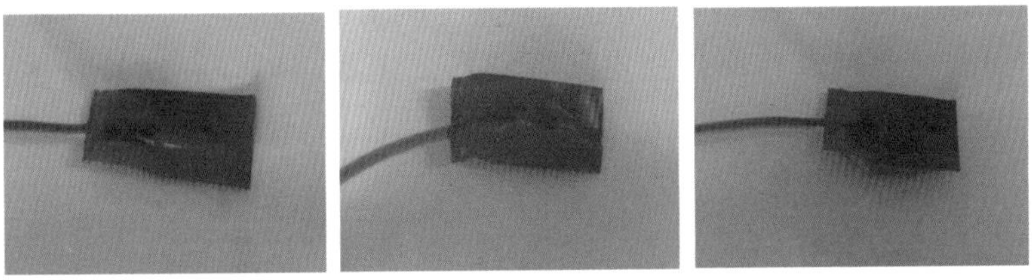

（a）　　　　　　　　　（b）　　　　　　　　　（c）

图 2-2　电缆线芯绝缘包裹示意图

（a）绝缘胶带仅单层包裹（错误）；（b）电缆头顶住绝缘胶带（错误）；（c）电缆头前方胶带预留长度大于 5mm，后方大于 2cm，且两层包裹（正确）

三、个人工器具绝缘要求

进入变电站工作前，个人工器具需要进行绝缘处理。在现场进行带电工作（包括做安全措施）时，作业人员应使用带绝缘把手的工具（其外露导电部分不应过长，否则应包扎绝缘带）。螺丝刀除刀口及手柄部分，其余裸露金属部分做绝缘包裹处理，螺丝刀刀口裸露部分不宜超过 1cm，如图 2-4 所示。扳手、钳子等金属工器具若手柄无绝缘套，需进行绝缘包裹处理，外露导电部分不应过长，否则应包扎绝缘带。万用表表棒若裸露金属部分过长，亦要求进行绝缘包裹，控制裸露金属部分长度。

图 2-3　端子排带电侧绝缘胶布隔离

四、电压及电流回路安措要求

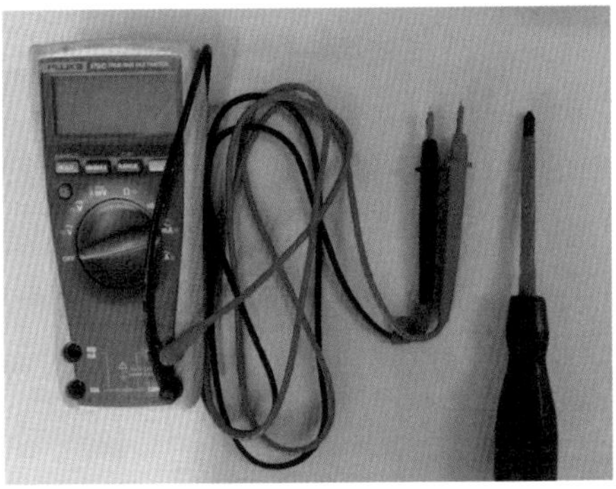

图 2-4　螺丝刀、万用表包裹示意图

在运行中的电流互感器二次回路上工作时，短路电流互感器二次绕组，应使用短路片或短路线，禁止用导线缠绕，严禁将电流互感器二次侧开路，对于被检验保护装置与其他保护装置共用电流互感器绕组的特殊情况，应采取一定措施防止其他保护装置误启动，必要时可申请停用有关保护装置、安全自动装置或自动化监控系统。电流互感器二次绕组应有一点接地且仅有一点永久性的接地，严禁将回路的永久接地点断开，工作时应有专人监护，使用绝缘工具，站在绝缘垫上。

在运行中的电压互感器二次回路上工作时，不应将电压互感器二次回路短路、接地和断线，应使用绝缘工具、戴手套，必要时申请停用有关保护装置、安全自动装置或自动化监控系统，接临时负载时应装有专用的刀闸和熔断器，工作中有专人监护，电压互感器的二次绕组应有一点接地且仅有一点永久性的接地，禁止将回路的安全接地点断开。在电压互感器停用或检修时，既需要断开电压互感器一次侧隔离开关，又要切断电压互感器二次回路，以防止二次侧向一次侧反充电，在一次侧引起高电压，造成人身和设备事故。对于N相接地的电压互感器，除接地的N相外，其他各相引出端都应由该电压互感器隔离开关辅助动合触点控制，当电压互感器停电检修时，在断开一次隔离开关的同时，二次回路也自动断开。

第二节　二次工作安全措施规定

本节将从二次工作安全措施票的填写/审核、二次工作安全措施的执行、二次工作安全措施的恢复规范三个方面具体说明如何规范的实施二次工作安全措施。

一、二次工作安全措施票的填写及审核规定

二次工作安全措施票也称为二次安全措施票，编制应精简，重点隔离对运行设备有影响的相关回路。二次工作安全措施票以屏柜为单位，工作负责人负责填写，班组专业工程师、班组长负责签发，编制人与签发人不得为同一人。审批流程应在工作开始前一天完成。二次工作安全措施票填写应依据二次图纸、同时对实物进行比对，确保“票、图、物”一致。即使是同一个设备，当其工作条件不同时，二次工作安全措施票的内容可能有所差别，并不是一成不变的，需要根据现场实际情况编写和执行。如有必要，需提前赴现场进行勘察，以确保二次工作安全措施票的正确性。

二次工作安全措施票主要有五个部分组成：检修工作的基本信息、二次设备状态记录、安全措施、一次系统运行状态及停电范围、相关联的二次运行设备回路分析。检修工作的基本信息主要填写被试设备双重编号、工作负责人姓名、工作时间及工作内容；二次设备状态记录主要填写屏柜上的硬压板投退情况、空气开关分合状态、保护的定值区、切换把手的位置等检修工作前的初始状态；安全措施部分主要填写需要执行的二次安全措施（回路编号和端子排号）以及二次安全措施的执行和恢复情况；一次系统运行状态及停电范围主要记录一次系统停电范围，不涉及停电的标注为不停电；相关联的二次运行设备回路分析部分主要填写与此屏有关联的二次运行设备，并且指明其相关联的二次回路，如220kV线路保护检修时，相关联的二次运行设备回路涉及母线保护、信号回路、切换前的母线电压回路等。此外，为了有效落实安全责任，二次工作安全措施票应有填写人、签发人、执行人、恢复人、监护人的签名。二次工作安全措施票模板如图2-5所示。

二次工作安全措施票中“安措内容”应按执行的先后顺序逐项填写，记录被断开端子的保护柜（屏）（或现场端子箱）名称、电缆号、端子号、回路号功能和安全措施，原则上先断开出口回路、再短接退出电流回路、断开电压回路、最后断开监控系统和故障录波等信号回路。

（1）出口回路重点在断开检修设备和运行设备之间的回路联系并进行有效隔离，出口回路需同时断开出口回路的正端及负端。在一次设备运行而停部分保护进行工作时，应特别注意断开不经压板的跳闸回路（包括远跳回路）、合闸回路和与运行设备安全有关的连线，如进行备用电源自动投入装置（简称备自投）的校验时，由于进线开关处于运

二次安全措施票

单位：________________　　　　工作票号：________________

被试设备名称	填写设备双重编号，如：117A 虎寒线				
工作负责人		工作时间	年 月 日	签发人	
工作内容： 填写二次工作内容，如：定期校验、首次校验、临时校验等					

一、二次设备状态记录		
1	压板状态	记录压板名称及初始状态
2	切换把手状态	记录切换把手名称及初始状态
3	当前定值区	记录当前定值区
4	空开状态	记录空开名称及初始状态

二、安全措施

（每执行一项打√）

序号	执行	回路类别	安 全 措 施 内 容	恢复
1		操作回路 （注：如仅二次工作、一次开关无工作、可不执行此项，或断开控制电源）	回路编号+端子排号，如：201 4Q1D4	
2		影响其他保护的回路（如失灵回路）	回路编号+端子排号，如：R 4P3D1	
3		电流回路	回路编号+端子排号，如：A411 1ID1	
4		电压回路	回路编号+端子排号，如：A640 1UD1	
5		测控信号回路	回路编号+端子排号，如：E800 1XD1	
6		故障录波信号回路	回路编号+端子排号，如：G800 1LD1	

（每恢复一项打√）

工作前签字确认		工作后签字确认	
运作人员		运作人员	
检修人员		检修人员	

三、一次系统图及停电范围

四、相关联二次运行设备回路分析		

填写人：　　执行人：　　监护人：　　恢复人：　　监护人：　　审批人：

图 2-5 二次工作安全措施票模板

行状态，校验前切记断开备自投装置跳进线开关的出口回路和备自投装置合母联开关的出口回路。220kV 变电站中各类保护的典型出口回路见表 2-1。现场工作时，对于这些不经压板的跳闸回路（包括远跳回路）、合闸回路和与运行设备安全有关的连线，应列入二次工作安全措施票。

对于如线路保护校验，本间隔一次设备同时停用的，线路保护操作箱同开关间二次回路可不用拆除，但考虑到一次设备有检修工作，需对操作电源进行有效管控，操作电源应拉开，并编制在二次工作安全措施票中，当开关需要传动、操作电源需恢复时，应征得现场一次专业小组负责人同意，并做好记录（包括时间及一次专业负责人姓名）。

表 2-1　　典型出口回路（220kV变电站）

保护屏柜类型	需断开的出口回路类型
220kV线路保护屏	启动开关失灵（220kV母差） 对侧远跳本侧开关（光差保护） 远跳对侧开关（光差保护）
220kV变压器保护屏	跳主变压器压器各侧开关 启动220kV母线差动及解复压闭锁 跳母联、分段开关 非电量跳闸出口 闭锁低压侧备自投
220kV母线差动保护屏	跳母联、跳分段开关 跳所有相连变压器与线路开关并闭锁线路重合闸 启动变压器失灵联跳各侧回路
110kV线路保护屏	对侧远跳本侧开关（光差保护） 远跳对侧开关（光差保护） 启动开关失灵（110kV母差） 注：部分变电站有该回路
110kV母线差动保护屏	跳母联、跳分段开关 跳所有相连变压器与线路开关并闭锁线路重合闸 双母双分段接线方式下Ⅰ/Ⅱ段母线保护同Ⅲ/Ⅳ段母线保护失灵启动回路

（2）电流回路填写时认清电流回路的流入端子和流出端子，根据对应一次设备运行状态区别对待。

对于和电流构成的保护，如变压器差动保护、母线差动保护和3/2接线的线路保护等，若某一断路器或电流互感器作业影响保护的和电流回路，作业前应将电流互感器的二次回路与保护装置断开，防止保护装置侧电流回路短路或电流回路两点接地，同时断开该保护跳此断路器的跳闸压板。

对于被检验保护装置与其他保护装置共用电流互感器绕组的特殊情况，应采取以下措施防止其他保护装置误启动。核实电流互感器二次回路的使用情况和连接顺序。若在被检验保护装置电流回路后串接有其他运行的保护装置，原则上应停运其他运行的保护装置。如确实无法停运，在短接被检验保护装置电流回路前、后，应监测运行的保护装置电流与实际相符。若在被检验保护电流回路前串接其他运行的保护装置，短接被检验保护装置电流回路后，监测到被检验保护装置电流接近于零时，方可断开被检验保护装置电流回路。

（3）电压回路填写时需认清电压回路的入口和出口，采取断开端子连片的方式进行隔离。

(4) 信号回路（包括故障录波器开关量回路）填写时需断开与信号相关的回路（如装置告警、装置故障、保护动作等信号）。

(5) 在试验过程中需要断开的回路，例如断路器位置、压力等回路，不应反映在“安措内容”中，可在二次工作安全措施票的空白处记录，防止恢复遗漏。

签发人在结合图纸和现场实物的基础上审核二次工作安全措施票，以确保二次工作安全措施票和现场实物一致、正确。二次工作安全措施票经签发人签发后有效，开始工作时严格执行。

二、安措执行规定

执行安全措施前，工作负责人应逐条核对运行人员做的安全措施（如压板、二次熔丝和二次空气开关的位置等），确保符合要求，如实填写二次工作安全措施票的“二次设备状态记录”中二次设备的状态（如硬压板、功能版本、空气开关、定值区号等检修前状态）并拍照留存，记录完毕后与运行人员签字确认。然后根据现场实际情况再次核对完成审核流程的二次工作安全措施票，确保“票、图、物”三者一致，二次工作安全措施票中填写内容符合现场实际情况，如有内容不一致，则需查明原因，并立即同签发人联系，在形成新的二次工作安全措施票后，重新履行审核流程。

二次工作安全措施票中安措内容执行顺序，应先执行出口回路安措、再执行电流电压回路安措、最后执行监控系统和故障录波等信号回路安措，执行流程如图 2-6 所示。执行安措票时，必须两人工作，一人执行一人监护，工作时切勿失去监护。执行人负责二次安措的具体实施，监护人负责二次安措实施过程中的监护。由监护人唱票，执行人复诵后执行操作，执行人完成操作，监护人检查无误后在对应项执行框内打钩确认。

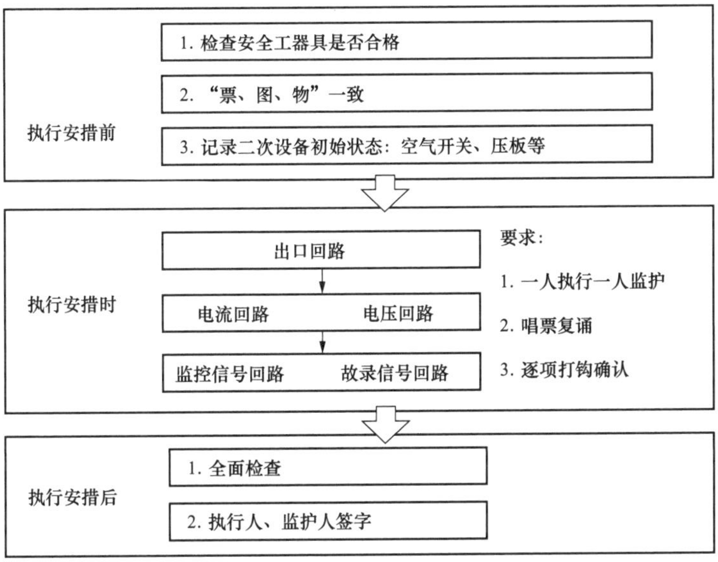

图 2-6 二次安全措施执行流程

在执行出口回路安措时，应打开所有跳闸出口硬压板，解除影响其他保护运行的二次回路电缆芯线。解线前需仔细核对电缆芯线回路编号和端子号是否一致，解除电缆芯线时，每解除一根电缆芯线，必须立刻使用红色绝缘胶带包裹，包裹完成后需检查包裹牢固、绝缘良好后才能执行下一步。

在执行电流回路安措时，需确保该回路有且只有一个接地点，需认清电流回路的流入和流出。一次设备停电时，在电流端子流入处需用检测合格的钳型电流表测量二次电流，确认没有电流后，可直接断开电流端子连片；一次设备运行时，应先在电流端子外侧短接后再断开电流端子连片，并对带电侧进行有效隔离。

执行电压回路安措时，对于电压回路安措的执行也要按照设备停电状态区别对待。在设备停电施工时，先确认电压互感器二次回路没有电压，断开相应的电压连片即可。设备运行时，在电压回路并接走向完全掌握的前提下才能执行，并使用合格的万用表确认断开点之后确无电压后，用红色胶带做好隔离标识。

执行信号回路时，除了需要断开硬接点信号的电缆，还需要合上保护装置的检修压板，以确保保护试验时不上送软报文动作信号。

安措执行后，执行人和监护人分别根据二次工作安全措施票进行全面检查，确认无误后，执行人、监护人在二次工作安全措施票上进行签字。原则上二次安措监护人需具备第二种工作票及以上工作负责人资格，二次安措执行完毕后，监护人需全面复核二次安措执行情况；原则上二次安措监护人同保护设备校验工作监护人不为同一人。安措执行完毕后，对安措票进行拍照留存。

在整个执行过程中需要注意以下几点：①直流回路不发生接地、运行的电流回路不开路，运行的电压回路不短路。相关空气开关断开后，应使用红色胶布进行粘贴，做好标识，防止误合。②对于通过断开端子排上连片进行隔离的，被隔离一侧需用红色胶带做好隔离标识，防止误碰。③对于安措用红色绝缘胶布做明显标识的，在工作中不得随意碰触和更改，对于临时用的隔离措施应用其他颜色绝缘胶布标识。④当保护装置组屏运行时，必须认清停电间隔对应的端子排，防止误碰运行间隔，误打开运行间隔的电流端子连片，引起 TA 开路。可通过拉合停电间隔的控制电源空气开关，测量端子排上控制回路带电情况进行判断。⑤对于时间跨度较大的技改工程，在安措执行后应妥善保管好二次工作安全措施票，以便在工作结束时恢复安措，并且每日开工前应进行二次安措复核，保证当日工作的安全开展。

三、安措恢复规定

二次工作结束后，按照二次工作安全措施票“二次设备状态记录”栏的内容将二次设备状态恢复至工作前的状态，二次工作安全措施票恢复人、监护人共同签字确认。二次安措执行完毕后，监护人需全面复核二次安措执行情况。工作结束后，二次工作安全措施票、原始试验报告及正式试验报告交专职审核，专职审核完成后交还班组存档，存档时间不少于一个检修周期。

安措恢复的顺序和执行的顺序相反，即先恢复监控系统和故障录波器等信号回路安措，再恢复电流电压回路安措，最后恢复出口回路安措。恢复过程中需要注意，直流回路不发生接地、运行的电流回路不开路，运行的电压回路不短路。

恢复安措时，必须两人工作，一人恢复一人监护，工作时切勿失去监护。恢复人负责二次安措恢复的具体实施，监护人负责二次安措恢复实施过程中的监护。由监护人唱票，恢复人复诵后执行操作，监护人检查无误后在对应项恢复框内打钩确认。原则上安措票执行人和恢复人应为同一人。工作负责人应按照二次工作安全措施票，按端子号再进行一次全面核对，确保接线正确。

恢复二次回路的外部电缆芯线前，需仔细核对电缆芯线回路编号和端子号是否一致，复查临时接线全部拆除，断开的接线全部恢复，图纸与实际接线相符，标志正确。恢复电缆芯线时，拆除一根电缆芯线绝缘胶带后需立刻恢复，恢复完成后才能执行下一步，严禁同时拆除多根电缆芯线绝缘胶带。恢复出口回路安措时，应检查确认出口保持继电器已复归，先恢复出口回路正端，恢复出口回路负端时，应使用外用表测量确无正电。恢复电流回路安措时，对于带电回路，在确认装置内部无开路的情况下将电流回路接入装置，而后再取下电流回路短接线。恢复电压回路安措时，对于带电回路，在确认装置内部不短路的情况下将电压回路接入装置。

在保护工作结束后，投入工作电源前，应先检查相关跳闸和合闸压板在断开位置，检查装置正常，用高内阻的电压表检验压板的每一端对地电位都正确后，才能投入相应跳闸和合闸压板。

安措恢复后，执行人和监护人分别根据二次工作安全措施票进行全面检查，确认无误后，执行人、监护人在二次工作安全措施票上进行签字。

四、智能变电站二次安全措施规定

智能变电站保护采用直采直跳模式，合并单元及智能终端分别取代原传统保护的采样及操作出口模块，合并单元仍为模拟量采样，智能终端仍为电气量出口。根据 Q/GDW 11359—2014《智能变电站继电保护和安全自动装置现场工作安保规定》，合并单元及智能终端相关二次回路安措的编制、执行、恢复参照常规变电站执行。智能变电站二次安措执行的补充规定如下：

（1）执行安措操作时（包含投退软、硬压板，插拔光纤、断开和恢复接线等），应至少由两人进行。执行顺序应按照二次工作安全措施票的顺序逐项执行。

（2）在现场执行安措时，解除与其他运行设备相连的二次回路、硬压板或隔断 SV/GOOSE 网络光纤接线应有明显标记，并做好记录（参照常规站执行标准）。

（3）确需拔出光纤情况时，应在检修设备或屏柜侧执行。拔出光纤时，应核对所拔光纤的 4 类编号［端口号（含插件号）/回路号/光缆号/功能］后再操作，同时核查监控后台的信号是否符合预期。拔出后盖上防尘帽后盘好放置，做好标识（如使用红胶布），并确保光纤的弯曲程度符合相关规范要求。

（4）在光纤回路工作时，不得误拔和踩踏运行设备的光纤。对保护装置进行试验光纤接线时，应确保试验光纤接口与保护装置光纤接口类型一致，不应大力插拔光纤，防止用力过大导致保护装置光纤接口变形、损坏。拔出试验光纤后，应检查原有光纤接头是否清洁，若被污染需进行相应处理后方可接入保护装置，并核查关联告警信号是否恢复。

（5）若不同保护对象组合在一面柜（屏）时，应对运行设备及其端子排采取防护措施，如对运行设备的压板、端子排用绝缘胶布贴住或用塑料扣板扣住端子。光纤配线架应使用红色胶布封住与运行设备相关联的光纤。

（6）由多支路电流构成的保护和电网安全自动装置，如变压器差动保护、母线差动保护和3/2接线的线路保护等，若采集器、合并单元或对应一次设备影响保护的和电流回路或保护逻辑判断，作业前在确认该一次设备改为冷备用或检修后，应先退出该保护装置接收电流互感器SV输入软压板，防止合并单元受外界干扰误发信号造成保护装置闭锁或跳闸，再退出该保护跳此断路器智能终端的出口软压板及该间隔至母差（相邻）保护的启动失灵软压板。对于3/2接线线路单断路器检修方式，其线路保护还应投入该断路器检修压板。

第三章　线路保护二次安措

根据 GB/T 14285—2006《继电保护和安全自动装置技术规程》相关规定，电力设备和线路短路故障应有主保护和后备保护，必要时可增设辅助保护。

主保护是满足系统稳定和设备安全要求，能以最快速度有选择地切除被保护设备和线路故障的保护；后备保护是主保护或断路器拒动时，用以切除故障的保护。继电保护装置应满足可靠性、灵敏性、选择性和速动性的要求。110kV 及以下线路的保护配置及二次回路较为简单，本章不再赘述，读者如有兴趣，可以自行查找相关文献资料。

220kV 线路保护的主保护为纵联保护，一般有纵联分相电流差动保护、纵联距离保护或纵联方向保护，它对本线路首端、中间、末端的金属性短路故障都能快速动作切除故障。

由于 220kV 线路一般采用近后备保护方式，即当故障线路的一套继电保护拒动时，由相互独立的另一套继电保护装置动作切除故障。因而后备保护一般配置有三段式相间距离保护和接地距离保护，如果灵敏度和动作速度满足要求，还配有四段式零序保护（方向可投退），以及特殊情况下的 TV 断线过流保护。另外，在灵敏度和选择性无法兼顾时，优先保证灵敏性，保护无选择动作，但采用补救措施（如自动重合闸）进行补救。

而断路器拒动时，启动断路器失灵保护作为辅助保护，断开与故障元件相连的所有其他连接电源的断路器，需要时，采用远后备保护方式，即故障元件的继电保护或断路器拒动时，由各电源侧相邻故障元件的继电保护装置动作切除故障。其辅助保护一般配置有失灵启动、充电保护、三相不一致保护、两段相过流和两段零序过流。

500kV 线路保护的主保护范围是线路两侧边断路器电流互感器线路次级和中断路器电流互感器线路次级之间的部分。保护配置应双重化，即装设两套完全独立的全线速断的标准化设计的主保护，每套保护均采用双通道型式。线路保护应采用分相电流差动保护，并应优先考虑采用 OPGW 作为线路保护的专用通道。每套线路保护除了全线速断的纵联保护外，还应具有分相跳闸的三段式接地、相间距离及零序反时限过流保护作为后备保护。

常规变电站和智能变电站的常见线路保护型号统计如表 3-1 所示。和 220kV 线路保护相配合的，还有线路断路器保护，其常见型号有：RCS-923、PSL-631A、PSL-631U、PRS723、NSR322、CSC-122、WDLK861A/B6/KG 等。根据 Q/GDW 1161—2014《线路保护及辅助装置标准化设计规范》和《国家电网有限公司十八项电网重大反事故措施（2018 年修订版）》相关要求，220kV 线路保护保护装置的双重化以及与保护配合回路（包括通道）的双重化，双重化配置的保护装置及其回路之间应完全独立，无直接的电气联系。

表 3-1　　常规变电站和智能变电站的线路保护型号统计

变电站类型	线路保护型号
常规变电站	RCS-931（PCS-931）、RCS-902（PCS-902）、RCS-901（PCS-901）、PSL-602、PSL-603、CSC-101、CSC-103、WXH-803、WXH-802、PRS753、NSR303
智能变电站	PCS-931A-DA-G、PSL603UA-DA-G、PRS-753A-DA-G、WXH-803A-DA-G、CSC-103A-DA-G、NSR-303A-DA-G

由于变电站投运时间不同，存在着“六统一”和“四统一”的设计区别，其对 220kV 线路保护的安措有一定影响，尤其是对失灵回路的安措需要重点注意，分为以下几个方面：

（1）线路保护跳闸回路的差异。

当线路发生单相故障时，“六统一”和“四统一”的保护都是通过跳 A、跳 B、跳 C 的单相跳闸压板出口到操作箱跳闸回路的。当发生相间故障或永久性故障时，“六统一”的保护只发 3 个分相跳闸命令，采用“一跳一”跳闸方式，第一套（RCS-931 为例）保护动作跳第一组跳闸回路，第二套保护（PSL-603 为例）动作跳第二组跳闸回路，通过每个屏上的跳 A、跳 B、跳 C 压板出口；而“四统一”的保护经（PSL-603 为例）保护的重合闸选相功能判别之后，发出三跳或永跳命令，再通过三跳或永跳压板出口到操作箱启动 TJQ 或 TJR 继电器来实现三相跳闸功能。

“六统一”的保护跳闸回路中，220kV 第一套（第二套）母线保护动作或 PSL-631 的过流保护动作，会启动操作箱的 11TJR（21TJR）跳圈来启动第一组（第二组）跳闸回路，实现三相跳闸并闭锁重合闸，具体回路如图 3-1（a）所示。

“四统一”的保护跳闸回路中，220kV 母线保护或 PSL-631 的过流保护动作，会启动操作箱的 11TJR 跳圈来启动第一组跳闸回路，实现三相跳闸并闭锁重合闸；PSL-603 保护的三跳、永跳命令或 PSL-631 的过流保护动作，会启动操作箱的 21TJR 跳圈来启动第二组跳闸回路，实现三相跳闸并闭锁重合闸，具体回路如图 3-1（b）所示。

（2）启动失灵回路的差异。

失灵动作出口要同时满足保护动作、故障电流依然存在两个条件。“四统一”和“六统一”的失灵动作原理相同，区别在于判别故障电流的装置不同。“四统一”是通过断路器保护来判别故障电流，而“六统一”是通过母线保护来判别的。

“六统一”线路保护屏配置的断路器保护中，失灵电流判别功能不用，仅使用其中的过流保护功能。当线路保护正常运行时，过流保护停用；当变电站的母线保护按“六统一”原则设计时，失灵保护功能由母线保护实现。对于分相启动失灵功能，RCS-931 保护启动第一套母线保护的失灵，PSL-603 保护启动第二套母线保护的失灵，线路保护提供启动失灵保

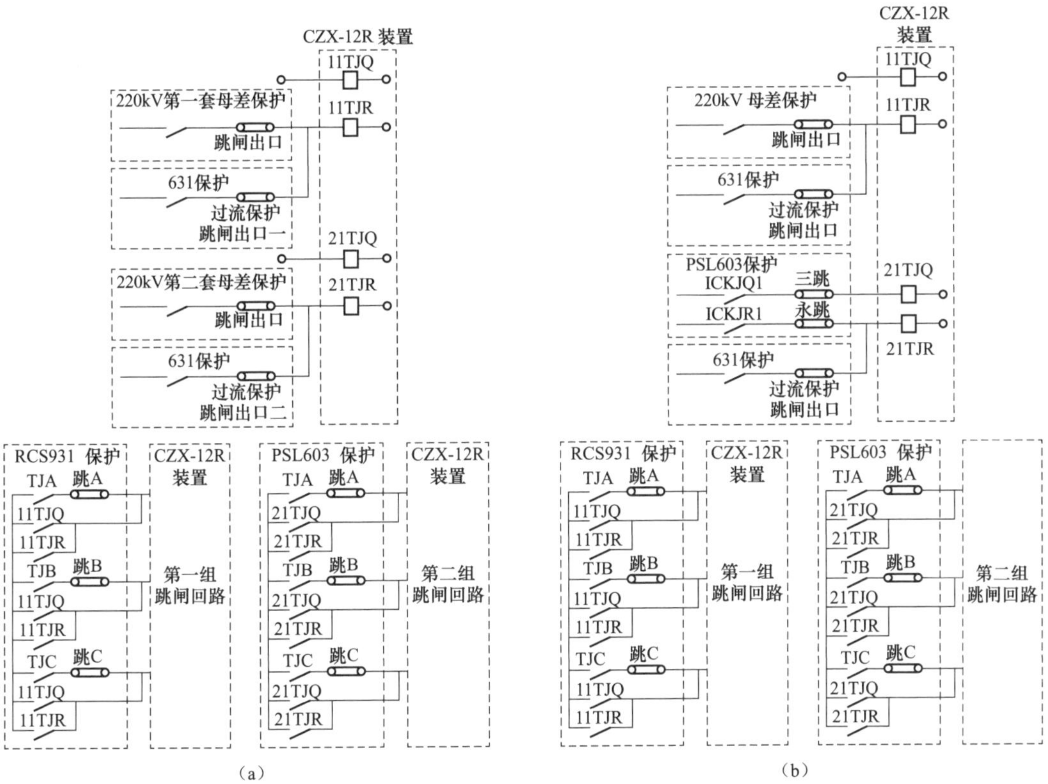

图 3-1　跳闸回路图

（a）“六统一”；（b）“四统一”

护用的跳闸接点来启动母线保护的断路器失灵保护，并由母线保护对故障电流进行判别。三相跳闸启动失灵由操作箱提供 TJR、TJQ 接点，通过操作箱的三跳启动失灵压板开入到母线保护，满足失灵判据后，延时跳闸。其失灵回路如图 3-2（a）所示。

“四统一”的保护失灵回路如图 3-2（b）所示，PSL-603 和 RCS-931 线路保护的 A、B、C 相跳闸接点经过分相启动失灵压板输出到 PSL-631 断路器保护装置，PSL-631 保护再通过电流判别（由微机完成）决定失灵是否出口。若失灵条件满足，则启动中间继电器 1QDSL、2QDSL（其辅助接点串联在失灵启动母线回路中），通过 PSL-631 断路器保护屏上的失灵启动母线压板出口到母线保护屏。保护的三跳接点不直接启动失灵，而是通过操作箱 CZX-12R 装置的三跳接点 TJR、TJQ 去启动失灵。

在二次安措的执行中，需要根据不同的方式，解开失灵三相或分相跳闸线的正、负端。

（3）TV 二次回路分析的差异。

“四统一”的保护一般用母线 TV 电压，线路上可选配单相 TV 用于三相重合闸的无压或同期检定。而“六统一”的保护一般采用线路 TV 电压，要求线路配置三相 TV。

在二次安措的执行中，需要根据不同的方式，注意断开所有的电压端子连接。

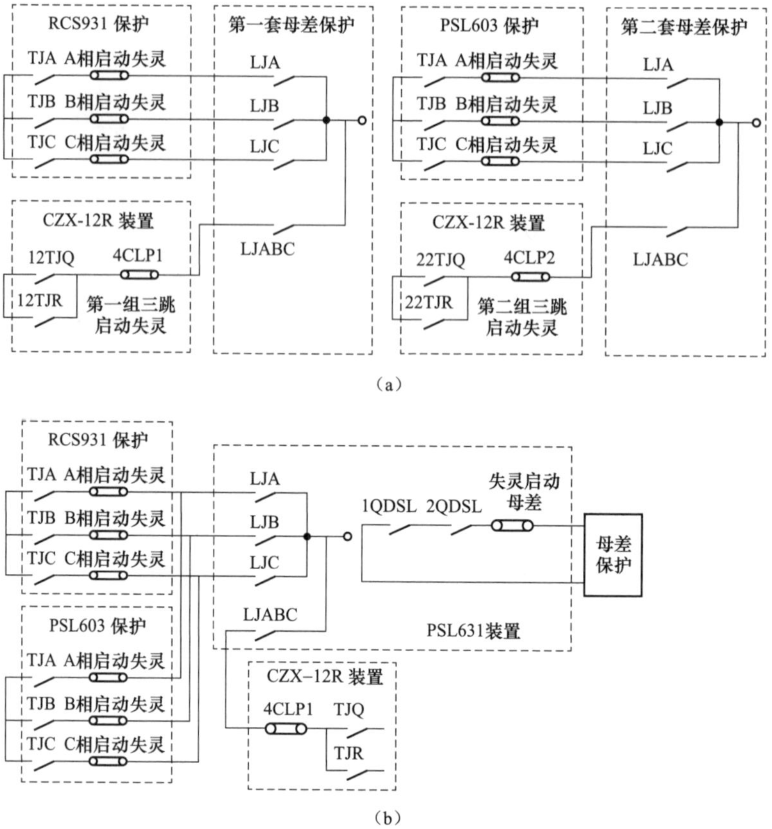

图 3-2　失灵回路图

(a)“六统一”；(b)“四统一”

第一节　常规变电站线路保护校验二次安措

一、准备工作

1. 工器具、仪器仪表、材料

个人工具箱、继电保护校验仪、万用表、短接片、短接线、线路保护二次图纸、线路保护二次安全措施票。

万用表用于测量线路或母线电压断开前后的电压值，判断电压是否断开，防止虚断。

短接片或短接线用于串接电流回路的电流退出，分别适用于 A/B/C/N 相端子紧挨和间隔分布的场景。

线路保护二次图纸主要包括二次回路接线图、回路展开图、保护原理图。

2. 整体回路连接关系

（1）220kV 及以下等级。

为了理清常规变电站 220kV 线路保护相关的二次回路及与其他保护、自动化装置之间的逻辑关系，更好地进行危险点分析，方便二次安措的填写，一个典型的 220kV 常规变电站线路保护所关联的外部回路如图 3-3 所示。

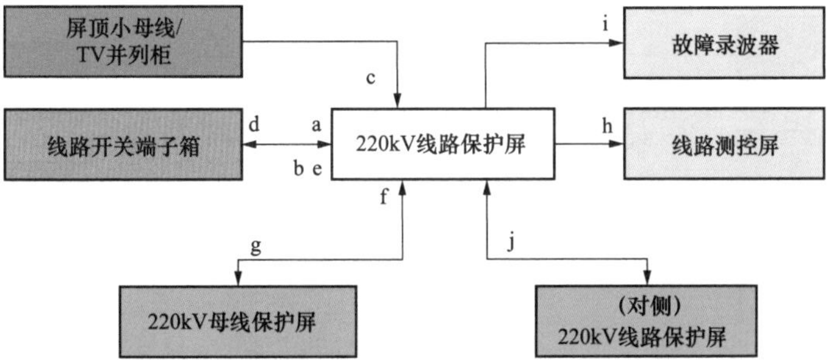

图 3-3 常规变电站线路保护回路连接关系示意图

根据现场工作类型的不同，图 3-3 中可能需要通过执行二次安措进行隔离的各回路的含义如下：

a. 交流电流回路。线路开关端子箱的 TA 线路保护二次次级接至 220kV 线路保护屏的交流电流回路。

b/c. 交流电压回路。分别为线路开关端子箱至线路保护屏的三相（或单相）交流线路电压回路和两组单相（或三相）交流母线电压回路。

d. 跳闸回路。220kV 线路保护至开关端子箱分相跳本开关的跳闸回路。

e. 位置开入信号回路。本线路间隔将断路器分相位置、刀闸位置等通过开关端子箱接入至 220kV 线路保护屏。

f. 母线差动跳闸回路。220kV 母线保护动作后发永跳出口至 220kV 线路保护的跳闸回路，使线路开关分闸且闭锁重合闸。

g. 启失灵回路。220kV 线路保护动作且断路器失灵后至 220kV 母差保护的分相启失灵回路。

h. 测控信号回路。220kV 线路保护屏送往测控屏的相关信号回路，用于接入后台机及远动机监视线路保护动作和告警等信号。

i. 故障录波信号回路。220kV 线路保护屏至故障录波器的相关信号回路，用于记录线路保护动作和开入变位等信号。

j. 纵联通道。220kV 线路保护屏至对侧线路保护的高频载波或光纤通道，用来实现两侧保护装置的采样值及跳闸命令的传输。

对于 110kV 线路保护而言，b、g 回路视现场情况保留或删除，e、h、i、j 回路视现场情况简化。

而 35kV/20kV/10kV 线路通常采用保测一体装置，其与外部的连接，主要为开关柜端子排中的电压、电流、控制回路。

（2）500kV 电压等级。

500kV 线路保护回路连接关系如图 3-4 所示（以“九统一”为例）。

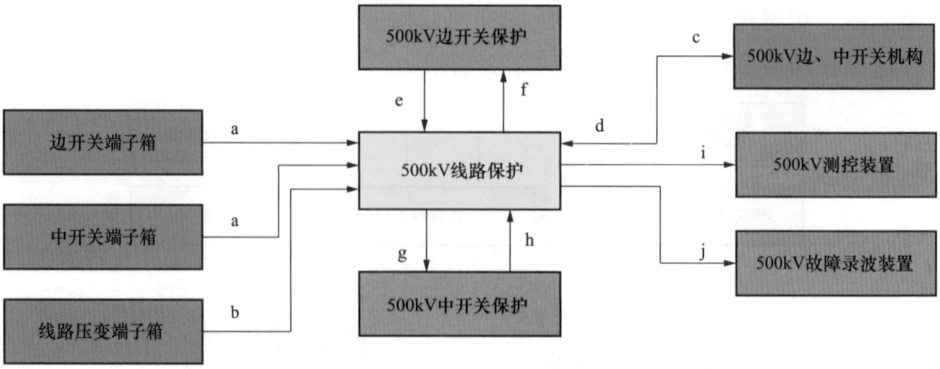

图 3-4　500kV 线路保护连接关系示意图

各回路的含义如下：

a. 交流电流回路。边、中断路器端子箱的 TA 线路保护二次送往线路保护屏的交流电流回路。

b. 交流电压回路。线路间隔的电压互感器至线路保护屏的三相交流电压回路。

c. 跳闸回路。线路保护分相跳本开关的跳闸回路。

d. 位置开入信号回路。本间隔边、中断路器本体将分相断路器位置开入至线路保护。

e/h. 失灵联跳回路。分别为边、中断路器保护屏失灵保护动作后发远传信号至线路保护的联跳回路。

f/g. 启失灵、闭重回路。线路保护动作后至边、中断路器保护的分相启失灵回路，同时也是作用于启动断路器保护的重合闸功能。相应的，线路保护可以发送闭重信号用于闭锁断路器保护的重合闸。

i. 测控遥信回路。线路保护屏送往测控屏的相关信号回路，用来接入后台机监视线路保护动作、开入和告警等信号。

j. 故障录波信号回路。线路保护屏至故障录波器的相关信号回路，用来记录线路保护动作和开入变位等信号。

二、 220kV 及以下等级线路保护安措实施

1. 二次设备状态记录

以某变电站 220kV 线路保护屏柜为例，一般分为 A 屏和 B 屏两个屏柜，一般是一屏一卡，即一个屏柜对应一份二次安措票。首先，在安措票上还需要记录二次设备的状态（以线路保护 A 屏为例），包括压板状态（见图 3-5）、切换把手状态、当前定值区（见图 3-6）、光纤通道原始识别码［见图 3-6（b）］、空气开关状态（见图 3-7）、端子状态，便于校验结束后，恢复原始状态。

保证状态记录完整无误后，在保护装置校验前，通常还会将所有的跳闸、重合闸、启失灵出口压板全部退出（一般为红色压板），起到双重保险的作用。

安措票二次设备状态记录部分示例如表 3-2 所示。

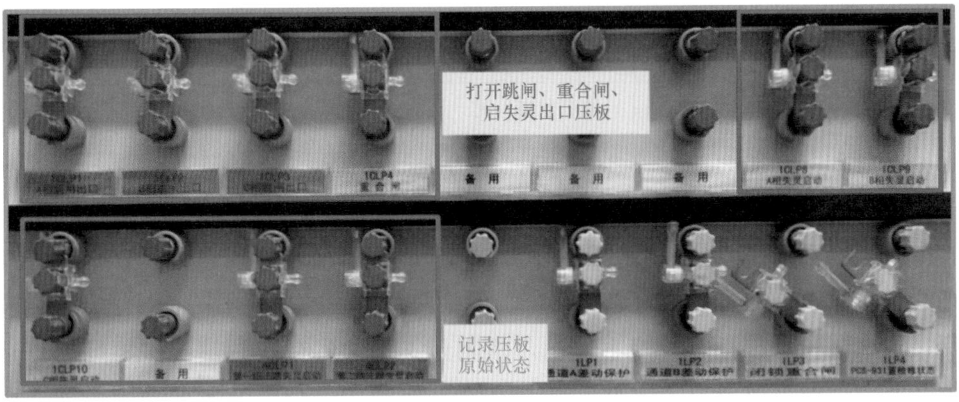

图 3-5　某 220kV 线路保护 A 屏压板状态（PCS-931）

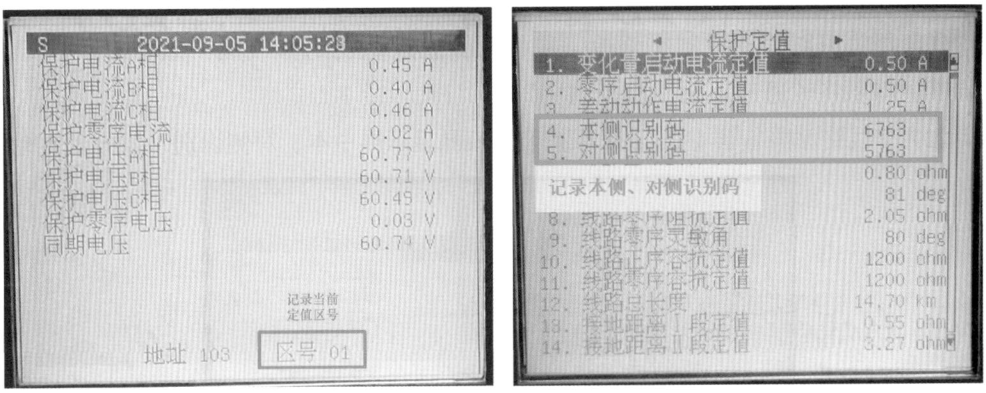

（a）　　（b）

图 3-6　某 220kV 线路保护 A 屏定值区号以及本、对侧识别码（PCS-931）

（a）定值区号；（b）本、对侧识别码

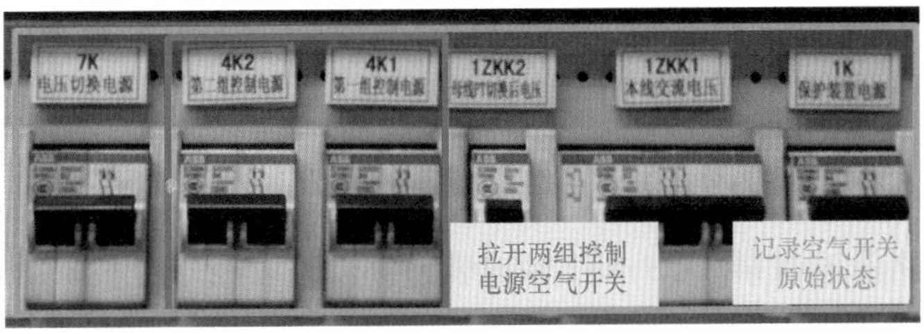

图 3-7　某 220kV 线路保护 A 屏空气开关状态（PCS-931）

表 3-2　　某 220kV 线路保护安措票二次设备状态记录示例

A 屏 PCS-931 保护装置校验

序号	类别	状　态　记　录
1	压板状态	打开状态：1LP3、1LP4 打上状态：其余合
2	切换把手状态	无
3	当前定值区	01 区
4	光纤通道原始识别码	本侧：6763 对侧：5763

续表

序号	类别	状 态 记 录
5	空气开关状态	断开状态：无 合上状态：全部合上
6	端子状态	外观无损伤，螺丝紧固

2. 光纤通道自环安措

光纤差动保护的校验需要通道的配合，但是两侧校验的进度不同，持续两侧同步联调的可行性不高。同时，考虑线路不停电，两侧开关正常运行或两侧保护不同时停运，未避免纵联差动保护远跳出口，因此一般是在本站自环，进行本装置的功能校验。在自环前需要记录好光纤纤芯号的顺序以及两侧识别码。记录完毕后，使用尾纤将通道自环，同时将自环相关识别码及控制字修改——将两侧通道识别码修改成一致，对于 CSC-103 保护装置还需要将“通道环回试验控制字”置“1”。

某 220kV 线路保护 A 屏 PCS-931 保护装置液晶显示屏中本、对侧识别码如图 3-8 所示。

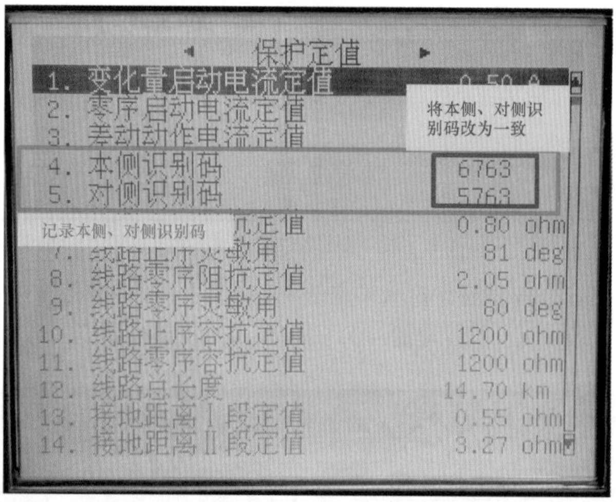

图 3-8 某 220kV 线路保护 A 屏本、对侧识别码（PCS-931）

某 220kV 线路保护 A 屏 PCS-931 保护装置背板通道光纤如图 3-9 所示。

图 3-9 某 220kV 线路保护背板通道光纤（PCS-931）

安措票光纤通道部分示例如表 3-3 所示（光纤通道识别码状态见表 3-2）。

表 3-3 某 220kV 线路保护安措票光纤通道部分示例

A 屏 PCS-931 保护装置校验

二、安全措施						
序号	执行	回路类别	安全措施内容			恢复
1		光纤通道自环	A 通道	光纤收—标记或颜色	光收—1	
				光纤发—标记或颜色	光发—2	
			B 通道	光纤收—标记或颜色	光收—橙	
				光纤发—标记或颜色	光发—绿	

3. 失灵回路安措

启动失灵回路为一类比较特殊的出口回路。在保护装置校验中，有一个步骤为传动验证，在操作回路恢复的情况下，启失灵回路由于其直接接至母线保护，在保护动作后会给母线保护一个开入，可能使母线保护误动作，因而在保护校验全过程中需要尤其注意启动失灵回路的断开。

“六统一”的启失灵回路如图 3-10 和图 3-11 所示。

对于“六统一”的启失灵回路，在实际现场中，一般会将三跳及分相启失灵压板打开并解开失灵回路接线。

安措票启失灵（“六统一”）回路部分示例如表 3-4 所示。

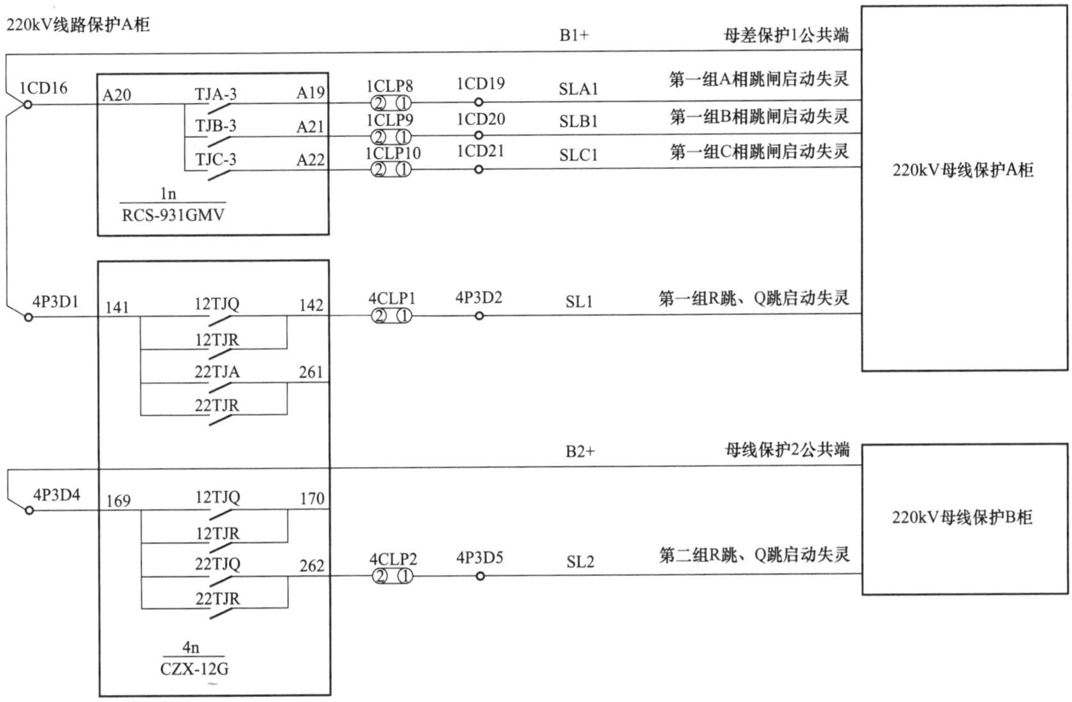

（a）

图 3-10 某 220kV 线路保护 A 屏启失灵回路图（PCS-931）（一）

（a）原理图

1CD			
1nA02	1		4Q1D3
1nA01	2		
	3		
1CLP1-1	4		4Q1D20
1CLP2-1	5		4Q1D23
1CLP3-1	6		4Q1D26
	7		
1CLP4-1	8		4Q1D30
	9		
1nA04	10		
	11		
1CLP5-1	12		
1CLP6-1	13		
1CLP7-1	14		
	15		
1nA20	16	B1+	
4P3D1	17		
	18		
1CLP8-1	19	SLA1	
1CLP9-1	20	SLB1	
1CLP10-1	21	SLC1	
	22		
1n916	23		
1n915	24		
1n918	25		
1n917	26		
	27		
	28		

4P3D			
1CD17	B1+	1	4n141
	SL1	2	4CLP1-1
		3	
	B2+	4	4n169
	SL2	5	4CLP2-1
		6	
	RD2'+	7	4n95
		8	
	TWJA3	9	4n96
	TWJB3	10	4n103
	TWJC3	11	4n104
		12	

(b)

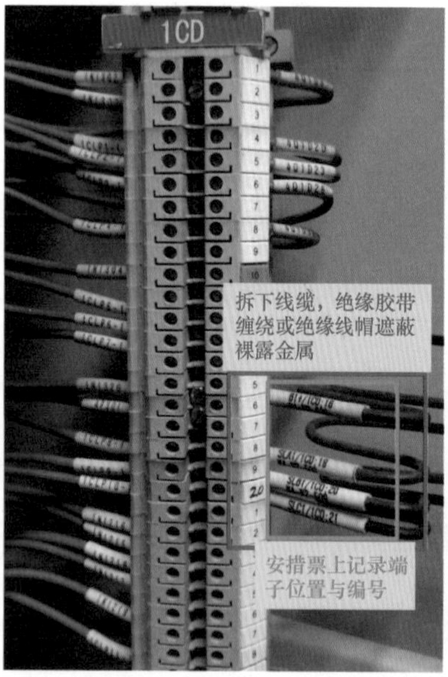
1CD
拆下线缆，绝缘胶带缠绕或绝缘线帽遮蔽裸露金属
安措票上记录端子位置与编号

4P3D
拆下线缆，绝缘胶带缠绕或绝缘线帽遮蔽裸露金属
安措票上记录端子位置与编号
1XD

(c)

图 3-10　某 220kV 线路保护 A 屏启失灵回路图（PCS-931）（二）

（b）端子排图；（c）实际接线图

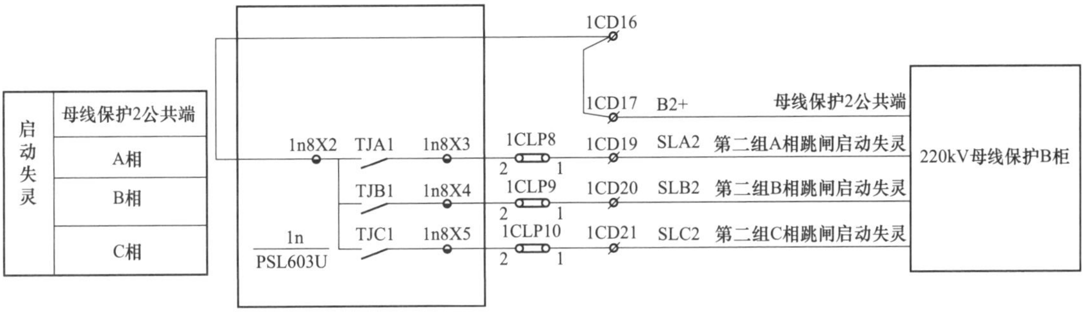

（a）

1CD			
1n8X1	1	101′	
1n10X1	2	101	
	3		
1CLP1:1	4	TJA2	
1CLP2:1	5	TJB2	
1CLP3:1	6	TJC2	
	7		
1CLP4:1	8	133	
	9		
1n9X1	10		
	11		
1CLP5:1	12		
1CLP6:1	13		
1CLP7:1	14		
	15		
1n8X2	16	B2+	
	17		
	18		
1CLP8:1	19	SLA2	
1CLP9:1	20	SLB2	
1CLP10:1	21	SLC2	
	22		
1n7X14	23		
1n7X19	24		
1n7X15	25		
1n7X20	26		
	27		
	28		

（b）

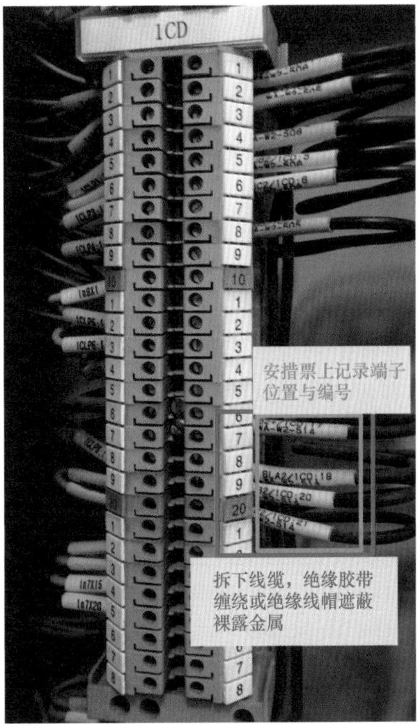

（c）

图 3-11　某 220kV 线路保护 B 屏启失灵回路图（PSL-603U+PSL-631U）

（a）原理图；（b）端子排图；（c）实际接线图

对于“四统一”保护，其通常只有一套母线保护，为三跳启失灵。因此，在做启失灵安措时，仅需要将对应失灵启动压板退出，并将失灵启动公共端和三跳启失灵电缆线解掉即可。解开的线芯需用绝缘胶带包裹好。

表 3-4　　某 220kV 线路保护安措票失灵（“六统一”）回路部分示例

(a) A 屏 PCS-931 保护装置校验

序号	执行	回路类别	安全措施内容		恢复
2		失灵回路	失灵启动公共正	1CD16：B1＋	
			失灵启动公共正	4P3D4：B2＋	
			三跳启动失灵	4P3D2：SL1	
			三跳启动失灵	4P3D5：SL2	
			A 相启动失灵	1CD19：SLA1	
			B 相启动失灵	1CD20：SLB1	
			C 相启动失灵	1CD21：SLC1	

(b) B 屏 PSL-603U 保护装置校验

序号	执行	回路类别	安全措施内容		恢复
2		失灵回路	失灵启动公共正	1CD17：B2＋	
			A 相启动失灵	1CD19：SLA2	
			B 相启动失灵	1CD20：SLB2	
			C 相启动失灵	1CD21：SLC2	

4. 操作回路安措

操作回路可以跳本线路间隔的开关，为了防止继电保护人员在试验时伤及开关专业人员或高压试验人员，需要进行操作回路的安措。

通常有以下 3 种方式：

(1) 打开保护的跳闸、合闸压板；

(2) 拆开保护两组操作回路的正端和负端电缆线，编号分别为 101 和 102、101′和 102′；

(3) 拉开操作电源空气开关。

某 220kV 线路的操作回路如图 3-12 所示。

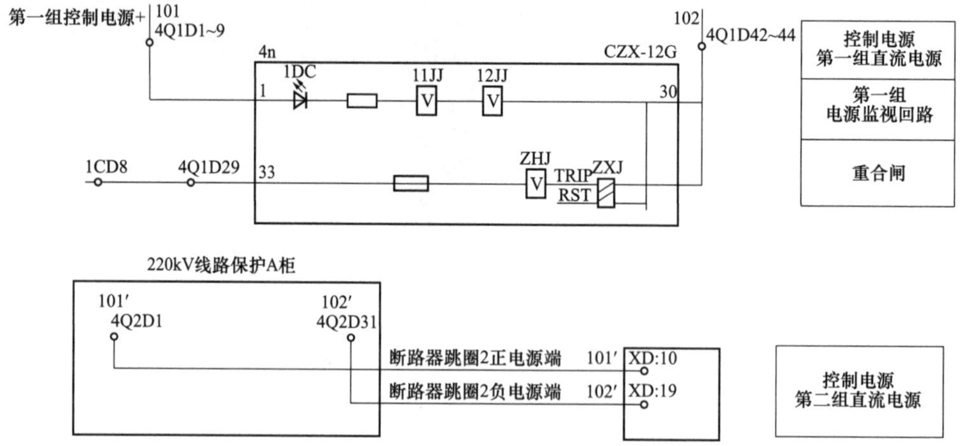

(a)

图 3-12　某 220kV 线路保护两组控制回路图（一）

(a) 原理图

4Q1D			
	101	1	4K1-2
		2	4n1
		3	1CD1
		4	
		5	4n3
		6	4n41
		7	4n238
		8	
		9	
		10	
		11	4n36
		12	
	TJR1	13	4n38
		14	
		15	
		16	4n48
		17	
		18	
		19	4n17
		20	1CD4
		21	
		22	4n18
		23	1CD5
		24	
		25	4n19
		26	1CD6
		27	
		28	
	133	29	4n33
		30	1CD8
		31	
		32	4n34
	103	33	4n23
		34	
	113	35	4n37
		36	
		37	
		38	4FA-2
		39	
	BC1	40	4n50
		41	
	102	42	4K1-4
		43	4n30
		44	4n32
		45	

4Q2D			
	101′	1	4K2-2
		2	4n2
		3	
		4	
		5	
		6	
		7	4n239
		8	
		9	
		10	
		11	4n39
		12	
	TJR2	13	4n40
		14	
		15	
		16	4n56
		17	
		18	
	TJA2	19	4n20
		20	
		21	
	TJB2	22	4n21
		23	
		24	
	TJC2	25	4n22
		26	
		27	
		28	
		29	4FA-4
		30	
	102′	31	4K2-4
		32	4n31
		33	

（b）

图 3-12 某 220kV 线路保护两组控制回路图（二）

（b）端子排图

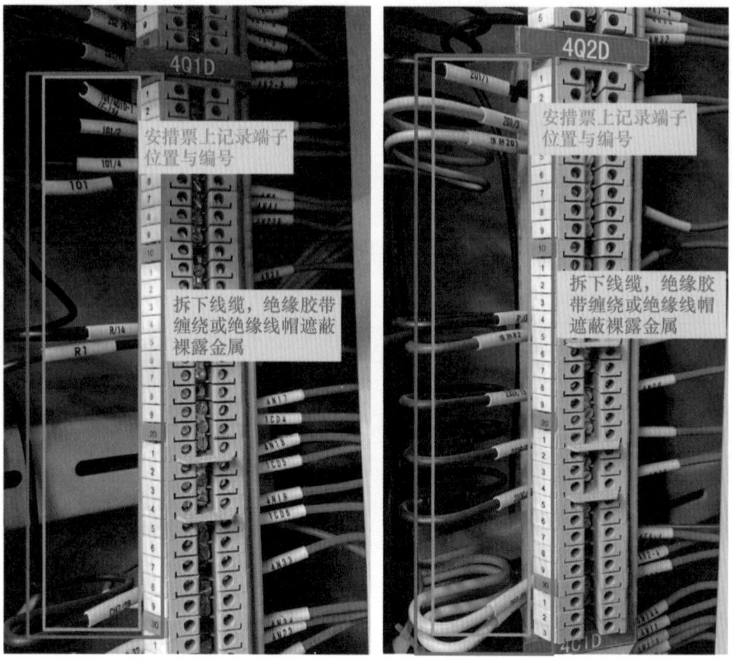

（c）

图 3-12　某 220kV 线路保护两组控制回路图（三）

（c）实际接线图

某 220kV 线路的操作（控制）电源如图 3-13 所示。

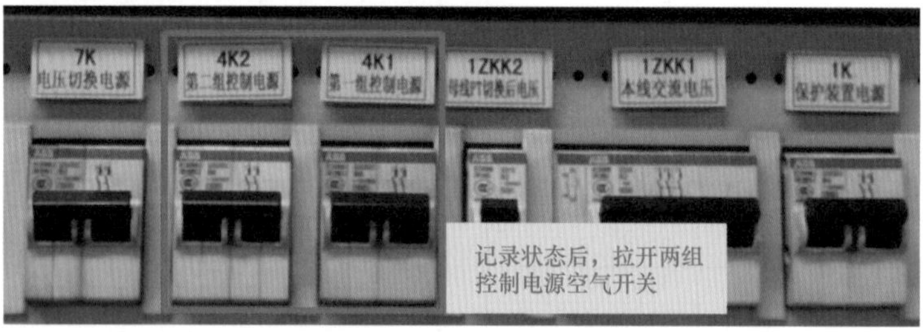

图 3-13　某 220kV 线路保护控制电源空气开关

操作回路重点在断开检修设备和运行设备之间的回路联系并进行有效隔离。通常在出口压板退出的基础上将操作电源空气开关断开或将操作回路的正端及负端电缆线解掉，解开的线芯需用绝缘胶带包裹好。

安措票操作回路部分示例如表 3-5 所示。

表 3-5　　某 220kV 线路保护安措票操作回路部分示例 1

序号	执行	回路类别	安全措施内容		恢复
3		操作回路	第一组电源正	4Q1D1～9：101	
			第一组电源负	4Q1D42～44：102	
			第二组电源正	4Q2D1：101′	
			第二组电源负	4Q2D31：102′	

对于如线路保护校验，本间隔一次设备同时停用的，线路保护操作箱同开关间二次回

路可不用拆除，但考虑到一次设备有检修工作，需对操作电源进行有效管控，操作电源应拉开，并编制在二次安措票中，如表 3-6 所示。

表 3-6　　某 220kV 线路保护安措票操作回路部分示例 2

序号	执行	回路类别	安全措施内容		恢复
3		操作回路	第一组操作电源空气开关	拉开 4K1	
			第二组操作电源空气开关	拉开 4K2	

当开关需要传动、操作电源需恢复时，应征得现场一次专业小组负责人同意，并做好记录（包括时间及一次专业负责人姓名）。

5. 电流回路安措

对于线路保护 A、B 屏，其电流二次回路分别取自线路电流互感器的两个不同的保护次级，通过端子箱转接至保护屏后，一般在端子排的 ID 标签类属中，A、B、C、N 构成一组，A 屏的电流二次回路可能串接 220kV 线路故障录波器，B 屏的电流二次回路一般串接 220kV 线路断路器保护。做安措前，需要结合原理图、端子排图和实际接线图，确认线路电流的实际端子编号和设计图纸一致无误。

某 220kV 线路保护电流回路如图 3-14 和图 3-15 所示，其 A 屏为 PCS-931 保护，B 屏为 PSL-603U 保护。

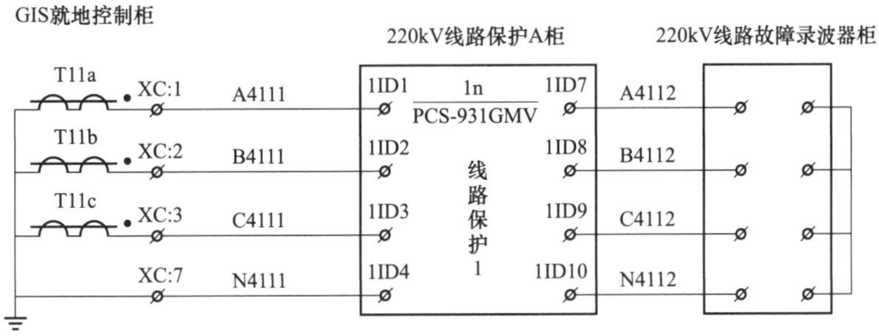

（a）

1ID		
1n201	1	A4111
1n203	2	B4111
1n205	3	C4111
1n207	4	N4111
	5	
	6	
1n202	7	A4112
1n204	8	B4112
1n206	9	C4112
1n208	10	N4112

（b）

图 3-14　某 220kV 线路保护 A 屏交流电流回路图（PCS-931）（一）
（a）原理图；（b）端子排图

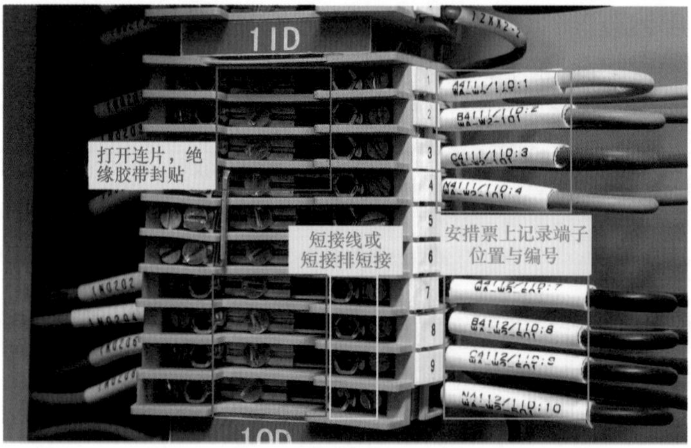

(c)

图 3-14 某 220kV 线路保护 A 屏交流电流回路图（PCS-931）（二）

（c）实际接线图

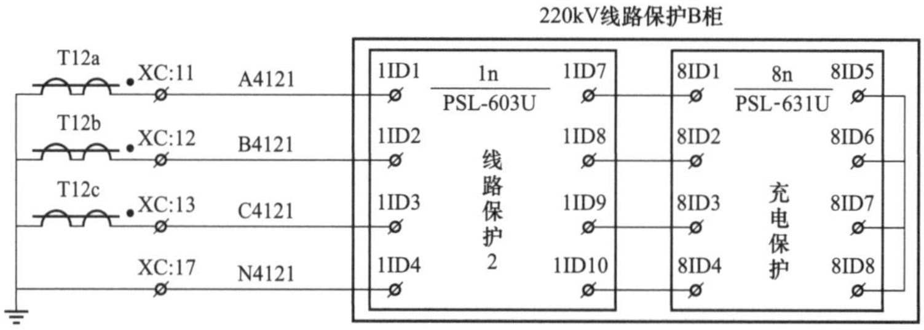

(a)

1ID			
1n2X1	1	A4121	
1n2X3	2	B4121	
1n2X5	3	C4121	
1n2X8	4	N4121	
	5		
	6		
1n1X2	7		8ID:1
1n1X4	8		8ID:2
1n1X6	9		8ID:3
1n1X7	10		8ID:4

8ID			
8n2X1	1		1ID:7
8n2X3	2		1ID:8
8n2X5	3		1ID:9
8n2X8	4		1ID:10
8n1X2	5		
8n1X4	6		
8n1X6	7		
8n1X7	8		

(b)

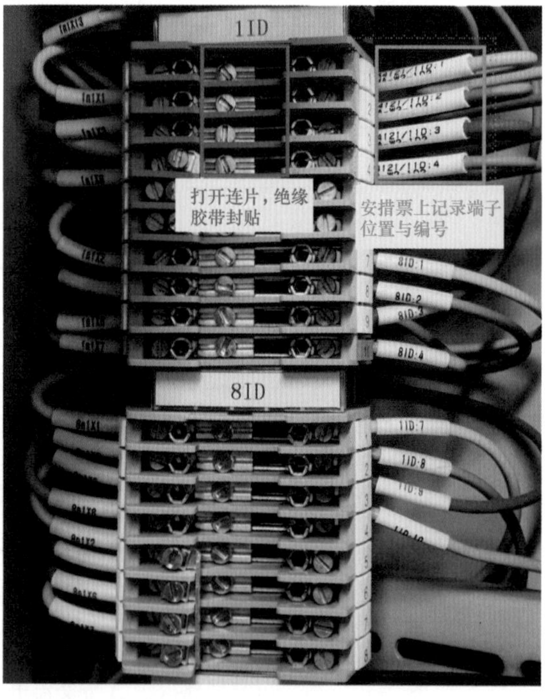

(c)

图 3-15 某 220kV 线路保护 B 屏交流电流回路图（PSL-603U＋PSL-631U）

（a）原理图；（b）端子排图；（c）实际接线图

当线路间隔停运，需要做安措时：①检查A屏保护装置中电流有效值均为0A或接近0A，若有串接回路，根据需要用短接线或短接排将交流电流回路端子排外侧短接；②用螺丝刀打开端子排上对应端子的金属连片，打开后要紧固连片；③在二次安措票中记录对应交流电流回路的端子位置及编号，防止误碰。上述步骤完成后，B屏电流回路按照上述方法依次操作，直至两个间隔均全部完成，并用红色绝缘胶带封贴连片和外部TA馈入回路。

一般线路保护A屏保护电流回路串接故障录波器，线路保护B屏若有断路器保护，则线路保护电流回路串接断路器保护，交流电流回路需视情况施加“短接退出”安措，一方面保证单体保护装置的校验，另一方面避免校验仪试验电流对其他设备及保护的影响，造成不正常发信或其他可能发生的跳闸。

当如图3-14和图3-15所示线路间隔停电检修，需要进行两个屏的保护装置定期校验时，需要先将A屏中由保护装置串至故障录波器的电流回路短接退出、保护装置入口的电流连片断开，将B屏保护装置入口的电流连片断开。

安措票电流部分示例如表3-7所示。

表3-7　某220kV线路保护安措票电流回路部分

(a) A屏PCS-931保护装置校验

序号	执行	回路类别	安全措施内容			恢复
4		电流回路	电流A相	1ID1：A4111		
			电流B相	1ID2：B4111		
			电流C相	1ID3：C4111		
			电流公共N	1ID4：N4111		
			电流A相	1ID7：A4112	短	
			电流B相	1ID8：B4112	接	
			电流C相	1ID9：C4112	退	
			电流公共N	1ID10：N4112	出	

(b) B屏PSL-603U+PSL-631U保护装置校验

序号	执行	回路类别	安全措施内容		恢复
4		电流回路	电流A相	1ID1：A4121	
			电流B相	1ID2：B4121	
			电流C相	1ID3：C4121	
			电流公共N	1ID4：N4121	

需要注意的是，执行电流回路安措时，需认清电流回路，未认清之前不可直接短接断开电流端子连片，以防造成其他电流回路开路。在执行电流回路安措时，需确保该回路

有且只有一个接地点，工作中不应将回路的永久接地点断开。

当一次设备运行时，二次设备检修，需要做好防止 TA 开路的安全措施，运行 TA 上的安措要求是不应将电流互感器二次侧开路。必要时，工作前申请停用相关继电保护或电网安全自动装置。

短路电流互感器二次绕组，应用短路片或导线压接短路。

对于被检验保护装置与其他保护装置共用电流互感器绕组的特殊情况，应采取以下措施防止其他保护装置误动作：核实电流互感器二次回路的使用情况和连接顺序。若在被检验保护装置电流回路后串接有其他运行的保护装置，原则上应停运其他运行的保护装置。如确无法停运，在短接被检验保护装置电流回路前、后，应监测运行的保护装置电流与实际相符。若在被检验保护电流回路前串接其他运行的保护装置，短接被检验保护电流回路后，监测到被检验保护装置电流接近于零时，方可断开被检验保护装置电流回路。

6. 电压回路安措

“六统一”线路保护电压回路如图 3-16 和图 3-17 所示，包含该线路 TV 采集的三相电压编号一般为 60××和两条母线 A 相的 TV 采集电压，编号一般为 A630 和 A640，其中线路三相电压一般用作距离、零序保护的电压判别，母线单相电压一般作为同期电压使用，均在端子排的 UD 标签类属中。对于某些未完全实现“六统一”的变电站，其

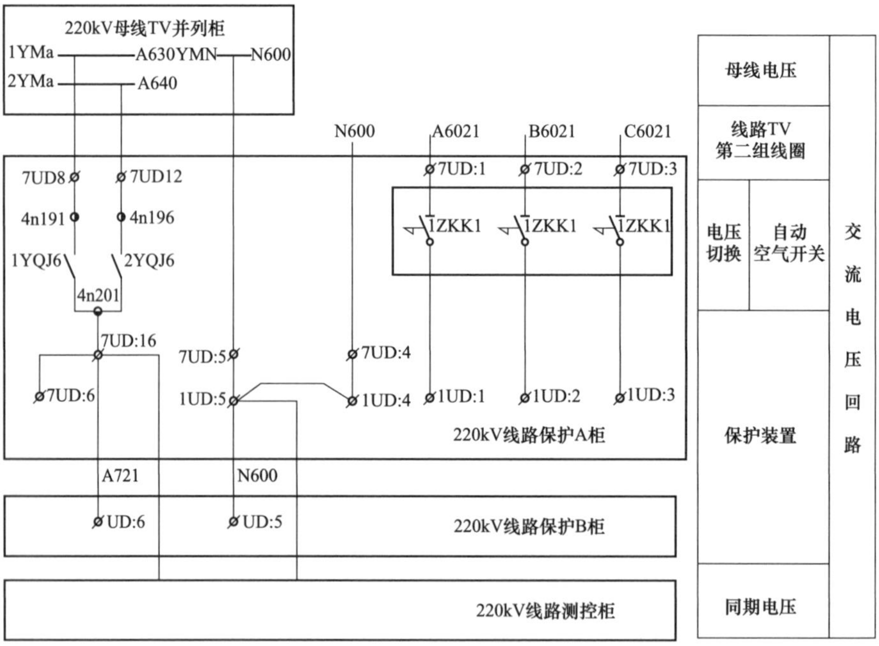

(a)

图 3-16 某 220kV 线路保护 A 屏交流电压回路图（PCS-931）（一）

(a) 原理图

7UD			
1ZKK1-1	1	A6021	
1ZKK1-3	2	B6021	
1ZKK1-5	3	C6021	
1UD4	4	N600	
1UD5	5	N600	
1ZKK2-1	6		7UD16
	7		
4n191	8	A630	
4n192	9		
4n193	10		
	11		
4n196	12	A640	
4n197	13		
4n198	14		
	15		
4n201	16	A721	
7UD6	16		
4n202	17		
	17		

1UD			
1n209	1		1ZKK1-2
1n210	2		1ZKK1-4
1n211	3		1ZKK1-6
1n212	4	N600	7UD4
1n214	5	N600	7UD5
1n213	6		1ZKK2-2

（b）

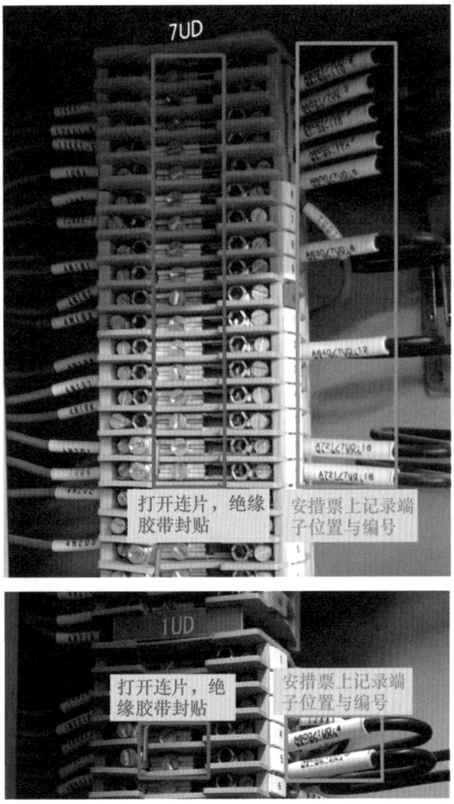

（c）

图 3-16　某 220kV 线路保护 A 屏交流电压回路图（PCS-931）（二）

（b）端子排图；（c）实际接线图

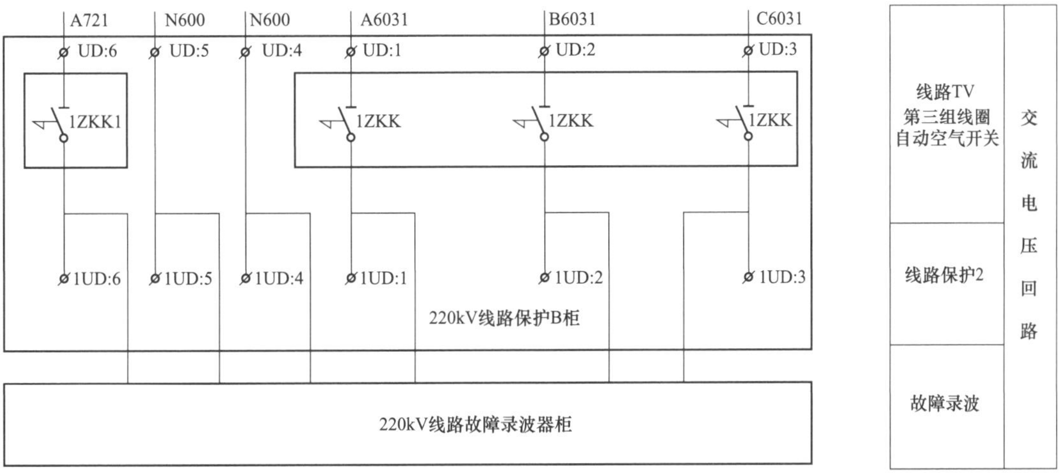

（a）

图 3-17　某 220kV 线路保护 B 屏交流电压回路图（PSL603U+PSL631U）（一）

（a）原理图

UD			
1ZKK:1	1	A6031	
1ZKK:3	2	B6031	
1ZKK:5	3	C6031	
1UD4	4	N600	
1UD5	5	N600	
1ZKK1:1	6	A721	

1UD			
1n1X9	1		1ZKK:2
1n1X10	2		1ZKK:4
1n1X11	3		1ZKK:6
1n1X12	4		UD4
1n1X16	5		UD5
1n1X13,1ZKK1:2	6		

（b）

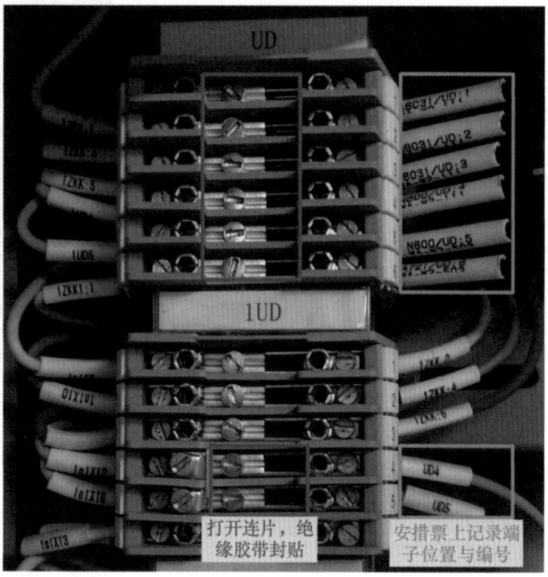
UD
1UD
打开连片，绝缘胶带封贴
安措票上记录端子位置与编号

（c）

图 3-17　某 220kV 线路保护 B 屏交流电压回路图（PSL603U＋PSL631U）（二）

（b）端子排图；（c）实际接线图

线路保护电压采Ⅰ母和Ⅱ母经切换后的三相电压作为保护电压，采集线路压变 A 相电压用于重合闸检同期和检无压。做安措前，确认线路间隔的实际端子编号和设计图纸一致无误。

做安措时：①用万用表电压档测量端子排内侧电压，打开线路电压回路的 A/B/C/N 相连接片，打开Ⅰ母和Ⅱ母交流电压回路的 A/N 相连接片，打开后要紧固连片；②用万用表电压档测量打开后的端子排内侧电压，监测电压变化情况；③查看保护装置中的电压采样值，确认母线电压接近 0V；④二次安措票中记录对应端子号；⑤用绝缘胶带封贴打开后的电压回路端子排，防止误碰。

线路保护所用电压一般取自母线电压互感器和本间隔线路电压互感器，实现线路保护相关功能要求，电压回路的“打开退出”安措，防止校验仪所加电压与线路、母线电压互感器二次电压误碰，跳开屏顶小母线馈出间隔的空气开关，防止对母线电压及线路电压互感器反充电，造成人员伤亡。

对照图 3-16 和图 3-17 中的电压回路，当进行线路保护校验时，考虑采用直接断开端子连片的方式隔离，包括 A 屏中的三相线路电压回路、Ⅰ段母线 A 相电压、Ⅱ段母线 A 相电压和中性点 N600。为了确保安全性，考虑增加第二个断开点，例如拉开 1ZKK1 和 1ZKK2 交流电压回路空气开关；B 屏的线路三相电压、中性点 N600 和经切换后的母线 A 相电压，第二个断开点可以考虑拉开 1ZKK 和 1ZKK1 交流电压回路空气开关。

安措票电压部分示例如表 3-8 所示。

表 3-8　某 220kV 线路保护安措票电压回路部分示例

(a) A 屏 PCS-931 保护装置校验

序号	执行	回路类别	安全措施内容		恢复
5		电压回路	线路电压 A 相	7UD1：A6021	
			线路电压 B 相	7UD2：B6021	
			线路电压 C 相	7UD3：C6021	
			线路电压 N 相	7UD4：N6021	
			正母电压 A 相	7UD8：A630	
			副母电压 A 相	7UD12：A640	
			电压公共 N	7UD5：N600	
			电压空气开关	1ZKK1 打开	
			电压空气开关	1ZKK2 打开	

(b) B 屏 PSL-603U+PSL-631U 保护装置校验

序号	执行	回路类别	安全措施内容		恢复
5		电压回路	线路电压 A 相	UD1：A6031	
			线路电压 B 相	UD2：B6031	
			线路电压 C 相	UD3：C6031	
			线路电压 N 相	UD4：N600	
			切换后母线电压 A 相	UD5：A601	
			电压公共 N	UD6：N600	
			电压空气开关	1ZKK 打开	
			电压空气开关	1ZKK1 打开	

需要注意的是，对于电压回路安措的执行也要按照设备停电状态区别对待。在设备停电施工时，先确认电压互感器二次回路没有电压，断开相应的电压连片即可。设备运行时，在电压回路并接走向完全掌握的前提下才能执行，并使用合格的万用表确认断开点之后确无电压后，用红色胶带做好隔离标识。相关空气开关断开后，应使用红色胶布进行粘贴，做好标识，防止误合。同时，注意 N600 所连端子排的并线走向，避免由于走向不清晰，误解至其他运行设备的 N600 接地，造成运行设备电压偏移等问题。

7. 测控信号回路安措

为防止在保护装置校验过程中，相关的保护动作信号通过测控装置上送至后台机及远动机，影响运行人员及监控人员对告警报文的判断，通常需要进行测控信号回路的安措。

某 220kV 线路的测控信号回路如图 3-18 和图 3-19 所示。

测控信号回路的安措需要断开保护至测控装置的全部回路，如表 3-9 所示，包括公共端（一般为公共正端，在端子排的“测控信号回路”类属中，编号一般为 701、800 或 900）和其他所有测控信号回路。

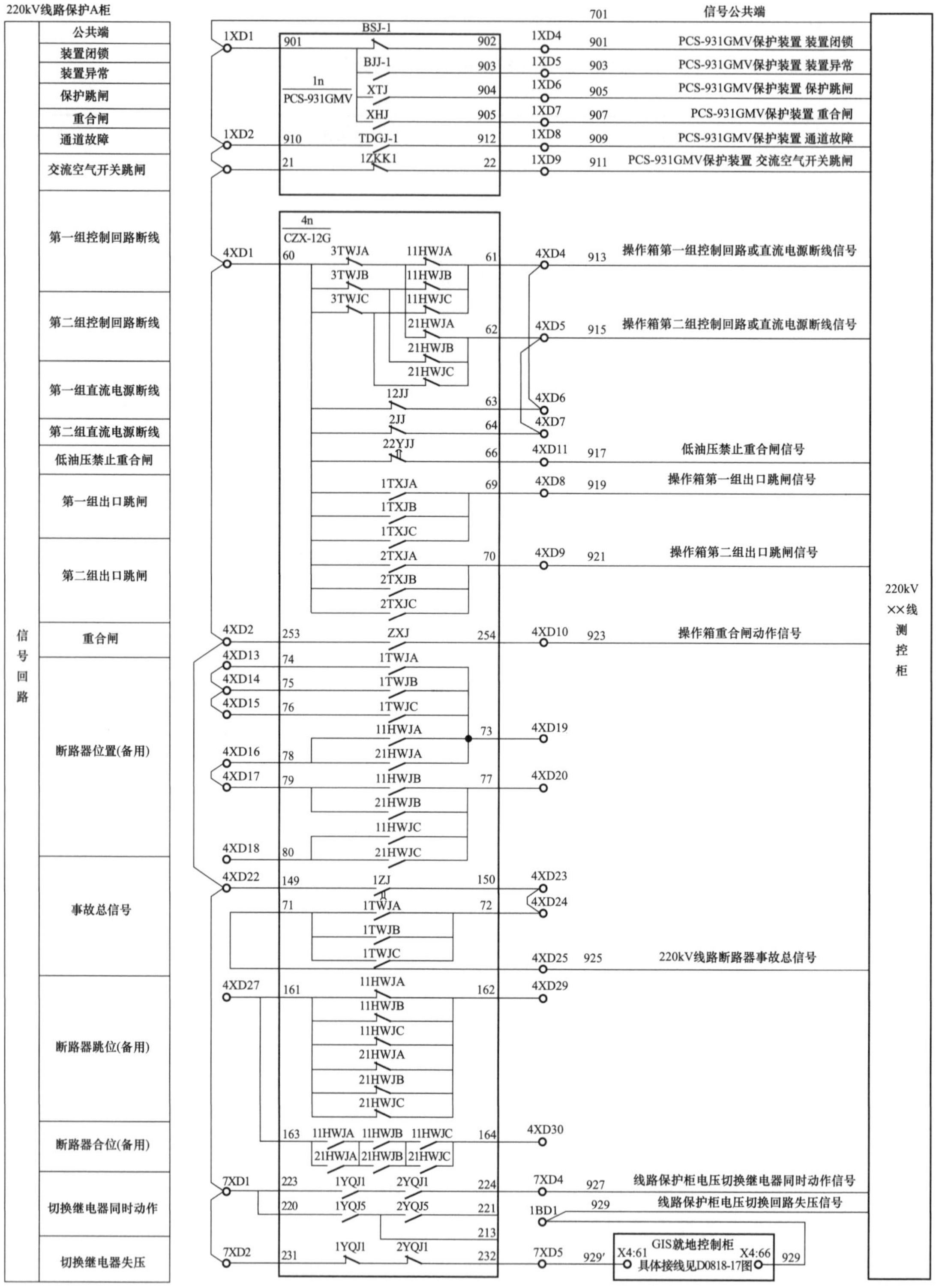

(a)

图 3-18　某 220kV 线路保护 A 屏测控信号回路图（PCS-931）（一）

（a）原理图

1XD			
	701	1	1n901
1ZKK1-21		2	1n910
		3	
	901	4	1n912
	903	5	1n903
	905	6	1n904
	907	7	1n905
	909	8	1n912
	911	9	1ZKK1-22
		10	

4XD			
	701	1	4n60
		2	4n253
		3	
	913	4	4n61
	915	5	4n62
		6	4n63
		7	4n64
	919	8	4n69
	921	9	4n70
	923	10	4n254
	917	11	4n66
		12	
		13	4n74
		14	4n75
		15	4n76
		16	4n78
		17	4n79
		18	4n80
		19	4n73
		20	4n77
		21	
	701	22	4n149
		23	4n150
		24	4n72
	925	25	4n71
		26	
		27	4n161
		28	
		29	4n162
		30	4n164

7XD			
	701	1	7n223
		2	7n231
		3	
	927	4	7n224
	929′	5	7n232

（b）

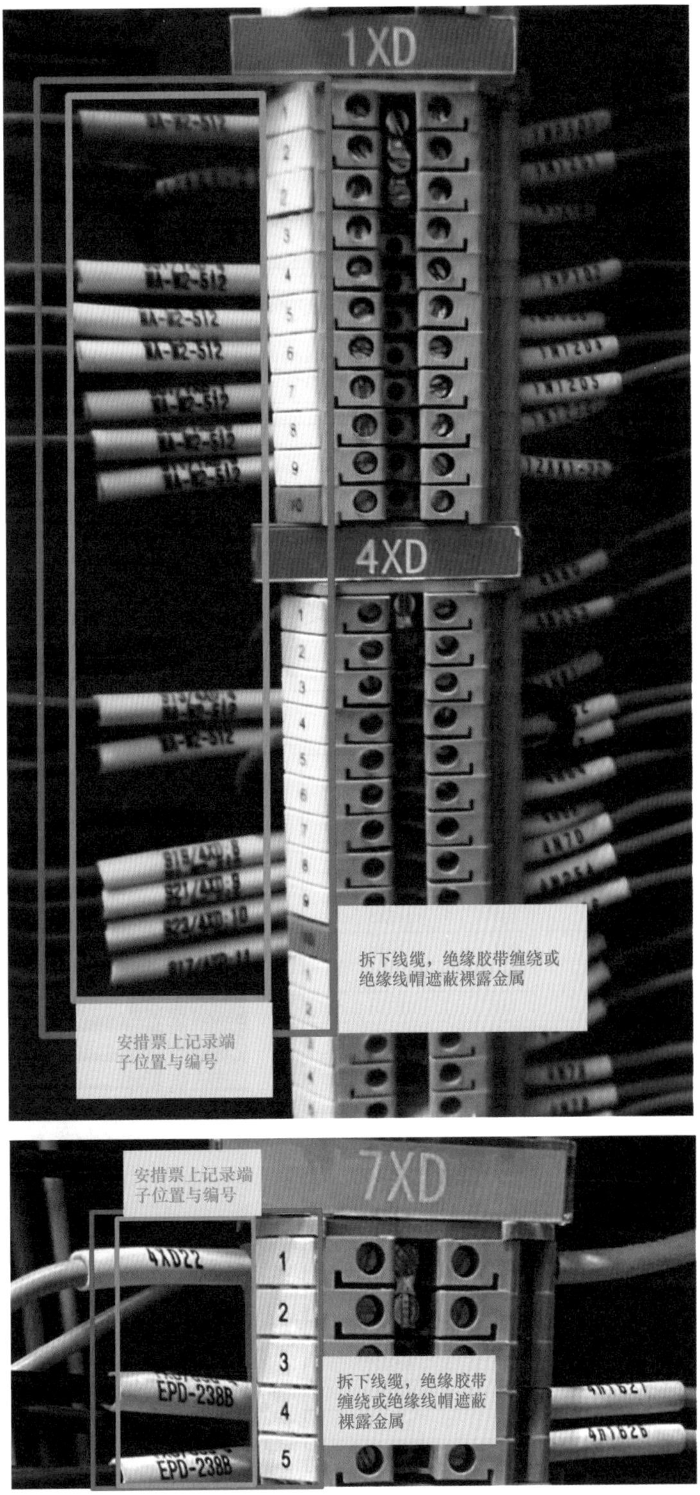
1XD
4XD
拆下线缆，绝缘胶带缠绕或绝缘线帽遮蔽裸露金属
安措票上记录端子位置与编号
7XD
安措票上记录端子位置与编号
拆下线缆，绝缘胶带缠绕或绝缘线帽遮蔽裸露金属
EPD-238B
EPD-238B

（c）

图 3-18　某 220kV 线路保护 A 屏测控信号回路图（PCS-931）（二）
（b）端子排图；（c）实际接线图

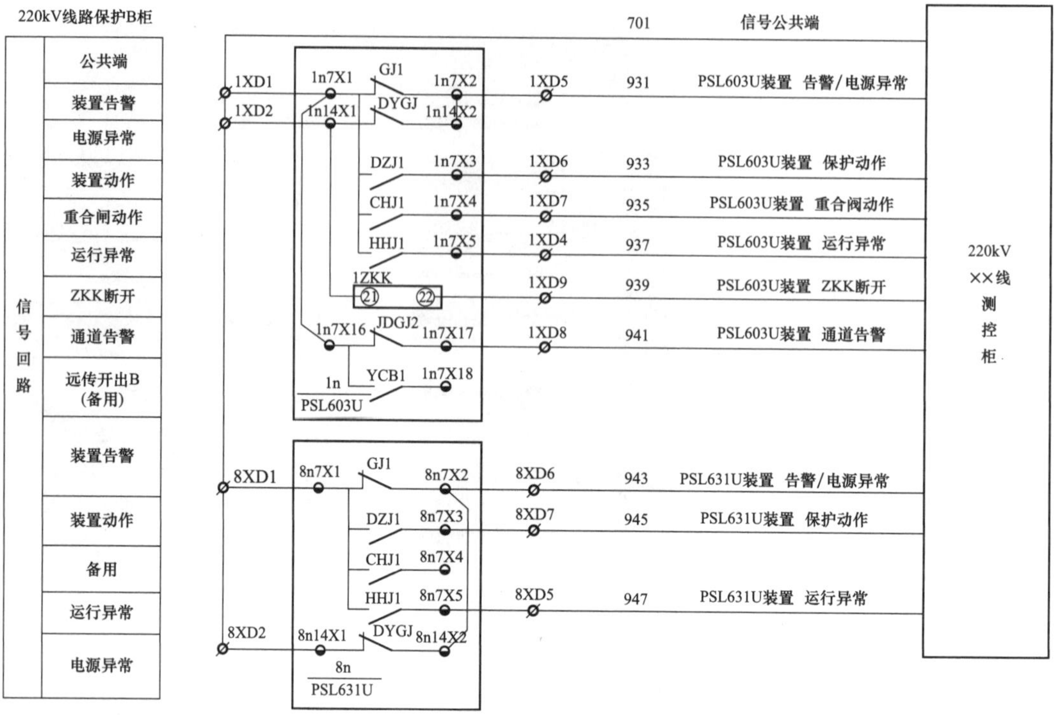

（a）

1XD			
	701	1	1n7X1
8XD2		2	1n14X1
		3	
	937	4	1n7X5
	931	5	1n7X2
	933	6	1n7X3
	935	7	1n7X4
	941	8	1n7X17
	939	9	1ZKK:22
		10	
8XD			
	701	1	8n7X1
1XD2		2	8n14X1
		3	
		4	
	947	5	8n7X5
	943	6	8n7X2
	945	7	8n7X3
		8	

（b）

（c）

图 3-19　某 220kV 线路保护 B 屏测控信号回路图（PSL-603U+PSL-631U）

（a）原理图；（b）端子排图；（c）实际接线图

表 3-9　　测控信号回路端子

信号类型		信号名称
公共端		信号公共端
保护装置信号	保护动作	保护跳闸
		重合闸（动作）
	异常告警	装置闭锁
		装置（运行）异常
		通道故障/告警
		电源异常
	其他	交流空气开关跳闸
操作箱信号	出口动作	第一/二组出口跳闸
		重合闸动作
	异常告警	事故总
		第一/二组控制回路断线
		第一/二组直流电源断线
	其他	切换继电器同时动作
		切换继电器失压
		低油压禁止重合闸

做安措时，找到对应的端子，解开线芯，用绝缘胶带缠绕或绝缘线帽遮蔽裸露部分，确认完全无裸露，在安措票中记录端子位置和编号，在该间隔的执行栏中打“√”。

测控信号回路重点在断开保护至测控装置回路的公共端（一般为公共正端），以及其他信号回路，解开的线芯需用绝缘胶带包裹好。

安措票测控信号回路部分示例如表 3-10 所示。

表 3-10　　某 220kV 线路保护安措票测控信号回路部分示例

(a) A 屏 PCS-931 保护装置校验（含操作箱 CZX-12G）

序号	执行	回路类别	安全措施内容		恢复
6		测控信号回路	信号公共正	1XD1：701	
			931 装置闭锁	1XD4：901	
			931 装置异常	1XD5：903	
			931 保护跳闸	1XD6：905	
			931 重合闸	1XD7：907	
			931 通道故障	1XD8：909	
			931 交流空气开关跳闸	1XD9：911	
			第一组控制回路断线	4XD4：913	
			第二组控制回路断线	4XD5：915	
			操作箱第一组出口跳闸	4XD8：917	

续表

序号	执行	回路类别	安全措施内容		恢复
6		测控信号回路	操作箱第二组出口跳闸	4XD9：921	
			操作箱重合闸动作	4XD10：923	
			低油压闭锁重合闸	4XD11：917	
			事故总信号	4XD25：925	
			切换继电器同时动作	7XD4：927	
			切换继电器失压	7XD5：929	

（b）B屏 PSL-603U+PSL-631U 保护装置校验

序号	执行	回路类别	安全措施内容		恢复
6		测控信号回路	信号公共正	1XD1：701	
			603U运行异常	1XD4：937	
			603U装置告警	1XD5：931	
			603U保护动作	1XD6：933	
			603U重合闸	1XD7：935	
			603U通道告警	1XD8：941	
			603U ZKK断开	1XD9：939	
			631U运行异常	8XD5：947	
			631U告警	8XD6：943	
			631U保护动作	8XD7：945	

8. 故障录波回路安措

故障录波回路是保护装置向故障录波器上送动作和开入等信号的通道，为防止在保护装置校验过程中，保护动作信号频发造成故障录波器频繁启动，相关的信号通过故障录波器上送至调度数据网相关的保护动作信号，并上送故障录波启动信号至后台机及远动机，影响运行人员及监控人员对告警报文的判断，通常需要进行故障录波回路的安措。

某220kV线路的故录回路如图3-20和图3-21所示。

故障录波回路的安措需要断开保护至故障录波器的全部回路，如表3-11所示，包括公共端（一般为公共正端，在端子排的“启动录波”类属中，编号一般为G701、L800或GL800）、保护信号类、操作箱信号类等所有故录信号回路。

表3-11　　故障录波回路端子

信号类型	信号名称
公共端	信号公共端
保护信号	第一/二套保护装置A/B/C相跳闸
	第一/二套保护装置重合闸
操作箱信号	操作箱单相出口跳闸
	操作箱第一/二组三相跳闸
	操作箱重合闸动作

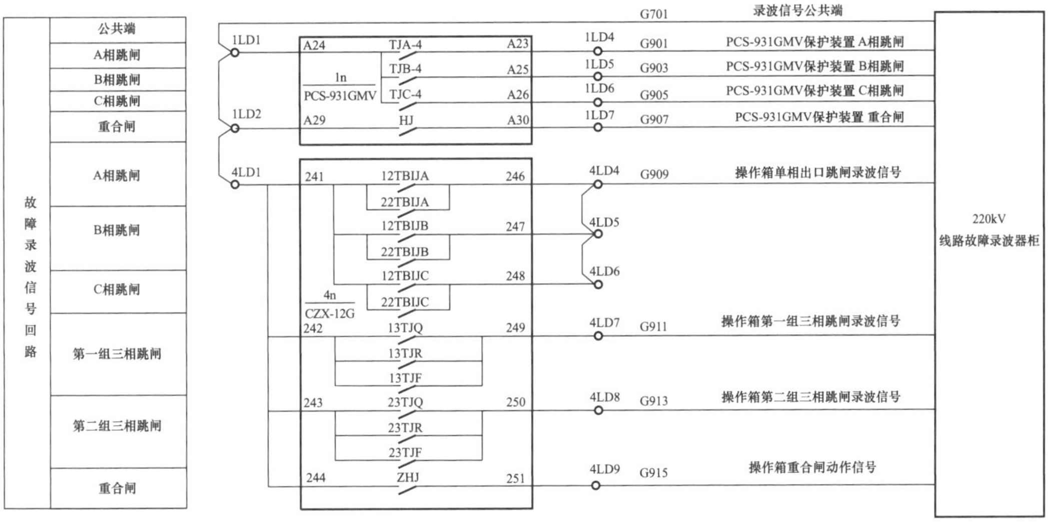

（a）

1LD			
	G701	1	1nA24
		2	1nA29
		3	
	G901	4	1nA23
	G903	5	1nA25
	G905	6	1n726
	G907	7	1nA30
		8	
4LD			
	G701	1	4n241
		2	
		3	
	G909	4	4n246
		5	4n247
		6	4n248
	G911	7	4n249
	G913	8	4n250
	G915	9	4n251
		10	

（b）

（c）

图 3-20 某 220kV 线路保护 A 屏故障录波回路图（PCS-931）

（a）原理图；（b）端子排图；（c）实际接线图

做安措时，找到对应的端子，解开线芯，用绝缘胶带缠绕或绝缘线帽遮蔽裸露部分，确认完全无裸露，在安措票中记录端子位置和编号，在该间隔的执行栏中打“√”。

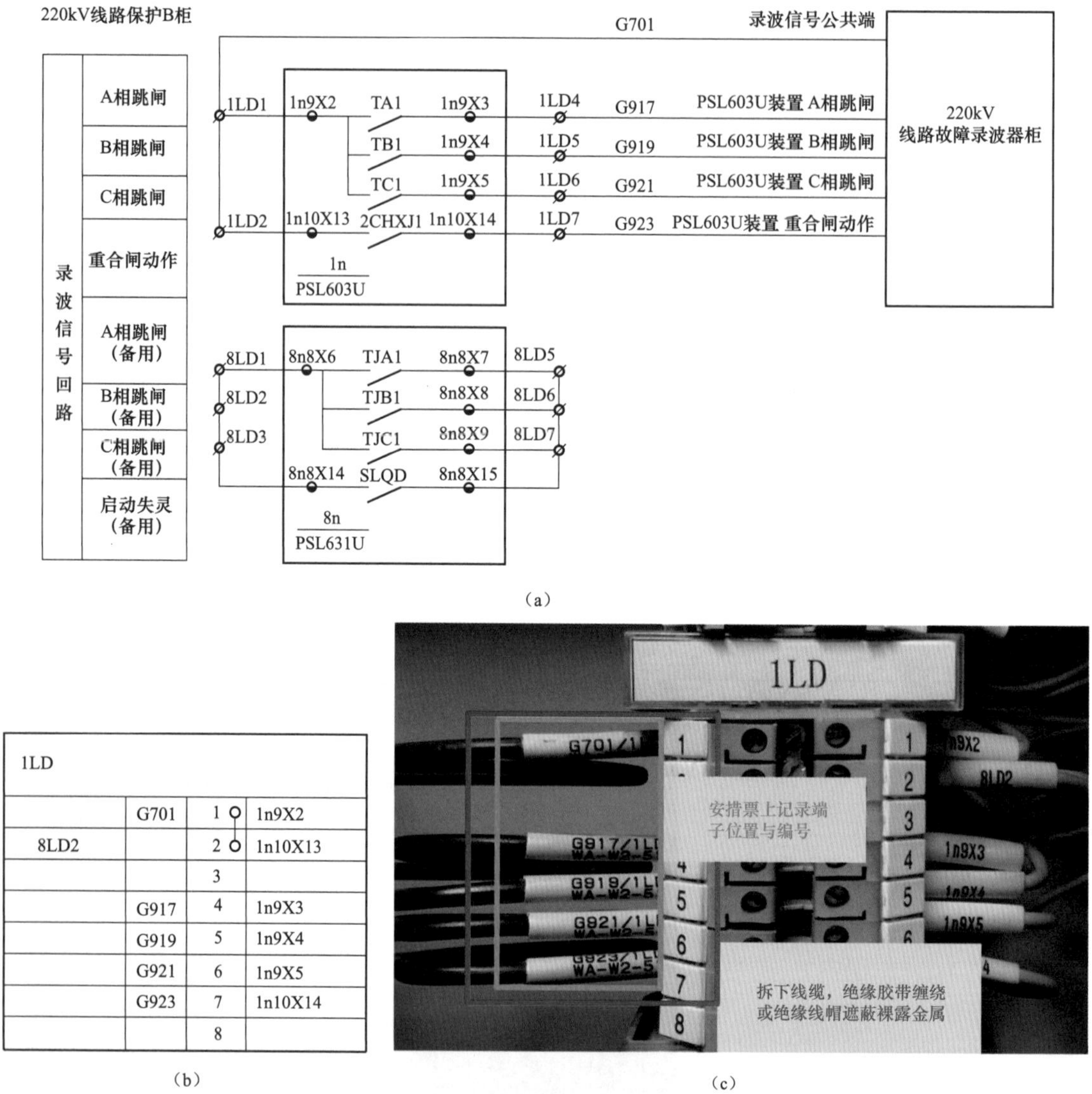

图 3-21　某 220kV 线路保护 B 屏故障录波回路图（PSL-603U+PSL-631U）

（a）原理图；（b）端子排图；（c）实际接线图

故障录波回路重点在断开保护至故障录波信号回路的公共端（一般为公共正端）以及所有故障录波信号回路，解开的线芯需用绝缘胶带包裹好。

安措票故障录波回路部分示例如表 3-12 所示。

表 3-12　　某 220kV 线路保护安措票故障录波回路部分示例

（a）A 屏 PCS-931 保护装置校验（含操作箱 CZX-12G）

序号	执行	回路类别	安全措施内容		恢复
7		故障录波回路	录波公共正	1LD1：G701	
			931 A 相跳闸	1LD4：G901	
			931 B 相跳闸	1LD5：G903	

续表

序号	执行	回路类别	安全措施内容		恢复
7		故障录波回路	931 C 相跳闸	1LD6：G905	
			931 重合闸	1LD7：G907	
			操作箱单相跳闸	4LD4：G909	
			操作箱第一组三相跳闸	4LD7：G911	
			操作箱第二组三相跳闸	4LD8：G913	
			操作箱重合闸动作	4LD9：G915	

（b）B屏 PSL-603U 保护装置校验

序号	执行	回路类别	安全措施内容		恢复
		故障录波回路	录波公共正	1LD1：G701	
			603U 保护 A 相跳闸	1LD4：G917	
			603U 保护 B 相跳闸	1LD5：G919	
			603U 保护 C 相跳闸	1LD6：G921	
			603U 保护动作	1LD7：G923	

三、500kV 线路保护安措实施

安措实施前的设备状态为：500kV 线路间隔一、二次设备处于检修状态，其相邻的边、中断路器及保护同样处于检修状态。定校的设备包括：两套线路保护和边、中断路器保护。

1. 二次设备状态记录

完整记录线路保护及边、中断路器保护的状态，包括压板状态、切换把手状态、当前定值区、空气开关状态、端子状态，如图 3-22～图 3-25 所示，便于校验结束后，恢复原始状态。

安措票二次设备状态记录部分示例如表 3-13 所示。

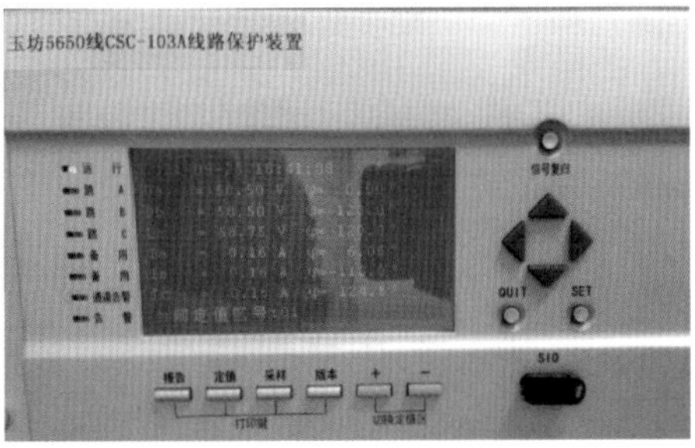

图 3-22　定值区图

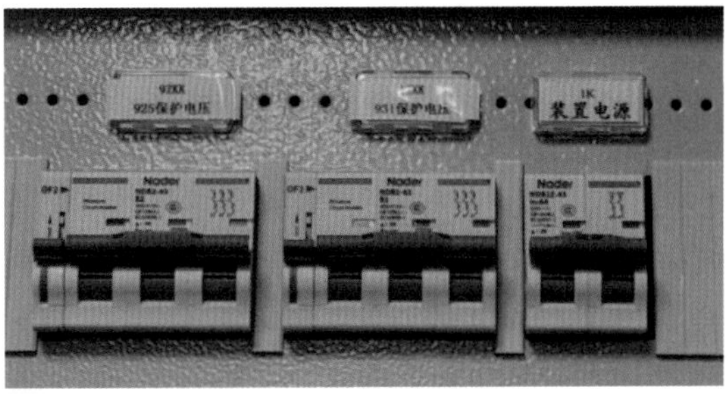

图 3-23　空气开关状态

表 3-13　　　　二次设备状态记录部分示例安措票

序号	类别	状态记录
1	压板状态	打开状态：××、××；打上状态：其余合
2	切换把手状态	3QK：正常

续表

序号	类别	状态记录
3	当前定值区	01 区
4	空气开关状态	全合
5	端子状态	外观无损伤，螺丝紧固
6	光纤通道识别码	本侧：×××× 对侧：××××

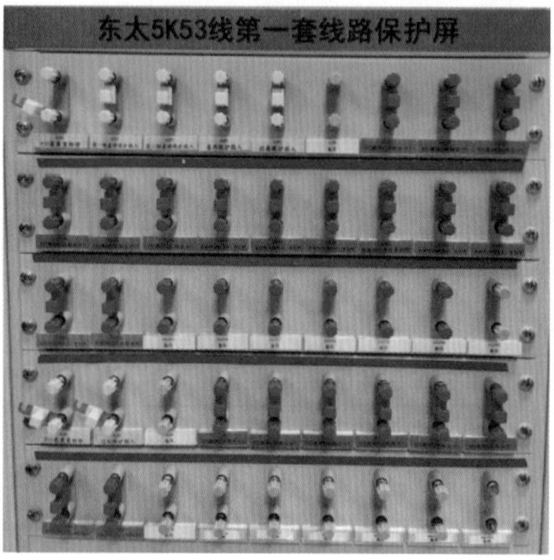

图 3-24　压板状态图

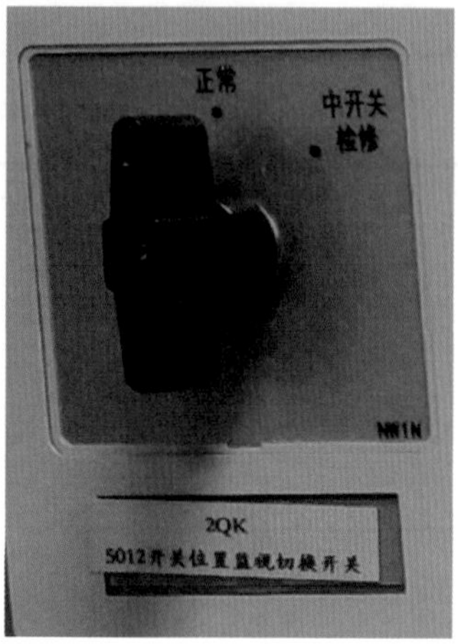

图 3-25　切换把手状态

2. 出口回路安措

虽然线路及边、中断路器一、二次设备已停运，但边、中断路器保护存在与运行设备，如母线保护、该串运行开关及保护的联跳回路。如果这些回路没有作为安措执行到位，在校验过程中会造成误跳运行间隔。下面区分边断路器及中断路器介绍需要执行的安措。

（1）边断路器保护：需将保护失灵联跳母线的电缆拆除，防止校验过程中失灵联跳母线，造成 500kV 母线保护误动作。相关原理图、端子排及实际接线图参考 500kV 边断路器保护校验二次安措相关章节。

安措票出口回路部分示例如表 3-14 所示。

表 3-14　　出口回路部分示例安措票（边断路器）

序号	执行	回路类别	安全措施内容	恢复
1		失灵联跳母线	断开端子：端子编号（至 500kVⅠ母第一套母线保护屏） 断开压板：压板编号	
2			断开端子：端子编号（至 500kV Ⅰ母第二套母线保护屏） 断开压板：压板编号	

（2）中断路器保护：需将保护联跳运行间隔保护的电缆拆除，防止校验过程中联跳运行间隔，还要将保护联跳相邻运行断路器、闭重相邻运行断路器保护的电缆拆除，防

止造成相邻断路器的不正确动作。相关原理图、端子排及实际接线图参考500kV中断路器保护校验二次安措相关章节。

安措票出口回路部分示例如表3-15所示，以线-线串为例。

表3-15　出口回路部分示例安措票（中断路器）

序号	执行	回路类别	安全措施内容	恢复
1		失灵联跳运行间隔（如线路）	断开端子：端子编号（至线路保护屏） 断开压板：压板编号	
2		失灵跳相邻运行断路器	断开端子：端子编号（至50×3断路器保护TCI） 断开压板：压板编号	
3			断开端子：端子编号（至50×3断路器保护TC2） 断开压板：压板编号	
4		失灵闭锁运行开关重合闸	断开端子：端子编号（至50×3断路器保护屏） 断开压板：压板编号	

3. 电流回路安措

以某变电站线路保护屏柜为例，线路间隔涉及的边、中断路器保护的电流回路安措参考断路器保护章节。线路保护屏内电流回路如图3-26所示。线路保护的电流端子段，一般在端子排的ID标签类属中。做安措前，确认各段的实际端子编号和设计图纸一致无误。

在确认线路间隔及开关一次设备停役、二次电流回路无流之后，将图中线路保护、边断路器保护、中断路器保护电流段连片断开，打开后要紧固连片。同时为防止校验过程中，通流到故障录波、安稳等运行屏柜，造成相关屏柜误动作，需将串接至故障录波器、安稳的电流部分连片断开、内侧短接。

线路保护电流回路的安措实施示例如表3-16所示。

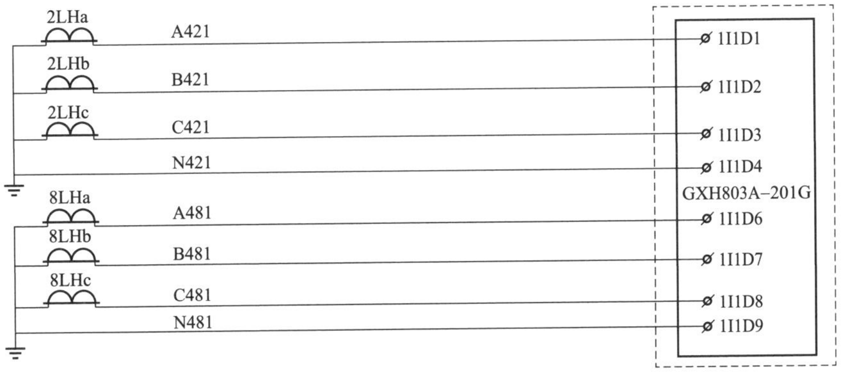

(a)

图3-26　电流回路安措实施示意图（一）

(a) 原理图

说明	1I1D		
TA1保护电流IA	1n201	1	A421
TA1保护电流IB	1n203	2	B421
TA1保护电流IC	1n205	3	C421
TA1保护电流IN	1n208	4	N421
		5	
TA2保护电流IA	1n102	6	A481
TA2保护电流IB	1n104	7	B481
TA2保护电流IC	1n106	8	C481
TA2保护电流IN	1n107	9	N481
		10	
TA1保护电流IA′	1n202	11	
TA2保护电流IA′	1n101	12	
TA1保护电流IB′	1n204	13	
TA2保护电流IB′	1n103	14	
TA1保护电流IC′	1n206	15	
TA2保护电流IC′	1n105	16	
TA1保护电流IN′	1n207	17	
TA2保护电流IC	1n108	18	

（b）

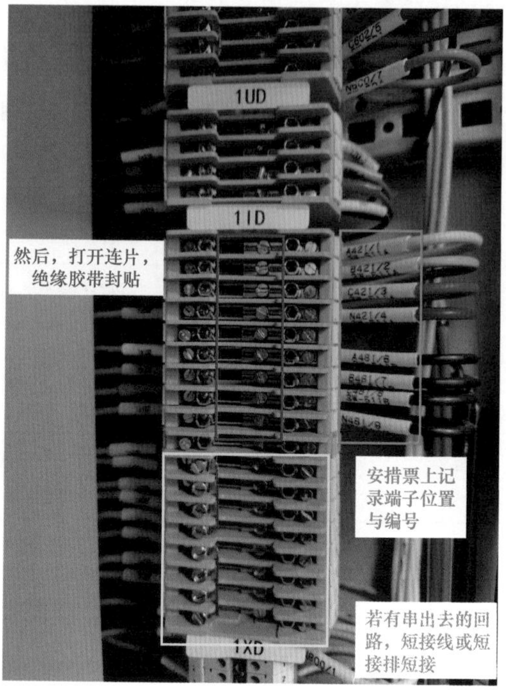
1UD
1ID
1XD
然后，打开连片，
绝缘胶带封贴
安措票上记
录端子位置
与编号
若有串出去的回
路，短接线或短
接排短接

（c）

图 3-26　电流回路安措实施示意图（二）

（b）端子排图；（c）实际接线图

表 3-16　　电路回路部分示例安措票

序号	执行	回路类别	安全措施内容	恢复
1		电流回路	断开端子：端子编号（从边断路器电流互感器端子箱来） 断开端子并短接内侧：端子编号（至××安稳装置）	
2			断开端子：端子编号（从中断路器电流互感器端子箱来） 断开端子并短接内侧：端子编号（至××安稳装置）	

4. 电压回路安措

500kV 线路保护电压回路如图 3-27 所示，校验过程中需将线路保护屏内电压回路断开，一般至少需要存在两个断开点，首先将线路电压的空气开关拉开，再将交流电压端子排断开。因为电压互感器的特性，其二次侧看过去的一次侧对地等值阻值很小，若没有可靠断开电压二次回路，在二次侧通压时，可能会在电压二次回路上产出很大的电流，对电压互感器、二次电缆及校验装置造成损害。

电压回路的安措实施示例如表 3-17 所示。

表 3-17　　电路回路部分示例安措票

序号	执行	回路类别	安全措施内容	恢复
1		空气开关	断开电压空气开关 1ZKK	
2		电压回路	断开端子：端子编号（从电压互感器端子箱来） 断开端子：端子编号（至××安稳装置）	

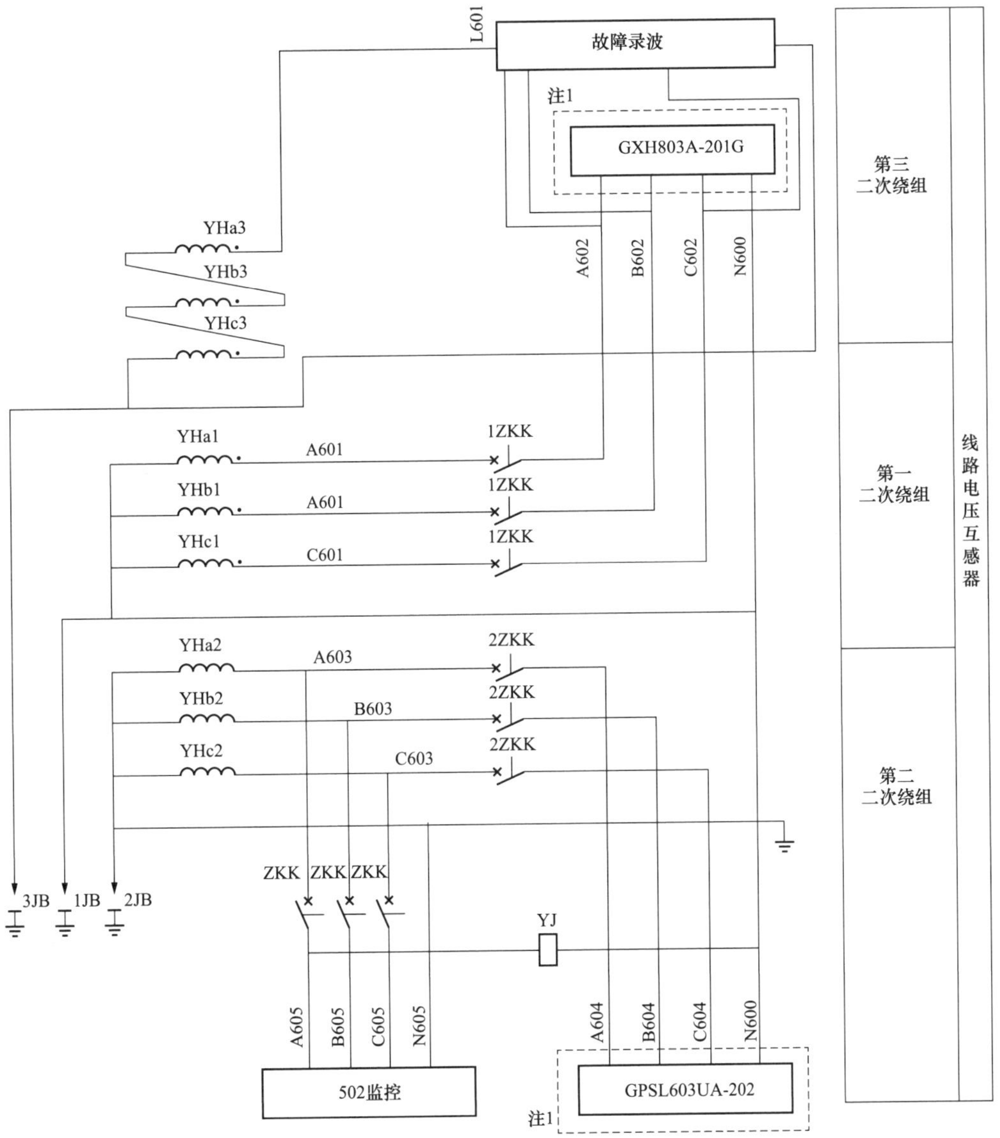

(a)

图 3-27　500kV 线路保护电压段安措实施示意图（一）

(a) 原理图

UD			
1ZKK-1	1	A602	X1:23
	2	A602	1-UD:1
1ZKK-3	3	B602	X1:26
	4	B602	1-UD:3
1ZKK-5	5	C602	X1:29
	6	C602	1-UD:5
1UD4	7	N600	X1:35
	8	N600	1-UD:7
1UD			
1n0209	1	1ZKK-2	
1n0210	2	1ZKK-4	
1n0211	3	1ZKK-6	
1n0212	4	UD7	

（b）

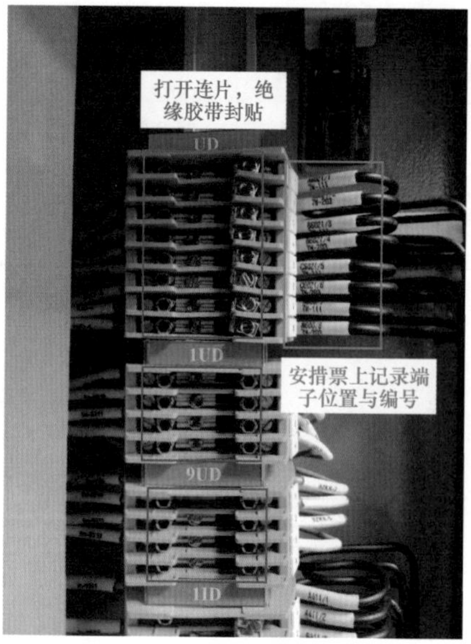
打开连片，绝缘胶带封贴
UD
1UD
安措票上记录端子位置与编号
9UD
11D

（c）

图 3-27　500kV 线路保护电压段安措实施示意图（二）

（b）端子排图；（c）实际接线图

5．测控信号回路安措

投入检修压板，用于屏蔽软报文。

测控信号回路如图 3-28 所示，一般在端子排的 XD、YD 标签类属中。线路间隔涉及的边、中断路器保护的测控信号回路安措参考断路器保护章节。将线路保护中央信号及远动信号的公共端及所有信号负端断开。若没有断开，在校验过程中，保护装置频繁动作，会在后台装置上持续刷新报文，干扰值班员及调度端对于对变电站的监控。

测控信号回路的安措需要断开线路保护至测控装置的全部回路，如表 3-18 所示，包括公共端（一般为公共正端），在端子排的“测控信号回路”类属中，编号一般为 E800，以及保护动作类、异常告警类、其他类等类别的回路类型。

表 3-18　　　　测控信号回路端子

信号类型	信　号　名　称
公共端	信号公共端
保护动作	保护动作
异常告警	通道 1 告警
	通道 2 告警
	通道故障
	运行异常
	装置故障
	交流失压
其他	远跳发信
	远跳收信

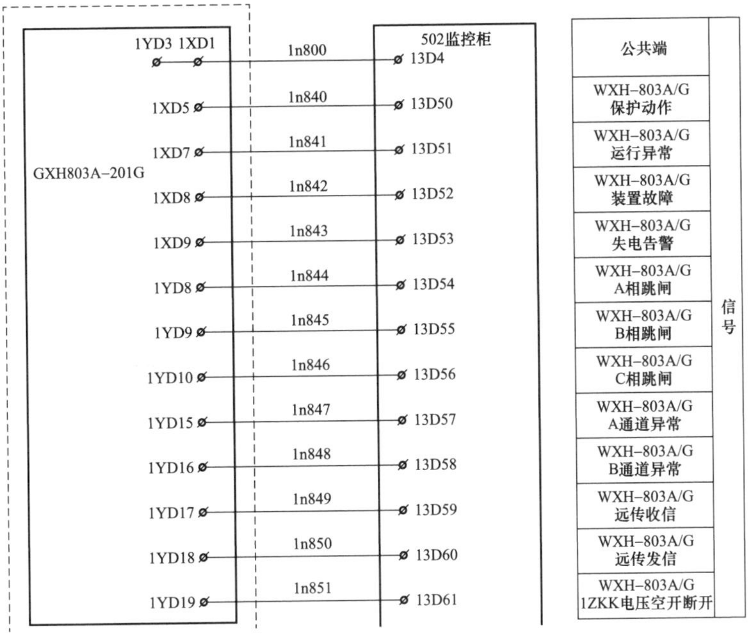

（a）

说明	1XD		
中央信号公共端	1n901	1	1n800
	1nH07	2	
		3	
		4	
保护动作	1n905	5	1n840
		6	
运行异常	1n903	7	1n841
装置故障	1n902	8	1n842
变电告警	1nH08	9	1n843
说明	1YD		
通信信号公共端	1nB09	1	1n800
	1n907	2	
	1nH09	3	1n913
	1n925	4	1n929
	1n919	5	4n306
	1OF–11	6	
		7	
A相跳闸	1nB10	8	1n844
B相跳闸	1nB11	9	1n845
C相跳闸	1nB12	10	1n846
运行异常	1n909	11	
装置故障	1n908	12	
失电告警	1nH10	13	
通道故障	1n914	14	
通道一告警	1n926	15	1n847
通道二告警	1n930	16	1n848
远传收信	1n920	17	1n849
远传发信	4n309	18	1n850
1ZKK电压空气开关断开	1OF–12	19	1n851

（b）

图 3-28　500kV 线路保护信号段安措示意图（一）

（a）原理图；（b）端子排图

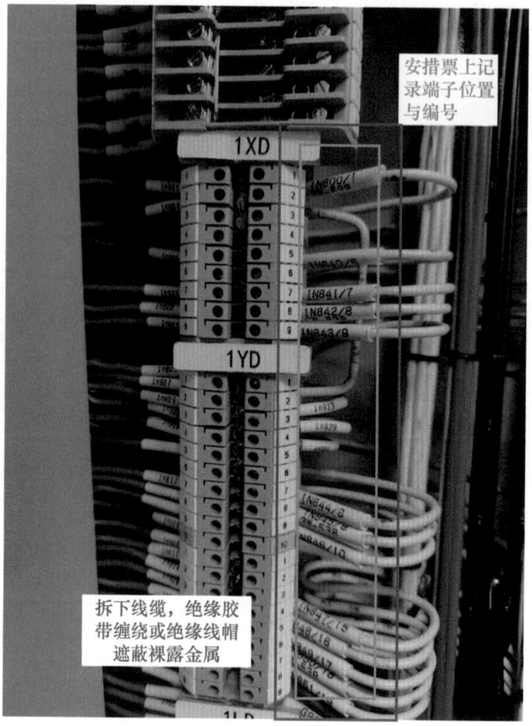
安措票上记录端子位置与编号
1XD
1YD
拆下线缆，绝缘胶带缠绕或绝缘线帽遮蔽裸露金属

（c）

图 3-28　500kV 线路保护测控信号段安措示意图（二）

（c）实际接线图

安措票测控信号回路部分示例如表 3-19 所示。

表 3-19　测控信号回路部分示例安措票

序号	执行	回路类别	安全措施内容		恢复
1		测控信号	信号公共正	1YD-1：E800	
2			保护动作	1XD-5	
3			运行异常	1XD-7	
4			装置故障	1XD-8	
5			失电告警	1XD-9	
6			A 相跳闸	1YD-8	
7			B 相跳闸	1YD-9	
8			C 相跳闸	1YD-10	
9			通道 1 告警	1YD-15	
10			通道 2 告警	1YD-16	
11			通道故障	1YD-14	
12			运行异常	1YD-11	
13			装置故障	1YD-12	
14			交流失压	1YD-19	
15			远跳发信	1YD-18	
16			远跳收信	1YD-17	

6. 故障录波回路安措

录波信号回路如图 3-29 所示，包含信号端子段，一般在端子排的 LD 标签类属中。线路间隔涉及的边、中断路器保护的故障录波信号回路安措参考断路器保护章节。将故障录波信号的公共端及所有信号负端断开。若没有断开，在校验过程中，保护装置频繁动作，会持续启动故障录波装置，干扰故障录波装置的正常记录。

故障录波信号回路的安措需要断开保护至测控装置的全部回路，安措票信号回路部分示例如表 3-20 所示。

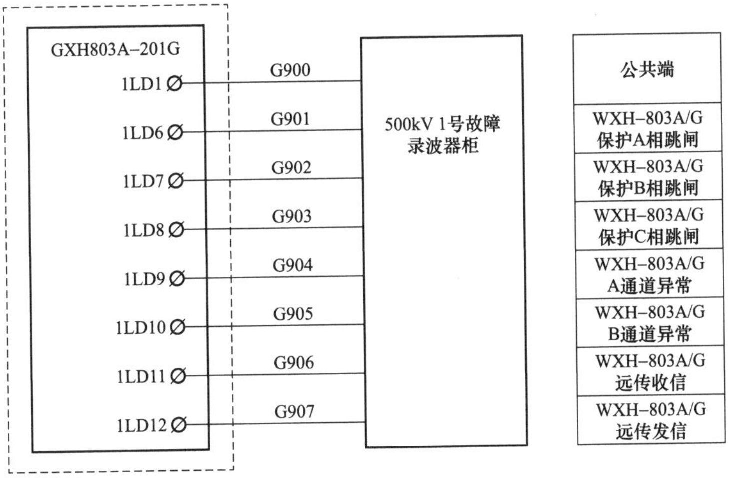

(a)

说明	1LD		
录波信号公共端	1nA17	1	G900　2D171
	1n927	2	
	1n931	3	1n921
	4n307	4	
		5	
A相跳闸	1nA18	6	G901　2D41
B相跳闸	1nA19	7	G902　2D42
C相跳闸	1nA20	8	G903　2D43
通道一异常	1n928	9	G904　2D44
通道二异常	1n932	10	G905　2D45
远传收信	1n922	11	G906　2D46
远传发信	4n310	12	G907　2D47

(b)

图 3-29　500kV 线路保护录波段安措示意图（一）

(a) 原理图；(b) 端子排图

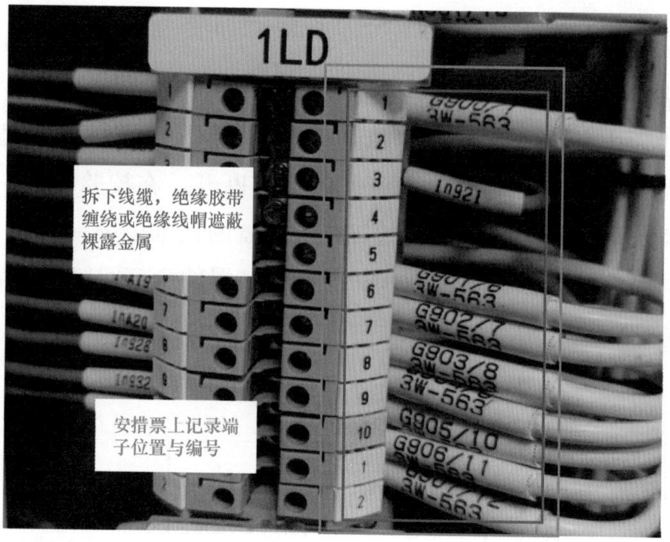
1LD
拆下线缆，绝缘胶带缠绕或绝缘线帽遮蔽裸露金属
安措票上记录端子位置与编号

(c)

图 3-29　500kV 线路保护录波段安措示意图（二）

(c) 实际接线图

表 3-20　　故障录波信号回路部分示例安措票

序号	执行	回路类别	安全措施内容		恢复
1		故障录波信号	信号公共正	1LD-1：E800	
2			A 相跳闸	1LD-6	
3			B 相跳闸	1LD-7	
4			C 相跳闸	1LD-8	
5			通道异常一	1LD-9	
6			通道异常二	1LD-10	
7			远跳发信	1LD-11	
8			远跳收信	1LD-12	

图 3-30　500kV 线路保护通道安措示意图

7. 光纤通道回路安措

光纤差动保护的校验需要通道的配合，但是两侧校验的进度不同，持续两侧同步联调的可行性不高。因此一般是在本站自环，进行本装置的功能校验。在自环前需要记录好光纤纤芯号的顺序以及两侧识别码。记录完备后，使用尾纤将通道自环，同时将自环相关识别码及控制字修改：将两侧通道识别码修改成一致，对于 CSC-103 保护装置还需要将“通道环回试验控制字”置“1”，如图 3-30 和图 3-31 所示。

通道回路的安措实施示例如表 3-21 所示。

8. 恢复安措

工作结束之后，执行人要严格依照安措票中记录的措施，逐项恢复并在安措票中的恢复栏中打“√”，恢复之后，监护人逐项检查是否恢复到位，执行人和监护人在安措表上签字。

表 3-21　　通道回路部分示例安措票

序号	执行	回路类别	安全措施内容	恢复
1		通道光纤	断开通道光纤，光纤通道自环	

图 3-31　500kV 线路保护光纤通道安措示意图

四、注意事项

根据现场经验，常规变电站线路保护安措中需要的注意事项和实用技巧主要有：

（1）对于“四统一”和“六统一”不同的屏柜、压板布局方式以及启失灵回路，注意图纸和现场接线、现场接线及压板的一致性，解启动失灵线注意屏间的电缆走向，一定将所有并线走向了解清楚，将线路保护至母差保护最终的启失灵出口回路解开。恢复安措时，看清楚接线位置，保持视线平视，避免端子排的“＋”端子混入“—”电，端子排的“—”端子混入“＋”电，导致解线时误碰导通回路，造成母线启失灵，相关间隔的断路器误动；恢复电压回路后，可以用万用表交流挡在端子排处测量电压回路内、外侧电压，保证电压回路接入的正确性。

（2）在所有工作结束后，恢复安措后要用万用表检查电压回路、出口回路电位是否正常，保证接线正确到位。

（3）根据实际情况，当电流回路需要通过短接退出进行隔离时，可以视端子排接线方式采用短接线和短接片，短接线需要注意将螺丝紧固，短接片需要用合格的红色绝缘胶带贴紧，防止短接片被误拔出。

（4）对于 110kV、35kV 集中组屏情况，检查是否对屏内非检修的运行设备进行隔离，一般考虑用红布幔遮盖，重点需要将压板、空气开关、装置、端子排全部隔离开。

（5）上述安措注意实施顺序，原则上按照先断开出口回路（包括失灵回路）、再短接退出电流回路、断开电压回路、最后断开监控系统和故障录波等信号回路。所有实施安措的回路需标明端子排号。恢复安措按照反顺序进行。

（6）注意线路保护电流回路串至安稳装置以及故障录波器的情况。电流串其他设备时，需要将该段电流端子短接退出，防止对运行设备产生影响。

（7）注意一次接线的区别，如不完整串的线路间隔。此时线路间隔两侧的开关均可以看做是边断路器，其安措均按照边断路器保护的安措执行。

第二节 智能变电站线路保护校验二次安措

一、准备工作

1. 工器具、仪器仪表、材料介绍

智能变电站校验的准备工作中，要携带齐全个人工具箱、智能变电站继电保护校验仪、光纤（对应型号或可使用光纤口转换器）、线路保护二次图纸和二次安措票。图纸要携带竣工图等资料，确认线路保护装置与各装置之间的连接关系。其中线路保护柜厂家资料主要查看装置接点联系图、SV/ GOOSE 信息流图和压板定义及排列图，如图 3-32 所示。

序号	图号	版号	状态	图名	张数	套用原工程图号及版号
1	30-B201004Z-D0711-01	/	CAE	卷册说明	1	
2	30-B201004Z-D0711-02	/	CAE	220kV线路系统配置图	1	
3	30-B201004Z-D0711-03	/	CAE	1号、2号变压器220kV侧系统配置图	1	
4	30-B201004Z-D0711-04	/	CAE	120MVA 1号、2号变压器220kV侧系统配置图	1	
5	30-B201004Z-D0711-05	/	CAE	220kV母联系统配置图	1	
6	30-B201004Z-D0711-06	/	CAE	220kV母线系统配置图	1	
7	30-B201004Z-D0711-07	/	CAE	220kV SV / GOOSE信息流图	1	
8	30-B201004Z-D0711-08	/	CAE	220kV线路光纤连接示意图	1	
9	30-B201004Z-D0711-09	/	CAE	1号、2号变压器 220kV侧光纤连接示意图	1	
10	30-B201004Z-D0711-10	/	CAE	120MVA 1号、2号变压器220kV侧光纤连接示意图	1	
11	30-B201004Z-D0711-11	/	CAE	220kV母联光纤连接示意图	1	
12	30-B201004Z-D0711-12	/	CAE	220kV母线光纤连接示意图	1	
13	30-B201004Z-D0711-13	/	CAE	220kV北部燃机1、2线线路保护测控信号及对时回路图	1	
14	30-B201004Z-D0711-14	/	CAE	220kV北部燃机1、2线智能控制柜智能A舱保护设备端子排	1	
15	30-B201004Z-D0711-15	/	CAE	220kV北部燃机1、2线智能控制柜智能B舱保护设备端子排	1	

图 3-32 线路保护图纸资料

2. 整体链路连接关系

（1）220kV 及以下等级。

为了理清智能站 220kV 线路保护相关的二次回路及与其他保护、自动化装置之间的逻辑关系，更好地进行危险点分析，方便二次安措的填写，将一个典型的 220kV 智能站线路保护所关联的外部回路表示为图 3-33 所示。

线路保护接收来自线路间隔合并单元的电流和电压，其中电流一般线路合并单元从 TA 二次侧直采，而电压分为线路电压和母线电压，前者一般为线路合并单元从线路 TV 二次侧直采，后者为母设合并单元级联而来；线路保护直接接收线路智能终端的开关位置等信号，同时将跳闸动作、闭锁重合闸等命令发给线路间隔智能终端；同时线路保护会通过过程层交换机，采用组网方式发送启动失灵 GOOSE 报文给母线保护装置，母线保护通过自身逻辑进行进一步判别和出口动作，当母线保护动作后，通过组网方式发送远跳和闭锁重合闸 GOOSE 报文给线路保护装置。

根据现场工作类型的不同，图 3-33 中可能需要通过执行二次安措进行隔离的各回路

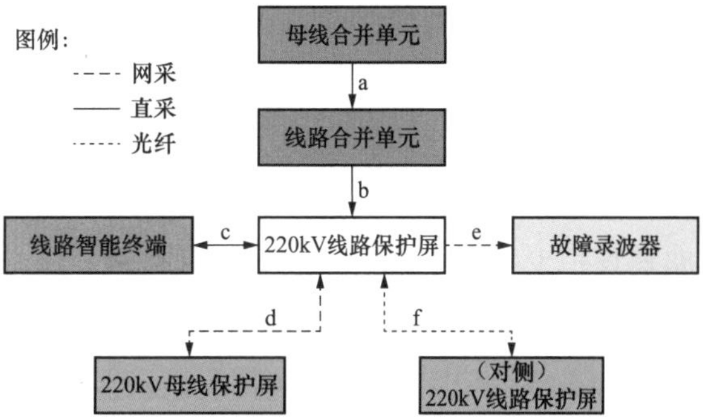

图 3-33 智能变电站 220kV 线路保护回路连接关系示意图

的含义如下：

a. SV 链路。母线电压合并单元的正、副母线三相保护、测量电压采样至 220kV 线路合并单元（级联）。

b. SV 链路。线路电压合并单元的线路三相保护电压、电流和同期电压采样、额定延时至 220kV 线路保护（点对点传输）。

c. GOOSE 链路。220kV 线路保护发送分相跳闸、重合闸命令至线路智能终端，线路智能终端发开关三相位置、闭锁重合闸至 220kV 线路保护（点对点传输）。

d. GOOSE 链路。220kV 线路保护发启失灵至母线保护、母线保护发远跳和闭锁重合闸至 220kV 线路保护（组网传输）。

e. GOOSE 链路。220kV 线路保护发保护录波信号至故障录波器（组网传输）。

f. 纵联光纤通道。220kV 线路保护屏至对侧线路保护的光纤通道，用来实现两侧保护装置的采样值、开关位置及跳闸命令的传输。

线路保护、线路合并单元和线路智能终端的检修压板状态一致时，送往线路智能终端的保护跳闸信号才能跳开线路断路器。

220kV/110kV 线路部分一次主接线一般采用双母双分段带母联接线方式，保护采用 SV 采样、GOOSE 跳闸模式的典型配置，其中电流、电压互感器采用常规互感器。

而 35kV/20kV/10kV 线路部分一般仍然采用和常规变电站一致的保测一体装置，其采样、出口等回路均集成在保测一体装置内，将装置连接交换机进行通信和控制。

（2）500kV 电压等级。

以 500kV 智能变电站线路间隔第一套线路保护为例，采用常规电缆采样、GOOSE 跳闸模式，其典型配置及网络联系示意图如图 3-34 所示。

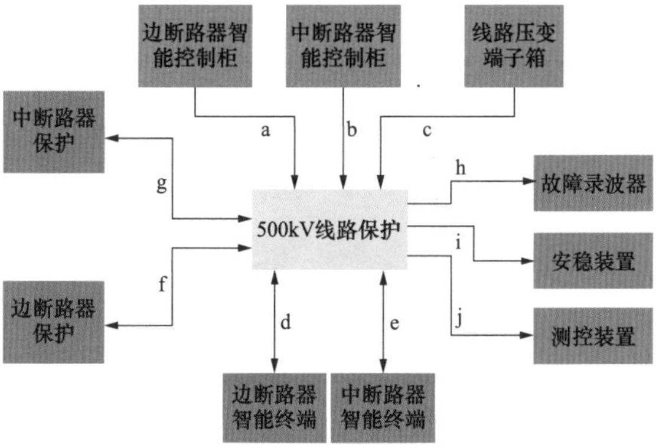

图 3-34 常规电缆采样、GOOSE 跳闸模式 500kV 线路间隔示意图

图 3-34 中：

a. 电流采样回路。边断路器电流采样至线路保护（电缆传输）。

b. 电流采样回路。中断路器电流采样至线路保护（电缆传输）。

c. 电压采样回路。线路电压采样至线路保护（电缆传输）。

d. GOOSE 链路。线路保护发送跳闸命令至边断路器智能终端、边断路器智能终端发开关位置至线路保护（点对点传输）。

e. GOOSE 链路。线路保护发送跳闸命令至中断路器智能终端、中断路器智能终端发开关位置至线路保护（点对点传输）。

f. GOOSE链路。线路保护发启动边断路器失灵及闭锁重合闸至边断路器保护、边断路器保护发远跳至线路保护（组网传输）。

g. GOOSE链路。线路保护发启动中断路器失灵及闭锁重合闸至中断路器保护、中断路器保护发远跳至线路保护（组网传输）。

h. 故障录波信号回路。线路保护至故障录波器的串接电流、录波信号。

i. 安稳信号回路。线路保护至安稳装置的串接电流、启动安稳信号。

j. 测控信号回路。线路保护至测控装置的遥信信号（电缆传输）。

二、220kV及以下等级线路保护安措实施

1. 二次设备状态记录

首先，在安措票上需要记录二次设备的状态，包括压板状态（硬压板状态和保护装置的GOOSE、SV软压板状态，如图3-35所示）、当前定值区（如图3-36所示）、切换把手状态（如图3-37所示）、光纤通道原始识别码（如图3-38所示）、空气开关（如图3-39所示）、端子状态，便于校验结束后恢复原始状态。

记录状态之后，在保护装置校验前，通常还会将所有的跳闸压板全部退出（一般为红色压板），起到双重保险的作用。

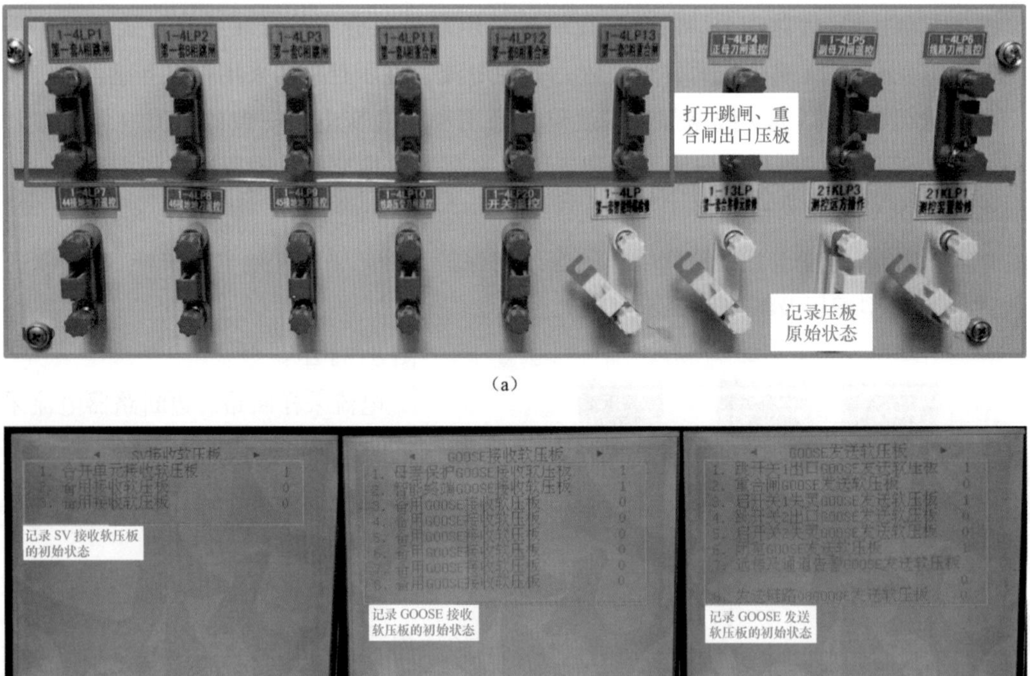

（a）

（b）

图3-35　某220kV线路保护压板状态

（a）硬压板状态；（b）软压板状态

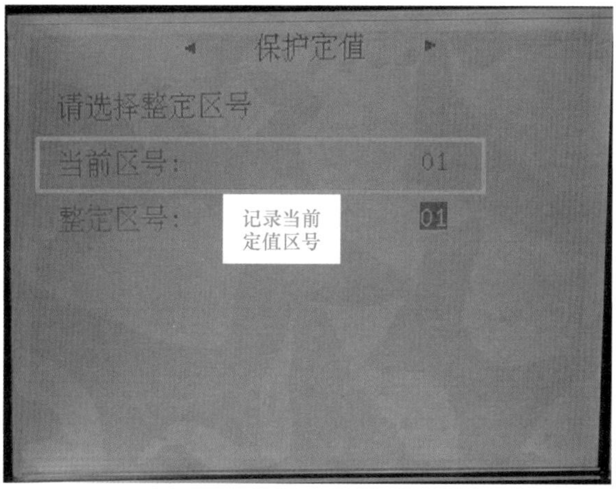

图 3-36 某 220kV 线路保护定值区号

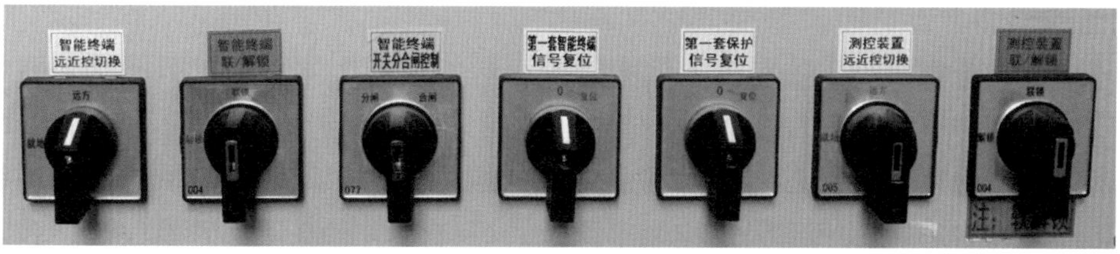

图 3-37 某 220kV 线路保护切换把手状态

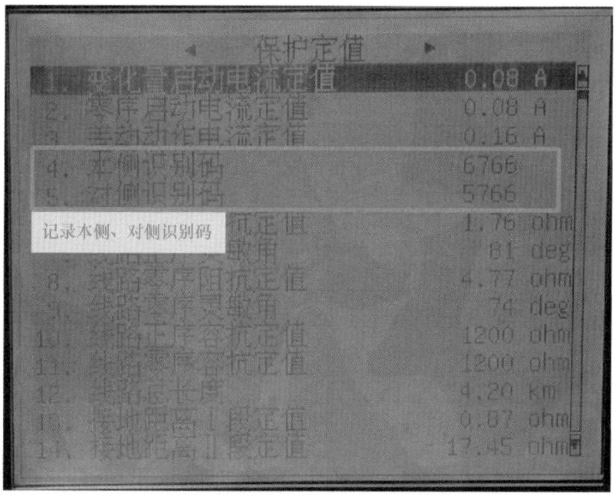

图 3-38 线路保护本、对侧识别码状态

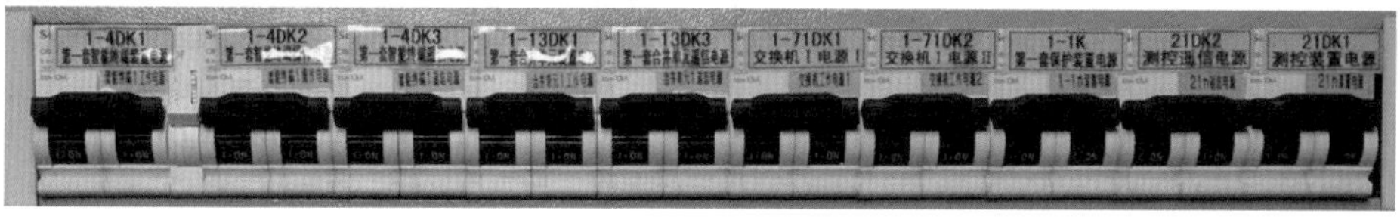

图 3-39 某 220kV 线路保护空气开关状态

安措票二次设备状态记录部分示例如表 3-22 所示。

表 3-22 某 220kV 线路保护安措票二次设备状态记录部分示例

序号	类别	状态记录
1	保护、合并单元、智能终端硬压板状态	汇控柜：1-4LP、1-13LP、21KLP1 分，其余合

续表

序号	类别	状态记录
2	保护SV、GOOSE软压板状态	SV接收软压板：合并单元接收软压板1，其余0； GOOSE接收软压板：母线保护GOOSE接收软压板1、智能终端GOOSE接收软压板1，其余0； GOOSE发送软压板：跳开关1出口GOOSE发送软压板1、启开关1失灵GOOSE发送软压板1、闭重GOOSE发送软压板1，其余0
3	切换把手状态	智能终端远近控切换——远方 测控装置远近控切换——远方
4	当前定值区	01区
5	光纤通道 原始识别码	本侧：6766； 对侧：5766
6	空气开关状态	全合
7	端子状态	端子紧固

2. 纵联通道自环安措

和常规变电站相同，光纤差动保护的校验需要通道的配合，但是两侧校验的进度不同，持续两侧同步联调的可行性不高。因此一般是在本站自环，进行本装置的功能校验。在自环前需要记录好光纤纤芯号的顺序，以及两侧识别码。记录完毕后，使用尾纤将通道自环，同时将自环相关识别码及控制字修改——将两侧通道识别码修改成一致，对于CSC-103保护装置还需要将“通道环回试验控制字”置“1”。

某220kV线路保护装置液晶显示屏中本、对侧识别码如图3-40所示。

某220kV智能站线路保护装置背板通道光纤如图3-41所示。

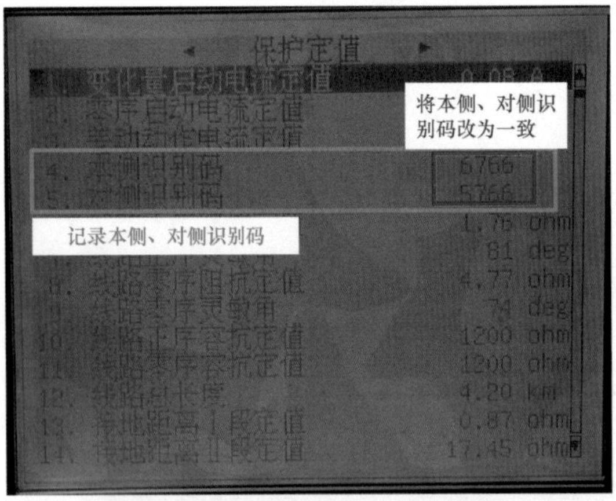

图3-40　线路保护本、对侧识别码

图3-41　线路保护背板通道光纤

纵联通道自环安措的示例如表3-23所示（光纤通道识别码状态见表3-22）。

表3-23　某220kV线路保护安措票纵联通道自环安措示例

序号	执行	回路类别	安全措施内容			恢复
1		光纤通道自环	A通道	光纤收—标记或颜色	光收-蓝1	
				光纤发—标记或颜色	光发-蓝2	
			B通道	光纤收—标记或颜色	光收-红1	
				光纤发—标记或颜色	光发-红2	

3. GOOSE 链路安措

某 220kV 线路保护 GOOSE 链路如图 3-42 所示，包括原理图、光纤接口配置图、实际接线图，实施安措前，结合三份图纸，确认各间隔的实际 GOOSE 配置和竣工图一致无误。

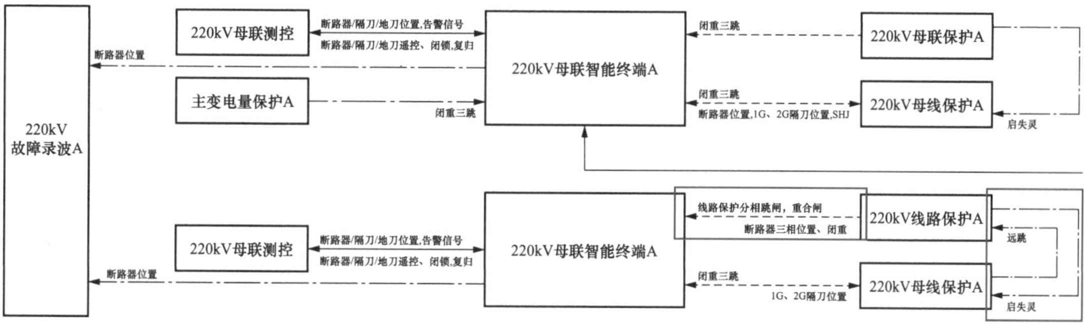

(a)

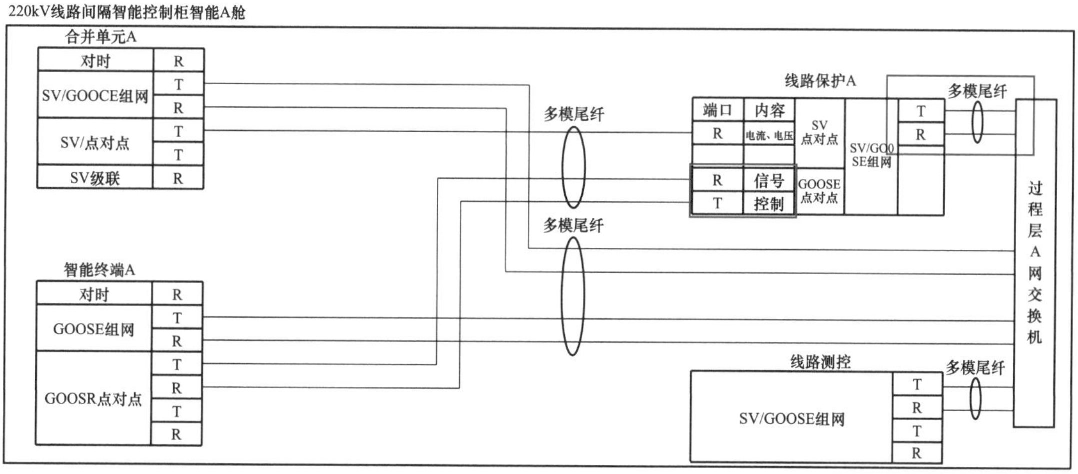

(b)

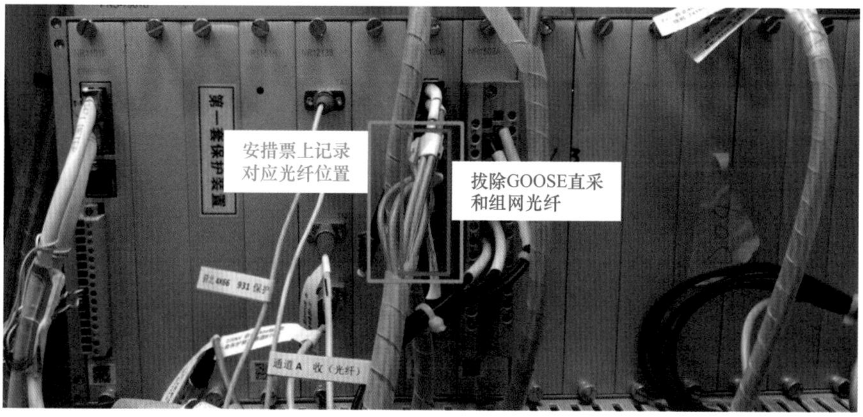

(c)

图 3-42 线路保护装置 GOOSE 链路

(a) 原理图；(b) 光纤接口配置图；(c) 实际接线图

某 220kV 线路保护装置中 GOOSE 软压板菜单界面如图 3-43 所示。

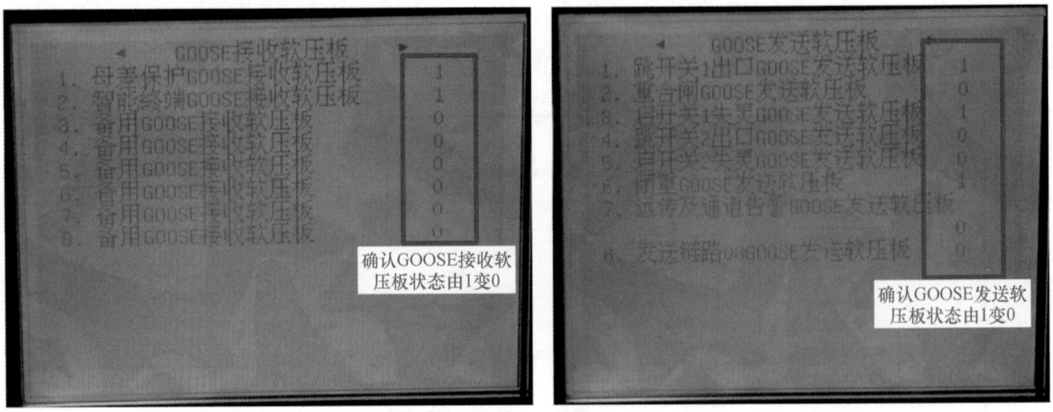

（a）　　　　（b）

图 3-43　线路 GOOSE 软压板菜单界面

（a）GOOSE 接收软压板；（b）GOOSE 发送软压板

做安措时：①首先需要检查母线保护的 GOOSE 软压板菜单界面，检查该支路 GOOSE 接收软压板，确认启失灵软压板已退出，并至后台机进行确认。退出措施由运维人员负责，检修人员核实压板退出状态；②在线路保护装置的 GOOSE 软压板菜单中检查 GOOSE 软压板状态，确保线路间隔的 GOOSE 出口压板全部已退出，同时重点关注线路保护启失灵软压板，确认该压板已退出；③根据图纸，找到线路间隔的 GOOSE 直采、直跳及组网光纤并拔出，其中，对于需要进行开关传动验证的工作，可以保留 GOOSE 直采、直跳光纤不拔出。上述措施均要在安措票中详细记录光口位置与编号，在对应的执行栏中打“√”。

GOOSE 安措的示例如表 3-24 所示。

表 3-24　　某 220kV 线路保护安措票 GOOSE 安措示例

<table>
<tr><th>序号</th><th>执行</th><th>回路类别</th><th colspan="2">安全措施内容</th><th>恢复</th></tr>
<tr><td rowspan="6">2</td><td></td><td rowspan="6">GOOSE 回路</td><td colspan="2">退出线路保护的所有 GOOSE 发送/出口软压板</td><td></td></tr>
<tr><td></td><td colspan="2">退出线路保护的所有 GOOSE 接收软压板</td><td></td></tr>
<tr><td></td><td rowspan="2">直采
直跳</td><td>拔除 GOOSE 光纤 7 板 T3 口（上）</td><td></td></tr>
<tr><td></td><td>拔除 GOOSE 光纤 7 板 R3 口（下）</td><td></td></tr>
<tr><td rowspan="2"></td><td rowspan="2">组网</td><td>拔除 GOOSE 组网光纤 7 板 T4 口（上）</td><td></td></tr>
<tr><td>拔除 GOOSE 组网光纤 7 板 R4 口（下）</td><td></td></tr>
</table>

检查线路间隔 GOOSE 出口软压板确已退出对应常规变电站跳闸回路的安措。线路间隔的启失灵 GOOSE 发送软压板在合位状态时，母线保护装置接收来自线路间隔的启动失灵开入信号。

根据 GOOSE 出口软压板和接收软压板的功能介绍，若不退出出口软压板，在保护试验过程中，保护动作会造成本间隔的断路器动作和启动失灵；退出接收软压板则是为了实现线路保护装置与运行间隔的完全隔离。

4. SV 链路安措

线路保护 SV 网络链路如图 3-44 所示，包括原理图、光纤接口配置图、实际接线图，实施安措前，结合三份图纸，确认各间隔的实际 SV 配置和竣工图一致无误。

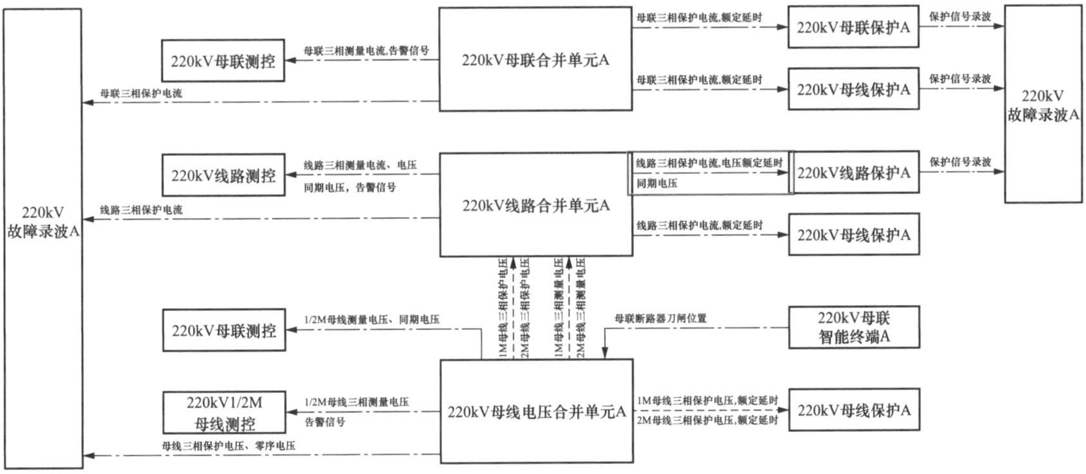

(a)

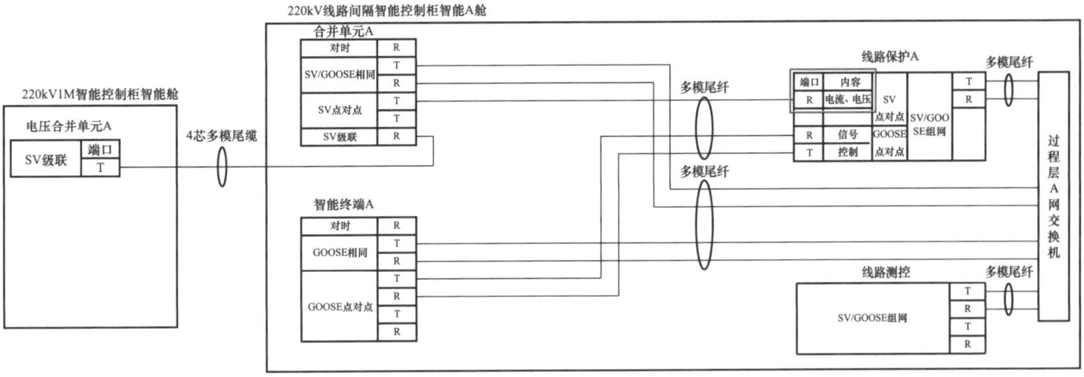

(b)

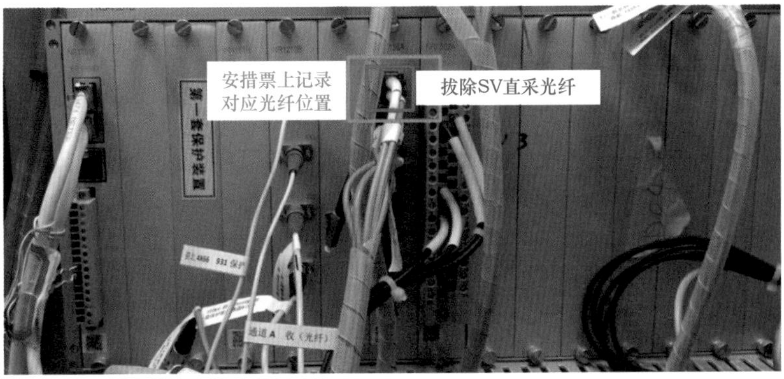

(c)

图 3-44　线路保护 SV 链路

(a) 原理图；(b) 光纤接口配置图；(c) 实际接线图

线路保护装置 SV 软压板菜单界面如图 3-45 所示。

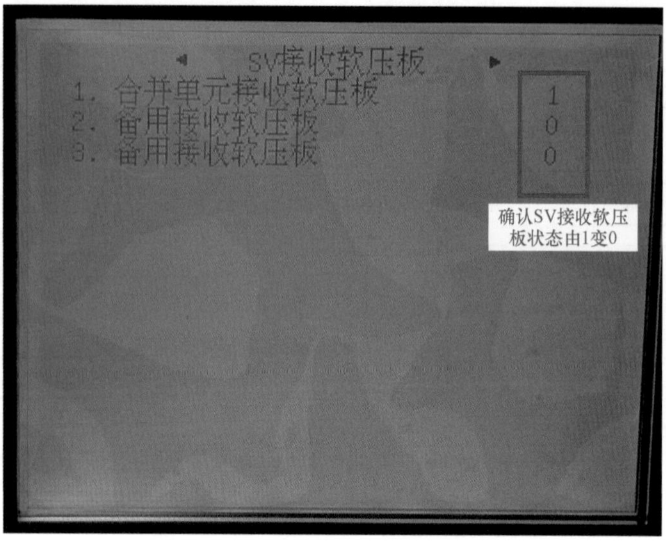

图 3-45　SV 软压板菜单界面

做安措时，根据图纸，对应装置背板的标识记录，找到线路合并单元过来直采 SV 光纤并拔出。上述措施均要在安措票中详细记录光口位置与编号，在对应的执行栏中打“√”。

SV 安措的示例如表 3-25 所示。

表 3-25　　某 220kV 线路保护安措票 SV 安措示例

序号	执行	回路类别	安全措施内容	恢复
3		SV 采样	退出线路保护的所有 SV 接收软压板	
			拔除 SV 采样光纤 7 板 T1 口（上）	
			拔除 SV 采样光纤 7 板 R1 口（下）	

线路间隔的采样光纤对应常规变电站的电流回路安措，通过断开采样光纤，实现与线路的合并单元隔离，方便施加采样信号（包括电压和电流采样），实现保护功能的校验，记录光纤位置防止恢复错位。

5. 置检修压板安措

智能变电站装置检修态通过投入检修压板来实现。检修压板为硬压板。检修压板投入时，装置应通过 LED 灯、液晶显示、报文或动作节点提醒运行、检修人员注意装置处于检修状态。

装置检修分为合并单元检修、智能终端检修、保护装置检修、测控装置检修等。

置于检修状态后的装置发出的报文置检修态，并能处理接收到的检修状态报文。因此，校验过程中，需要将保护装置、测控装置、合并单元和智能终端的检修压板投入。

某线路间隔的压板配置如图 3-46 所示。

将智能汇控柜打开的两组合并单元置检修压板、两组智能终端置检修压板合上，观察对应装置的检修灯亮起，如图 3-47、图 3-48 所示。

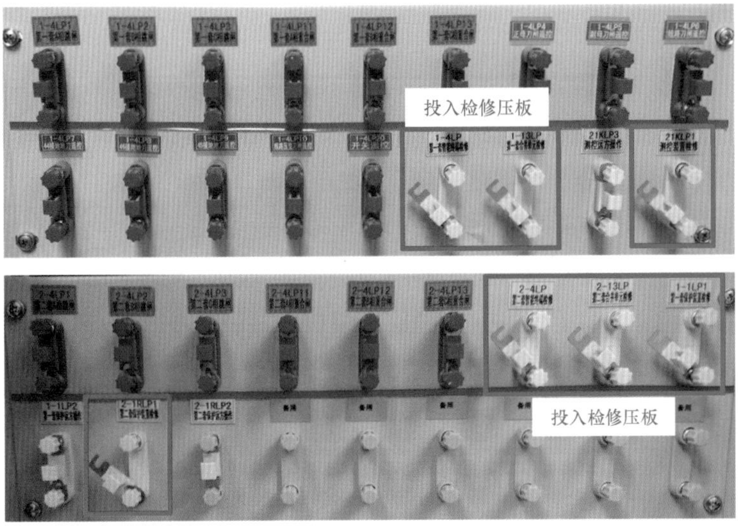

图 3-46　线路智能汇控柜的压板配置

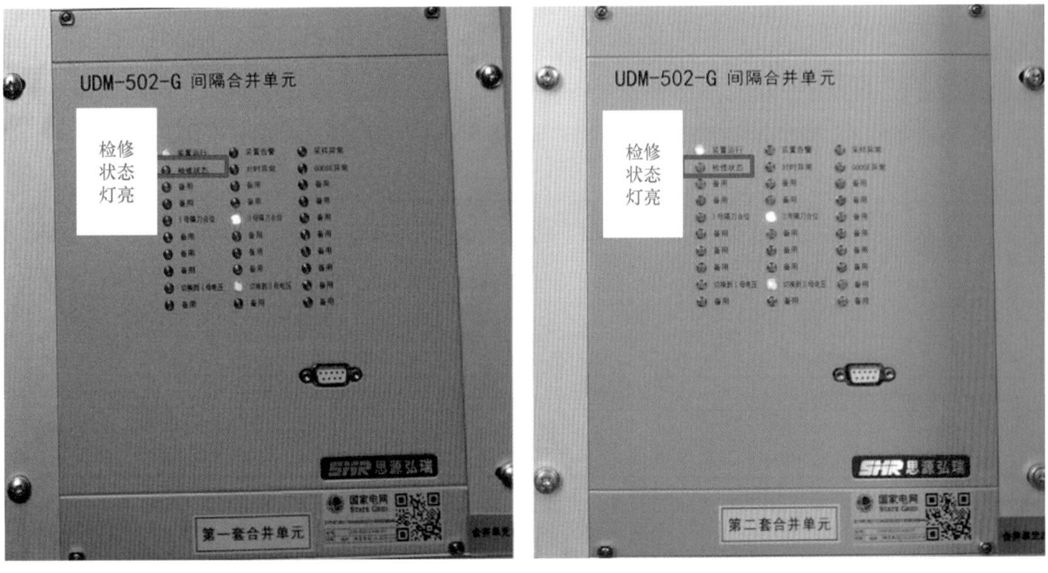

图 3-47　线路智能汇控柜的合并单元检修灯

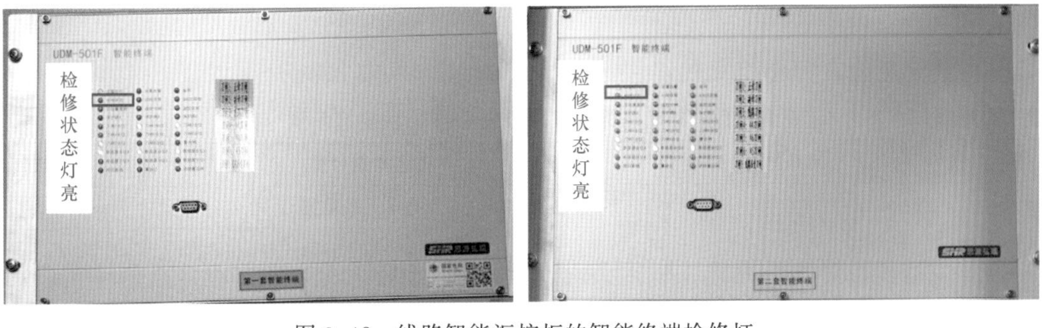

图 3-48　线路智能汇控柜的智能终端检修灯

将智能汇控柜打开的测控装置置检修压板合上，观察对应装置液晶界面的检修指示图标合上，如图 3-49 所示。

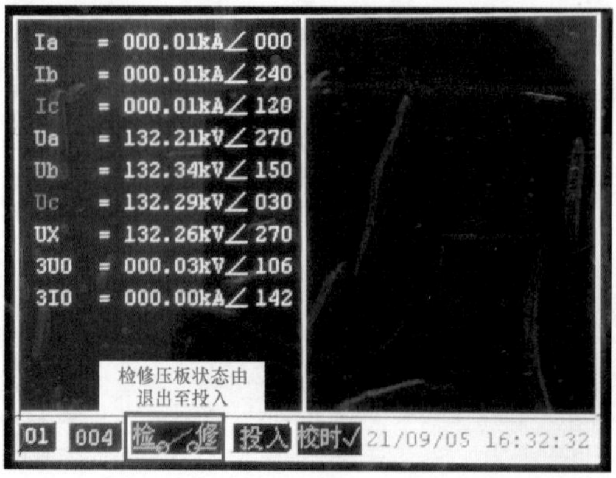

图 3-49 线路智能汇控柜的测控装置检修图标

将线路保护屏打开的保护装置置检修压板合上，观察保护装置的开入菜单页面中，检查检修压板的开入量是否变位为“1”，若成功变位，并在安措票中记录操作内容与压板编号，在执行栏中打“√”，如果依然为 0，需要进行检查排除故障。线路智能汇控柜的保护装置检修开入量如图 3-50 所示。

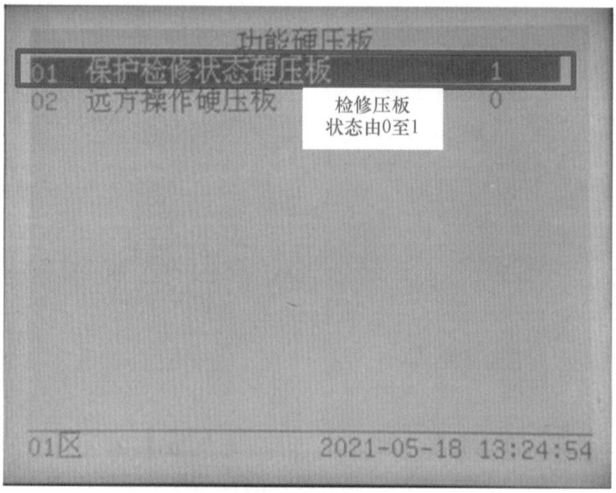

图 3-50 线路智能汇控柜的保护装置检修开入量

置检修压板的安措示例如表 3-26 所示。

表 3-26　　某 220kV 线路保护安措票置检修压板安措示例

序号	执行	回路类别	安全措施内容	恢复
4		置检修压板	合并单元置检修	
			智能终端置检修	
			保护装置置检修	
			测控装置置检修	

如前所示，智能变电站设置了检修机制，只有线路保护装置的检修硬压板投入后，其发出的数据流才有“TEST 置 1”的检修品质位。否则，线路合并单元和智能终端已置检修位，两者的数据流将与线路保护装置的检修品质位不同，从而判别采样或开入量“状态不一致”，屏蔽对应功能。

6．恢复安措

工作结束之后，执行人要严格依照安措票中记录的措施，逐项恢复并在安措票中的恢复栏中打“√”，恢复之后，监护人逐项检查是否恢复到位。

三、500kV 线路保护安措实施

以某 500kV 智能变电站第 X 串线路第一套保护保护为例，该串为典型线一变串，一次停役设备为 50×1 断路器、50×2 断路器、×××线，二次停役设备为 50×1 断路器智能终端、50×1 断路器保护；50×2 断路器智能终端、50×2 断路器保护；××线线路保护，以第一套保护为例，第二套保护可参考第一套保护。

注意：通常 500kV 线路保护校验时与对应该间隔边断路器、中断路器校验同时开展。

1．二次设备状态记录

记录线路保护及边、中断路器保护的初始状态，包括硬压板、功能软压板、GOOSE 发送软压板、通道识别码、切换把手、当前定值区、空气开关状态、端子状态，装置告警信息等，便于校验结束后，恢复原始状态。

二次设备状态记录部分安措票示例如表 3-27 所示。

表 3-27　　二次设备状态记录部分示例安措票

序号	类别	状态记录
1	压板状态	硬压板： 软压板状态： GOOSE 发送软压板： 功能软压板： 智能控制柜压板状态：
2	切换把手状态	
3	当前定值区	
4	空气开关状态	保护空气开关： 智能终端空气开关：
5	端子状态	
6	光纤通道原始识别码	本侧： 对侧：
7	其他（告警信息）	

2．GOOSE 安措

某 500kV 智能站线路保护功能软压板及 GOOSE 发送软压板如图 3-51 和图 3-52 所示。

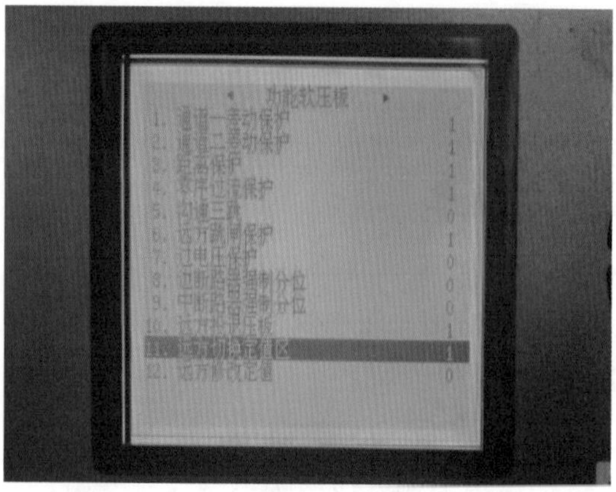

图 3-51　线路保护功能软压板

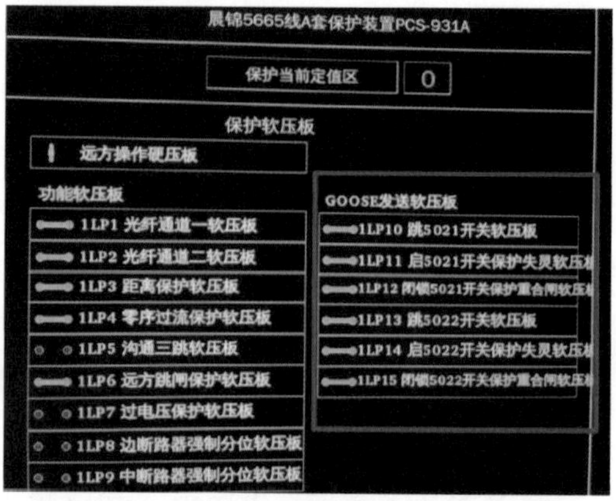

图 3-52　线路保护 GOOSE 发送软压板

（1）检查并记录线路保护、边断路器保护、中断路器保护功能软压板、GOOSE 发送软压板初始状态，并核查确认智能终端出口硬压板确已经退出。

（2）边断路器保护：检查确认 50×1 断路器保护 A“失灵启Ⅰ母母线保护软压板”GOOSE 发送软压板确已退出。

（3）中断路器保护：检查确认 50×2 断路器保护 A“失灵启动××线路远跳（联跳#×变压器）”及失灵联跳 50×3 断路器及闭重 50×3 断路器保护 GOOSE 发送软压板确已退出。

当线路保护所在间隔为不完整串，则相应中断路器保护视为边断路器保护，应退出失灵启动相对应母线保护 GOOSE 发送软压板。

3. 电流回路安措

500kV 智能站线路保护电流回路如图 3-53 所示，当线路间隔为停电检修时，在确认线路间隔及开关一次设备停役、二次电流回路无流之后，仅需断开线路保护装置电流回路（边断路器、中断路器）端子连片（1ID1～5，1ID12～16），并用红色绝缘胶带封住外侧端子，试验仪电流线应接入到电流端子排内侧端子。

若在被校验的保护装置电流回路后串接有其他运行的二次装置，如故障录波器、安稳装置等，为防止校验过程中造成相关二次装置误动，则需要将串接出去的电流在端子排内侧短路，并断开连片。

若边、中断路器保护与线路保护同时开展保护校验，需可靠断开边、中断路器保护电流回路，具体细节可详见第九章第二节第二部分“断路器保护的安措实施”。

校验过程中，应确保 TA 回路可靠隔离，同时针对不停电检修工作，应严防 TA 开路，避免产生人身、设备安全。

电流回路安措实施示例如表 3-28 所示。

表 3-28　　电流回路部分示例安措票

执行	回路类别	安全措施内容	恢复
	电流回路	断开端子连片：×ID：×/×/×/×（从 500kV HGIS 智能控制柜来）	

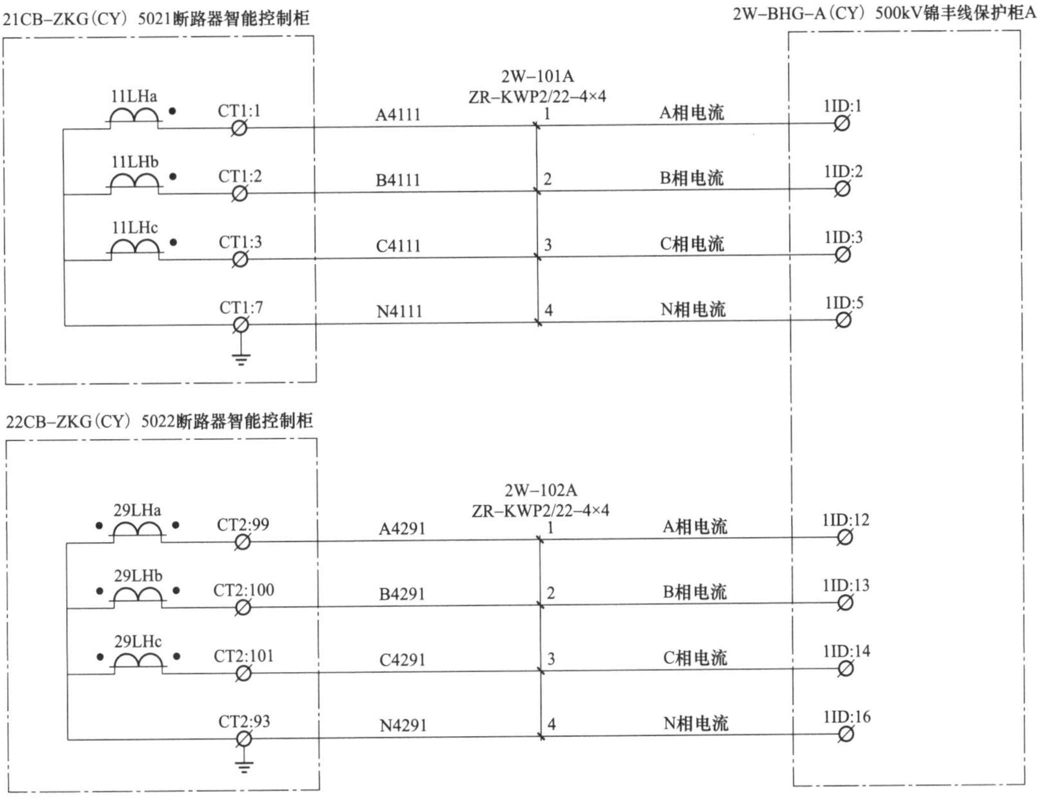

（a）

1ID		
1n0201	1	A4311　CT3:1
1n0203	2	B4311　CT3:2
1n0205	3	C4311　CT3:3
1n0208	4	
	5	N4311　CT3:7
1n0202	6	
1n0204	7	
1n0206	8	
1n0207	9	
	10	
	11	
1n0209	12	A4211　CT2:1
1n0211	13	B4211　CT2:2
1n0213	14	C4211　CT2:3
1n0216	15	
	16	N4211　CT2:7
1n0210	17	
1n0212	18	
1n0214	19	
1n0215	20	

（b）

（c）

图 3-53　线路保护电流回路图

（a）原理图；（b）端子排图；（c）实际接线图

4. 电压回路安措

500kV智能站线路保护电压回路如图3-54所示。执行电压回路安措时，需要将线路保护装置电压回路可靠断开，需保证存在两个断开点，首先拉开线路保护装置电压空气开关1ZKK，然后断开线路保护装置电压回路端子连片（1UD1～4），并用绝缘胶布封住UD所有端子以及1UD端子排外侧端子。

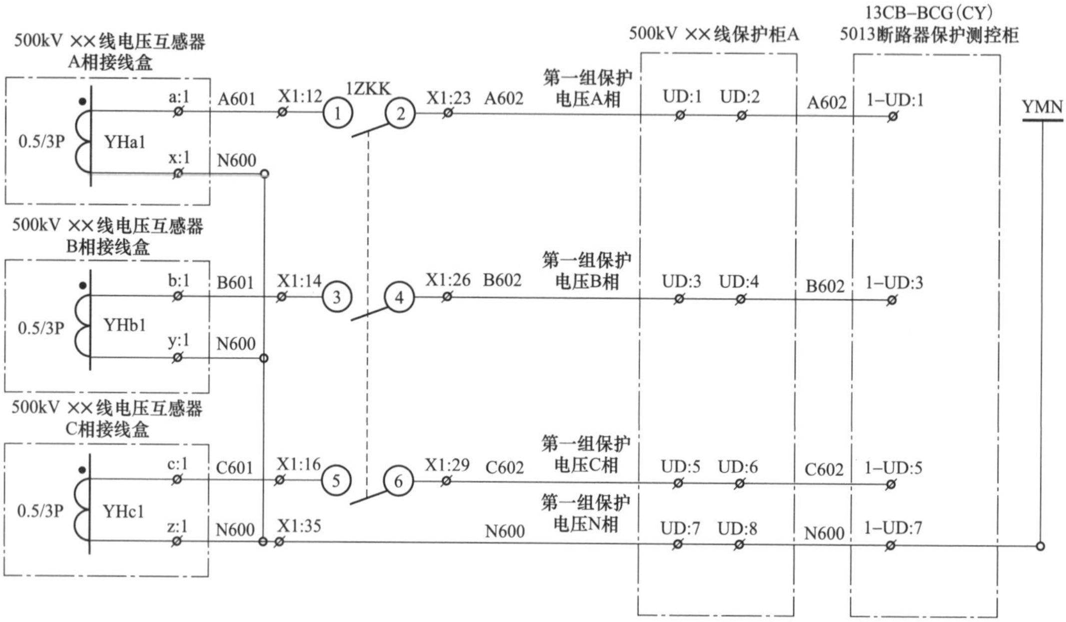

(a)

UD			
1ZKK–1	1	A602	X1:23
	2	A602	1–UD:1
1ZKK–3	3	B602	X1:26
	4	B602	1–UD:3
1ZKK–5	5	C602	X1:29
	6	C602	1–UD:5
1UD–4	7	N600	X1:35
	8	N600	1–UD:7
1UD			
1n0217	1	1ZKK–2	
1n0219	2	1ZKK–4	
1n0221	3	1ZKK–6	
1n0222	4	UD7	

(b)

(c)

图3-54　线路保护电压回路图

(a) 原理图；(b) 端子排图；(c) 实际接线图

若边、中断路器保护与线路保护同时开展保护校验，需可靠断开边、中断路器保护电压回路，具体细节可详见第九章第二节。

由于电压互感器的特性，其二次侧看过去的一次侧对地等值阻值很小，若没有可靠断开电压二次回路，在二次侧通压时，可能会在电压二次回路上产生很大的电流，对电压互感器、二次电缆及校验装置造成损害。

电压回路安措实施示例如表 3-29 所示。

表 3-29　　电压回路部分示例安措票

执行	回路类别	安全措施内容	恢复
	电压回路	断开电压空气开关：1ZKK 断开端子连片：×UD：×/×/×/×（从 500kV××线电压互感器端子箱来）	

5．通道自环

光纤通道接线图如图 3-55 所示。执行安措时，将线路保护装置光纤 A、B 通道采用尾纤自环，如图 3-56 所示，并记录保护装置本侧及对侧通道识别码原始定值，然后将两侧通道识别码修改一致，避免通道异常影响保护校验。

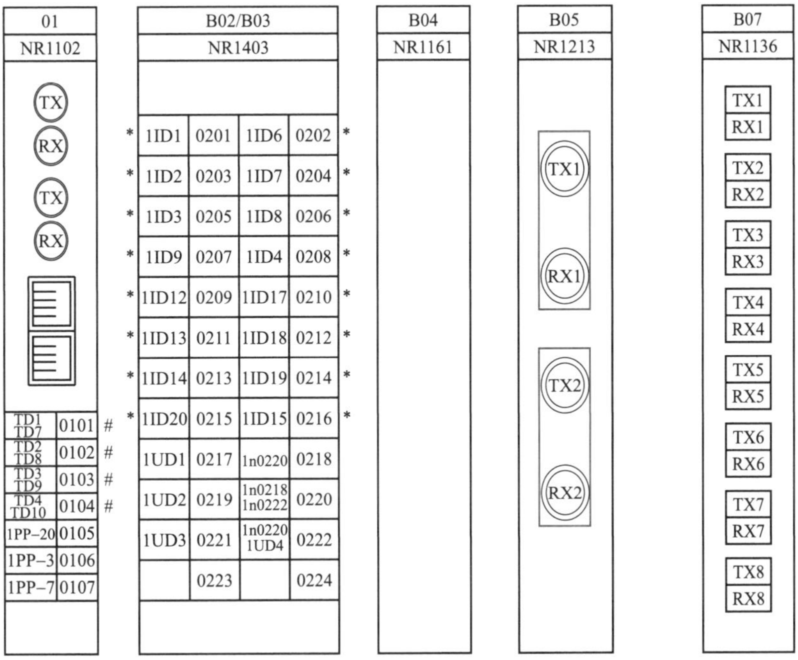

图 3-55　保护光纤通道接线图

光纤差动保护的校验需要通道的配合，但是两侧校验的进度不同，持续两侧同步联调的可行性不高。因此一般是在本站自环，进行本装置的功能校验。在自环前需要记录好光纤纤芯号的顺序以及两侧识别码。

记录完备后，使用尾纤将通道自环，同时将线路通道自环相关识别码及控制字修改：将两侧通道识别码修改成一致，对于 CSC-103 保护装置还需要将“通道环回试验控制字”置“1”。

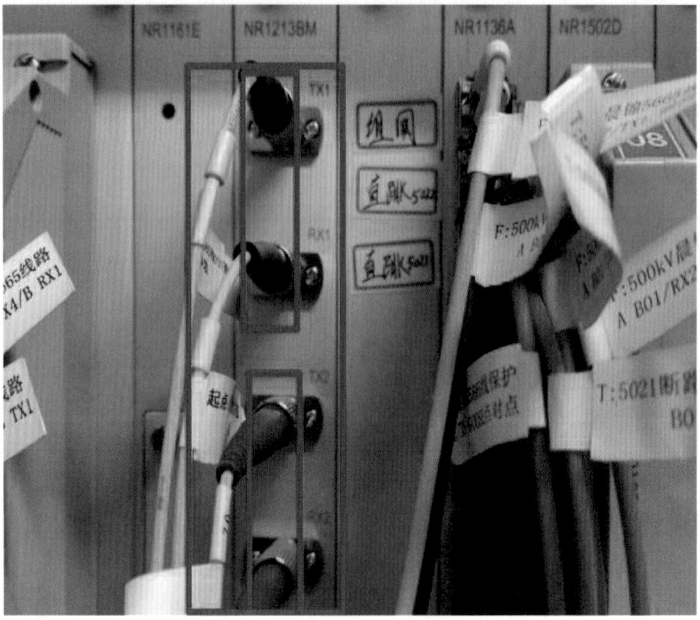

图 3-56　通道自环安措实施示意图

通道回路安措实施示例如表 3-30 所示。

表 3-30　　通道回路部分示例安措票

执行	回路类别	安全措施内容	恢复
	光纤通道	断开通道光纤并自环	

6. 测控信号回路安措

500kV 智能站线路保护测控信号回路如图 3-57 所示，执行安措时，针对线路保护、边、中断路器保护测控信号回路，应拆开 1YD 端子排外侧所有电缆接线，并用胶布包住做好绝缘处理。

(a)

图 3-57　线路保护测控信号回路图（一）

(a) 原理图

1YD		
1nP101	1	4N800　6GD:3
1ZKK-11	2	
	3	
1nP102	4	4N801　6QD:7
1nP103	5	4N802　6QD:8
1ZKK-12	6	4N803　6QD:9
	7	
	8	
	9	
	10	

（b）

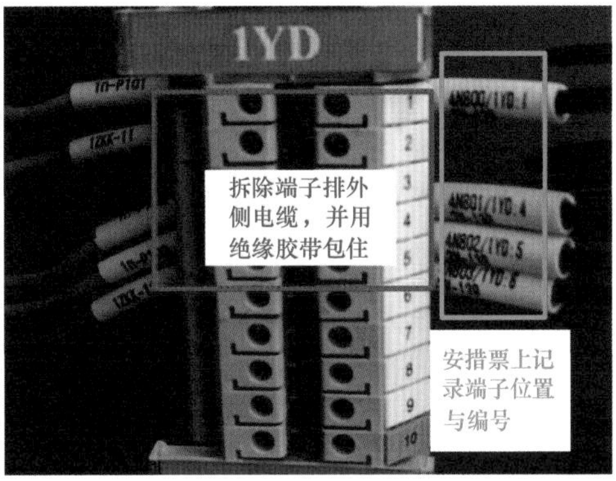
1YD
拆除端子排外
侧电缆，并用
绝缘胶带包住
安措票上记
录端子位置
与编号

（c）

图 3-57　线路保护测控信号回路图（二）

（b）端子排图；（c）实际接线图

保护装置向测控装置上送装置告警等信号，若没有断开，在校验过程中，保护装置频繁动作，相关的信号通过测控装置上送至后台机及远动机，影响运行人员及监控人员对告警报文的判断，故需要实施上述信号回路的安措。

测控信号回路安措实施示例如表 3-31 所示。

表 3-31　　测控信号回路部分示例安措票

序号	执行	回路类别	安全措施内容	恢复
		测控信号回路	断开端子连片：×YD：×（至××测控屏）	

7. 置检修压板安措

500kV 智能站线路保护检修压板如图 3-58 所示。执行安措时，投入线路保护、边、中断路器保护以及边、中断路器智能终端装置检修压板并用红胶布封住，并在安措票中记录，在执行栏中打“√”，并检查开入量，保护装置开入置 1。

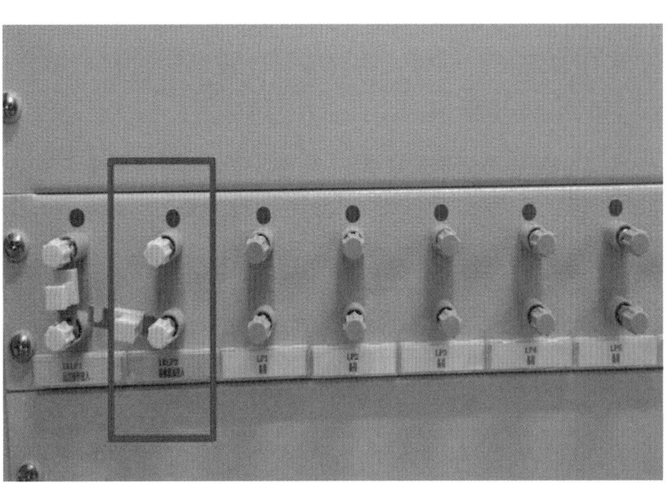

图 3-58　线路保护装置检修压板图

智能变电站装置检修态通过投入检修压板来实现，检修压板为硬压板。当检修压板投入时，装置通过LED灯、液晶显示、报文提醒运行、检修人员该装置处于检修状态，同时保护装置发出的报文为置检修态，并能处理接收到的检修状态报文。校验过程中，只有线路保护装置的检修硬压板投入后，其发出的数据流才有“TEST 置 1”的检修品质位。否则只有断路器智能终端已置检修位，数据流将与线路保护装置的检修品质位不同，从而判别开入量“检修状态不一致”，屏蔽对应功能。

置检修压板安措实施示例如表 3-32 所示。

表 3-32　置检修部分示例安措票

执行	回路类别	安全措施内容	恢复
	检修状态	投入线路保护装置检修压板并用胶布封住：1KLP2	

8. 恢复安措

工作结束之后，执行人要严格依照安措票中记录的措施，逐项恢复并在安措票中的恢复栏中打“√”，恢复之后，监护人逐项检查是否恢复到位。

四、注意事项

根据现场经验，智能变电站线路保护安措中需要的注意事项和实用技巧主要有：

(1) 智能变电站安措应优先采用退出装置软硬压板、投入检修硬压板、断开二次回路接线、退出装置硬压板等方式实现。当无法通过上述方法进行可靠隔离（如运行设备侧未设置接收软压板时）或保护和电网安全自动装置处于非正常工作的紧急状态时，可采取断开 GOOSE、SV 光纤的方式实现隔离，但不得影响其他保护设备的正常运行。

(2) 为防止拔错光纤导致装置误动，可以采取拍照留存位置的措施。同时要注意安措顺序，采用先退软压板再拔光纤（或投检修压板）的方式隔离。此外，为增加安全性，防止直采断链导致线路保护告警或启动失灵，应按先拔直跳、再拔组网、最后拔直采的顺序断光纤。

(3) 上述安措执行完毕后，校验结束恢复安措时，通过查看保护装置的报文，检查保护装置是否报 SV 采样通道延时异常，确保采样通道延时正常，如果有异常要采取相应的措施，消除异常，然后在安措票中记录并在执行栏中打“√”，如表 3-33 所示。

表 3-33　某 220kV 线路保护安措票 SV 采样通道延时检查安措示例

执行	回路类别	安全措施内容	恢复
	采样通道延时	检查保护装置是否报 SV 采样通道延时异常	

消除措施一般是重启保护装置，使保护装置和合并单元的数据重新同步。

在一次设备仍在运行，而需要退出部分保护设备进行试验时，在相关保护未退出前不得投入合并单元检修压板。

(4) 由于智能变电站设备较为特殊，除了保护装置以外，合并单元和智能终端也存在陪同一次设备一同停电检修的情况，对应具体情况，智能变电站线路间隔周期检修的安措顺序如下：

a. 退出220kV第一套母线保护该间隔SV接收软压板、GOOSE失灵接收软压板。

b. 退出该间隔第一套线路保护GOOSE发送软压板、GOOSE启动失灵发送软压板；投入该间隔第一套合并单元、线路保护及智能终端检修压板。

c. 在该间隔第一套合并单元端子排处将电流互感器回路短接退出，电压互感器回路或链路断开。

（5）在线路保护校验前，为避免线路保护动作启失灵致母线保护告警或误动作，一般由运行人员在母线保护中执行退出该线路间隔投入（或线路间隔SV接收）软压板、该线路间隔GOOSE启失灵接收软压板的操作。二次检修人员宜在开工前，和运行人员在母线保护及后台机上检查对应软压板确已退出。

五、缺陷处理安措

智能站IED设备众多，在一次设备不停电情况下，线路间隔装置缺陷处理安全措施顺序总结如下：

1. 合并单元缺陷处理安全措施

以220kV线路合并单元为例，合并单元缺陷时，申请停役相关受影响的保护，必要时申请停役一次设备。

（1）停役相关受影响的保护：线路保护、母线保护等；

（2）退出与该合并单元相关保护GOOSE出口软压板、启失灵软压板，投检修压板；

（3）退出与该合并单元相关保护SV接收压板及直采光纤；

（4）投入该合并单元检修压板。

2. 线路保护缺陷处理安全措施

本安措考虑对合并单元采样和GOOSE跳闸模式的智能变电站线路保护消缺。

（1）消缺前安措：

1）退出该线路保护内GOOSE发送跳闸出口软压板、启失灵发送软压板、重合闸出口软压板，投入该间隔第一套线路保护检修压板。

2）如有需要可断开该线路保护至对侧光差通道光纤及线路保护背板光纤。

（2）传动试验安全措施：

1）退出对应220kV第一套母线保护内该线路保护间隔GOOSE启失灵接收软压板。

2）退出该线路保护内GOOSE启失灵发送软压板，投入该间隔第一套线路保护检修压板。

3）退出该线路间隔第一套智能终端出口硬压板，投入智能终端检修压板。

本安全措施方案可传动至各相关智能终端出口硬压板，如有必要可停役一次设备做完整的整组传动试验。

3. 智能终端缺陷处理安全措施

（1）以220kV线路智能终端为例，智能终端缺陷时，申请停役相关受影响的保护，必要时申请停役一次设备（如果需消缺的是A套智能终端则该间隔后台将收不到该终端提供的断路器及刀闸位置及开关机构告警等信号，后台信号以A套智能终端为主）。

1）退出取该智能终端开关及刀闸位置的相关保护GOOSE出口软压板、启失灵软压板。

2）退出该智能终端出口硬压板，放上装置检修压板。

3）如有需要可取下该智能终端背板光纤。

（2）消缺后传动时安全措施。

1）退出对应220kV第一套母线保护内运行间隔GOOSE出口软压板，放上该母线保护检修压板。

2）退出该间隔保护内GOOSE启失灵发送软压板，放上该间隔保护检修压板。

3）退出该间隔第一套智能终端出口硬压板，放上装置检修压板。

该种安全措施方案可传动至该边断路器智能终端出口硬压板，如有必要可停役相关一次设备做完整的整组传动试验。

第三节　线路保护更换二次安措

一、常规变电站线路保护更换二次安措

1. 准备工作

个人工具箱、继电保护校验仪、钳型电流表、万用表、短接片、短接线、线路保护二次图纸（新图纸及旧图纸）、线路保护二次安措票。

2. 220kV及以下等级线路保护更换安措步骤

110kV的线路保护装置只有一套保护，而220kV线路保护一般为双套配置，两套保护装置更换的安措步骤相同。以某常规变电站220kV线路第一套保护装置更换为例，其安措步骤如下依次进行：

（1）回路连接关系检查。

1）明确线路间隔与母线保护（两套）联系的电缆接线位置（启失灵、闭锁重合闸、跳闸、刀闸位置等）。

2）明确线路开关端子箱与第一套线路保护联系的电缆接线位置（刀闸位置、开关位置、TA回路、线路TV回路等），电流极性确认、接地点确认（场地端子箱接地，有且仅有一个接地点）。

3）明确线路测控装置与第一套线路保护联系的电缆接线位置（控制回路、信号回路、切换后电压回路等）。

4）明确220kV线路故障录波器与第一套线路保护联系的电缆接线位置（电流回路、故障录波信号回路等）。

5）明确屏顶小母线（直流电源、交流电源、220kV正、副母交流电压回路）电缆

接线走向，提前准备临时电缆。明确旧线路保护屏内所有外部电缆的用途功能及电缆走向。

6）检查安措票中的端子编号是否正确、是否遗漏、与图纸回路是否一致。

（2）回路连接关系拆除。

1）线路保护间隔停运，检查确认线路保护间隔所有压板均已打开（尤其注意启失灵压板）。

2）拆除线路保护至母线保护的启失灵电缆。对于“六统一”线路保护和“四统一”线路保护，存在以下区别：

a. 六统一保护——分别在两套母线保护屏内拆除与线路保护相关联的分相启失灵和三跳启失灵电缆。

b. 四统一保护——在母线保护处拆除总启失灵线。

要求两头拆除，母线保护侧拆除时注意认清间隔，可先解母差侧，在线路侧量到没电则确认电缆正确。

3）拆除母线保护跳线路侧电缆，两头拆除，母线保护侧拆除时注意认清间隔，可通过拉控制电源方法确认。

4）在线路间隔端子箱将 TA 的母线保护次级 A/B/C/N 端子短接退出，增加临时接地线，注意防止 TA 开路，同时用钳形相位表在保护屏上检查电流大小，电流接近为 0，才表明安措短接退出执行退出成功，否则需要排查复验上述安措。

5）有旁代回路的，需要在两侧保护拆除旁代用的电缆并抽除，注意旁路为运行设备，包括起动发信、收信输出等，做好绝缘与记录。

6）拆除旧线路保护至故障录波器屏的保护动作信号、电流等电缆。在故障录波器解除与线路保护屏相关的端子，在安措票记录相应的端子编号和位置，具体参见第一节第八部分中的故障录波回路安措票示例。

7）拆除旧线路保护去线路间隔端子箱的断路器位置、刀闸位置等回路，两头拆除并记录，拆除时需要认清电缆，可通过测量电位方法确认。

8）拆除旧线路保护至线路测控装置的信号、控制等回路，两头拆除并记录，拆除时需要认清电缆，可通过测量电位方法确认，具体参见第一节第七部分中的测控信号回路安措票示例和第五部分中的操作回路安措票示例。

9）临时电缆搭接完成后再拆除旧屏屏柜顶部小母线，保证拆除时其他运行间隔不会失压。拆搭时注意认清档位，避免错位接线。使用工具做好绝缘，避免误碰短路。使用工具做好绝缘，避免误碰短路；若电压取自 TV 并列柜则需要在 TV 并列柜拆除电压，解除过程中避免其他间隔保护失压。

10）拆屏前确保所有电缆无交直流电后执行，抽出所有旧电缆。

3. 500kV 线路保护更换安措步骤及注意点

以 500kV 传统变电站（3/2 接线方式）线路保护更换为例，介绍了需要执行的线路保护的相关回路的二次安措，需注意的是对于线路保护与边断路器保护一同更换的可能情况，线路保护与边断路器之间的回路可不作为安措执行。传统变电站内线路保护采用常规电缆采样、常规电缆跳闸模式。保护更换过程中，一次停役设备为50×1断路器、50×2断路器、××线，二次停役设备为50×1断路器保护、50×2断路器保护、××线路保护，以下以第一套保护为例，第二套保护可参考第一套保护。

（1）回路连接关系检查。

1）检查需更换线路保护与边、中断路器保护联系的电缆接线位置（分相启失灵、闭锁重合闸、失灵远传等，若边断路器保护一同更换，与边断路器保护联系部分可不作为安措）。

2）检查需更换线路保护与直流分电屏、故障录波器、测控装置、对时屏柜、保信子站、端子箱、光纤配线屏、电能表的电缆接线位置，特别注意电流、电压极性的确认。

3）检查拆除表中的端子编号是否正确、是否遗漏、与图纸回路是否一致。

4）将运行间隔初始状态拍照留存。

（2）电气连接关系拆除。

1）在相关一二次设备停用后，再次确认线路保护以及边、中断路器保护屏上的所有压板都已打开。

2）断开开关保护至运行设备失灵出口回路、电流回路、保护信号、故障录波公共端，投入开关保护检修设备检修压板，如表3-34、表3-35所示。

表3-34　断路器保护屏安措票（边断路器）

序号	执行	回路类别	安全措施内容	恢复
1		失灵联跳母线	断开端子：端子编号（至500kVⅠ母母线第一套保护屏） 断开压板：压板编号	
2			断开端子：端子编号（至500kVⅠ母母线第二套保护屏） 断开压板：压板编号	
3		电流回路	断开端子：端子编号（从电流互感器端子箱来） 断开端子短接内侧：端子编号（至××故障录波器屏）	
4		中央信号	断开端子：端子编号（至××测控屏）	
5		录波信号	断开端子：端子编号（至××故障录波器屏）	
6		检修状态	投入检修硬压板：压板编号	

表3-35　断路器保护屏安措票（中断路器）

序号	执行	回路类别	安全措施内容	恢复
1		失灵跳 50×3开关	断开端子：端子编号（至50×3开关保护屏） 断开压板：压板编号	

续表

序号	执行	回路类别	安全措施内容	恢复
2		失灵联跳变压器	断开端子：端子编号（至×号变压器保护C屏） 断开压板：压板编号	
3		电流回路	断开端子：端子编号（从电流互感器端子箱来）	
4		中央信号	断开端子：端子编号（至××测控屏）	
5		录波信号	断开端子：端子编号（至××故障录波器屏）	
6		检修状态	投入检修硬压板：压板编号	

3）断开Ⅰ母母线保护中50×1电流回路端子，如表3-36所示。

表3-36　Ⅰ母母线保护屏安措票

序号	执行	回路类别	安全措施内容	恢复
1		电流回路	断开端子：端子编号（从50×1电流互感器端子箱来）	

4）断开同串另一侧运行间隔保护A、B屏中50×2电流回路端子，如表3-37所示。

表3-37　同串运行间隔保护屏安措票

序号	执行	回路类别	安全措施内容	恢复
1		电流回路	断开端子：端子编号（从50×2电流互感器端子箱来）	

5）在边、中断路器电流互感器端子箱内断开至××线路保护电流回路端子，并用红胶带封上其余电流回路端子，如表3-38所示。

表3-38　边断路器流变端子箱安措票

序号	执行	回路类别	安全措施内容	恢复
1		电流回路	断开端子：端子编号（至××线路保护）	
2		电流回路	用红胶带封上其余电流回路端子	

6）拆除边、中断路器操作箱与线路保护的跳闸电缆两端。两头拆除并记录，拆除时需要认清电缆，先明确两端芯号一致，再通过拆除电源一端、另一端监视电位方法确认。

7）拆除边、中断路器保护屏与线路保护的启失灵、闭重、远传电缆两端（若边断路器保护一同更换，与边断路器保护联系部分可不作为安措）。两头拆除并记录，拆除时需要认清电缆，先明确两端芯号一致，再通过拆除电源一端、另一端监视电位方法确认。

8）在直流分电屏拆除线路保护的直流电源。先拆除直流屏侧，再拆除保护屏侧。两头拆除并在安措票记录相应的端子编号和位置，确认方法同6）。

9）在测控屏上解除与线路保护屏相关的信号端子，在安措票记录相应的端子编号和位置，确认方法6）。

10）在故障录波器解除与线路保护屏相关的端子，在安措票记录相应的端子编号和位置，确认方法同6）。

11）拆除至就地的电流、跳闸、断路器位置电缆两端。两头拆除并记录，拆除时需要认清电缆，在安措票记录相应的端子编号和位置，确认方法6)。

12）在对时屏柜、保信子站、光纤配线屏、电能表等屏柜上解除与线路保护屏相关的端子，在安措票记录相应的端子编号和位置，确认方法同6)。

13）在交换机屏柜解除与保护相连的用于与后台通信的网线或光纤，在安措票记录相应的端子编号和位置。

14）拆除屏内交流电源，并做好绝缘，防止误碰。

二、智能变电站线路保护更换二次安措

1. 准备工作

个人工具箱、智能变电站继电保护校验仪、光纤（对应型号或可使用光纤口转换器）、线路保护二次图纸和二次安措票、SCD比对软件等。

2. 220kV及以下等级线路保护更换安措步骤

以某智能变电站220kV线路第一套保护装置同屏更换为例，其安措步骤如下依次进行。

（1）回路连接关系检查。

1）明确线路保护间隔与母线保护联系的光口与软压板位置（启失灵、闭锁重合闸、跳闸等）。

2）明确线路保护间隔与线路智能终端联系的光口与软压板位置（刀闸位置、开关位置）。

3）检查安措表中的光口编号与位置，是否正确、是否遗漏，与图纸回路是否一致。不一致时需要进行确认修改。

（2）回路连接关系拆除。

1）配合运行人员观察母线保护屏上的指示灯和保护屏的各菜单页面，保证无异常告警灯信号，电流、电压、开入量正常；检查母线保护装置液晶显示中的该线路间隔SV接收软压板、启失灵GOOSE接收软压板均已退出，并与后台机压板状态比对正确。

2）检查确认待改造线路间隔的第一套线路保护已退出运行，相应SV接受软压板、GOOSE软压板、启失灵软压板已经退出，智能终端处出口硬压板已经退出。

3）记录线路保护屏后各支路的SV、GOOSE等光纤的光口位置。

4）将线路保护的所有SV、GOOSE光纤回路断开，并在安措票上记录光口的位置与编号，光纤口用专用防尘帽套牢，与新线路保护的图纸进行比对核查，若有不同，需要核实无误后，进行相应修改。

5）将检修范围内的所有IED装置（线路保护、线路合并单元、线路智能终端、线路测控装置等）的检修硬压板投入。

6）合并单元模拟量输入侧的TA（两组电流回路短接）、TV二次回路（线路电压回路断开）隔离，智能终端处电气量二次回路隔离。

3. 500kV线路保护更换安措步骤

(1) 回路连接关系检查。

1) 明确所有间隔与线路保护联系的光口与GOOSE软压板位置（GOOSE跳闸出口软压板、GOOSE启失灵发送软压板、GOOSE接收软压板）。

2) 明确所有间隔与智能终端联系的光口位置（直跳光纤）。

3) 检查拆除表中的光口编号与位置，是否正确、是否遗漏，与图纸回路、现场是否一致。不一致时需要进行确认修改。

4) 将运行间隔初始状态拍照留存。

(2) 回路连接关系拆除。

保护改造时，所涉及屏柜，安措执行时以屏柜为单位，逐一执行。

1) ×××线路保护屏A：投入线路保护A检修压板，断开线路保护通道A、B光纤，若线路保护有串接电流至故障录波器、安稳装置，需短接退出相应运行屏柜内电流回路。

2) 50×2断路器智能控制柜：检查确认50×2智能终端A检修压板确已投入，并用红胶布封住。

3) 50×1断路器智能控制柜：检查确认50×1智能终端A检修压板确已投入，并用红胶布封住。

4) 500kV第一套母线保护：短接并断开母线保护屏内50×1边断路器电流回路端子，并用红胶布封住。

5) 500kV第一套变压器保护：短接并断开变压器保护屏内50×1边断路器电流回路端子，并用红胶布封住。

6) 断开线路保护组网光纤、拆除遥信回路硬接点信号、交流回路、直流回路、对时回路电缆。若线路保护与边、中断路器保护同时更换，则应断开边、中断路器保护组网光纤，具体可参考第九章第三节。

(3) 搭接试验安措。

1) 中断路器50×2断路器保护屏A：检查确认退出中断路器50×2保护失灵联跳相邻运行间隔GOOSE发送软压板，中断路器50×2保护失灵联跳50×1断路器保护GOOSE发送软压板（若线路保护与断路器保护同时更换，该安措可不执行），投入该中断路器保护检修压板，断开遥信回路硬接点信号。

2) 边断路器50×1断路器保护屏A：检查确认退出线路间隔对应边断路器50×1失灵联跳运行母线GOOSE出口软压板，边断路器50×1保护失灵联跳50×2断路器保护GOOSE发送软压板（若线路保护与断路器保护同时更换，该安措可不执行），投入该边断路器保护检修压板，断开遥信回路硬接点信号。

3) 500kV第一套母线保护：检查确认退出对应500kV第一套母线保护内该边断路器保护GOOSE启失灵接收软压板。

4）500kV第一套变压器保护：检查确认退出同串运行间隔的第一套变压器保护内GOOSE失灵联跳接收软压板。

4. 注意事项

拆除硬电缆回路时，应两头拆除并记录，拆除时需要认清电缆，先明确两端芯号一致，再通过拆除电源一端，另一端监视电位方法确认。

第四章　变压器保护二次安措

变压器作为电力系统中重要的主设备，其保护的配置比其他元件都要复杂与多样。220kV 变压器保护的保护范围是各侧电流互感器变压器保护二次之间部分。220kV 及以上电压等级变压器应配置两套主、后备保护一体的双重化电气量保护和一套非电量保护（对于智能变电站变压器非电量保护宜集成在变压器本体智能终端中，并采用常规电缆接入变压器保护各侧智能终端跳闸回路方式）。两套电气量保护应分别组屏，其 TA 二次、电压切换回路、装置电源、操作电源和控制回路完全独立。

其中电气量保护中，差动保护是变压器本体内部、套管和引出线故障的主保护。反映变压器绕组和引出线的相间短路、中性点直接接地侧的单相接地短路及绕组匝间短路，动作于瞬时断开各侧断路器。后备保护包括但不限于复合电压闭锁过电流保护、零序电流保护、零序过电压保护、过负荷告警等，用于满足外部故障引起的变压器过电流、中低压侧母线后备、公共绕组及各侧的过负荷等各类情况。

非电量保护中，气体保护用来反应变压器油箱内部所产生的气体或油流而动作，它可以防御变压器油箱内的各种短路故障和油面降低，且具有很高的灵敏度。气体保护有重瓦斯和轻瓦斯之分。一般重瓦斯反应的是变压器内部油流速度，保护动作于跳开变压器各侧电源断路器，轻瓦斯保护反应的是变压器内部气体容积，保护动作于信号。同时一般还配置了反应油箱内油、气、温度等特征的其他非电量保护，主要包括变压器本体和有载调压部分的温度保护、变压器的压力释放保护、变压器带负荷后启动风冷的保护、过载闭锁带负荷调压的保护等。

500kV 变压器保护的主保护范围是三侧电流互感器变压器保护次级之间部分，保护配置和组屏方式与 220kV 电压等级变压器相同。变压器电气量保护应配有：差动电流速断保护、电流差动保护、后备保护（含阻抗保护、零序过流保护、复压过流保护、过负荷告警功能等），宜配有断路器失灵联跳功能，断路器失灵联跳功能宜设有灵敏的、不需整定的电流元件并带 20～50ms 固定延时。

常规变电站和智能变电站的常见变压器保护型号统计如表 4-1 所示。

表 4-1　　常规变电站和智能变电站的变压器保护型号统计

变电站类型	变压器保护型号
常规变电站	PCS-978、PST-1200、WBH-801、CSC-326、PRS-778、NSR-378
智能变电站	PCS-978-DA-G、PST-1200UT2-DA-G、NSR-378T2-DA-G、CSC-326T2-DA-G、WBH-801T2-DA-G、PRS-778T2-DA-G

第一节　常规变电站变压器保护校验二次安措

一、准备工作

1. 工器具、仪器仪表、材料介绍

变压器保护校验所需携带的相关材料如下：个人工具箱、万用表、短接片、短接线、绝缘电阻测试仪、变压器保护二次图纸、工作票、二次工作安全措施票、二次作业典型风险分析及防范措施卡、保护装置校验报告、非电量电缆绝缘测试报告、保护定值单等。

2. 整体回路连接关系

（1）220kV 及以下电压等级。

220kV 变压器保护连接关系示意图如图 4-1 所示。

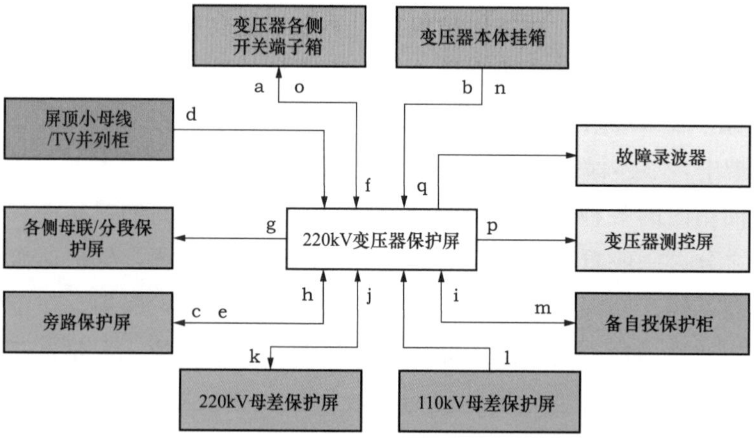

图 4-1　220kV 变压器保护连接关系示意图

各回路的含义如下：

a. 交流电流回路。变压器各侧开关端子箱内 TA 保护次级接至变压器保护屏的电流回路。

b. 交流电流回路。本体挂箱内公共绕组 TA 二次接至变压器保护屏的交流电流。

c. 交流电流回路。旁路保护屏内旁路带变压器 TA 二次经过切换后接至变压器保护屏的交流电流。

d. 交流电压回路。屏柜顶部小母线或 TV 并列柜送往变压器保护屏的各侧Ⅰ母和Ⅱ母交流电压。

e. 交流电压回路。旁路保护屏内旁路母线 TV 经过切换后送往变压器保护屏的交流电压。

f. 变压器跳闸回路。变压器保护屏送往变压器各侧开关端子箱的断路器跳闸回路。

g. 变压器跳闸回路。变压器保护屏送往各侧开关母联/分段保护屏的断路器跳闸回路。

h. 变压器跳闸回路。变压器保护屏送往旁路保护屏的断路器跳闸回路。

i. 变压器闭锁备自投回路。变压器保护屏送往备自投保护屏的闭锁备自投开入回路，以及变压器保护屏送往备自投保护屏的低压侧断路器及 KKJ 位置。

j. 失灵回路。变压器保护屏送往 220kV 母线保护屏的启失灵、解复压回路。

k. 母差跳闸回路。220kV 母线保护屏送往变压器保护屏的高压侧断路器跳闸和失灵联跳回路。

l. 母差跳闸回路。110kV 母线保护屏送往变压器保护屏的中压侧断路器跳闸回路。

m. 备自投跳闸回路。备自投保护屏送往变压器保护屏的低压侧断路器跳闸回路。

n. 非电量开入回路。变压器本体挂箱送往变压器非电量保护屏的非电量开入回路。

o. 位置开入信号回路。变压器各侧开关端子箱送往变压器保护屏的刀闸位置开入回路，用于电压切换。

p. 测控信号回路。变压器保护屏送往公用/母线测控屏的相关信号回路，用来接入后台机监视变压器保护动作、告警等信号。

q. 故障录波信号回路。变压器保护屏送往故障录波器的相关信号回路，用来记录变压器保护动作等信号。

（2）500kV 电压等级。

500kV 变压器保护回路连接关系如图 4-2 所示。

各回路的含义如下：

a/b/c/d. 交流电流回路。分别为高压侧边、中开关的 TA 变压器保护二次至变压器保护屏的交流电流、中压侧开关的 TA 变压器保护二次至变压器保护屏的交流电流、低压侧开关的 TA 变压器保护二次送往变压器保护屏的交流电流、变压器本体的套管 TA 二次和公共绕组二次至变压器保护屏的交流电流回路。

e. 交流电压回路。变压器三侧的间隔 TV 将三相电压送至变压器保护屏的交流电压回路。

f. 跳闸回路。变压器保护永跳三侧开关的跳闸回路。

g/j/l. 失灵联跳回路。分别为高压侧边、中断路器保护、中压侧母线保护的失灵保护动作后联跳变压器三侧的联跳回路。

h/i/k. 启失灵回路。变压器电气量保护动作后至高压侧边、中断路器保护、中压侧

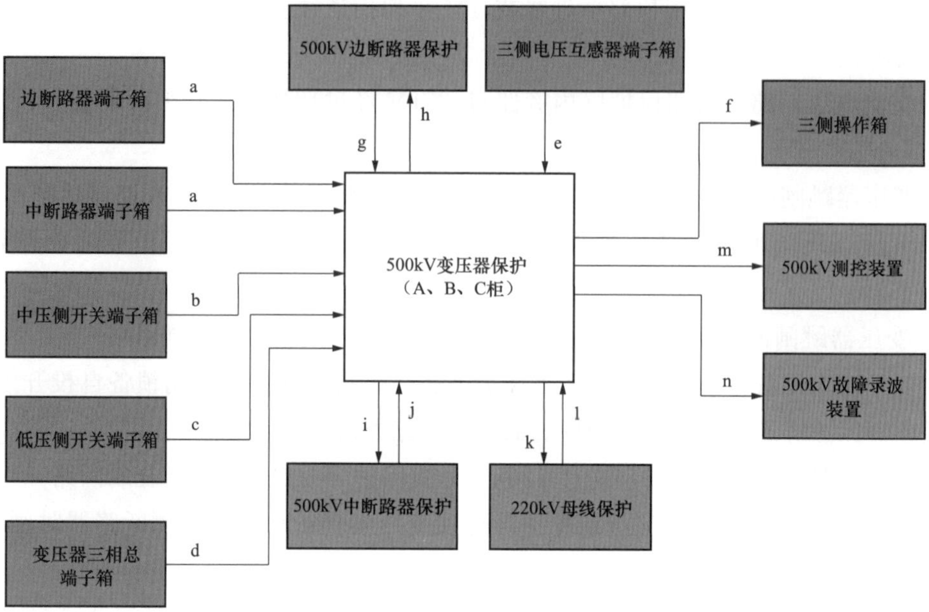

图 4-2　500kV 变压器保护连接关系示意图

母线保护的三相启失灵回路。

m. 测控遥信回路。变压器保护屏至测控屏的相关信号回路，用来接入后台机监视变压器保护动作、开入和告警等信号。

n. 故障录波信号回路。变压器保护屏至故障录波器的相关信号回路，用来记录变压器保护动作和开入变位等信号。

二、220kV 及以下等级变压器保护的安措实施

1. 二次设备状态记录

在安措票上还需要记录二次设备的状态，包括压板状态、切换把手状态、当前定值区、空气开关状态、端子状态。便于校验结束后，恢复原始状态。空气开关状态与压板状态如图 4-3、图 4-4 所示。

记录状态之后，在保护装置校验前，通常我们还会将所有的出口压板全部退出（一般为红色压板），起到双重保护的作用。

图 4-3　空气开关状态

安措票二次设备状态记录部分示例如表 4-2 所示。

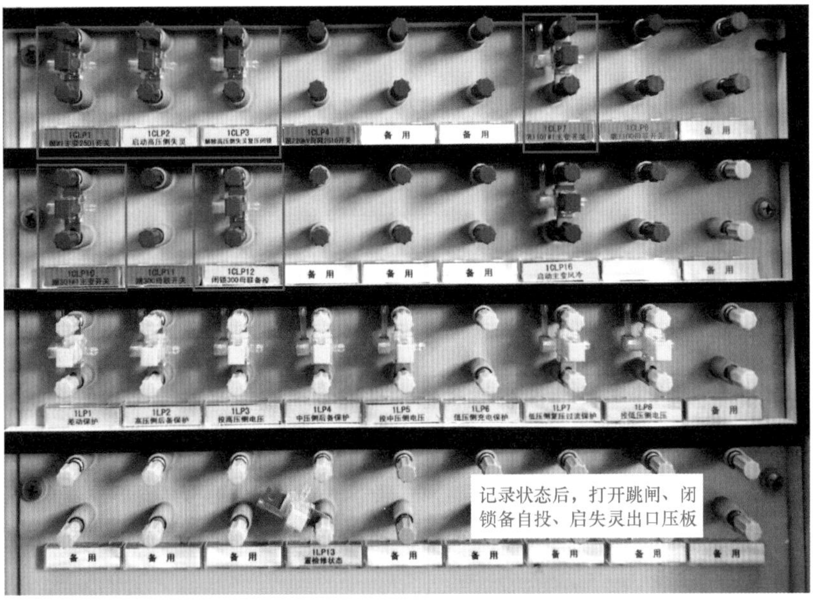

图 4-4　压板状态

表 4-2　　220kV 变压器保护安措票二次设备状态部分示例

序号	类别	状态记录
1	压板状态	1CLP16，1LP13 退，其余投
2	切换把手状态	1QK 投本线，2QK 投本线
3	当前定值区	01 区
4	空气开关状态	7ZK 退，其余全合
5	端子状态	外观无损伤，螺丝紧固

2. 跳闸回路安措

此处的跳闸回路并不单一指代变压器跳开关回路，而是指将变压器保护与运行设备相关联，有可能引起其他保护误动或拒动的回路悉数拆除。跳闸回路有“四统一”和“六统一”两种布局方式，其中“四统一”将每副出口接点的正端和负端以组为单位，按照不同功能从上而下依次布局；“六统一”将跳闸出口接点的正端全部接至端子排 CD 和负端全部接至端子排 KD，相同端子号代表一副节点的两端，呈现一一对应的布局。一般而言 CD 的端子接至变压器保护装置对应出口接点的一端，KD 的端子则接至对应出口压板上桩，经压板至出口接点的另一端。所以当出口压板投入时，CD 与 KD 间对应出口接点动作，将跳闸命令发送至对应操作回路或者保护开入。

（1）“六统一”方式。

“六统一”方式跳闸回路安措示意图如图 4-5 所示。

“六统一”保护中，第一套保护出口与第二套保护出口相互独立，各自出口至两组跳闸回路。

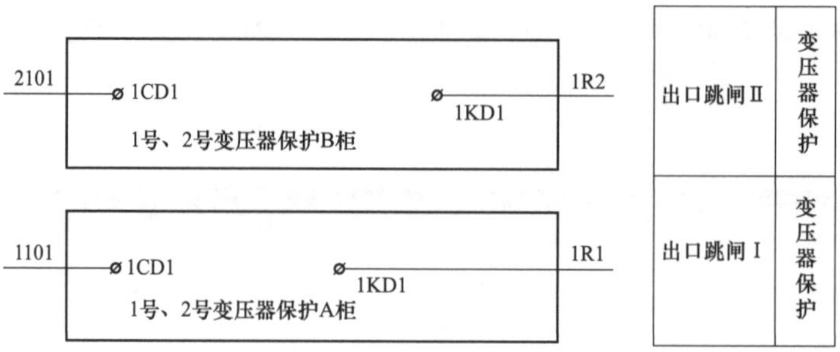

（a）

1CD			出口正端
1-402D1 1201	1	1X8-c2	高压出口+
	2		
40′	3	1X8-c6	启动失灵+
	4		
42′	5	1X8-c8	解除失灵复压闭锁+
	6		
1201	7	1X8-c12	高压母联出口+
	8		
1201	9	1X8-c16	高压旁路出口+
	10		
1	11	1X9-c4	中压旁路出口+
	12		
3-4D1 201	13	1X9-c2	中压出口+
	14		
1	15	1X9-c8	中压母联出口+
	16		
	17	1X10-c2	闭锁中压备投+
	18		
3-4D1 301	19	1X8-c20	低压出口+
	20		
1	21	1X8-c24	低压分段出口+
	22		
111	23	1X10-c6	闭锁低压备投+

1KD			出口负端
1-4Q2D11 1233	1	1CLP1-1	高压出口-
	2		
41′	3	1CLP2-1	启动失灵-
	4		
43′	5	1CLP3-1	解除失灵复压闭锁-
	6		
R2	7	1CLP4-1	高压母联出口-
	8		
R2	9	1CLP5-1	高压旁路出口-
	10		
33	11	1CLP6-1	中压旁路出口-
	12		
2-4D45 233	13	1CLP7-1	中压出口-
	14		
33	15	1CLP8-1	中压母联出口-
	16		
	17	1CLP9-1	闭锁中压备投-
	18		
3-4D45 333	19	1CLP10-1	低压出口-
	20		
33	21	1CLP11-1	低压分段出口-
	22		
112	23	1CLP12-1	闭锁低压备投-

（b）

（c）

图 4-5 “六统一”方式跳闸回路安措示意图

（a）原理图；（b）端子排图；（c）实际接线图

1）分别确认两套变压器保护屏上各自出口跳相关母联、分段开关硬压板已退出，拉开各侧控制电源，并测量出口电缆有电压值，核对跳母联出口电缆编号与母联侧一致，分别拆除变压器保护至各侧母联、分段操作箱的跳闸回路，防止校验过程中，变压器保护误出口跳运行母联、分段开关。

2）对于具备旁代变压器功能的旁路保护，分别确认变压器保护屏上出口跳旁路硬压板已退出（包括非电量保护出口跳旁路压板），拉开变压器各侧控制电源，并测量旁路出口电缆有电压值，核对跳旁路出口电缆编号与旁路侧一致。核对完成后，分别拆除变压器保护至各侧旁路跳闸回路，防止校验过程中，变压器保护误出口跳开旁路开关。

3）确认变压器保护屏上出口解复压、失灵联跳硬压板已退出，拆除变压器保护启动220kV母差保护失灵，解复压回路，防止校验过程中导致母差保护误动。两套保护动作后，经各自失灵压板出口至相对应的母差保护（单母差保护时并接），所以需要在两套保护屏内分别拆除启失灵及解复压出口。

4）分别确认变压器保护屏上至闭锁备自投相关硬压板已退出，拆除变压器保护闭锁备自投的相关电缆。防止校验过程中，误开入备自投装置产生不必要的信号。

（2）“四统一”方式。

“四统一”方式跳闸回路安措示意图如图4-6所示。

“四统一”保护中，一般第一套保护出口与第二套保护出口电缆相互并接，共用同一电缆出口至各侧断路器或者各侧母联、旁路跳闸回路。

1）确认变压器保护屏上出口跳相关母联、分段开关硬压板已退出，拉开各侧控制电源，并测量出口电缆有电压值，核对跳母联出口电缆编号与母联侧一致，拆除变压器保护至各侧母联、分段操作箱的跳闸回路，防止校验过程中，变压器保护误出口跳运行母联、分段开关。

2）对于具备旁代变压器功能的旁路保护，分别确认变压器保护屏上出口跳旁路硬压板已退出（包括非电量保护出口跳旁路压板），拉开变压器各侧控制电源，并测量旁路出口电缆有电压值，核对跳旁路出口电缆编号与旁路侧一致。核对完成后，分别拆除变压器保护至各侧旁路跳闸回路，防止校验过程中，变压器保护误出口跳开旁路开关。

3）确认变压器保护屏上出口解复压、启动失灵硬压板已退出，拆除变压器保护启动220kV母差保护失灵、解复压回路电缆，防止校验过程中，导致母差保护误动。两套保护动作后，经各自失灵压板出口给本保护屏内失灵装置，动作后再送至母差保护失灵开入，所以只需拆除失灵装置的启失灵及解复压出口电缆即可。

4）确认变压器保护屏上至闭锁备自投相关硬压板已退出，拆除变压器保护闭锁备自投的相关电缆。防止校验过程中，误开入备自投装置产生不必要的信号。

安措票跳闸回路部分示例如表4-3所示。

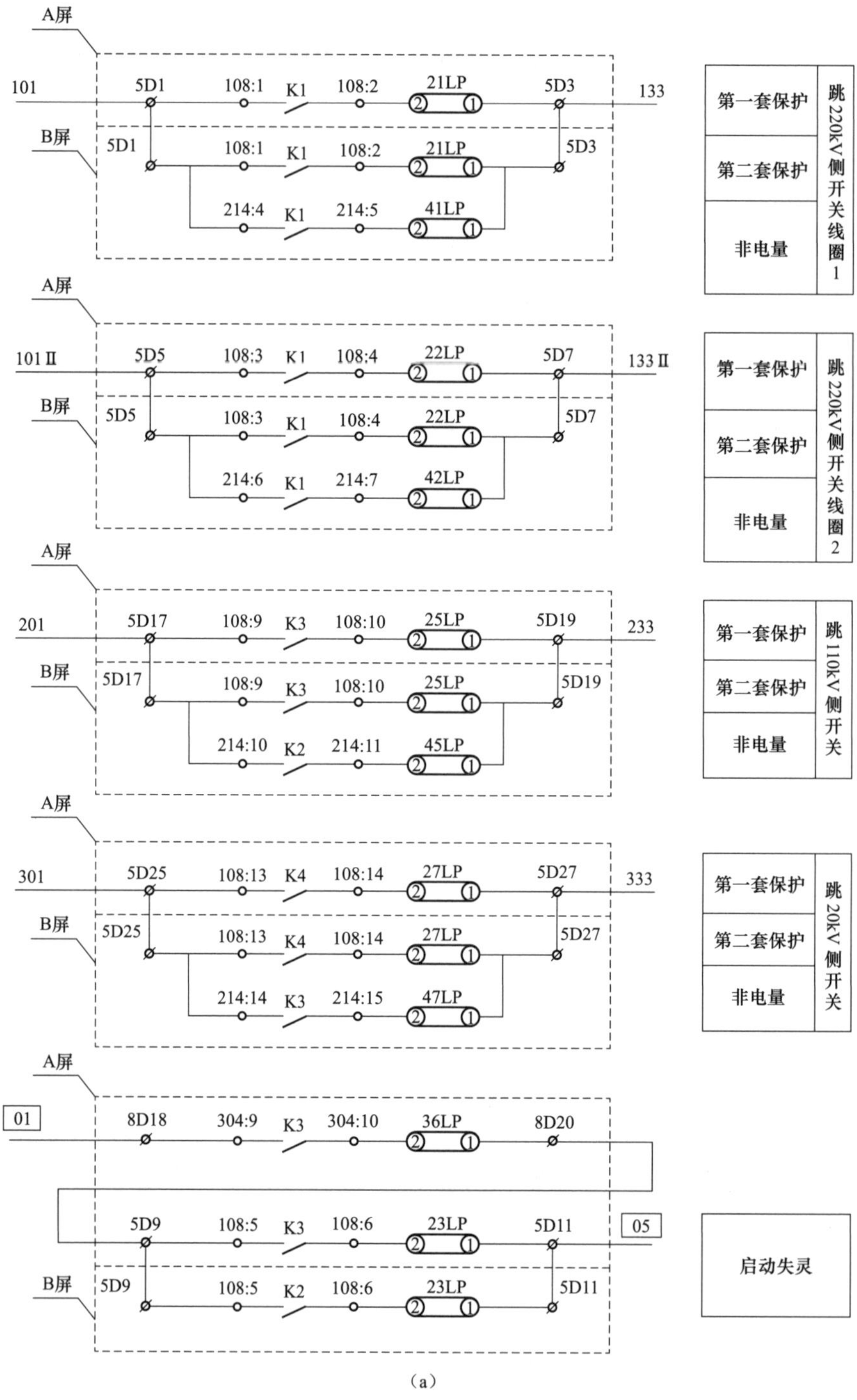

图 4-6 “四统一”方式跳闸回路安措示意图（一）

(a) 原理图

5D			
108:1 12D1	1	101	5D1
	2		
21LP:1 12D32	3	133	5D3
	4		
108:3 12D3	5	101Ⅱ	5D5
	6		
22LP:1 12D34	7	133Ⅱ	5D7
	8		
108:5	9		8D20 5D9
	10		
23LP:1	11	05	12D128 5D11
	12		
108:7	13		
	14		
24LP:1	15		
	16		
108:9	17	201	5D17
	18		
25LP:1	19	233	5D19
	20		
108:11	21		
	22		
26LP:1	23		
	24		
108:13	25	301	5D25
	26		
27LP:1	27	333	5D27
	28		
108:15	29		
	30		
28LP:1	31		
	32		
108:17	33		
	34		
29LP:1	35		
	36		
108:19	37		
	38		
30LP:1	39		
	40		
108:21	41	1	5D41
	42		
31LP:1	43	33	5D43
	44		
108:23	45		
	46		
32LP:1	47		
	48		

(b)

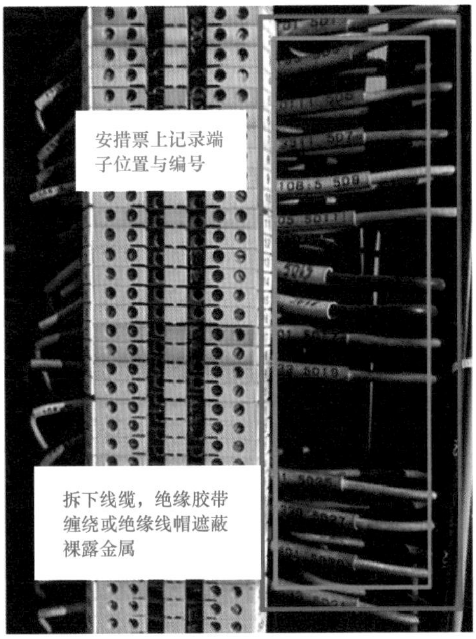
安措票上记录端子位置与编号
拆下线缆，绝缘胶带缠绕或绝缘线帽遮蔽裸露金属

(c)

图 4-6　“四统一”方式跳闸回路安措示意图（二）

(b) 端子排图；(c) 实际接线图

表 4-3　　220kV 变压器保护安措票跳闸回路部分示例

序号	执行	回路类别	安全措施内容	恢复
1		出口回路	拆除跳各侧母联（分段）开关回路	
2			拆除跳各侧旁路开关回路	
3			拆除启动母差失灵保护回路	
4			拆除至母线保护解复压回路	
5			拆除至备自投闭锁回路	

3. 电流回路安措

220kV 变压器保护电流段安措示意图如图 4-7 所示。

电流回路如图 4-7（a）所示，包含变压器各侧的电流端子段，一般在端子排的 ID 标签类属中。图 4-7（b）中 1I1D 即为电流端子，前一个 1 表示第一套变压器保护，I 表示电流，后一个 1 表示高压侧，D 为端子统称。以此类推，2 表示中压侧，3 表示低压侧。

可以看到，变压器保护的电流回路端子较多，且功能各不相同，做安措前，务必确认各段的实际端子编号和设计图纸一致无误，同时也是为之后校验工作施加交流采样做好准备。

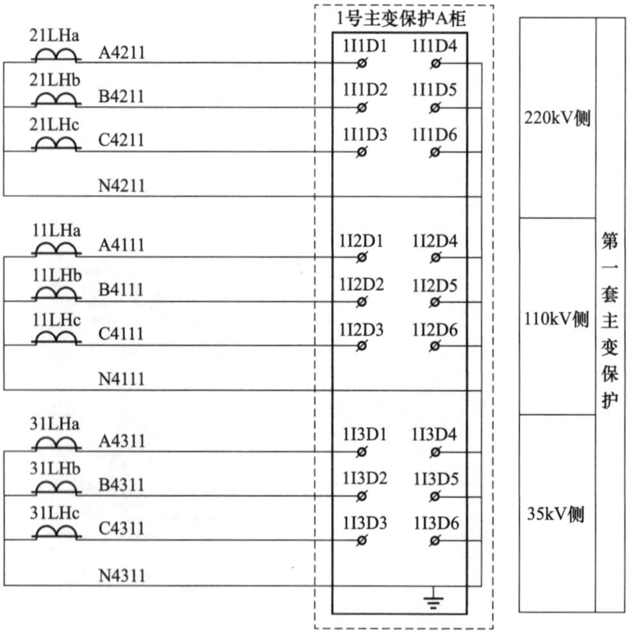

（a）

高压侧电流	1I1D		
IH1 A	1n0401	1	A4211
IH1 B	1n0403	2	B4211
IH1 C	1n0405	3	C4211
IH1 A′	1n0402	4	N4211
IH1 B′	1n0404	5	
IH1 C′	1n0406	6	
		7	
		8	
		9	
		10	
中压侧电流	1I2D		
IM A′	1n0601	1	A4111
IM B′	1n0603	2	B4111
IM C′	1n0605	3	C4111
IM A′	1n0602	4	N4111
IM B′	1n0604	5	
IM C′	1n0606	6	
		7	
		8	
		9	
		10	
低压侧电流	1I3D		
IL1 A	1n0801	1	A4311
IL1 B	1n0803	2	B4311
IL1 C	1n0805	3	C4311
IL1 A′	1n0802	4	N4311
IL1 B′	1n0804	5	
IL1 C′	1n0806	6	

（b）

图 4-7　220kV 变压器保护电流回路安措示意图（一）

（a）原理图；（b）端子排图

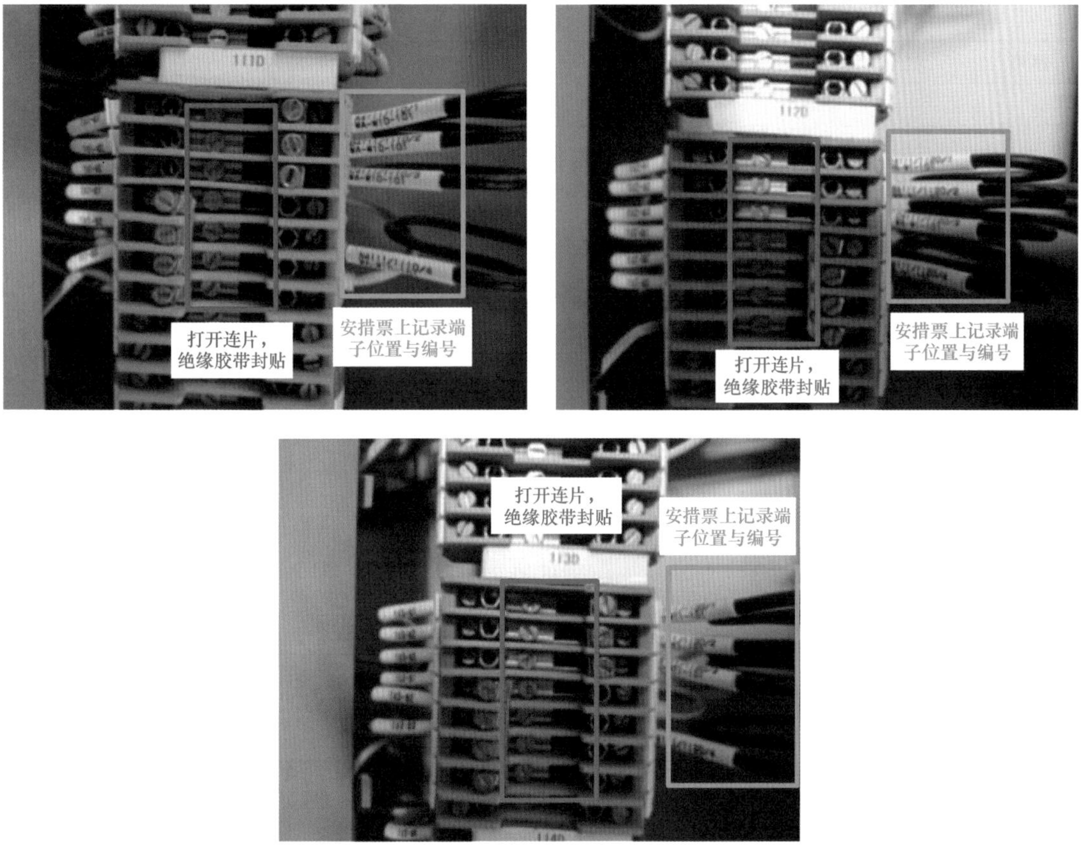
打开连片，
绝缘胶带封贴
安措票上记录端
子位置与编号
打开连片，
绝缘胶带封贴
安措票上记录端
子位置与编号
打开连片，
绝缘胶带封贴
安措票上记录端
子位置与编号

(c)

图 4-7　220kV 变压器保护电流回路安措示意图（二）

(c) 实际接线图

做安措时：①确认变压器间隔及三侧开关一次设备停役、二次电流回路无流之后，用螺丝刀打开端子排上对应端子的金属连片，打开后要紧固连片。同时为防止校验过程中，通流到故障录波器等运行屏柜，造成相关屏柜误动作，需将串接去故障录波器的电流部分连片断开、内侧短接；②在二次安措票中记录对应交流电流回路的端子位置及编号，防止误碰；③所有电流回路均按照上述方法依次操作，并用绝缘胶带封贴连片和外部电流端子。变压器保护的电流回路并不仅限于各侧电流采样，还可能来自高压侧旁路电流、中压侧旁路电流、公共绕组电流、低压侧电抗器电流等，在做安措时请勿遗漏。

电流回路的安措（以 220kV 自耦变压器为例）实施示例如表 4-4 所示。

表 4-4　　220kV 变压器保护安措票电流回路部分示例

序号	执行	回路类别	安全措施内容	
1		高压侧 电流回路	电流 A 相	1I1D1：A411
			电流 B 相	1I1D2：B411
			电流 C 相	1I1D3：C411
			电流公共 N	1I1D4：N411

续表

序号	执行	回路类别	安全措施内容	
2		中压侧电流回路	电流 A 相	1I2D1：A421
			电流 B 相	1I2D2：B421
			电流 C 相	1I2D3：C421
			电流公共 N	1I2D4：N421
3		低压侧 1 分支电流回路	电流 A 相	1I3D1：A431
			电流 B 相	1I3D2：B431
			电流 C 相	1I3D3：C431
			电流公共 N	1I3D4：N431
4		低压侧 2 分支电流回路	电流 A 相	1I4D1：A441
			电流 B 相	1I4D2：B441
			电流 C 相	1I4D3：C441
			电流公共 N	1I4D4：N441
5		公共绕组电流回路	电流 A 相	1I8D1：A451
			电流 B 相	1I8D2：B451
			电流 C 相	1I8D3：C451
			电流公共 N	1I8D4：N451

4. 电压回路安措

220kV 变压器保护电压段安措示意图如图 4-8 所示。

电压回路如图 4-8（a）所示，在端子排的 UD 标签类属中。对于主接线为双母线接线方式的变电站，一般变压器保护均使用母线电压互感器的电压，变压器保护所用电压包含正、副两组母线的 TV 采集电压，两组电压从小母线引下后经过切换后供保护使用。

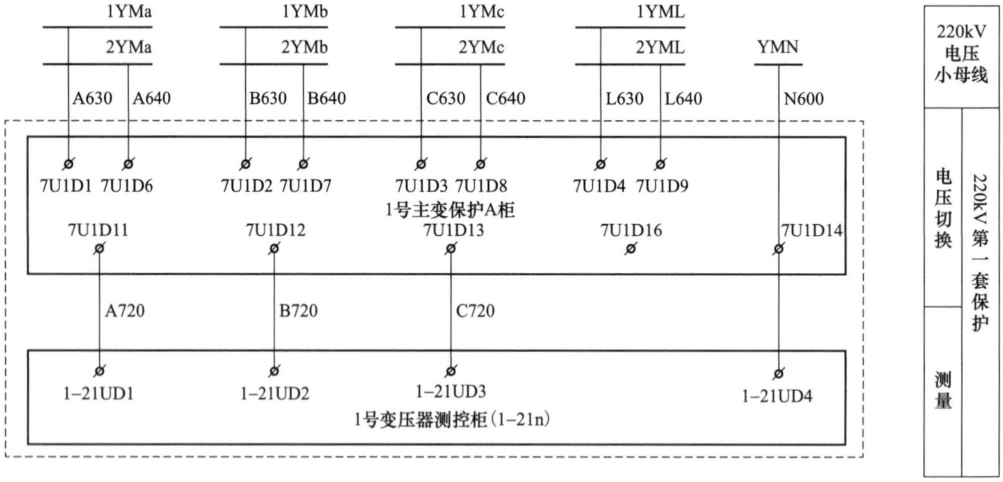

(a)

图 4-8　220kV 变压器保护电压回路安措示意图（一）

(a) 原理图

高压侧电压	1U1D		
UHA	1n0413	1	1ZKK1-2
UHB	1n0415	2	1ZKK1-4
UHC	1n0417	3	1ZKK1-6
UHN	1n0414	4	7U1D14
UHON	1n0820	5	7U1D15
UHO	1n0819	6	7U1D16a
中压侧电压	1U2D		
UMA	1n0419	1	1ZKK2-2
UMB	1n0421	2	1ZKK2-4
UMC	1n0423	3	1ZKK2-6
UMN	1n0420	4	7U2D14
UMON	1n0822	5	7U2D15
UMO	1n0821	6	7U2D16a
低压侧电压	1U3D		
UL1A	1n0613	1	1ZKK3-2
UL1B	1n0615	2	1ZKK3-4
UL1C	1n0617	3	1ZKK3-6
UL1N	1n0614	4	U3D4
		5	
		6	

（b）

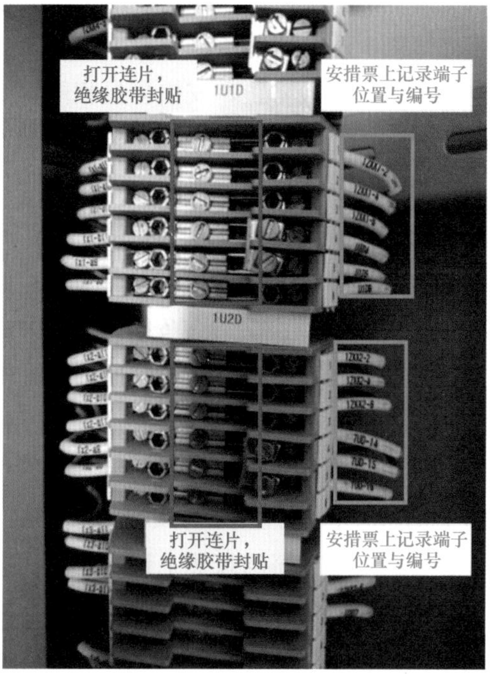
打开连片，
绝缘胶带封贴
1U1D
安措票上记录端子
位置与编号
1U2D
打开连片，
绝缘胶带封贴
安措票上记录端子
位置与编号

（c）

图 4-8　220kV 变压器保护电压回路安措示意图（二）

（b）端子排图；（c）实际接线图

变压器保护定校时，母线一般是运行状态，其二次电压回路也是带电的，如果误碰，会造成母线二次空气开关跳开，采集母线电压的相关保护 TV 断线，相关保护将不正确动作。因此，需要做好防误碰的措施，如：用绝缘胶带封贴带电电压回路端子排，防止误碰。做安措前，确认各间隔的实际端子编号和设计图纸一致无误。

校验过程中需将电压回路断开，一般至少需要存在两个断开点，首先将变压器各侧电压的空气开关拉开，再将交流电压端子排断开，打开后要紧固连片。因为电压互感器的特性，其二次侧看过去的一次侧对地等值阻值很小，若没有可靠断开电压二次回路，在二次侧通压时，可能会在电压二次回路上产出很大的电流，对电压互感器、二次电缆及校验装置造成损害。

对于“六统一”保护，由于两套保护取用各自电压切换回路，完全独立，因此需在两块屏内分别拆除高中压侧的电压切换后电压（720 710；720′710′）方可完全隔离。

对于“四统一”保护，由于两套保护共用一个电压切换回路，正常情况下，220kV 电压切换回路位于第一套保护屏内，切换后电压并接至本套保护电压空气开关上桩及另一套保护电压空气开关上桩；110kV 电压切换回路则位于第二套保护屏内，同样切换后电压并接至本套保护电压空气开关上桩及另一套保护电压空气开关上桩。因此只要将第一套的高压侧切换后电压（720）、第二套的中压侧切换后电压（710）拆除即可。

对于某些特殊情况，诸如切换后电压不经端子排直连至空气开关上桩，可以采用拉开电压切换电源。

对于低压侧电压，若低压侧一次主接线为双母线接线方式，则一般同高压侧一样采用小母线电压经电压切换防止，安措也是相同，此处不再赘述。

若低压侧一次主接线为固定连接母线方式时，电压一般取自该段母线电压互感器二次侧，引至 TV 并列柜经电缆直接接至保护屏内，不经切换回路。同理，“六统一”保护电压一般取自 TV 并列柜分别经电缆接至两套保护屏内独立使用，而“四统一”保护一般并接给两套保护使用。对于此类主接线方式的低压侧电压安措，必须认清电缆编号，用万用表测量电缆电压，再逐一带电拆除并做好绝缘，恢复安措时需再次核对电压值，确保安措恢复正确紧固。

做安措时：①用万用表电压档测量端子排内侧电压，打开Ⅰ母和Ⅱ母交流电压回路的 A/B/C/N 相连接片，打开后要紧固连片；②用万用表电压档测量打开后的端子排内侧电压，监测电压变化情况；③查看保护装置中的电压采样值，确认母线电压接近 0V；④二次安措票中记录对应端子位置与编号；⑤用绝缘胶带封贴打开后的电压回路端子排，防止误碰；⑥各侧电压回路均按照上述方法依次操作。

电压回路的安措实施示例如表 4-5 所示。

表 4-5　220kV 变压器保护安措票电压回路部分示例

序号	执行	回路类别	安全措施内容		恢复
1		高压侧 电压回路	电压空气开关	断开空气开关 1ZKK1	
2			电压 A 相	1U1D1：A720	
3			电压 B 相	1U1D2：B720	
4			电压 C 相	1U1D3：C720	
5			电压公共 N	1U1D4：N600	
6		中压侧 电压回路	电压空气开关	断开空气开关 1ZKK2	
7			电压 A 相	1U2D1：A710	
8			电压 B 相	1U2D2：B710	
9			电压 C 相	1U2D3：C710	
10			电压公共 N	1U2D4：N600	
11		低压侧 分支 1 电压回路	电压空气开关	断开空气开关 1ZKK3	
12			电压 A 相	1U3D1：A630	
13			电压 B 相	1U3D2：B630	
14			电压 C 相	1U3D3：C630	
15			电压公共 N	1U3D4：N600	
16		低压侧 分支 2 电压回路	电压空气开关	断开空气开关 1ZKK4	
17			电压 A 相	1U4D1：A640	
18			电压 B 相	1U4D2：B640	
19			电压 C 相	1U4D3：C640	
20			电压公共 N	1U4D4：N600	

5. 信号回路安措

220kV 变压器保护信号回路安措示意图如图 4-9 所示。

投入检修压板，用于屏蔽软报文。

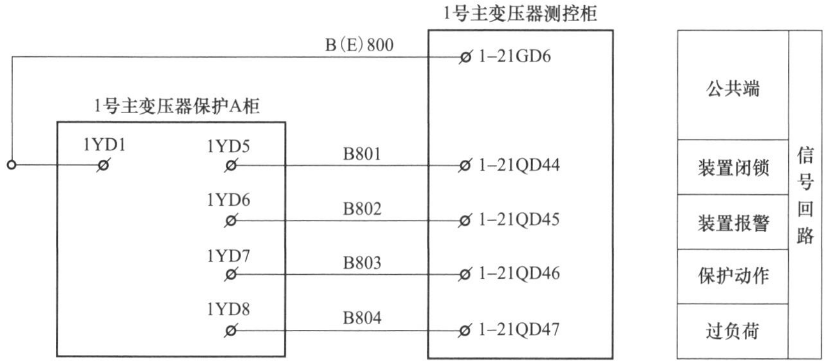

（a）

1YD			远方信号
	1	1nP104	公共端
	2	1nP1526	
	3	1nP1502	
	4		
	5	1nP105	装置故障闭锁
	6	1nP106	装置异常报警
	7	1n1525	保护跳闸
	8	1n1501	过负荷
	9		
	10		

（b）

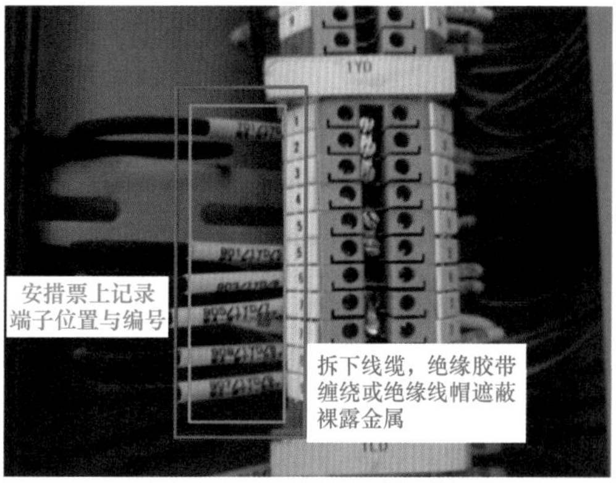

（c）

图 4-9　220kV 变压器保护信号回路安措示意图

（a）原理图；（b）端子排图；（c）实际接线图

将中央信号及远方信号的公共端断开。若没有断开，在校验过程中，保护装置频繁动作，会在后台装置上持续刷新报文，对变电站的监控产生干扰。

信号回路的安措需要断开保护至测控装置的全部回路，如表 4-6 所示，包括公共端（一般为公共正端），在端子排的“信号回路”类属中，编号一般为 E800；保护动作类、异常告警类、其他类等。

做安措时，找到对应的端子，解开线芯，用绝缘胶带缠绕或绝缘线帽遮蔽裸露部分，确认完全无裸露，在安措票中记录端子位置和编号，在该端子的执行栏中打“√”，所有信号回路安措按上述步骤依次开展。

安措票信号回路部分示例如表 4-6 所示。

表 4-6　　220kV 变压器保护安措票信号回路部分示例

序号	执行	回路类别	安全措施内容		恢复
1		测控信号	信号公共正	XD-1：E800	
2			保护动作	XD-10	
3			本体重瓦斯跳闸	XD-11	
4			油温高跳闸	XD-12	
5			压力释放跳闸	XD-13	
6			风冷全停跳闸	XD-14	
7			装置异常	XD-15	
8			运行异常	XD-16	
9			轻瓦斯报警	XD-17	
10			压力突变报警	XD-18	
11			过负荷告警	XD-19	
12			检修状态	XD-20	

6. 故障录波回路安措

220kV 变压器保护故障录波回路安措示意图如图 4-10 所示。

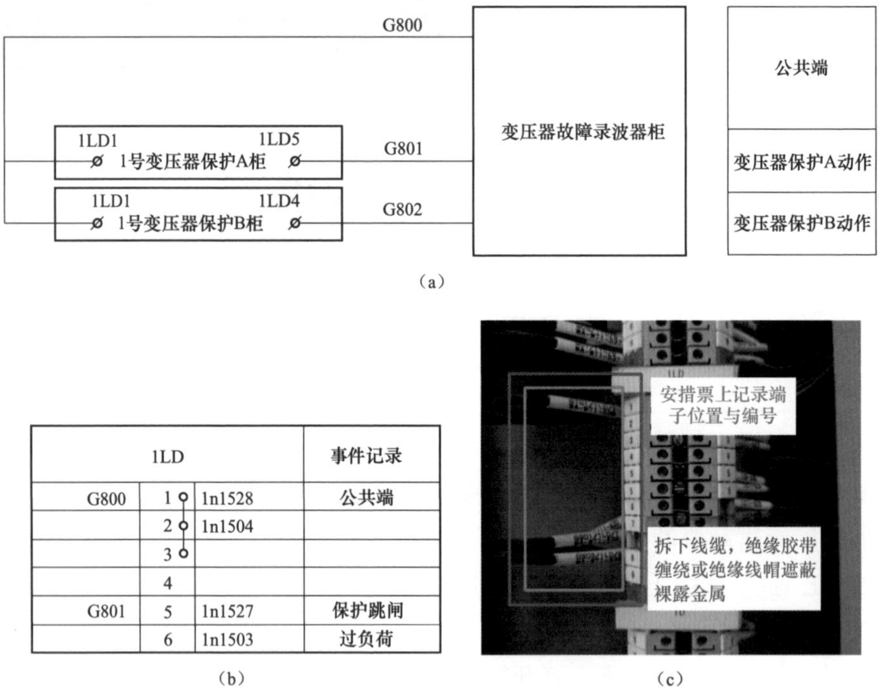

图 4-10　220kV 变压器保护故障录波回路安措示意图

(a) 原理图；(b) 端子排图；(c) 实际接线图

将故障录波信号的公共端断开。若没有断开，在校验过程中，保护装置频繁动作，会持续启动故障录波装置，干扰故障录波装置的正常记录。做安措时，找到对应的端子，解开线芯，用绝缘胶带缠绕或绝缘线帽遮蔽裸露部分，确认完全无裸露，在安措票中记录端子位置和编号，在该端子的执行栏中打“√”，所有录波信号回路安措按上述步骤依次开展。

故障录波信号回路的安措需要断开保护至故障录波装置的全部回路，故障录波安措票信号回路部分示例如表 4-7 所示。

表 4-7　　220kV 变压器保护安措票故障录波信号回路部分示例

序号	执行	回路类别	安全措施内容		恢复
1		故障录波信号	信号公共正	LD-1：E800	
2			保护动作	LD-10	
3			过负荷	LD-11	
4			装置异常	LD-12	

7. 非电量开入安措

220kV 变压器保护非电量开入安措示意图如图 4-11 所示。

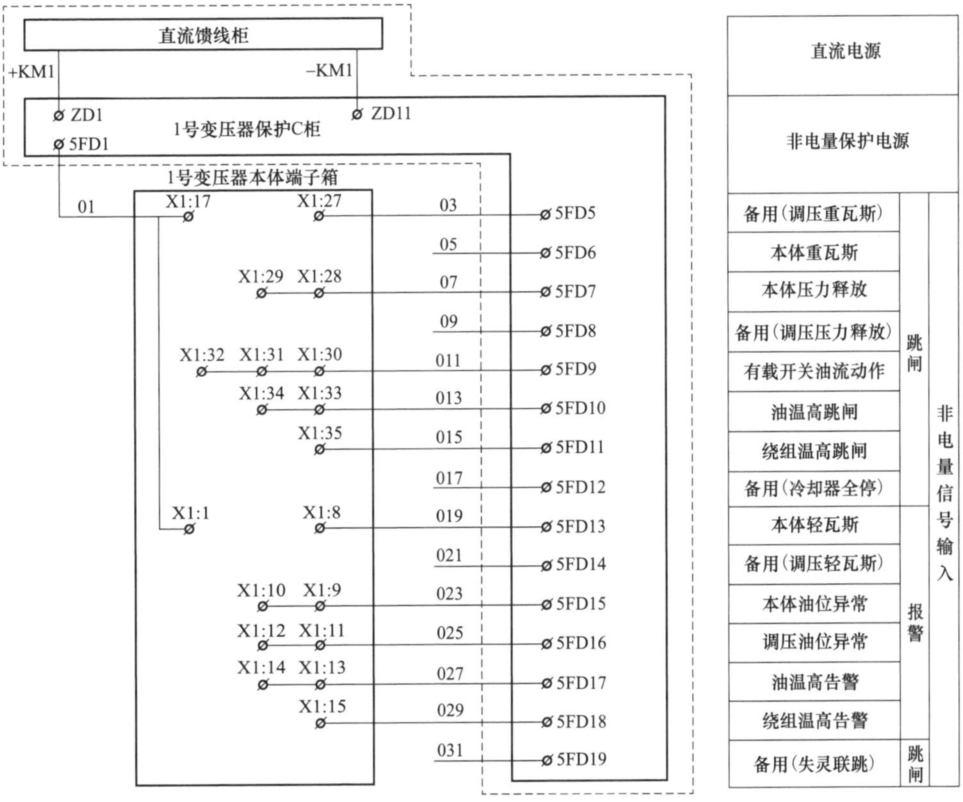

(a)

图 4-11　220kV 变压器保护非电量开入安措示意图（一）

(a) 原理图

非电量开入	5FD		
公共端	5QD3	1	01
		2	
		3	
		4	
调压重瓦斯	5n1601	5	03
本体重瓦斯	5n1602	6	05
本体压力释放跳闸	5n1604	7	07
调压压力释放跳闸	5n1501	8	09
压力突变跳闸	5n1502	9	011
油温高跳闸	5n1504	10	013
绕组过温跳闸	5n1401	11	015
冷却器全停	5n1404	12	017
本体轻瓦斯	5n1301	13	019
调压轻瓦斯	5n1302	14	021
本体油位异常信号	5n1304	15	023
调压油位异常信号	5n1201	16	025
油温高信号	5n1202	17	027
绕组过温告警	5n1204	18	029
失灵联跳	5n1402	19	031
		20	

（b）

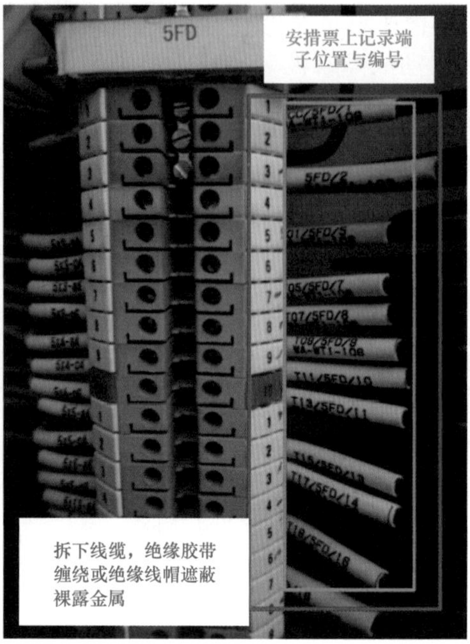
5FD
安措票上记录端子位置与编号
拆下线缆，绝缘胶带缠绕或绝缘线帽遮蔽裸露金属

（c）

图 4-11　220kV 变压器保护非电量开入安措示意图（二）

（b）端子排图；（c）实际接线图

根据继电保护定校要求，需要将非电量开入电缆进行芯对地、芯对芯绝缘测试，因而需要将所有非电量开入电缆拆除并做好记录。拆除前首先用万用表测量各开入量电位并在相应位置记录，在恢复时注意核对电位，保证与安措拆除前一致。在做安措时，可根据图纸及现场实际进行记录。如表 4-8 所示，非电量信号大致分为如下几类，安措方法与信号回路一致，此处不再赘述。

表 4-8　非电量信号开入类型及名称

信号类型	信号名称
公共端	信号公共端
保护动作	保护动作
	本体重瓦斯跳闸
	油温高跳闸
	压力释放跳闸
	风冷全停跳闸
异常告警	装置异常
	运行异常
	轻瓦斯报警
	压力突变报警
	过负荷告警
其他	检修状态

8. 恢复安措

工作结束之后，执行人员要严格按照安措票中记录的措施，逐项恢复并在安措票中的恢复栏中打“√”，恢复之后，监护人逐项检查是否恢复到位，执行人和监护人在安措表上签字。

三、500kV 变压器保护安措实施

安措实施前的设备状态为：500kV 变压器一、二次设备处于检修状态，其相邻的边、中断路器及保护同样处于检修状态。定校的设备包括：变压器保护（A、B、C 柜）和边、中断路器保护。

1. 二次设备状态记录

完整记录变压器保护（A、B、C 柜）及边、中断路器保护的状态，包括压板状态、切换把手状态、当前定值区、空气开关状态、端子状态，如图 4-12～图 4-15 所示，便于校验结束后，恢复原始状态。

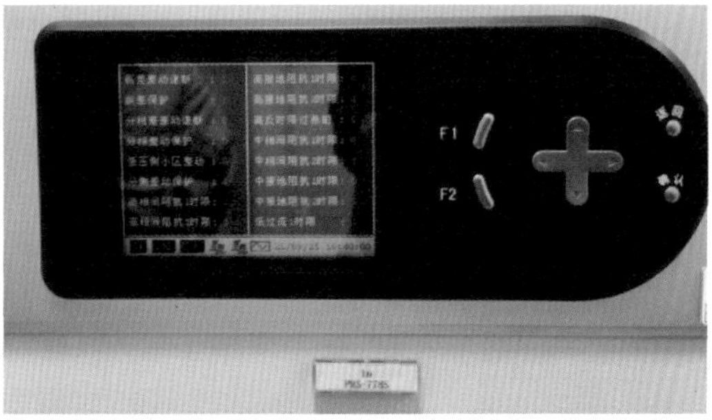

图 4-12　当前定值区

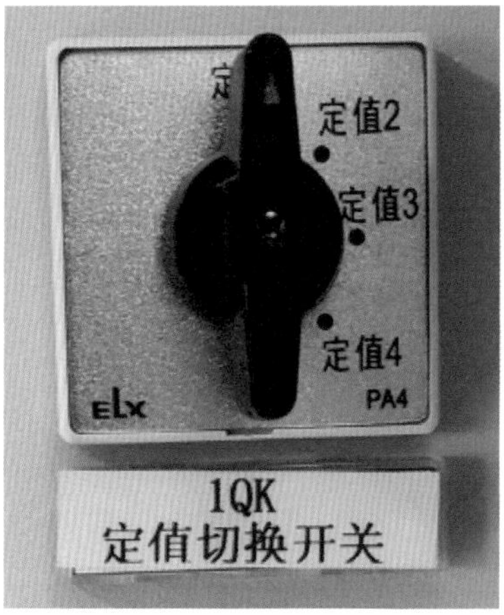

图 4-13　切换把手状态

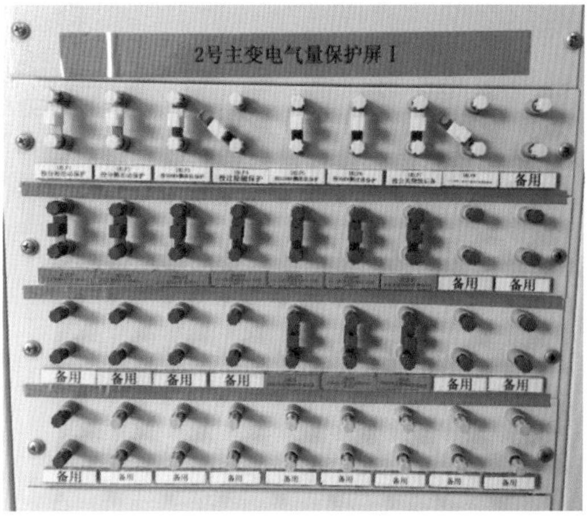

图 4-14　压板状态

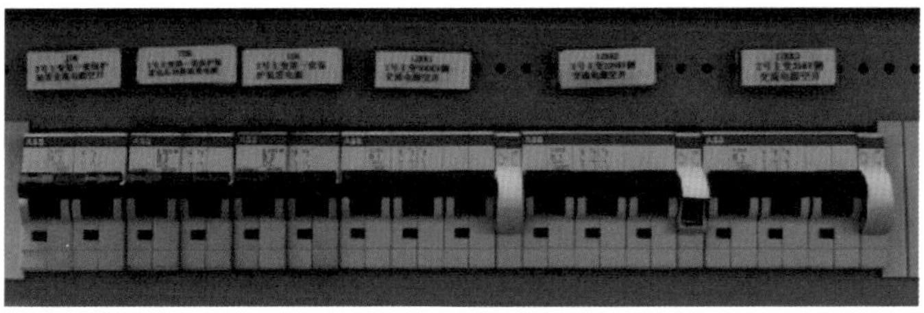

图 4-15　空气开关状态

安措票二次设备状态记录部分示例如表 4-9 所示。

2. 跳闸回路安措

（1）高压侧部分。

500kV 变压器保护装置跳闸回路如图 4-16 所示，虽然变压器三侧及边、中断路器一、

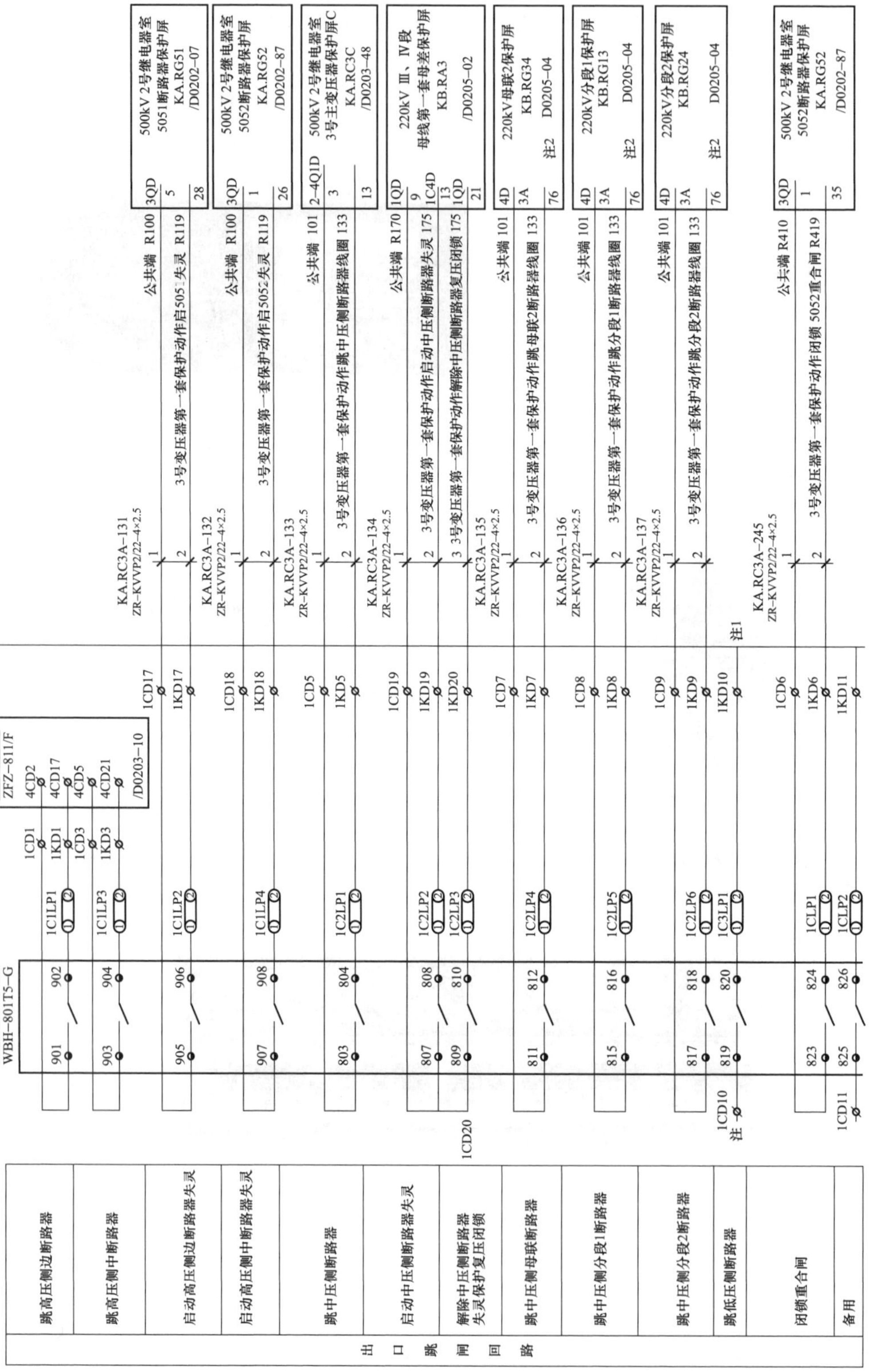

图 4-16　变压器保护装置跳闸回路端子排接线图（一）

（a）原理图

1CD			说明
4CD2	1	1n901	跳高压侧边断路器+
	2		
4CD5	3	1n903	跳高压侧中断路器+
	4		
101	5	1n803	公共端
R410	6	1n823	闭锁重合闸+
101	7	1n811	公共端
101	8	1n815	公共端
101	9	1n817	公共端
	10	1n819	跳低压侧断路器+
	11	1n825	备用+
	12	1n827	备用+
	13	1n829	备用+
	14	1n909	备用+
	15		
	16		
R100	17	1n905	公共端
R100	18	1n907	公共端
R170	19	1n807	公共端
	20	1n809	解除中压侧断路器失灵保护复压闭锁+
1KD			说明
4CD17	1	1C1LP1-1	跳高压侧边断路器-
	2		
4CD21	3	1C1LP3-1	跳高压侧中断路器-
	4		
133	5	1C2LP1-1	3号变压器第一套保护动作跳中压侧断路器线圈1
R419	6	1CLP1-1	闭锁重合闸-
133	7	1C2LP4-1	3号变压器第一套保护动作跳母联2断路器线圈1
133	8	1C2LP5-1	3号变压器第一套保护动作跳分联1断路器线圈1
133	9	1C2LP6-1	3号变压器第一套保护动作跳分段2断路器线圈1
	10	1C3LP1-1	跳低压侧断路器-
	11	1CLP2-1	备用-
	12	1CLP3-1	备用-
	13	1CLP4-1	备用-
	14	1CLP5-1	备用-
	15		
	16		
R119	17	1C1LP2-1	3号变压器第一套保护动作启5051失灵
R119	18	1C1LP4-1	3号变压器第一套保护动作启5052失灵
R175	19	1C2LP2-1	3号变压器第一套保护动作启动中压侧断路器失灵
R177	20	1C2LP3-1	3号变压器第一套保护动作解除中压侧断路器复压闭锁
FGD			说明

（b）

图4-16　变压器保护装置跳闸回路端子排接线图（二）

（b）端子排图

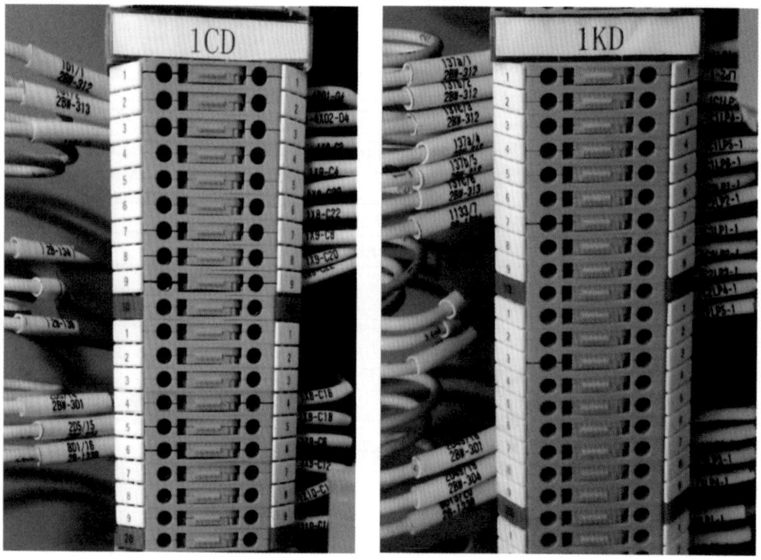

(c)

图 4-16　变压器保护装置跳闸回路端子排接线图（三）

(c) 实际接线图

二次设备已停运，但边、中断路器保护存在与运行设备，如母线保护、该串运行开关及保护的联跳回路。如果这些回路没有作为安措执行到位，在校验过程中会造成误跳运行间隔。下面区分边断路器及中断路器介绍需要执行的安措。

表 4-9　　二次设备状态记录部分安措票

序号	类别	状态记录
1	压板状态	打开状态：××、××； 打上状态：其余合
2	切换把手状态	1QK：定值 1
3	当前定值区	01 区
4	空气开关状态	全合
5	端子状态	外观无损伤，螺丝紧固

1）边断路器保护：需将保护失灵联跳母线的电缆拆除，防止校验过程中失灵联跳母线，造成 500kV 母差保护误动作。相关原理图、端子排及实际接线图参考 500kV 边断路器保护校验二次安措相关章节。

安措票出口回路部分示例如表 4-10 所示。

表 4-10　　出口回路部分安措票（边断路器）

序号	执行	回路类别	安全措施内容	恢复
1		失灵联跳母线	断开端子：端子编号（至 500kVⅠ母第一套母线保护屏） 断开压板：压板编号	

续表

序号	执行	回路类别	安全措施内容	恢复
2		失灵联跳母线	断开端子：端子编号（至500kV Ⅰ母第二套母线保护屏） 断开压板：压板编号	

2）中断路器保护：需将保护联跳运行间隔保护的电缆拆除，防止校验过程中联跳运行间隔，还要将保护联跳相邻运行断路器、闭重相邻运行断路器的电缆拆除，防止造成相邻断路器的误跳闸。相关原理图、端子排及实际接线图参考500kV中断路器保护校验二次安措相关章节。

安措票出口回路部分示例如表4-11所示。

表4-11　出口回路部分安措票（中断路器）

序号	执行	回路类别	安全措施内容	恢复
1		失灵远传至运行线路间隔	断开端子：端子编号（至××线第一套线路保护屏） 断开压板：压板编号	
2			断开端子：端子编号（至××线第二套线路保护屏） 断开压板：压板编号	
3		失灵跳相邻运行断路器	断开端子：端子编号（至50×3断路器保护TC1） 断开压板：压板编号	
4			断开端子：端子编号（至50×3断路器保护TC2） 断开压板：压板编号	
5		失灵闭锁运行开关重合闸	断开端子：端子编号（至50×3断路器保护屏） 断开压板：压板编号	

（2）中压侧部分。

1）中压侧母差为“四统一”保护。

将变压器保护至中压侧母联、分段开关操作箱的跳闸回路拆除，防止校验过程中，变压器保护误出口跳运行母联、分段开关。

将变压器保护C柜至220kV母线保护的解复压、失灵联跳回路拆除，防止校验过程中，误出口联跳中压侧母线保护。安措票跳闸回路部分示例如表4-12所示。

表4-12　跳闸回路部分安措票（“四统一”）

序号	执行	回路类别	安全措施内容	恢复
1		跳中压侧母联断路器（如有）	检查断开端子：端子编号（至220kV XM/XM母联保护柜） 断开压板：压板编号	
2		跳中压侧分段断路器（如有）	检查断开端子：端子编号（至220kV 1M/3M分段保护柜） 断开压板：压板编号	
3			检查断开端子：端子编号（至220kV 2M/4M分段保护柜） 断开压板：压板编号	

续表

序号	执行	回路类别	安全措施内容	恢复
4		失灵联跳母线	断开端子：端子编号（至220kV第一套母线保护柜） 断开压板：压板编号	
5		解除中压侧母差复压闭锁	断开端子：端子编号（至220kV第一套母线保护柜） 断开压板：压板编号	

2）中压侧母差为“六统一”保护。

将变压器保护至中压侧母联、分段操作箱的跳闸回路拆除，防止校验过程中，变压器保护误出口跳运行母联、分段断路器。

将变压器保护A、B柜至220kV母线保护的解复压、启失灵回路拆除，防止校验过程中，误出口联跳中压侧母线保护。

安措票跳闸回路部分示例如表4-13所示。

表4-13　跳闸回路部分安措票（“六统一”）

序号	执行	回路类别	安全措施内容	恢复
1		跳中压侧母联断路器（如有）	检查断开端子：端子编号（至220kV XM/XM母联保护柜） 断开压板：压板编号	
2		跳中压侧分段断路器（如有）	检查断开端子：端子编号（至220kV 1M/3M分段保护柜） 断开压板：压板编号	
3			检查断开端子：端子编号（至220kV 2M/4M分段保护柜） 断开压板：压板编号	
4		启动中压侧母差失灵	断开端子：端子编号（至220kV第一套母线保护柜） 断开压板：压板编号	
5		解除中压侧母差复压闭锁	断开端子：端子编号（至220kV第一套母线保护柜） 断开压板：压板编号	

3．电流回路安措

以某变电站变压器保护屏柜为例，变压器保护电流回路如图4-17所示，变压器间隔涉及的边、中断路器保护的电流回路安措参考断路器保护章节。在确认变压器间隔及三侧开关一次设备停役、二次电流回路无流之后，将图4-17（c）中变压器保护高中低三侧连片断开。

安措执行时，在确认变压器间隔及三侧开关一次设备停役、二次电流回路无流之后，用螺丝刀打开端子排上对应端子的金属连片，打开后要紧固连片。电流回路的安措（以500kV自耦变为例）实施示例如表4-14所示。

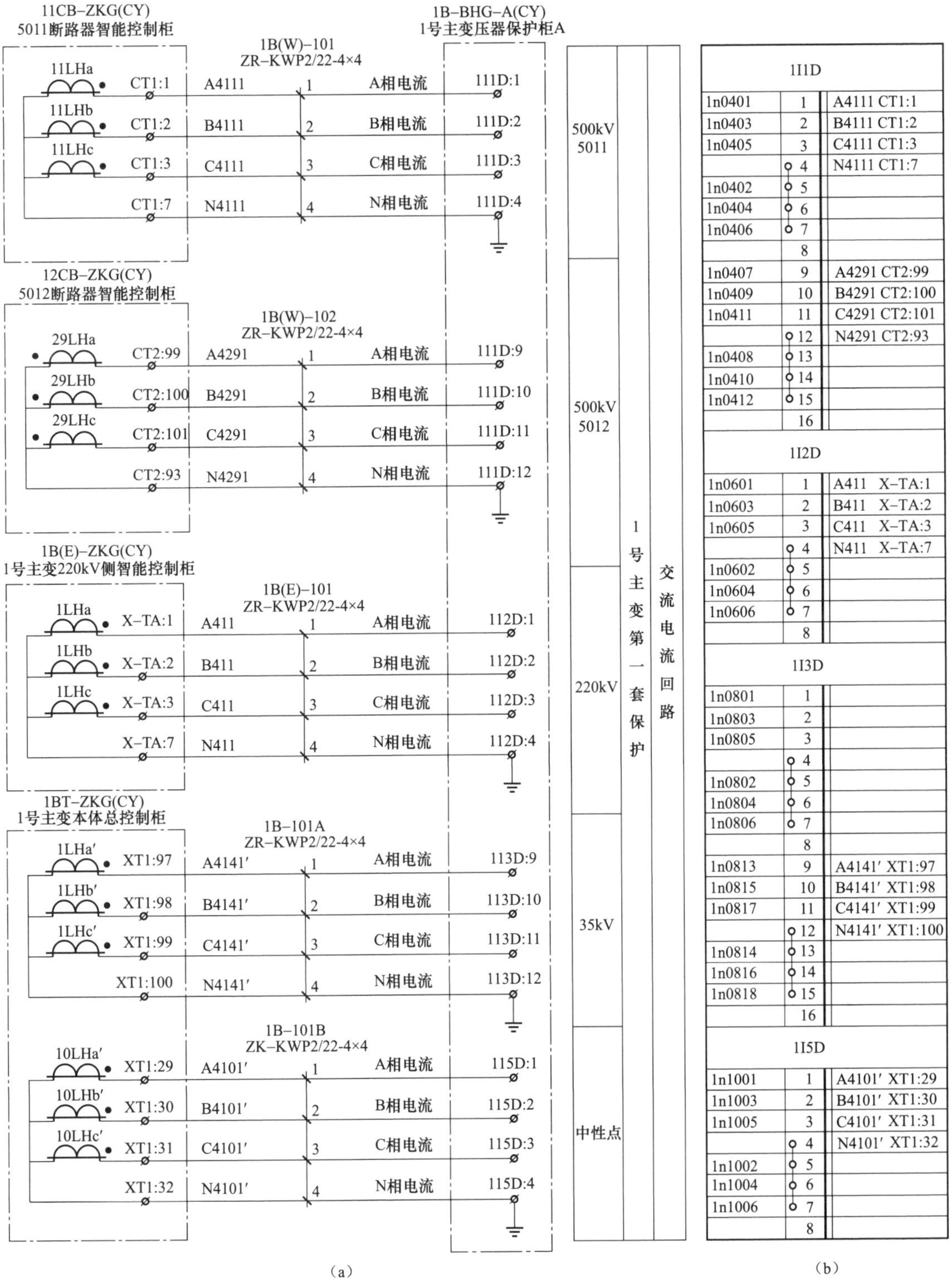

图 4-17　500kV 变压器保护电流回路安措示意图（一）

（a）原理图；（b）端子排图

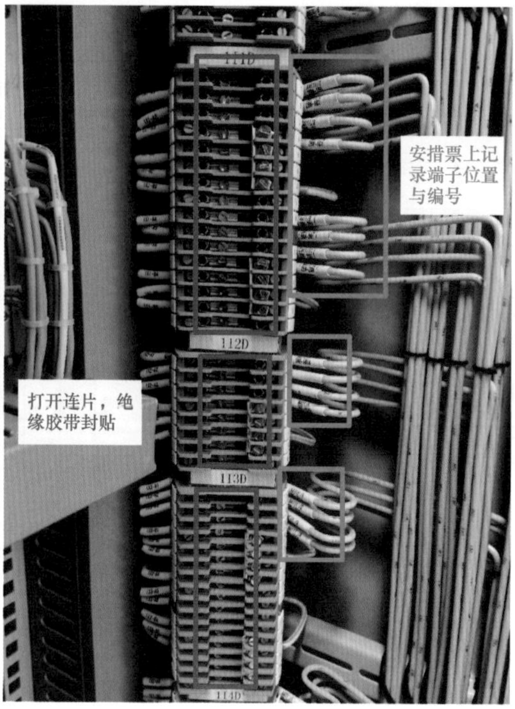

（c）

图 4-17　500kV 变压器保护电流回路安措示意图（二）

（c）实际接线图

表 4-14　　电流回路部分安措票

序号	执行	回路类别	安全措施内容	恢复
1		高压侧电流	断开端子：端子编号（从边断路器电流互感器端子箱来）	
2			断开端子：端子编号（从中断路器电流互感器端子箱来）	
3		中压侧电流	断开端子：端子编号（从中压侧开关电流互感器端子箱来）	
4		低压侧电流	断开端子：端子编号（从低压侧开关电流互感器端子箱来）	
5		公共绕组电流	断开端子：端子编号（从电流互感器端子箱来） 断开端子：端子编号（至××故障录波器柜）	

4. 电压回路安措

500kV 变压器保护电压回路如图 4-18 所示，校验过程中需将电压回路断开，一般至少需要存在两个断开点，首先将变压器各侧电压的空气开关拉开，再将交流电压端子排断开（蓝色框内部分）。因为电压互感器的特性，其二次侧看过去的一次侧对地等值阻值很小，若没有可靠断开电压二次回路，在二次侧通压时，可能会在电压二次回路上产出很大的电流，对电压互感器、二次电缆及校验装置造成损害。同时，若变压器保护中压侧电压使用母线电压互感器的电压，则中压侧电压段包含两条母线的 TV 采集电压，两段电压经过切换后供保护使用。变压器定校时，中压侧母线一般是运行状态，其二次电压

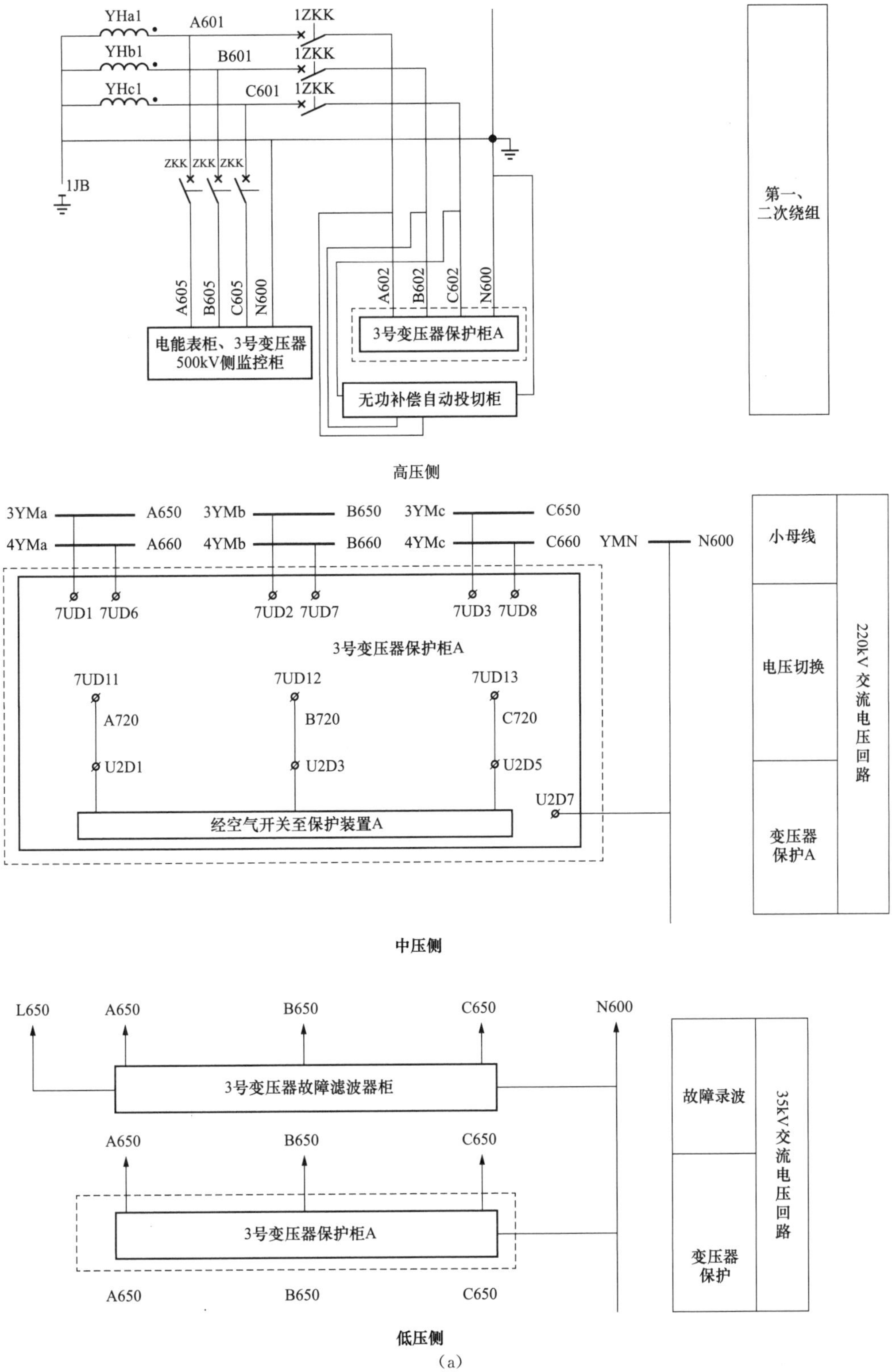

图 4-18　500kV 变压器保护电压段安措示意图（一）

（a）原理图

1U1D		
1n0413	1	1ZKK1-2
1n0415	2	1ZKK1-4
1n0417	3	1ZKK1-6
	4	
1n0414	5	U1D10
	6	
1U2D		
1n0419	1	1ZKK2-2
1n0421	2	1ZKK2-4
1n0423	3	1ZKK2-6
	4	
1n0420	5	U2D13
	6	
1U3D		
1n0613	1	1ZKK3-2
1n0615	2	1ZKK3-4
1n0617	3	1ZKK3-6
	4	
1n0614	5	U3D10
	6	

（b）

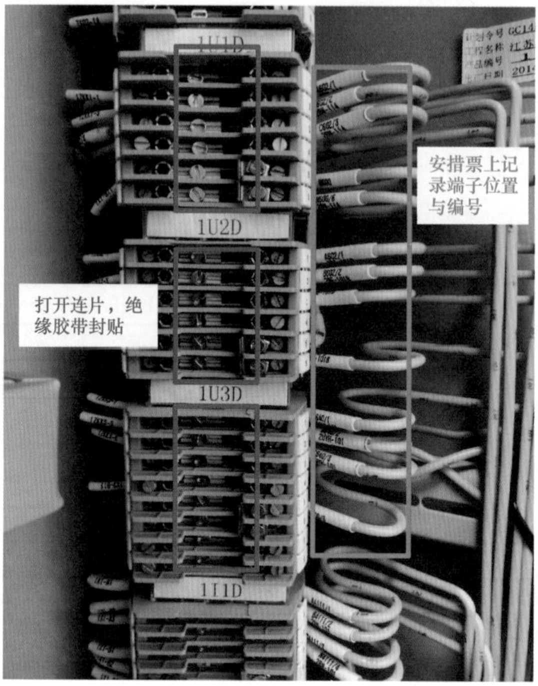
1U2D
1U3D
安措票上记录端子位置与编号
打开连片，绝缘胶带封贴

（c）

图 4-18　500kV 变压器保护电压回路安措示意图（二）

（b）端子排图；（c）实际接线图

回路也是带电的，如果误碰，会造成母线二次空气开关跳开，采集母线电压的相关保护 TV 断线，相关保护将不正确动作。因此，需要做好防误碰的措施，如：用绝缘胶带封贴带电电压回路端子排，防止误碰。做安措前，确认各间隔的实际端子编号和设计图纸一致无误。

电压回路的安措实施示例如表 4-15 所示。

表 4-15　电压回路部分安措票

序号	执行	回路类别	安全措施内容	恢复
9		高压侧电压	断开高压侧电压空气开关：1ZKK1 断开端子：端子编号（从变压器高压侧电压互感器端子箱来）	
10		中压侧电压	断开中压侧电压空气开关：1ZKK2 断开端子：端子编号（从变压器中压侧电压互感器端子箱来）	
11		低压侧电压	断开低压侧电压空气开关：1ZKK3 断开端子：端子编号（从低压侧电压互感器端子箱来）	

5. 测控信号回路安措

投入检修压板，用于屏蔽软报文。

测控信号回路如图 4-19 所示，一般在端子排的 XD、YD 标签类属中。变压器间隔涉及的

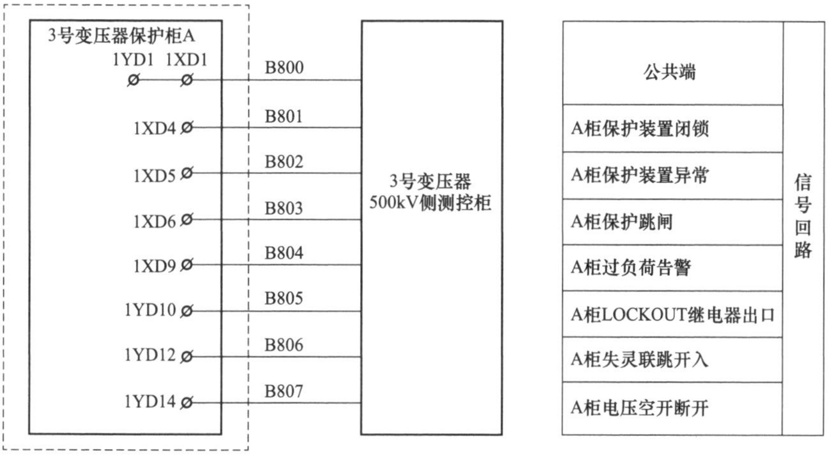

(a)

1XD		
B800	1	1nP101
	2	1n1530
	3	
B801	4	1nP102
B802	5	1nP103
B803	6	1n1529
	7	
1YD		
BB00	1	1nP104
	2	1n1526,1n1502
	3	4nP13
1ZKK1-11	4	4n505
	5	
	6	1nP105
	7	1nP106
	8	1n1525
B804	9	1n1501
B805	10	4nF14
	11	4nE14
B806	12	4n506
	13	4n516
B807	14	1ZKK1-12
	15	1ZKK2-12
	16	1ZKK3-12
	17	
1LD		

(b)

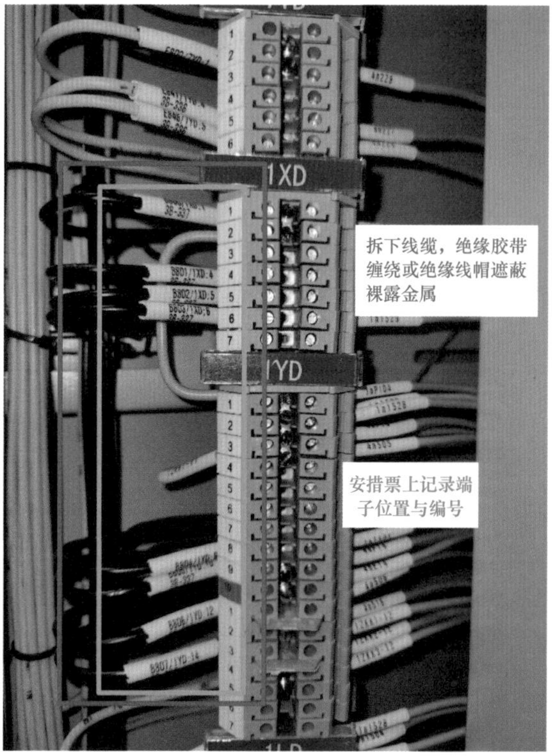

(c)

图 4-19 500kV 变压器保护测控信号段安措示意图

(a) 原理图；(b) 端子排图；(c) 实际接线图

边、中断路器保护的测控信号回路安措参考断路器保护章节。将中央信号及远动信号的公共端及所有信号负端断开。若没有断开，在校验过程中，保护装置频繁动作，会在后台装置上持续刷新报文，干扰值班员及调度端对于对变电站的监控。

测控信号回路的安措需要断开保护至测控装置的全部回路，如表 4-16 所示，包括公共端（一般为公共正端），在端子排的“测控信号回路”类属中，编号一般为 E800，以及保护动作类、异常告警类、其他类等类别的回路类型。

表 4-16　测控信号回路端子

信号类型	信号名称
公共端	测控信号公共端
保护动作	保护动作
	LOCKOUT 继电器出口
异常告警	装置异常
	运行异常
	过负荷告警
其他	检修状态

安措票测控信号回路部分示例如表 4-17 所示。

表 4-17　测控信号回路部分安措票

序号	执行	回路类别	安全措施内容		恢复
1		测控信号	信号公共正	XD-1：E800	
2			保护装置闭锁	1XD-4	
3			保护装置异常	1XD-5	
4			保护跳闸	1XD-6	
5			过负荷告警	1YD-9	
6			LOCKOUT 继电器出口	1YD-10	
7			失灵联跳开关	1YD-12	
8			电压空气开关断开	1YD-14	

6. 故障录波回路安措

录波信号回路图 4-20 所示，包含信号端子段，一般在端子排的 LD 标签类属中。变压器间隔涉及的边、中断路器保护的故障录波信号回路安措参考断路器保护章节。将故障录波信号的公共端及所有信号负端断开。若没有断开，在校验过程中，保护装置频繁动作，会持续启动故障录波装置，干扰故障录波装置的正常记录。

回路部分示例如表 4-18 所示。

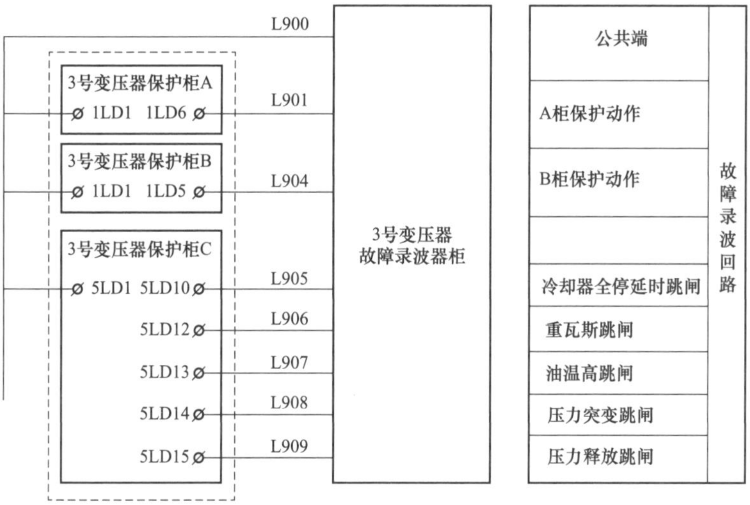

（a）

1LD		
L900	1	1n1528
	2	1n1504
	3	4n507
	4	
	5	
L901	6	1n1527
	7	1n1503
	8	4n508
	9	4n518
	10	

（b）

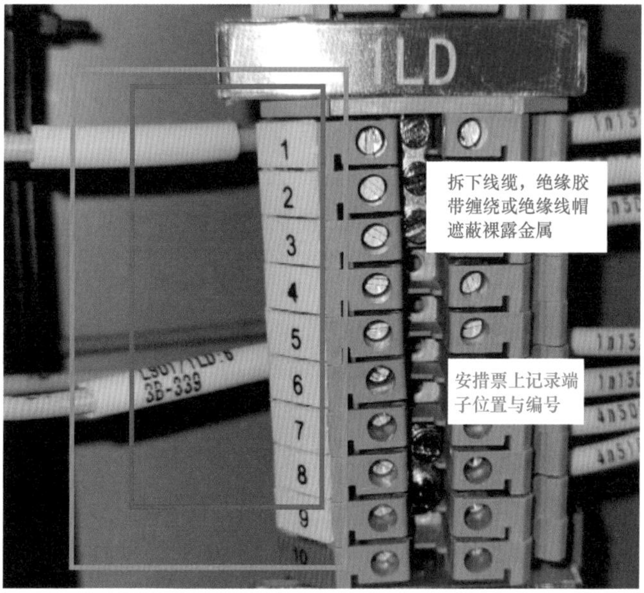

（c）

图 4-20 500kV 变压器保护故障录波信号段安措示意图

（a）原理图；（b）端子排图；（c）实际接线图

表 4-18　　故障录波信号回路部分安措票

序号	执行	回路类别	安全措施内容		恢复
1		故障录波信号	信号公共正	LD-1：E800	
2			保护动作	LD-10	
3			过负荷	LD-11	
4				LD-12	

7. 恢复安措

工作结束之后，执行人要严格依照安措票中记录的措施，逐项恢复并在安措票中的恢复栏中打“√”，恢复之后，监护人逐项检查是否恢复到位，执行人和监护人在安措表上签字。

四、注意事项

（1）变压器保护由于每个站的一次结构不同，因此其对应的二次回路也不尽相同，想要完整正确的拆除变压器安措，首先需要了解该站的一次运行结构，包括该站是否具有旁带回路，旁路是否具备带变压器功能，该站是否是线路-变压器组结构，变压器是否为自耦变压器，低压侧结构是否配置备自投保护，低压侧存在几个分支，是否作为低压侧电抗器的保护等。

（2）在了解基本信息之后，仔细检查比对图纸，核对现场接线与图纸是否一致，对于不一致的地方，必须摸清电缆走向及其功能，及时更新安措并记录。正是由于变压器保护配置的复杂性和不同一性，在做变压器保护安措时，更需要拿出耐心和细心去对待，才能确保将变压器保护与外部回路隔离干净清晰。

（3）非电量保护作为变压器的重要保护之一，也是日常校验的重要组成部分，在某些变压器采油样，充氮灭火改造等不停电工作时，需要将非电量保护退出，也是安措中的重要部分。

（4）对于变压器间隔还需注意一次接线的区别：不完整串的变压器间隔。此时变压器间隔两侧的断路器均可以看做是边断路器，其安措均按照边断路器保护的安措执行。单挂母线的变压器间隔。此时变压器与母线联系的断路器可以看做是边断路器，其安措均按照边断路器保护的安措执行。

第二节　智能变电站变压器保护校验二次安措

相较于常规变电站变压器保护，智能变电站的保护与智能设备之间采用了光纤网络替代了原有的纷繁复杂的二次电缆连接回路，简化了二次回路，提高了信息传输效率。由于智能变电站智能电子设备之间信息传输媒介的改变，安措处理方式将随之不同。

智能变电站中，变压器保护装置检修硬压板投入后，设备进入检修状态，其发出的数据流将绑定“TEST 置 1”的检修品质位，其收到数据流必须有相同的检修品质位，才可实现对应功能，否则设备判别采样或开入量“检修状态不一致”，屏蔽对应功能。由于变压器保护装置涉及各侧电流采样，若有任意一侧采样电流与其他电流检修状态不一致，都将闭锁差动保护。智能终端收到“状态不一致”的跳合闸指令或控制信号后，将不动作于断路器和刀闸。因此保护装置的正确动作，有赖于严格满足检修机制的安全措施。

变压器保护装置与其他智能设备（智能保护、合并单元和智能终端）相关联二次信号主要包括 SV 和 GOOSE 两类，SV 的采样信号主要包括：来自母线合并单元的电压和来自变压器各侧及本体合并单元的电流；GOOSE 指令信号主要有两类：①跳开各侧断路器及母联智能终端跳闸指令；②启动母差失灵、解复压指令；③接收母差失灵联跳开入及本体智能终端的非电量保护开入；④闭锁备自投出口指令。

综上，智能变电站母差保护的安全措施，主要包括检修压板、SV 和 GOOSE 三类。

一、准备工作

1. 工器具、仪器仪表、材料介绍

智能变电站校验的准备工作中，要携带齐全个人工具箱、变压器保护二次图纸和二次安措票。图纸要携带竣工图等资料，确认变压器保护装置与各智能设备之间的连接关系。其中变压器保护柜厂家资料主要查看装置接点联系图、SV、GOOSE 信息流图和压板定义及排列图。变压器保护图纸资料如图 4-21 所示。

序号	图　号	版号	状态	图　名	张数	套用原工程图号及版号
1	30-B201004Z-D0711-01		CAE	安装说明	1	
2	30-B201004Z-D0711-02		CAE	220kV线路系统配置图	1	
3	30-B201004Z-D0711-03		CAE	1号、2号变压器220kV侧系统配置图	1	
4	30-B201004Z-D0711-04		CAE	120MVA1号、2号变压器220kV侧系统配置图	1	
5	30-B201004Z-D0711-05		CAE	220kV母联系统配置图	1	
6	30-B201004Z-D0711-06		CAE	220kV母线系统配置图	1	
7	30-B201004Z-D0711-07		CAE	220kVSV/GOOSE信息流图	1	
8	30-B201004Z-D0711-08		CAE	220kV线路光纤连接示意图	1	
9	30-B201004Z-D0711-09		CAE	1号、2号变压器220kV测光纤连接示意图	1	
10	30-B201004Z-D0711-10		CAE	120MVA1号、2号变压器220kV侧光纤连接示意图	1	
11	30-B201004Z-D0711-11		CAE	220kV母联光纤连接示意图	1	
12	30-B201004Z-D0711-12		CAE	220kV母线光纤连接示意图	1	
13	30-B201004Z-D0711-13		CAE	220kV北部燃机1号、2号线线路保护测控信号及对时回路图	1	
14	30-B201004Z-D0711-14		CAE	220kV北部燃机1号、2号线智能控制柜智能A舱保护设备端子排	1	
15	30-B201004Z-D0711-15		CAE	220kV北部燃机1号、2号线智能控制柜B舱保护设备端子排	1	

图 4-21　变压器保护图纸资料

2. 整体链路连接关系

（1）220kV 及以下电压等级。

以变压器保护装置为中心，简化的链路示意连接关系如图 4-22 所示。

各回路的含义如下：

a. SV 链路，母线合并单元柜送往变压器合并单元的Ⅰ母和Ⅱ母交流电压。

b. SV 链路，变压器各侧合并单元送往变压器保护屏的各侧交流电压、交流电流。

c. SV 链路，本体合并单元送往变压器保护屏公共绕组交流电流。

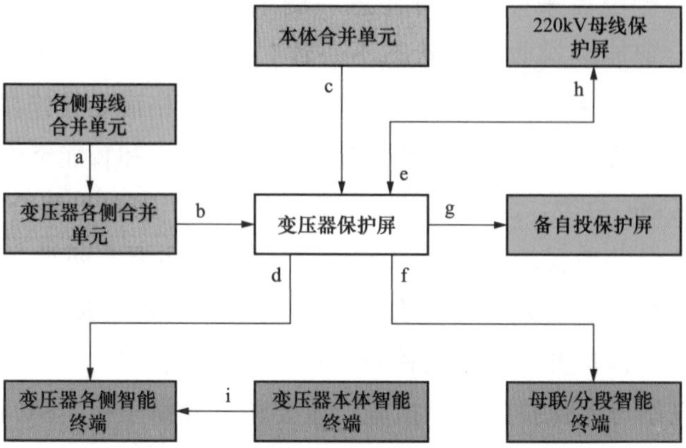

图 4-22　220kV 智能站变压器保护相关回路示意图

d. GOOSE 链路，变压器保护屏通过点对点直连方式送往变压器各侧智能终端的断路器跳闸出口信号。

e. GOOSE 链路，变压器保护屏通过组网方式送往 220kV 母线保护屏的启失灵、解复压信号。

f. GOOSE 链路，变压器保护屏通过组网方式送往母联/分段智能终端的跳闸出口信号。

g. GOOSE 链路，变压器保护屏通过组网方式送往备自投保护的闭锁备自投信号。

h. GOOSE 链路，220kV 母线保护屏送往变压器保护屏的失灵联跳信号。

i. 非电量跳闸回路，非电量保护集成在变压器本体智能终端中，采用常规电缆接入变压器保护各侧智能终端跳闸回路。

（2）500kV 电压等级。

500kV 部分一次主接线采用 3/2 接线方式，以 500kV 智能变电站变压器（自耦变）间隔（含边、中断路器保护）第一套保护为例，采用常规电缆采样、GOOSE 跳闸模式其典型配置及其网络联系示意图如图 4-23 所示。保护采用常规采样、GOOSE 跳闸模式的典型配置，其中电流、电压互感器采用常规互感器。

各回路含义如下：

a. 电流采样回路。高压侧边断路器、高压侧中断路器、变压器 220kV 侧、公共绕组电流采样至变压器保护（电缆传输）。

b. 电压采样链路。变压器高压侧、变压器 220kV 侧、变压器 35kV 侧电压采样至变压器保护（电缆传输）。

c. GOOSE 链路。变压器保护发送永跳至变压器高压侧边断路器智能终端、中断路器智能终端、220kV 侧智能终端、35kV 侧智能终端若 35kV 侧无总断路器，则无 35kV 侧智能终端（光纤传输）。

d. GOOSE 链路。变压器保护发启失灵解复压至 220kV 母线保护，母线保护发送联跳变压器三侧至变压器保护。

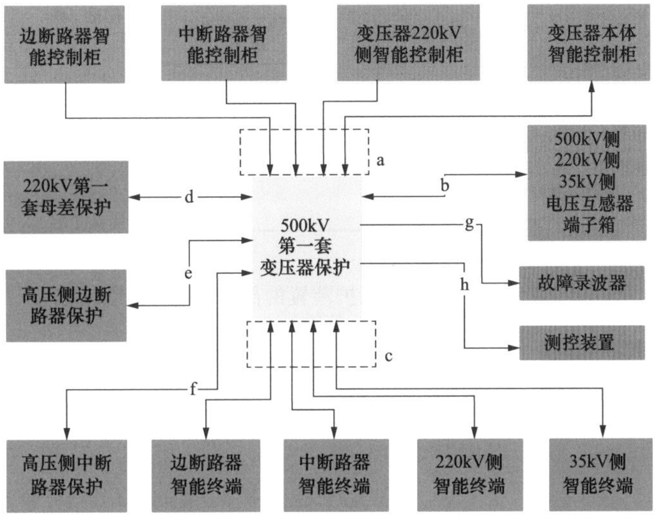

图 4-23　常规电缆采样、GOOSE 跳闸模式 500kV 变压器间隔示意图

e. GOOSE 链路。变压器保护发启动边断路器失灵及三跳闭锁重合闸至边断路器保护、边断路器保护发失灵联跳三侧至变压器保护（组网传输）。

f. GOOSE 链路。变压器保护发启动中断路器失灵及三跳闭锁重合闸至中断路器保护、中断路器保护发失灵联跳三侧至变压器保护（组网传输）。

g. 故障录波信号回路。变压器保护至故障录波器的串接电流、录波信号。

h. 测控信号回路。变压器保护至测控装置的遥信信号（电缆传输）。

二、220kV 及以下等级变压器保护的安措实施

1. 二次设备状态记录

与传统站相同，安措票上还需要记录二次设备的状态，包括压板状态、切换把手状态、当前定值区、空气开关状态、端子状态，便于校验结束后，恢复原始状态。

安措票二次设备状态记录部分如表 4-19 所示。

表 4-19　　220kV 变压器保护安措票二次设备状态安措示例

序号	类别	状态记录
1	保护、合并单元、智能终端硬压板状态	1-4LP、1-13LP、21KLP1 分，其余合
2	切换把手状态	智能终端远近控切换——远方 测控装置远近控切换——远方
3	当前定值区	01
4	空气开关状态	全合
5	端子状态	端子紧固

2. GOOSE 链路安措

220kV 变压器保护装置的部分 GOOSE 网络链路如图 4-24 所示。

执行安措：

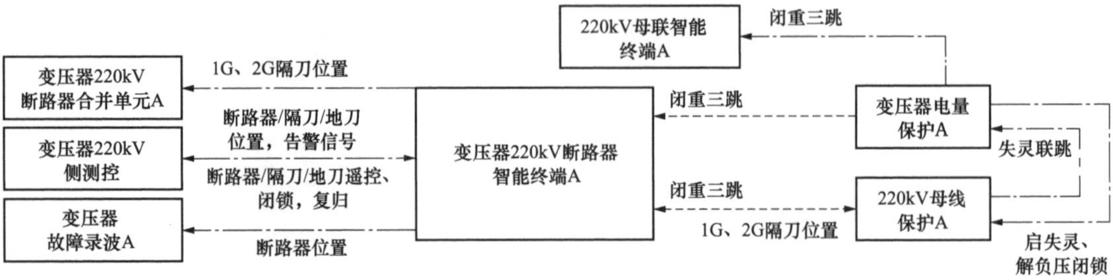

图 4-24　220kV 变压器保护装置的部分 GOOSE 网络链路

图 4-25　GOOSE 出口光纤示意图

（1）检查母差保护中变压器支路 GOOSE 接收软压板确已退出，退出措施由运维人员负责，检修人员确认核实压板退出状态。

（2）在变压器保护装置的 GOOSE 软压板菜单中检查各 GOOSE 出口、失灵联跳 GOOSE 接收软压板状态，确保至运行设备的 GOOSE 出口压板均已退出。核查无误后，在安措票中进行记录并在执行栏中打“√”。GOOSE 出口光纤示意图如图 4-25 所示。

检查各间隔 GOOSE 出口软压板确已退出对应传统站出口回路的安措。根据 GOOSE 出口软压板和接收软压板的功能介绍，若不退出出口软压板，在保护试验过程中，保护动作会造成相关间隔的断路器误动；退出接收软压板则是为了实现变压器保护装置与运行间隔的完全隔离。GOOSE 发送软压板示意图、GOOSE 接收软压板示意图如图 4-26、图 4-27 所示。

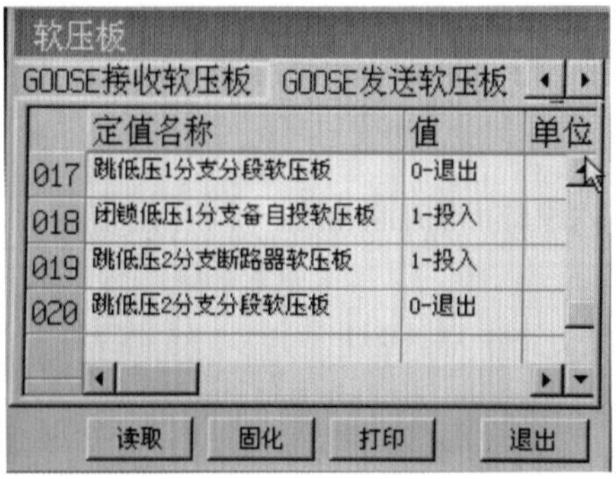

图 4-26　GOOSE 发送软压板示意图

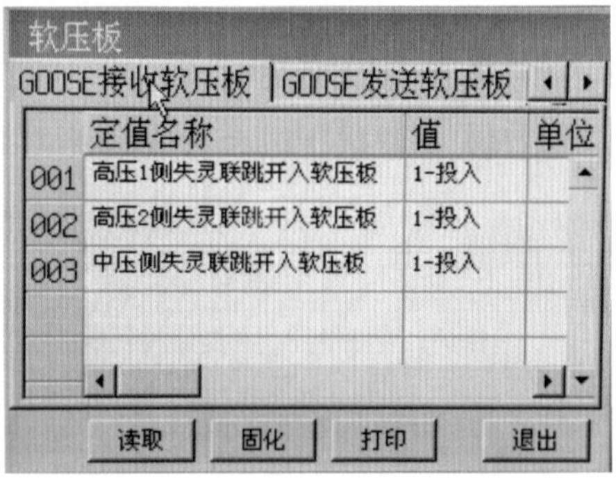

图 4-27　GOOSE 接收软压板示意图

GOOSE 安措的示例如表 4-20 所示。

表 4-20　220kV 变压器保护安措票 GOOSE 安措示例

序号	执行	回路类别	安全措施内容	恢复
1		GOOSE	检查母差检修变压器支路 GOOSE 接收软压板确已退出	
2			检查变压器至母线保护三相启失灵 GOOSE 出口软压板确已退出	

续表

序号	执行	回路类别	安全措施内容	恢复
3		GOOSE	检查母线保护至变压器失灵联跳 GOOSE 接收软压板确已退出	
4			检查变压器跳母联、分段开关 GOOSE 出口软压板确已退出	
5			检查变压器闭锁备自投 GOOSE 出口软压板确已退出	

3. SV 链路安措

220kV 变压器保护装置的部分 SV 网络回路如图 4-28 所示。

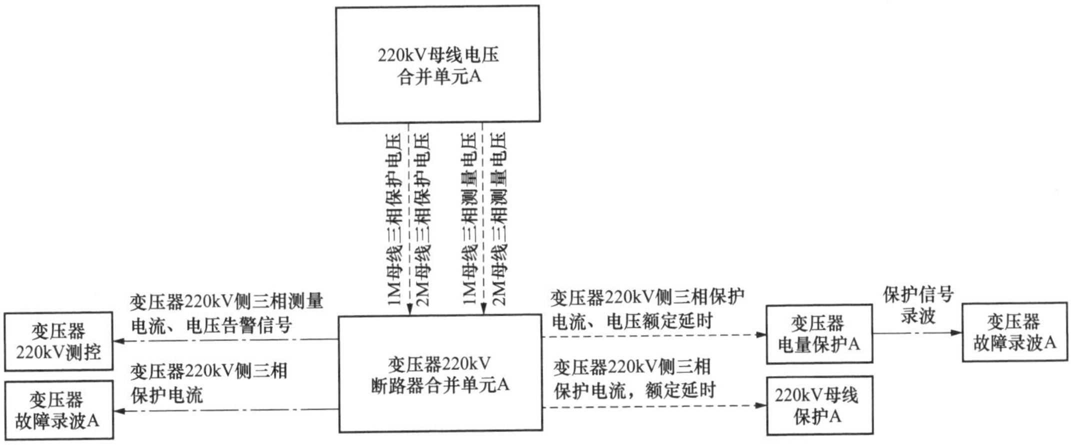

图 4-28　220kV 变压器保护装置的部分 SV 网络回路

执行安措：

（1）检查母差保护中变压器支路 SV 接收软压板确已退出，退出措施由运维人员负责，检修人员确认核实压板退出状态。

（2）根据图纸，找到对应支路的采样光纤并拔出，如图 4-29 所示。上述措施均要在安措票中详细记录光口位置与编号，在对应的执行栏中打“√”。

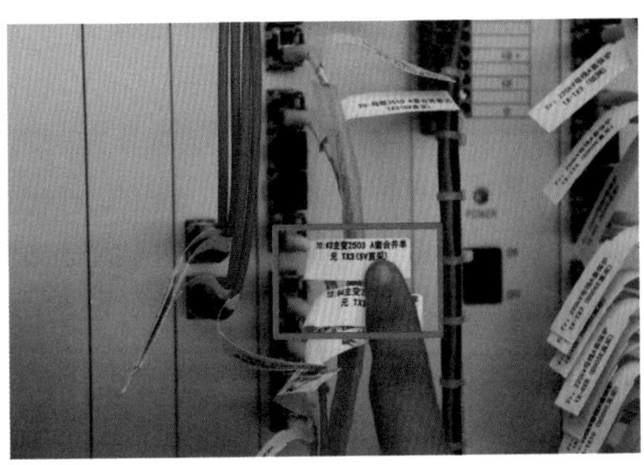

图 4-29　断开 SV 采样光纤示意图

变压器各侧 SV 接收软压板和采样光纤对应传统站的电流回路安措，通过退出接收软压板和断开采样光纤两重措施，实现与合并单元隔离，排除外接间隔对所加电流的数字信号构成的影响，造成试验不成功或保护装置的错误动作，保证与检修压板退出状态一致。

SV 回路的安措示例如表 4-21 所示。

表 4-21　　220kV 变压器保护安措票 SV 回路安措示例

序号	执行	回路类别	安全措施内容	恢复
1		SV	检查母差检修变压器支路 SV 接收软压板确已退出	
2			断开高压侧 SV 采样光纤	

续表

序号	执行	回路类别	安全措施内容	恢复
3		SV	断开中压侧 SV 采样光纤	
4			断开低压侧 1 分支 SV 采样光纤	
5			断开低压侧 2 分支 SV 采样光纤	
6			断开本体合并单元 SV 采样光纤	

4. 置检修压板安措

投入变压器保护装置置检修压板，如图 4-30 所示。

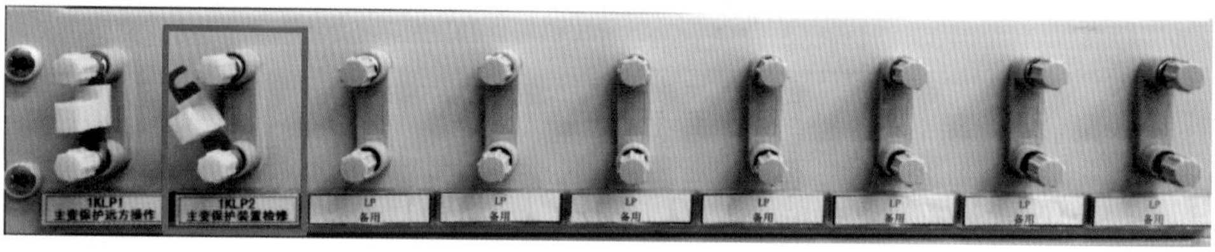

图 4-30　变压器保护装置置检修压板

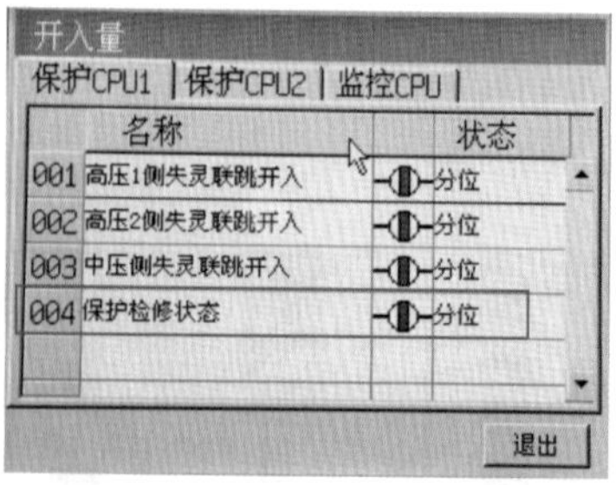

图 4-31　变压器保护装置开入量

做安措时，将打开的 1KLP 检修压板合上，并在安措票中记录，在执行栏中打“√”，在装置中检查开入量，保护装置检修压板开入置 1。变压器保护装置开入量如图 4-31 所示。

投入各侧合并单元和智能终端各自的检修压板，中低压侧可能存在合智一体装置的情况，此时仅需投入公用的一块检修压板即可。对于合并单元及智能终端，由于没有配置液晶显示屏，所以当检修压板投入以后，应当检查检修投入指示灯亮起。如果明明压板已经投入，但是指示灯并未亮起，说明智能设备并未采集到检修压板开入，检修机制将无法启到防误作用。此时应当尽快检查检修压板开入回路，保证安措的有效进行。合并单元和智能终端检修压板如图 4-32 所示。

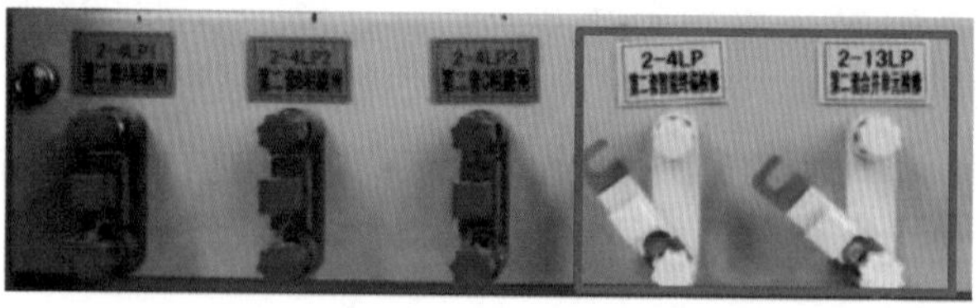

图 4-32　合并单元和智能终端检修压板

投入两套本体合并单元及一套本体智能终端的检修压板，这三台设备一般集中组屏在变压器就地现场旁边，在做安措时切勿遗漏。非电量智能柜如图 4-33 所示。

在所有检修压板均投入之后，最终在后台中复查各侧检修压板已投入状态。

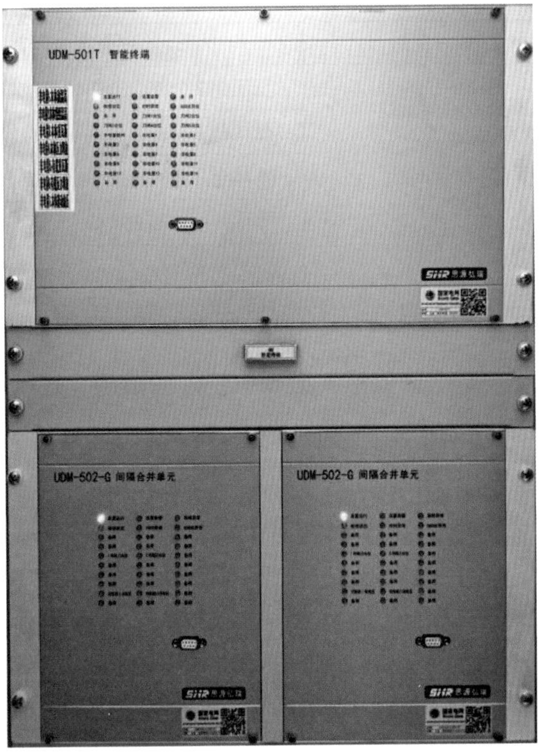

图 4-33 非电量智能柜照片

由于保护装置双重化配置，所以各侧的合并单元及智能终端都是双重化配置，都配有相应的检修压板，在做安措时切勿遗漏。另外，必须要在现场树立的观念是，所有有关保护的校验工作，必须在检修压板投入期间内进行，一旦检修压板安措恢复，视为运行设备，将不能进行任何工作。

如前所示，智能变电站设置了检修机制，只有变压器保护装置的检修硬压板投入后，其发出的数据流才有“TEST 置 1”的检修品质位。否则，各侧合并单元和智能终端已置检修位，两者的数据流将与变压器保护装置的检修品质位不同，从而判别采样或开入量“状态不一致”，屏蔽对应功能。

置检修压板的安措示例如表 4-22 所示。

表 4-22　　220kV 变压器保护安措票置检修压板安措示例

序号	执行	回路类别	安全措施内容	恢复
1		检修压板	高压侧合并单元置检修	
			高压侧智能终端置检修	
			中压侧合并单元置检修	
			中压侧智能终端置检修	
			低压侧 1 分支合并单元置检修	
			低压侧 1 分支智能终端置检修	

续表

序号	执行	回路类别	安全措施内容	恢复
1		检修压板	低压侧2分支合并单元置检修	
			低压侧2分支智能终端置检修	
			本体合并单元置检修	
			本体智能终端置检修	
			保护装置置检修	

5. 恢复安措

工作结束之后，执行人要严格依照安措票中记录的措施，逐项恢复并在安措票中的恢复栏中打“√”，恢复之后，监护人逐项检查是否恢复到位。

三、500kV变压器保护安措实施

以某500kV智能变电站第X串变压器第一套保护保护为例，该串为典型线－变串，一次停役设备为×#变压器、50×1断路器、50×2断路器、25××断路器，二次停役设备为50×1断路器智能终端、50×1断路器保护、50×2断路器智能终端、50×2断路器保护；×#变压器保护，220kV侧智能终端、35kV侧智能终端，以下以第一套保护为例，第二套保护可参考第一套保护。

1. 二次设备状态记录

记录变压器保护及边中断路器保护的初始状态，包括硬压板、功能软压板、GOOSE发送软压板、切换把手、当前定值区、空气开关状态、端子状态，装置告警信息等，便于校验结束后，恢复原始状态。

二次设备状态记录示例如表4-23所示。

表4-23　二次设备状态记录部分安措票

序号	类别	状态记录
1	压板状态	硬压板： 软压板状态： GOOSE发送软压板： 功能软压板： 智能控制柜压板状态：
2	切换把手状态	
3	当前定值区	
4	空气开关状态	保护空气开关： 智能终端空气开关：
5	端子状态	
6	其他（告警信息）	

2. GOOSE 安措

某 500kV 智能站变压器保护 GOOSE 发送软压板如图 4-34 所示。

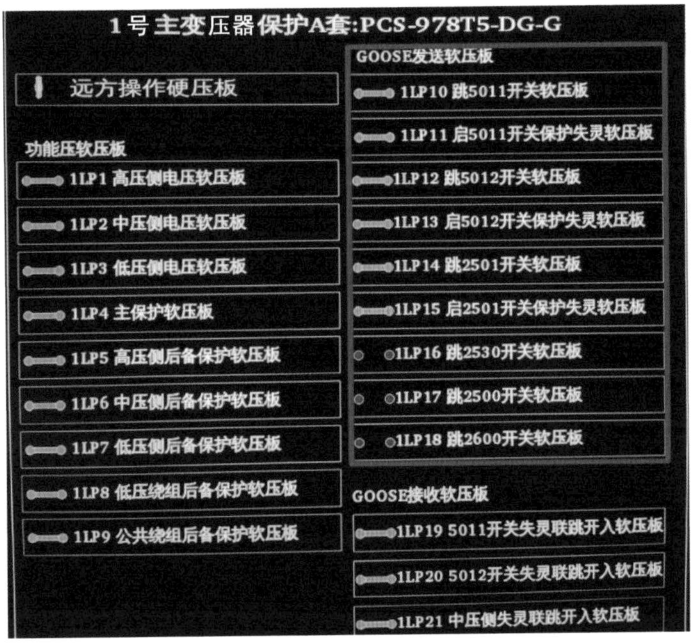

图 4-34 变压器保护 GOOSE 发送软压板

（1）检查确认退出对应 500kV 母线保护内该间隔 GOOSE 启失灵接收软压板。

（2）检查确认退出 220kV 母线保护内该间隔 GOOSE 启失灵接收软压板。

（3）检查确认退出该 500kV 变压器保护内 220kV 侧 GOOSE 启失灵发送软压板、以及至运行设备（如 220kV 母联/母分）GOOSE 发送软压板。

（4）检查确认退出边断路器保护内至 500kV 母线保护 GOOSE 启失灵发送软压板。

（5）检查确认退出中断路器保护内至运行设备（如同串运行间隔的保护、智能终端）GOOSE 启失灵、出口软压板。

3. 电流回路安措

500kV 智能站变压器保护电流回路如图 4-35 所示，当变压器间隔为停电检修时，在确认变压器间隔及开关一次设备停役、二次电流回路无流之后，仅需断开电流回路边断路器、中断路器、中压侧、低压侧、公共绕组端子连片（1I1D1～4，1I1D9～12，1I2D1～4，1I3D9～12，1I5D1～4），并用红色绝缘胶带封住外侧端子，试验仪电流线应接入到电流端子排内侧端子。

若在被校验的保护装置电流回路后串接有其他运行的二次装置，如故障录波器、安稳装置等，为防止校验过程中造成相关二次装置误动，则需要将串接出去的电流在端子排内侧短接、并断开连片。

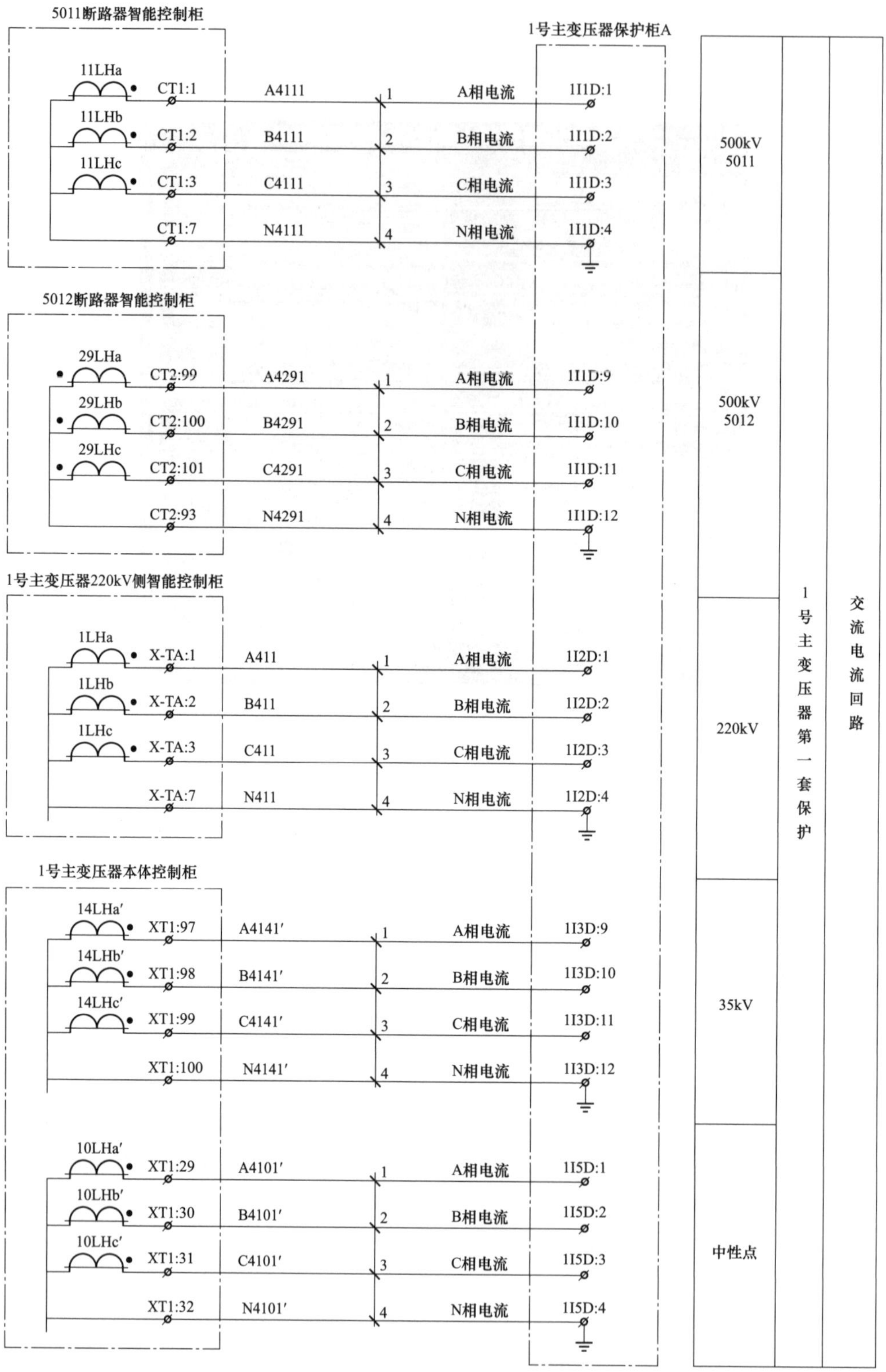

(a)

图 4-35　500kV 智能变电站变压器保护电流回路安措示意图（一）

(a) 原理图

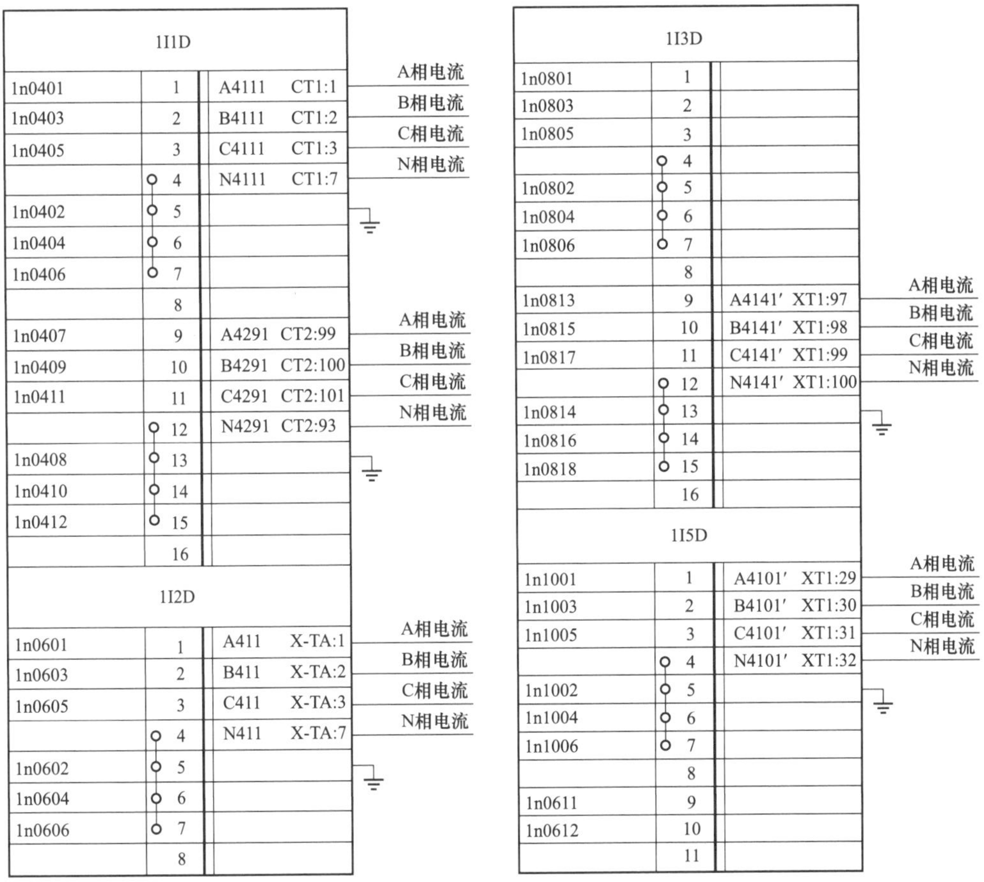
1I1D
1n0401 1 A4111 CT1:1 A相电流
1n0403 2 B4111 CT1:2 B相电流
1n0405 3 C4111 CT1:3 C相电流
4 N4111 CT1:7 N相电流
1n0402 5
1n0404 6
1n0406 7
8
1n0407 9 A4291 CT2:99 A相电流
1n0409 10 B4291 CT2:100 B相电流
1n0411 11 C4291 CT2:101 C相电流
12 N4291 CT2:93 N相电流
1n0408 13
1n0410 14
1n0412 15
16
1I2D
1n0601 1 A411 X-TA:1 A相电流
1n0603 2 B411 X-TA:2 B相电流
1n0605 3 C411 X-TA:3 C相电流
4 N411 X-TA:7 N相电流
1n0602 5
1n0604 6
1n0606 7
8
1I3D
1n0801 1
1n0803 2
1n0805 3
4
1n0802 5
1n0804 6
1n0806 7
8
1n0813 9 A4141′ XT1:97 A相电流
1n0815 10 B4141′ XT1:98 B相电流
1n0817 11 C4141′ XT1:99 C相电流
12 N4141′ XT1:100 N相电流
1n0814 13
1n0816 14
1n0818 15
16
1I5D
1n1001 1 A4101′ XT1:29 A相电流
1n1003 2 B4101′ XT1:30 B相电流
1n1005 3 C4101′ XT1:31 C相电流
4 N4101′ XT1:32 N相电流
1n1002 5
1n1004 6
1n1006 7
8
1n0611 9
1n0612 10
11

（b）

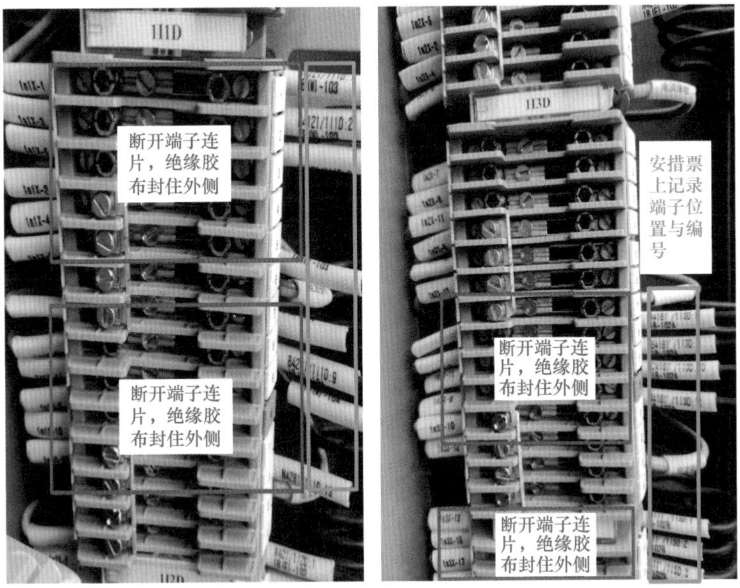

（c）

图 4-35　500kV 智能变电站变压器保护电流回路安措示意图（二）

（b）端子排图；（c）实际接线图

若边、中断路器保护与变压器保护同时开展保护校验，需可靠断开边、中断路器保护电流回路。

校验过程中，应确保TA回路可靠隔离，同时针对不停电检修工作，应严防TA开路，避免产生人身、设备安全。

电流回路安措实施示例如表4-24所示。

表4-24 电流回路部分安措票

序号	执行	回路类别	安全措施内容	恢复
1		高压侧电流	断开端子连片：1I×D：×/×/×/×（从50××智能控制柜来）	
2			断开端子连片：1I×D：×/×/×/×（从50××智能控制柜来）	
3		中压侧电流	断开端子连片：1I×D：×/×/×/×（从变压器中压侧智能控制柜来）	
4		低压侧电流	断开端子连片：1I×D：×/×/×/×（从变压器本体智能控制柜来）	
5		公共绕组电流	断开×号变压器第一套变压器保护公共绕组电流：端子编号	

4. 电压回路安措

500kV智能站变压器保护电压回路如图4-36所示执行安措时，需将变压器高、中、低三侧电压回路断开，至少保证存在两个断开点，首先拉开高压侧电压空气开关1ZKK1、中压侧电压空气开关1ZKK2、低压侧电压空气开关1ZKK3，然后断开电压回路端子连片（1U1D1～5、1U2D1～5、1U3D1～5），并用绝缘胶布封住UD所有端子以及1U1D、1U2D、1U3D端子排外侧端子。

由于电压互感器的特性，其二次侧看过去的一次侧对地等值阻值很小，若没有可靠断开电压二次回路，在二次侧通压时，可能会在电压二次回路上产出很大的电流，对电压互感器、二次电缆及校验装置造成损害。

电压回路安措实施示例如表4-25所示。

表4-25 电压回路部分安措票

序号	执行	回路类别	安全措施内容	恢复
1		高压侧电压	断开高压侧电压空气开关：1ZKK1 断开端子连片：1U×D：×/×/×/×（从500kV××电压互感器端子箱来）	
2		中压侧电压	断开中压侧电压空气开关：1ZKK2 断开端子连片：1U×D：×/×/×/×（从220kV××电压互感器端子箱来）	
3		低压侧电压	断开低压侧电压空气开关：1ZKK3 断开端子连片：1U×D：×/×/×/×（从35kV××电压互感器端子箱来）	

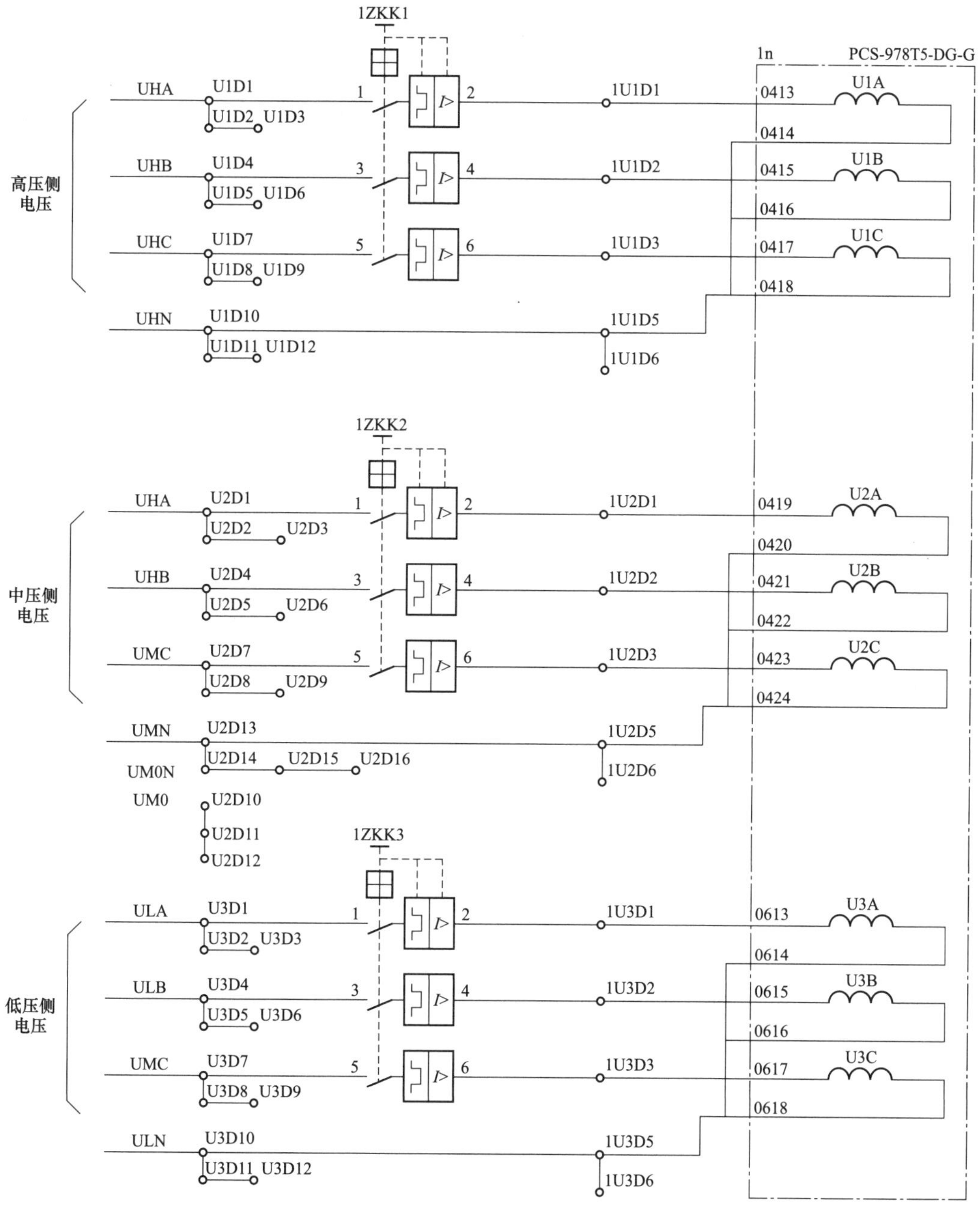

（a）

图 4-36　变压器保护电压回路图（一）

（a）原理图

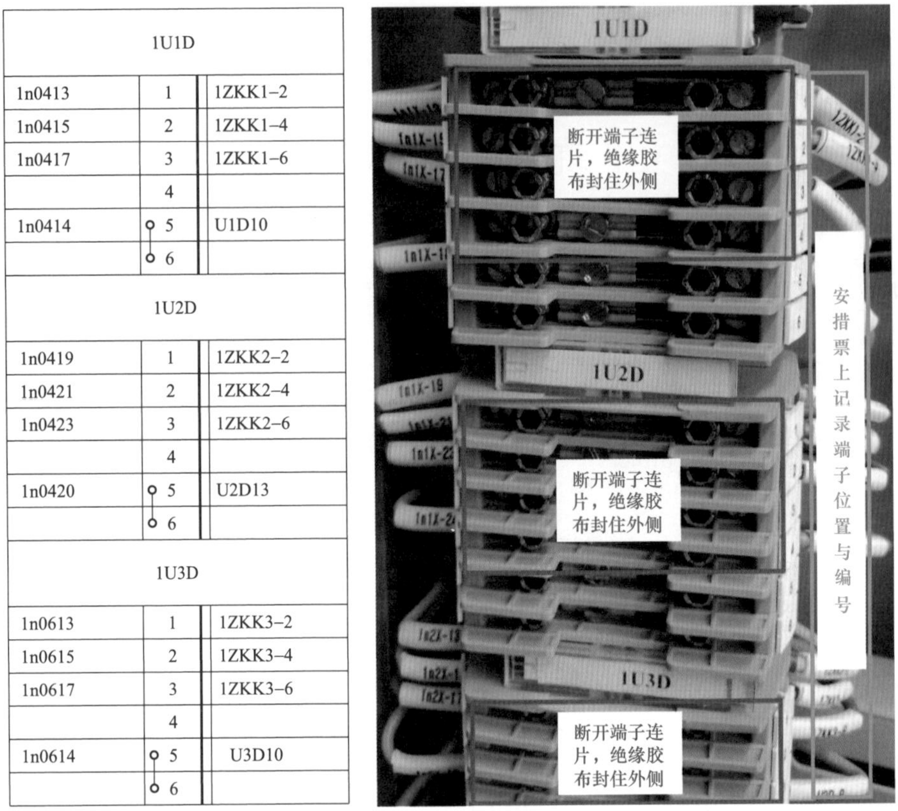

（b）　　　　（c）

图 4-36　变压器保护电压回路图（二）

（b）端子排图；（c）实际接线图

5. 测控信号回路安措

500kV 智能站变压器保护测控信号回路如图 4-37 所示，执行安措时，针对遥信回路，应拆开展 YD 端子排外侧所有电缆接线，并用胶布包住做好绝缘处理。

保护装置向测控装置上送装置告警等信号，若没有断开，在验过程中，保护装置频繁动作，相关的信号通过测控装置上送至后台机及远动机，影响运行人员及监控人员对告警报文的判断，故需要实施上述测控信号回路的安措。

测控信号回路安措实施示例如表 4-26 所示。

表 4-26　　测控信号回路部分安措票

序号	执行	回路类别	安全措施内容	恢复
1		测控信号回路	断开端子连片：×YD：×（至××测控屏）	

6. 置检修压板安措

500kV 智能站变压器保护检修压板如图 4-38 所示，执行安措时，投入变压器保护、断路器保护、智能终端置检修压板并用红胶布封住，并在安措票中记录，在执行栏中打“√”，并检查开入量，保护装置开入置 1。

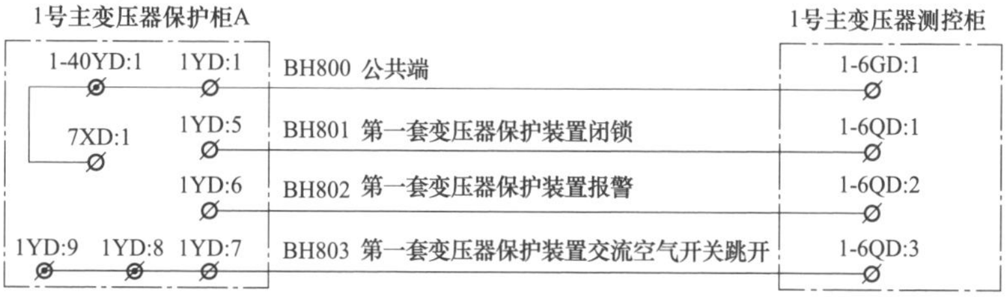

（a）

	1YD	
1-6GD:1 BH800	1	1nP101
	2	1ZKK1-11
1ZKK3-11	3	1ZKK2-11
	4	
1-6QD:1 BH801	5	1nP102
1-6QD:2 BH802	6	1nP103
1-6QD:3 BH803	7	1ZKK1-12
	8	1ZKK2-12
	9	1ZKK3-12
	1-40YD	

（b）

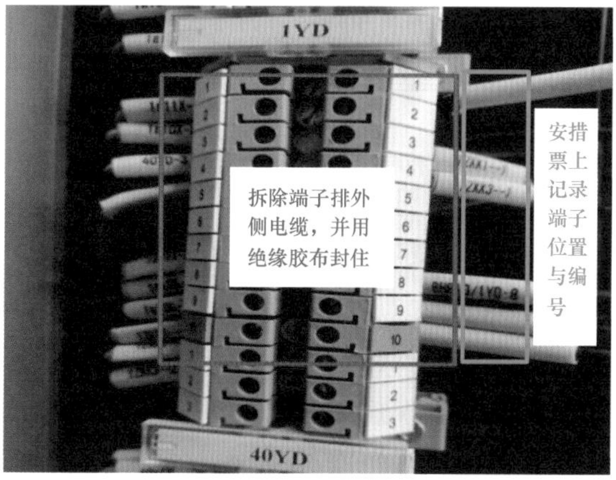

（c）

图 4-37　变压器测控信号回路图

（a）原理图；（b）端子排图；（c）实际接线图

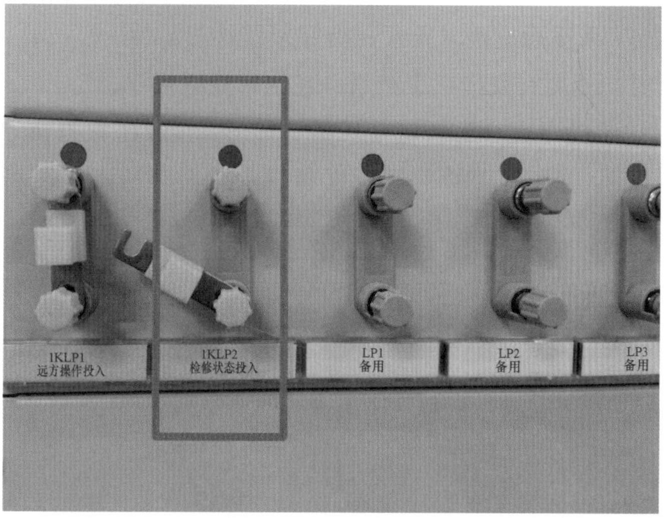

图 4-38　变压器保护装置检修压板图

智能变电站装置检修态通过投入检修压板来实现，检修压板为硬压板。当检修压板投入时，装置通过LED灯、液晶显示、报文提醒运行、检修人员该装置处于检修状态，同时保护装置发出的报文为置检修态，并能处理接收到的检修状态报文。校验过程中，只有变压器保护装置的检修硬压板投入后，其发出的数据流才有“TEST置1”的检修品质位。否则智能终端已置检修位，两者的数据流将与变压器保护装置的检修品质位不同，从而判别开入量“检修状态不一致”，屏蔽对应功能。

置检修压板安措实施示例如表4-27所示。

表4-27　　置检修回路部分安措票

序号	执行	回路类别	安全措施内容	恢复
1		检修状态	投入变压器保护装置检修压板并用胶布封住：1KLP2	

7. 恢复安措

工作结束之后，执行人要严格依照安措票中记录的措施，逐项恢复并在安措票中的恢复栏中打“√”，恢复之后，监护人逐项检查是否恢复到位。

四、注意事项

（1）变压器保护校验一般需较长时间工作，每日开工前先进行安措复核，并由工作负责人签字确认，确保现场安措无变动，方可开始当日相关工作。

（2）为防止拔错光纤导致装置误动，可以采取拍照留存位置的措施。同时要注意安措顺序，采用先退软压板再拔光纤（或投检修压板）的方式隔离。此外，为增加安全性，防止直采断链未闭锁保护而母差动作误跳运行开关，应按先拔直跳、再拔组网、最后拔直采的顺序断开光纤。

（3）上述安措执行完毕后，校验完毕，恢复安措时，通过查看保护装置的报文，检查保护装置是否报SV采样通道延时异常，确保采样通道延时正常，如果有异常要采取相应的措施，消除异常，然后在安措票中记录并在执行栏中打“√”。

（4）虽然对保护装置而言，已经将变压器各侧SV接收压板退出，但是由于需要用校验仪加模拟量来校验合并单元的采样精度和额定延时，所以仍需将各侧的电流端子打开。

第三节　变压器保护更换二次安措

一、传统变电站变压器保护更换二次安措

1. 准备工作

同本章第一节中所述准备工具和图纸。

2. 220kV及以下电压等级变压器保护更换安措步骤

以某传统变电站220kV变压器保护为例，其更换步骤通常为：

（1）回路连接关系检查。

1）检查拆除表中端子编号是否正确、是否遗漏、与图纸回路是否一致。

2）确认旧屏屏顶小母线，一般为变压器220kV及110kV母线交流电压，第一、二组直流电源，交流电源等的电缆走向，提前准备临时电缆。

3）明确旧变压器保护屏内所有外部电缆的用途功能及电缆走向。

（2）回路连接关系拆除。

1）拆除变压器与母差之间电缆。“六统一”：分别在两套母线保护屏内拆除与两套变压器保护相对应的启失灵和解复压电缆。“四统一”：在母线保护处拆除总启失灵和总解复压电缆。要求两头拆除，母线保护侧拆除时注意认清间隔。首先可以通过备用芯识别电缆，之后先解母差侧，在变压器侧量到没电则确认电缆正确。

2）拆除母线保护跳变压器电缆，两头拆除，母线保护侧拆除时注意认清间隔，可通过拉控制电源方法确认。

3）拆除母差保护失灵联跳变压器电缆，两头拆除，母差保护侧拆除时注意认清间隔。首先可以通过备用芯识别电缆，之后先解变压器侧，在母差侧量到没电则确认电缆正确。

4）拆除各侧电流回路电缆，首先通过电流回路编号确认电缆功能，之后在接地点处（正常均应在保护屏里单点接地）拆除接地线，电缆对侧N线对地测量电阻从0至无穷大，则确认电缆正确。

5）拆除旧变压器保护取自屏顶小母线的电压回路。

6）对于具备旁代变压器功能的旁路保护，拆除旁路至变压器保护的电压电流及跳闸电缆，两头拆除，依旧可通过备用芯，接地点电阻测量及电位测量等方法确认。需要特别注意，旁路保护往往并不只旁代单一变压器，极可能是具备旁代多台变压器多条线路功能，因此拆除电缆时务必确认清楚本间隔电缆后方可拆除。

7）拆除备自投跳本变压器分支开关、变压器后备保护动作闭锁备投、变压器开关位置、KKJ合后位等电缆，两头拆除，依旧可通过测量电位方法确认。特别注意可能存在一个变压器的两个低压侧分支分别对应两套不同备自投的情况，需要根据现场情况进行确认每个分支相对应的备自投电流。

8）拆除非电量保护开入电缆。

9）拆除变压器各保护至故障录波器屏的保护动作信号、电流等电缆。

10）临时电缆搭接完成后再拆除旧屏屏柜顶部小母线，保证拆除时其他运行间隔不会失压。拆搭时注意认清档位，避免错位接线。使用工具做好绝缘，避免误碰短路。

11）拆屏前确保所有电缆无交直流电后执行，抽出所有电缆。

3．500kV变压器保护更换安措步骤

（1）回路连接关系检查。

1）检查需更换变压器保护与边、中断路器保护联系的电缆接线位置（三相启失灵、失灵联跳等。若边断路器保护一同更换，与边断路器保护联系部分可不作为安措）。

2）检查需更换变压器保护与中压侧母差保护联系的电缆接线位置（三相启失灵、失灵联跳、解复压等）。

3）检查需更换变压器保护与直流分电屏、故障录波器、测控装置、对时屏柜、保信子站、端子箱、电能表的电缆接线位置，特别注意电流、电压极性的确认。

4）检查拆除表中的端子编号是否正确、是否遗漏、与图纸回路是否一致。

5）将运行间隔初始状态拍照留存。

（2）电气连接关系拆除。

1）在相关一二次设备停用后，再次确认变压器保护，边、中断路器保护，中压侧母差保护屏上的相关压板都已打开。

2）断开开关保护至运行设备失灵出口回路、电流回路、保护信号、故障录波公共端，投入开关保护检修设备检修压板，安措如表 4-28、表 4-29 所示。

表 4-28　　断路器保护屏安措票（边断路器）

序号	执行	回路类别	安全措施内容	恢复
1		失灵联跳母线	断开端子：端子编号（至 500kV—Ⅰ母母线第一套保护屏） 断开压板：压板编号	
2			断开端子：端子编号（至 500kV—Ⅰ母母线第二套保护屏） 断开压板：压板编号	
3		电流回路	断开端子：端子编号（从电流互感器端子箱来） 断开端子短接内侧：端子编号（至××故障录波器屏）	
4		中央信号	断开端子：端子编号（至××测控屏）	
5		录波信号	断开端子：端子编号（至××故障录波器屏）	
6		检修状态	投入检修硬压板：压板编号	

表 4-29　　断路器保护屏安措票（中断路器）

序号	执行	回路类别	安全措施内容	恢复
1		失灵跳 50×3 开关	断开端子：端子编号（至 50×3 开关保护屏） 断开压板：压板编号	
2		失灵联跳变压器	断开端子：端子编号（至×号主变压器保护 C 屏） 断开压板：压板编号	
3		电流回路	断开端子：端子编号（从电流互感器端子箱来）	
4		中央信号	断开端子：端子编号（至××测控屏）	
5		录波信号	断开端子：端子编号（至××故障录波器屏）	
6		检修状态	投入检修硬压板：压板编号	

3）断开Ⅰ母母差保护中 50×1 电流回路端子，如表 4-30 所示。

表 4-30　　Ⅰ母母差保护屏安措票

序号	执行	回路类别	安全措施内容	恢复
1		电流回路	断开端子：端子编号（从50×1电流互感器端子箱来）	

4）断开220kV母差保护中启动母差失灵、解除复压闭锁开入回路，断开中断路器支路电流回路端子如表4-31所示。

表 4-31　　220kV X/Y母第一套（第二套）母线保护屏安措票

序号	执行	回路类别	安全措施内容	恢复
1		启失灵开入	断开端子：端子编号［从×号变压器保护A（B）屏来］	
2		解复压闭锁开入	断开端子：端子编号［从×号变压器保护A（B）屏来］	
3		电流回路		

5）断开220kV母联、分段开关保护中跳闸开入回路如表4-32所示。

表 4-32　　220kV母联开关保护屏安措票

序号	执行	回路类别	安全措施内容	恢复
1		跳闸开入	断开端子：端子编号［从×号变压器保护A屏来］	
2			断开端子：端子编号［从×号变压器保护B屏来］	

6）断开同串另一侧运行间隔保护A、B屏中50×2电流回路端子如表4-33所示。

表 4-33　　同串运行间隔保护屏安措票

序号	执行	回路类别	安全措施内容	恢复
1		电流回路	断开端子：端子编号（从50×2电流互感器端子箱来）	

7）在50×1（2）电流互感器端子箱内断开至变压器保护电流回路端子，并用红胶带封上其余电流回路端子如表4-34所示。

表 4-34　　高压侧电流互感器端子箱安措票

序号	执行	回路类别	安全措施内容	恢复
1		电流回路	断开端子：端子编号（至×号变压器保护屏）	
2		电流回路	用红胶带封上其余电流回路端子	

8）在变压器中压侧25××电流互感器端子箱内断开至变压器保护电流回路端子，并用红胶带封上其余电流回路端子如表4-35所示。

表 4-35　　中压侧电流互感器端子箱安措票

序号	执行	回路类别	安全措施内容	恢复
1		电流回路	断开端子：端子编号（至×号变压器保护屏）	
2		电流回路	用红胶带封上其余电流回路端子	
3		其他		

9）在变压器本体端子箱内断开至变压器保护电流回路端子，并用红胶带封上其余电

流回路端子如表4-36所示。

表4-36　　变压器本体端子箱安措票

序号	执行	回路类别	安全措施内容	恢复
1		电流回路	断开端子：端子编号（至×号变压器保护屏）	
2		电流回路	用红胶带封上其余电流回路端子	

10）拆除高压侧边、中断路器操作箱与变压器保护的跳闸电缆两端。两头拆除并记录，拆除时需要认清电缆，先明确两端芯号一致，再通过拆除电源一端，另一端监视电位方法确认。

11）拆除中、低压侧断路器操作箱与变压器保护的跳闸电缆两端。两头拆除并记录，拆除时需要认清电缆，先明确两端芯号一致，再通过拆除电源一端，另一端监视电位方法确认。

12）拆除高压侧边、中断路器保护屏与变压器保护的启失灵、失灵联跳电缆两端（若边断路器保护一同更换，与边断路器保护联系部分可不作为安措）。两头拆除并记录，拆除时需要认清电缆，先明确两端芯号一致，再通过拆除电源一端，另一端监视电位方法确认。

13）拆除中压侧母线保护屏与变压器保护的启失灵、失灵联跳、解复压电缆两端，断开中开关支路电流回路端子。两头拆除并记录，拆除时需要认清电缆，先明确两端芯号一致，再通过拆除电源一端，另一端监视电位方法确认。

14）在直流分电屏拆除变压器保护的直流电源。先拆除直流屏侧，再拆除保护屏侧。两头拆除并在安措票记录相应的端子编号和位置，确认方法同10）。

15）在测控屏上解除与变压器保护屏相关的信号端子，在安措票记录相应的端子编号和位置，确认方法同10）。

16）在故障录波器解除与变压器保护屏相关的端子，在安措票记录相应的端子编号和位置，确认方法同10）。

17）拆除至就地的电流、跳闸电缆两端。两头拆除并记录，拆除时需要认清电缆，在安措票记录相应的端子编号和位置，确认方法同10）。

18）在对时屏柜、保信子站、电能表等屏柜上解除与变压器保护屏相关的端子，在安措票记录相应的端子编号和位置，确认方法同10）。

19）在交换机屏柜解除与保护相连的用于与后台通信的网线或光纤，在安措票记录相应的端子编号和位置。

拆除屏内交流电源，并做好绝缘，防止误碰。

4. 注意事项

(1) 上述措施每执行一项都在安措票的执行栏中打“√”。安措执行后，现场采取“一柜一票”模式，将安措票用透明文件夹吸附于柜门上，方便随时核查，将所执行安措拍照打印贴于屏门之上，每日开工前核查安措有无变动。

（2）如果边断路器保护需一同更换，则边断路器保护更换的相关安措也要执行，需拆除边开关去运行母线的相关回路。

（3）交流回路拆除需确保不影响其他运行屏柜内的交流电源，如拆出过程中会造成运行屏柜失电，需做好相关措施。

（4）在直流电源屏拆线时，可拉合检修设备空气开关，以验证需拆除直流电缆接线端子位置的正确性。

二、智能变电站变压器保护更换二次安措

1. 准备工作

同本章第二节中所述准备工具、图纸和材料。

2. 220kV及以下电压等级变压器保护更换安措步骤

以某智能变电站220kV变压器保护装置同屏更换为例，其安措步骤如下依次进行：

（1）回路连接关系检查。

1）明确变压器保护间隔与各侧母差保护联系的光口与软压板位置（启失灵、跳闸等）；

2）明确变压器保护间隔与各侧智能终端联系的光口与软压板位置（刀闸位置、开关位置）；

3）明确变压器保护间隔与220kV母联、110kV母联智能终端联系的光口与软压板位置（组网跳闸）；

4）明确变压器保护间隔与低压侧备自投联系的光口与软压板位置（组网闭锁备自投）；

5）检查安措票中的光口编号与位置，是否正确、是否遗漏、与图纸回路是否一致，不一致时需要进行确认修改。

（2）回路连接关系拆除。

1）检查220kV母差保护屏上的指示灯和保护装置的各菜单页面，保证无异常告警灯信号，电流、电压、开入量正常；检查母差保护装置液晶显示中的该线路间隔SV接收软压板、启失灵GOOSE接收软压板、解复压GOOSE接收软硬板均已退出，并与后台机压板状态比对正确。

2）检查110kV母差保护屏上的指示灯和保护装置的各菜单页面，保证无异常告警灯信号，电流、电压、开入量正常；检查母差保护装置液晶显示中的该线路间隔SV接收软压板已退出，并与后台机压板状态比对正确。

3）检查低压侧备自投装置指示灯及各菜单页面，保证无异常告警灯信号，电流、电压、开入量正常；检查备自投装置液晶显示中的该变压器间隔闭锁备自投GOOSE接收软压板已退出，并与后台机压板状态比对正确。

4）检查确认待改造变压器间隔保护已退出运行，相应SV接收软压板、GOOSE接收软压板、启失灵软压板已经退出，智能终端处出口硬压板已经退出。

5）记录变压器保护屏后各支路的SV、GOOSE等光纤的光口位置。

6）将变压器保护的所有SV、GOOSE光纤回路断开，并在安措票上记录光口的位置与编号，光纤口用专用防尘帽套牢，与新线路保护的图纸进行比对核查，若有不同，需要核实无误后，进行相应修改。

7）将检修范围内的所有IED装置（变压器保护、变压器各侧及本体合并单元、变压器各侧及本体智能终端、变压器测控装置等）的检修硬压板投入。

8）各侧合并单元模拟量输入侧的TA（电流回路短接）隔离，各侧智能终端处电气量二次回路隔离。

9）本体智能终端非电量开入电缆拆除，相关温度回路，非电量跳闸回路拆除。

3. 500kV变压器保护更换安措步骤

（1）回路连接关系检查。

1）明确所有间隔与变压器保护联系的光口与GOOSE软压板位置（GOOSE跳闸出口软压板、GOOSE启失灵发送软压板、GOOSE接收软压板）。

2）明确所有间隔与变压器各侧智能终端联系的光口位置（直跳光纤）。

3）检查拆除表中的光口编号与位置，是否正确、是否遗漏、与图纸回路、现场是否一致。不一致时需要进行确认修改。

4）将运行间隔初始状态拍照留存。

（2）回路连接关系拆除。

保护改造时，所涉及屏柜，安措执行时以屏柜为单位，逐一执行。

1）500kV第一套母线保护：检查确认退出对应500kV第一套母线保护内边断路器50×1间隔GOOSE启失灵开入软压板。

2）220kV XM/XM第一套母线保护：检查确认退出220kV第一套母线保护内该变压器高压侧GOOSE启失灵开入软压板，断开中压侧电流端子连片，并用红胶布封住。

3）500kV第一套线路保护：检查确认退出同串运行间隔的第一套线路保护内该50×2中断路器GOOSE失灵开入软压板。

4）500kV第一套变压器保护：检查确认退出该500kV第一套变压器保护内220kV侧GOOSE启失灵发送软压板、以及至运行设备（如220kV母联/母分）GOOSE发送软压板，投入第一套变压器保检修压板，断开遥信回路硬接点信号。

5）50×1断路器智能控制柜：检查确认50×1智能终端A检修压板确已投入，并用红胶布封住。

6）50×2断路器智能控制柜：检查确认50×2智能终端A检修压板确已投入，并用红胶布封住。

7）500kV第一套母线保护：短接并断开母线保护屏内50×1边断路器电流回路端子，并用红胶布封住。

8）500kV第一套线路保护：短接并断开线路保护屏内50×1边断路器电流回路端子，并用红胶布封住。

9）断开变压器保护组网光纤、拆除遥信回路硬接点信号、交流回路、直流回路、对时回路电缆，若变压器保护与边、中断路器保护同时更换，则应断开边、中断路器保护组网光纤，具体可参考第九章第三节。

（3）传动试验安措。

1）500kV 第一套母线保护：检查确认退出对应 500kV 第一套母线保护所有出口软压板，投入该母线保护检修压板。

2）边断路器 50×1 断路器保护屏 A：检查确认退出第一套边断路器保护内至 500kV 第一套母线保护 GOOSE 启失灵发送软压板，边断路器 50×1 保护失灵联跳 50×2 断路器保护 GOOSE 发送软压板（若变压器保护与断路器保护同时更换，该安措可不执行），投入该边断路器保护检修压板，断开边断路器保护硬接点端子。

3）中断路器 50×2 断路器保护屏 A：检查确认退出中断路器 50×2 保护失灵联跳相邻运行间隔 GOOSE 发送软压板，中断路器 50×2 保护失灵联跳 50×1 断路器保护 GOOSE 发送软压板（若变压器保护与断路器保护同时更换，该安措可不执行），投入该中断路器保护检修压板，断开遥信回路硬接点信号。

4）220kV XM/XM 第一套母线保护：退出对应 220kV XM/XM 第一套母线保护所有出口软压板，投入该母线保护检修压板。

第五章　母线保护二次安措

母线保护是保证电网安全稳定运行的重要系统设备，它的安全性、可靠性、灵敏性和快速性对保证整个区域电网的安全具有决定性的意义。母线保护包括母线差动保护、充电过流保护、失灵保护等，最主要的是母线差动保护。经各发、供电单位多年电网运行经验总结，普遍认为就适应母线运行方式、故障类型、过渡电阻等方面而言，无疑是按分相电流差动原理构成的比率制动式母线差动保护效果最佳。随着电网微机保护技术的普及，变电站内基本采用的都是基于比率制动原理的微机型母差保护。

母线差动保护的保护范围为：参加差动电流计算的各 TA 的保护范围，涉及母线及其连接设备，包括电压互感器、避雷器、各母线侧隔离开关、断路器及各母差电流互感器以内的所有设备。其中，由于 500kV 母线一般采用 3/2 接线方式，它的主保护范围是母线上的各支路边开关电流互感器母线保护用二次之间的一次电气部分。

常规变电站和智能变电站的常见母线保护型号统计如表 5-1 所示。

表 5-1　常规变电站和智能变电站的母线保护型号统计

变电站类型	保护型号
常规变电站	BP-2B、SGB-750A-G、WMH-801A-G、RCS915、NSR-371A-G、CSC150A、BP2CS、WMH800A、PCS915、NSR-371A-G
智能变电站	CSC-105A-DA-G、NSR-371A-DA-G、NSR-371AL-DA-G、PCS-915A-DA-G、BP-2CA-DA-G、SGB-750-DA-G、CSC-150A-DA-G、CSC-150AL-DA-G、WMH-801A-DA-G、WMH-801AL-DA-G

220kV 变电站中母线保护屏柜有单屏和双屏两种配置方式，双屏配置的一般是两种不同型号的母线保护，110kV 变电站中母线保护屏则一般为单屏配置。500kV 变电站中每段母线按双重化原则配置两套数字式电流差动保护，每套母线保护应具有断路器失灵经母线保护跳闸功能。

对比常规变电站，智能变电站采用场外就地数字化采集二次量，二次设备之间应用光纤通信、网络传输数据流，其设备部分功能与特征发生改变。其中，与二次安措息息相关的新功能特征主要包括光纤通信、检修机制、数字通道与软压板。

第一节　常规变电站母线保护校验二次安措

一、准备工作

1. 工器具、仪器仪表、材料介绍

主要包括个人工具箱、钳型电流表、万用表、短接片、短接线、母线保护二次图纸、母线保护专用二次安措票。

钳型电流表用于测量各间隔支路退出前后的电流值，判断退出措施是否到位。

万用表用于测量母线电压断开前后的电压值，判断电压是否断开，防止虚断。

短接片或短接线用于母线支路的电流退出，分别适用于 A/B/C/N 相端子紧挨和间隔分布的场景。

母线保护二次图纸主要包括端子排图、电压电流回路图、母线保护原理图和连接关系图。

2. 整体回路连接关系

（1）220kV 及以下电压等级。

母线保护的各类回路示意连接关系如图 5-1 所示。

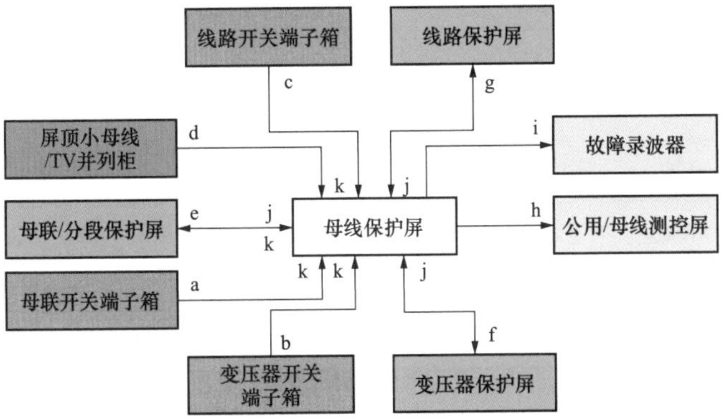

图 5-1　220kV 及以下电压等级母线保护回路连接关系示意

各回路的含义如下：

a/b/c. 交流电流回路，母联、变压器和各线路间隔端子箱的 TA 母差次级送往母线保护屏的交流电流。

d. 交流电压回路，屏柜顶部小母线或 TV 并列柜送往母线保护屏的Ⅰ母和Ⅱ母交流电压。

e/f/g. 跳闸回路，母线保护屏送往母联间隔、各线路间隔保护屏的断路器跳闸回路，母线保护屏送往变压器间隔的断路器跳闸和失灵联跳回路。

h. 测控信号回路，母线保护屏送往公用/母线测控屏的相关信号回路，用来接入后台机监视母线保护动作、开入和告警等信号。

i. 故障录波信号回路，母线保护屏送往故障录波器的相关信号回路，用来记录母线保护动作和开入变位等信号。

j. 失灵回路，母联/分段间隔保护屏、各线路间隔保护屏送往母线保护屏的启失灵回路，变压器间隔保护屏送往母线保护屏的启失灵、解复压回路。

k. 位置开入信号回路，母联/分段间隔端子箱送往母线保护屏的刀闸位置开入、母联跳位开入回路，变压器、各线路间隔端子箱送往母线保护屏的刀闸位置开入回路，母联/分段间隔保护屏送往母线保护屏的手合开入回路。

（2）500kV 电压等级。

500kV 母线保护回路连接关系如图 5-2 所示。

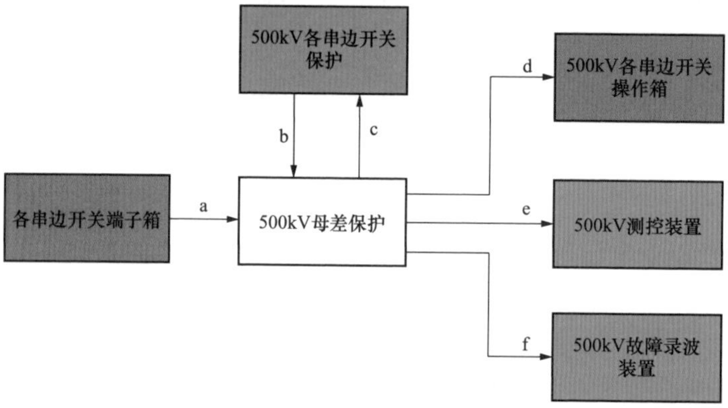

图 5-2　500kV 母线保护连接关系示意图

各回路的含义如下：

a. 交流电流回路。母线上各串边开关端子箱的 TA 断路器保护次级送往母线保护屏的交流电流。

b. 失灵联跳回路。各边断路器保护失灵保护动作后联跳运行母线保护。

c. 启失灵回路。母线保护动作后送往各边断路器保护的三相启失灵回路。

d. 跳闸回路。母线保护动作后永跳所连各支路开关的跳闸回路。

e. 测控遥信回路。母线保护屏送往测控屏的相关信号回路，用来接入后台机监视保护动作、开入和告警等信号。

f. 故障录波信号回路。母线保护屏送往故障录波器的相关信号回路，用来记录保护动作和开入变位等信号。

二、220kV 及以下等级母线保护的安措实施

1. 二次设备状态记录

在安措票上记录二次设备的状态，包括压板状态、切换把手状态、当前定值区、空气开关状态、端子状态，如图 5-3～图 5-6 所示，便于校验结束后，恢复原始状态。

记录状态之后，在保护装置校验前，通常我们还会将所有的出口压板全部退出（一般为红色压板），起到双重保护的作用。

图 5-3　切换把手状态

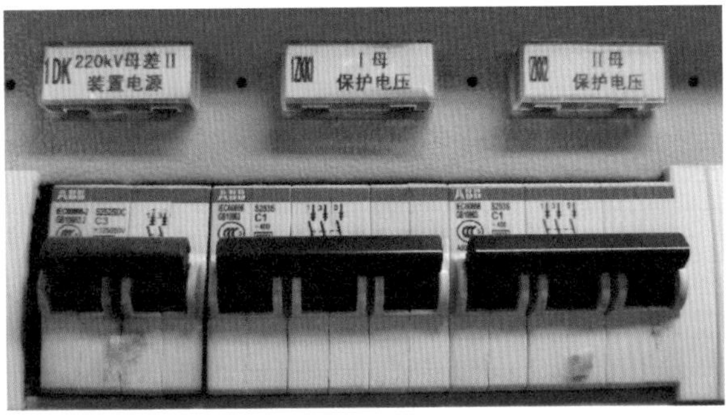

图 5-4　空气开关状态

图 5-5　压板状态

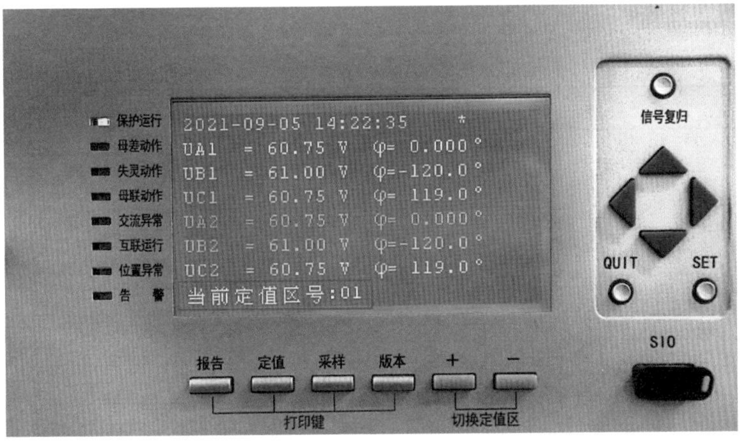

图 5-6　定值区号

安措票二次设备状态记录部分示例如表 5-2 所示。

表 5-2　二次设备状态记录部分示例安措票

序号	类别	状态记录
1	压板状态	LP1、LP2 投，其余退
2	切换把手状态	QB：差动投，失灵投
3	当前定值区	01 区
4	空气开关状态	全合
5	端子状态	外观无损伤，螺丝紧固

2. 跳闸回路安措

跳闸回路有“六统一”和“四统一”两种布局方式，其中“六统一”按间隔布置，一条间隔的跳闸接点正端和负端一起放置，“四统一”所有跳闸接点的正端和负端分别集中放置，两者分开。“六统一”和“四统一”的布局方式分别如图 5-7、图 5-8 所示。

跳闸回路的端子排包含两条母线上所连各间隔的跳闸接点，“六统一”中编号一般分别为 TJR1 和 101/RCA+，端子排所属标签类别为 CD，接点“+”端和“—”端按间隔布置。“四统一”中编号一般分别为 R1 和 101/1101、R2 和 201/1201，端子排上所属标签类别为 CD（接点“+”端）和 KD（接点“—”端），接点“+”端和“—”端分别集中放置。

（1）“六统一”方式。

“六统一”跳闸回路的安措步骤为：①检查母差跳闸回路的端子位置与编号，与图纸一致时在安措票做好记录，与图纸不一致时，排查核实无误，确认回路正确连接后，在安措票上记录对应跳闸回路的端子位置及编号；②解下某间隔跳闸回路的接点“+”端；③用绝缘胶带缠绕或绝缘线帽遮蔽裸露部分，确认完全无裸露；④在安措票中该间隔的接点“+”端执行栏中打“√”；⑤该间隔的接点“－”端的安措实施过程重复前述②～④步；⑥其他间隔跳闸回路的安措实施过程依次重复②～⑤步。

安措票跳闸回路部分示例如表 5-3 所示。

表 5-3　跳闸回路部分安措票

序号	执行	回路类别	安全措施内容			恢复
1		跳闸回路	母联 2510：	1C1D1	101	
2				1C1D3	TJR1	
3			1 号变压器 2501：	1C4D1	101	
4				1C4D4	1TJR1	
5				1C4D2	RCA+	
6				1C4D5	SLT1	
7			2 号变压器 2502：	1C5D1	101	
8				1C5D4	TJR1	
9				1C5D2	RCA+	
10				1C5D5	SLT1	
11			…			

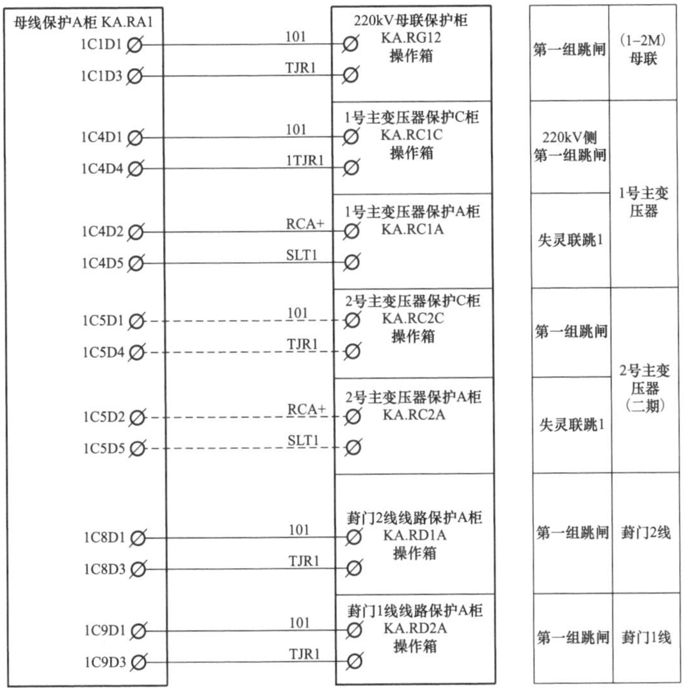

（a）

1C4D			
	101	1	1X14-c6
	RCA+	2	1X26-c2
		3	
	1TJR1	4	1CLP4-1
	SLT1	5	1SLP1-1
		6	
	B1+	7	1QD5
		8	
		9	
	SL01	10	1X20-a18
		11	
	DS1	12	1X19-a6
	DS2	13	1X19-c6
1C5D			
	101	1	1X14-c10
	RCA+	2	1X26-c6
		3	
	TJR1	4	1CLP5-1
	SLT1	5	1SLP2-1
		6	
	B1+	7	1QD5
		8	
		9	
	SL01	10	1X20-a26
		11	
	DS1	12	1X19-a8
	DS2	13	1X19-c8

（b）

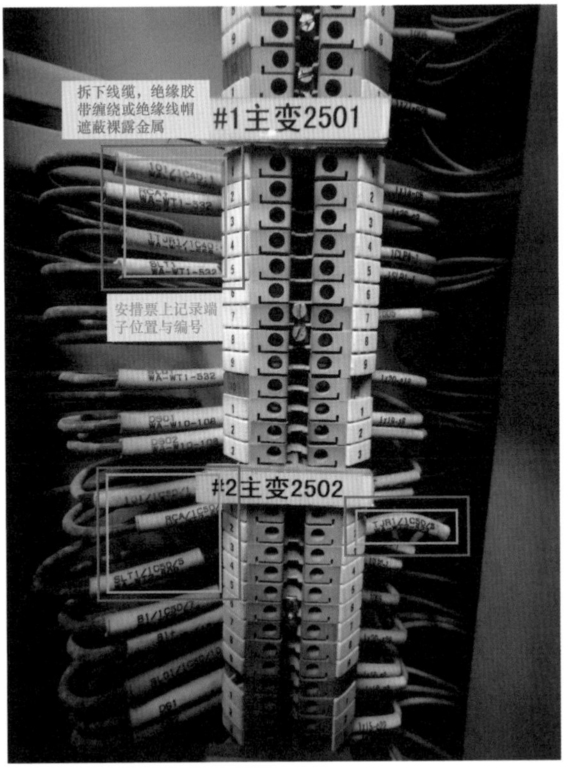

（c）

图 5-7　“六统一”跳闸回路图

（a）原理图；（b）端子排图；（c）实际接线图

图 5-8 “四统一”两组跳闸回路的实际接线图

（2）“四统一”方式。

“四统一”跳闸回路的安措步骤为：①按“六统一”方式排查核实端子；②解下第一组跳圈中某间隔跳闸回路的接点“＋”端；③用绝缘胶带缠绕或绝缘线帽遮蔽裸露部分，确认完全无裸露；④在安措票中该端子的执行栏中打“√”；⑤其他间隔跳闸回路的接点“＋”端的安措实施过程重复②～④步骤；⑥所有间隔的第一组跳圈的接点“—”端、第二组跳圈的接点“＋”端和“—”端依次按照②～⑤步骤执行。

安措票跳闸回路部分示例如表 5-4 所示。

表 5-4　跳闸回路部分安措票

序号	执行	回路类别	安全措施内容	恢复
1		跳闸回路	X4 第一组跳闸节点（＋）	
2			1CD1　101	
3			1CD2　1101	
4			1CD3　1101	
5			…	
6			X5 第一组跳闸节点（—）	
7			1KD1　R1	
8			1KD2　R1	
9			1KD3　R1	
10			…	

续表

序号	执行	回路类别	安全措施内容	恢复
11		跳闸回路	X6 第二组跳闸节点（+）	
12			2CD1　201	
13			2CD2　1201	
14			2CD3　1201	
15			…	
16			X7 第二组跳闸节点（一）	
17			2KD1　R2	
18			2KD2　R2	
19			2KD3　R2	
20			…	

母线保护动作后，跳闸接点是跳开对应间隔断路器的出口，解开跳闸接点，避免做试验时，加采样或母线保护动作后，跳闸回路导通，跳开运行间隔。

3. 交流电流回路安措

交流电流回路如图 5-9 所示，包含母线上的变压器间隔、各线路间隔以及母联间隔，一般在端子排的 ID 标签类属中，数量主要由接入的线路条数所决定。做安措前，结合原理图、端子排图和实际接线图，确认各间隔的实际端子位置及编号和竣工图上的一致无误。

做安措时：①用万用表电阻蜂鸣档测试通断，确保短接线或短接排导通性能良好后，用短接线或短接排将交流电流回路端子排外侧短接；②用钳型电流表测量并监视该间隔端子排内侧电流变化情况；③当钳型电流表示数和母线保护屏模拟量菜单中对应间隔的电流有效值明显减小时，用螺丝刀打开端子排上对应端子的金属连片，打开后要紧固连片；④在二次安措票中记录对应交流电流回路的端子位置及编号，防止误碰。上述步骤完成后，其余间隔电流回路按照上述方法依次操作，直至所有间隔均全部完成，并用绝缘胶带封贴连片和内部电流端子。

母线保护采集各间隔电流计算差流和制动电流，电流回路施加“短接退出”安措，一方面排除外接间隔对所加电流构成的影响，一方面避免校验仪所施加的电流对间隔 TA 电流的影响，造成线路跳闸事故。

交流电流回路的安措实施示例如表 5-5 所示。

4. 交流电压回路安措

交流电压回路如图 5-10 所示，包含两条母线的 TV 采集电压端子，编号一般为 630 和 640，在端子排的 UD 标签类属中。做安措前，确认交流电压回路的实际端子位置及编号和竣工图一致无误。

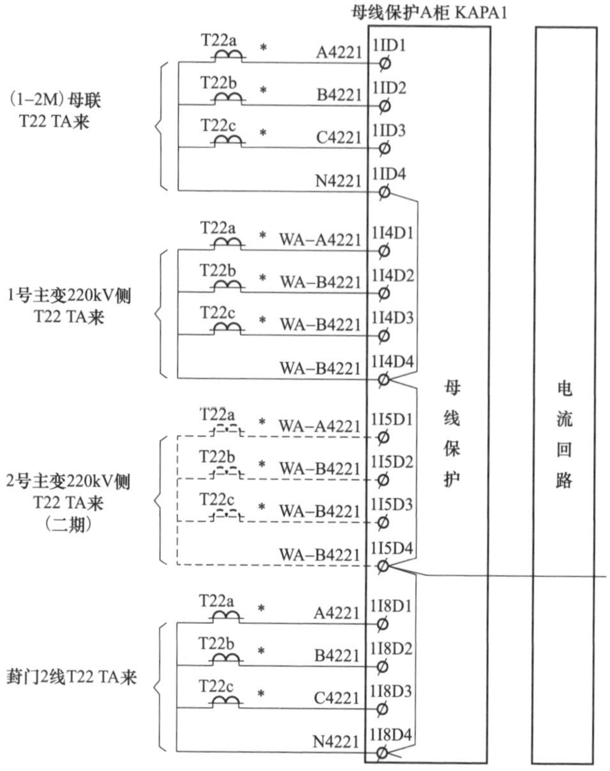

（a）

1I1D		
1X1-a1	1	A4221
1X1-a2	2	B4221
1X1-a3	3	C4221
1X1-b1	4	N4221
1X1-b2	5	
1X1-b3	6	
1I2D		
1X12-a7	1	
1X12-a8	2	
1X12-a9	3	
1X12-b7	4	
1X12-b8	5	
1X12-b9	6	
1I3D		
1X13-a10	1	
1X13-a1	2	
1X13-a2	3	
1X13-b10	4	
1X13-b1	5	
1X13-b2	6	
1I4D		
1X1-a4	1	WA-A4221
1X1-a5	2	WA-B4221
1X1-a6	3	WA-C4221
1X1-b4	4	WA-N4221
1X1-b5	5	
1X1-b6	6	
1I5D		
1X1-a7	1	WA-A4221
1X1-a8	2	WA-B4221
1X1-a9	3	WA-C4221
1X1-b7	4	WA-N4221
1X1-b8	5	
1X1-b9	6	

（b）

（c）

图 5-9　交流电流回路图

（a）原理图；（b）端子排图；（c）实际接线图

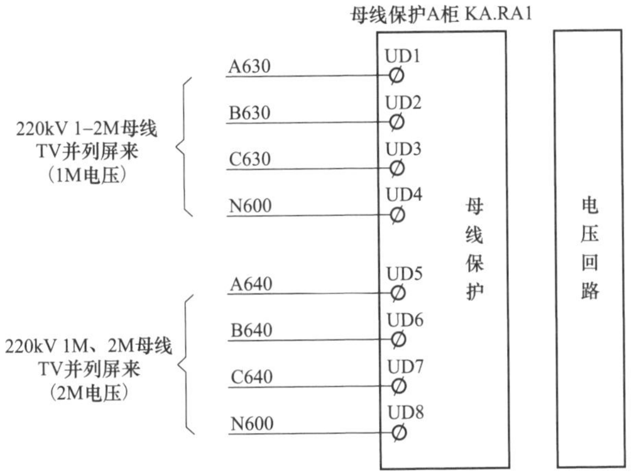

（a）

UD		
1ZKK1-1	1	A630
1ZKK1-3	2	B630
1ZKK1-5	3	C630
1UD4	4	N600
1ZKK2-1	5	A640
1ZKK2-3	6	B640
1ZKK2-5	7	C640
1UD8	8	N600

（b）

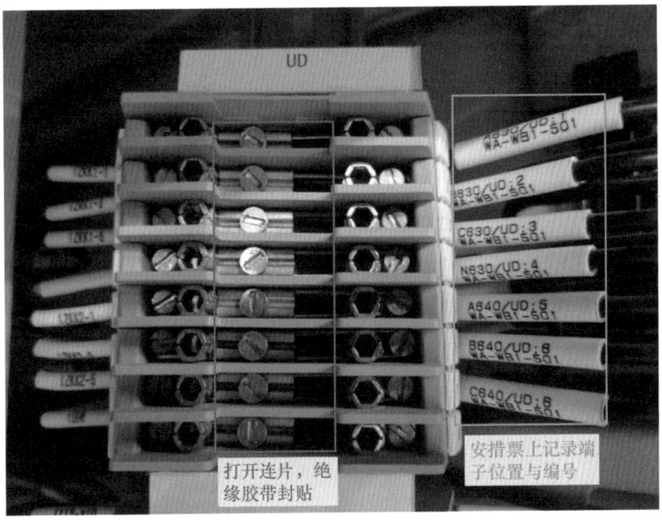

（c）

图 5-10　交流电压回路图

（a）原理图；（b）端子排图；（c）实际接线图

表 5-5　　　　**交流电流回路安措票**

序号	执行	回路类别	安全措施内容	恢复
1		电流回路	1I1D：1　A4221　L1 母联 2510	
2			1I1D：2　B4221　L1 母联 2510	
3			1I1D：3　C4221　L1 母联 2510	
4			1I1D：4　N4221　L1 母联 2510	
5			…	
6			1I5D：1　A4221　L5　2 号变压器 2502	
7			1I5D：2　B4221　L5　2 号变压器 2502	
8			1I5D：3　C4221　L5　2 号变压器 2502	
9			1I5D：4　N4221　L5　2 号变压器 2502	
⋮			…	

做安措时：①用万用表电压档测量端子排内侧电压，打开Ⅰ母和Ⅱ母交流电压回路的A/B/C/N相连接片，打开后要紧固连片；②用万用表电压档测量打开后的端子排内侧电压，监测电压变化情况；③查看保护装置中的电压采样值，确认母线电压接近0V；④二次安措票中记录对应端子位置与编号；⑤用绝缘胶带封贴打开后的电压回路端子排，防止误碰。

母线保护电压回路的“连片打开退出”安措，防止校验仪所加电压与母线TV二次电压误碰，跳开屏顶小母线馈出间隔的空气开关。

交流电压回路的安措实施示例如表5-6所示。

表5-6　　交流电压回路安措票

序号	执行	回路类别	安全措施内容	恢复
1		电压回路	Ⅰ母：UD1　A630	
2			UD2　B630	
3			UD3　C630	
4			UD4　N600	
5			Ⅱ母：UD5　A640	
6			UD6　B640	
7			UD7　C640	
8			UD8　N600	

5. 测控信号回路安措

投入保护屏柜上的检修压板，用于屏蔽软报文上送。测控信号回路的端子如图5-11所示。断开保护至测控装置的信号回路，如表5-7所示。

表5-7　　信号回路端子

信号类型	信号名称
公共端	信号公共端
保护动作	母差动作
	失灵动作
	充电保护动作
	母联过流动作
异常告警	保护元件异常
	闭锁元件异常
	TA/TV断线
	TV断线
	TA告警
	开入异常
其他	开入变位
	母线互联
	运行异常告警
	操作KM消失
	出口退出

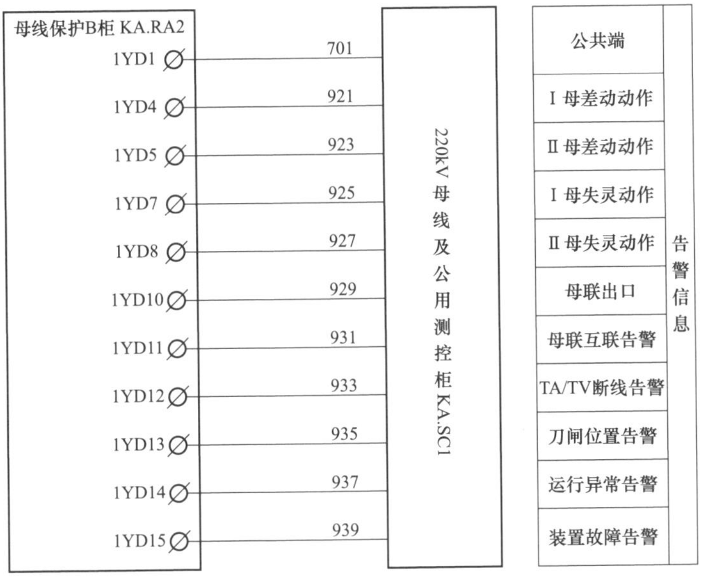

（a）

1YD			
1X17-cl2	1	701	
1X17-al2	2		1X9-c16
1X18-cl2	2		1X5-c30
1X18-al2	2		1X25-c16
	3		
1X17-cl4	4	921	
1X17-cl6	5	923	
	6		
1X17-al4	7	925	
1X17-al6	8	927	
	9		
1X17-a20	10	929	
1X18-cl4	11	931	
1X18-cl8	12	933	
1X18-cl6	13	935	
1X18-c20	14	937	
1X18-al4	15	939	
1X5-a30	16		
1X9-a16	17		1X25-a16

（b）

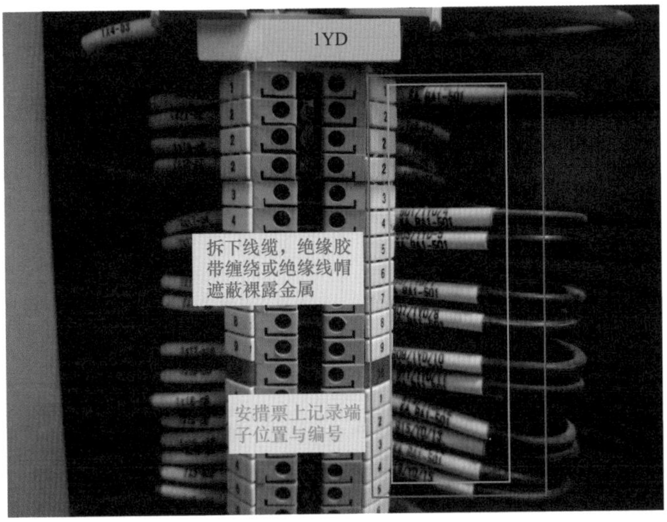

（c）

图 5-11　测控信号回路端子图

（a）原理图；（b）端子排图；（c）实际接线图

做安措时，找到对应的端子，解开线芯，用绝缘胶带缠绕或绝缘线帽遮蔽裸露部分，确认完全无裸露，在安措票中记录端子位置和编号，在该端子的执行栏中打“√”，所有信号回路安措按上述步骤依次开展。

安措票信号回路部分示例如表 5-8 所示。

表 5-8　　　　信号回路部分安措票

序号	执行	回路类别	安全措施内容		恢复
1		测控信号	信号公共正	1YD1　701	
2			Ⅰ母差动动作	1YD4　921	
3			Ⅱ母差动动作	1YD5　923	
4			Ⅰ母失灵动作	1YD7　925	
5			Ⅱ母失灵动作	1YD8　927	
6			母联出口	1YD10　929	
7			母联互联告警	1YD11　931	
8			TA断线/TV断线告警	1YD12　933	
9			刀闸位置告警	1YD13　935	
10			运行异常告警	1YD14　937	
11			装置故障告警	1YD15　939	

信号回路是保护装置向测控装置上送动作、告警和开入等信号的通道，为防止在保护装置校验过程中，相关的信号通过测控装置上送至后台机及远动机，影响运行人员及监控人员对告警报文的判断，通常需要实施上述信号回路的安措。

6．故障录波回路安措

母线保护屏至故障录波器的信号回路如图 5-12 所示。

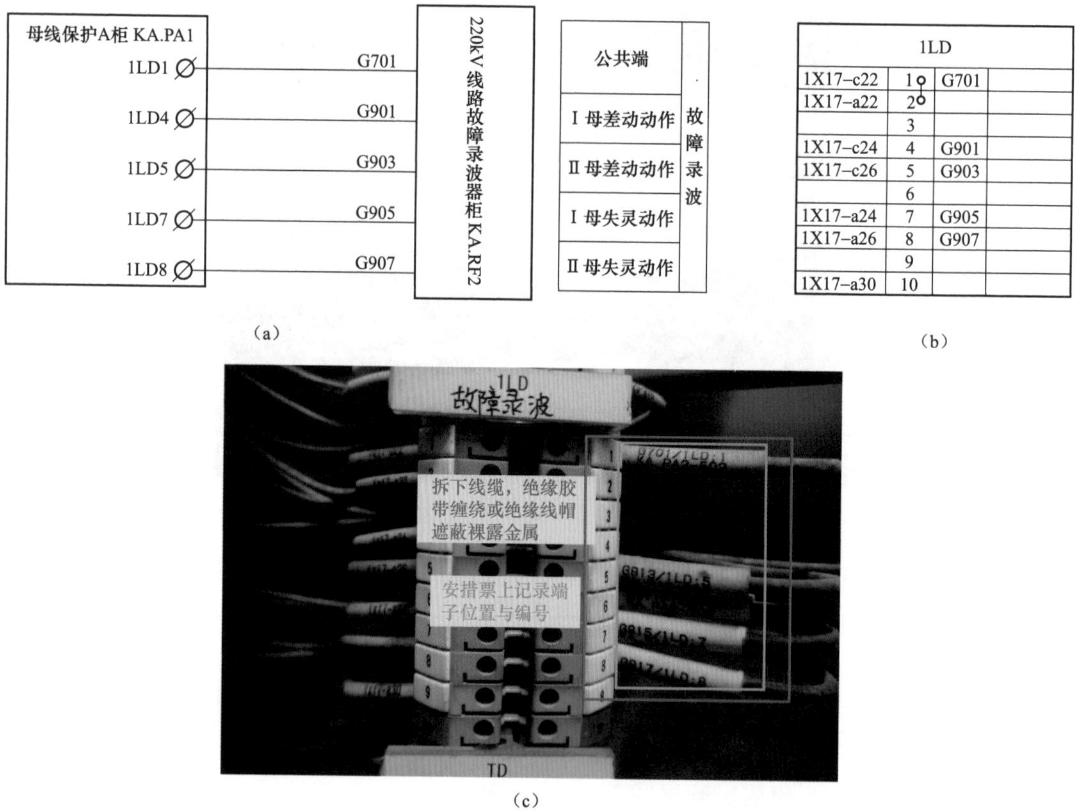

图 5-12　录波回路端子图

(a) 原理图；(b) 端子排图；(c) 实际接线图

断开保护至故障录波器回路，如表 5-9 所示，其他型号的录波信号还有可能包括开入变位等。

表 5-9 录波回路端子

信号类型	信号名称
公共端	信号公共端
保护动作	Ⅰ母差动动作
	Ⅱ母差动动作
	Ⅰ母差失灵动作
	Ⅱ母失灵动作

做安措时，找到对应的端子，解开线芯，用绝缘胶带缠绕或绝缘线帽遮蔽裸露部分，确认完全无裸露，在安措票中记录端子位置和编号，在该端子的执行栏中打“√”，所有录波信号回路安措按上述步骤依次开展。

安措票录波回路部分示例如表 5-10 所示。

表 5-10 录波回路部分安措票

序号	执行	回路类别	安全措施内容		恢复
1		故障录波回路	信号公共正	1LD1 G701	
2			Ⅰ母差动动作	1LD4 G901	
3			Ⅱ母差动动作	1LD5 G903	
4			Ⅰ母差失灵动作	1LD7 G905	
5			Ⅱ母失灵动作	1LD8 G907	

故障录波回路是保护装置向故障录波器上送动作和开入等信号的通道，为防止在保护装置校验过程中，相关的信号通过故障录波器上送至调度数据网，影响运行人员及监控人员对告警报文的判断，通常需要实施上述故障录波回路的安措。

7. 失灵回路安措

“六统一”和“四统一”方式下失灵回路的端子排布局不同，“六统一”中编号一般分别为 TJR1 和 101/RCA+，端子排所属标签类别为 CD，接点“+”端和“—”端按间隔布置。“四统一”中编号一般分别为 R1 和 101/1101、R2 和 201/1201，端子排上所属标签类别为 CD（接点“+”端）和 KD（接点“—”端），接点“+”端和“—”端分别集中放置。

以“六统一”方式为例介绍失灵回路安措。

母联、变压器、线路间隔至母线保护屏的失灵回路按间隔布局，如图 5-13 所示。

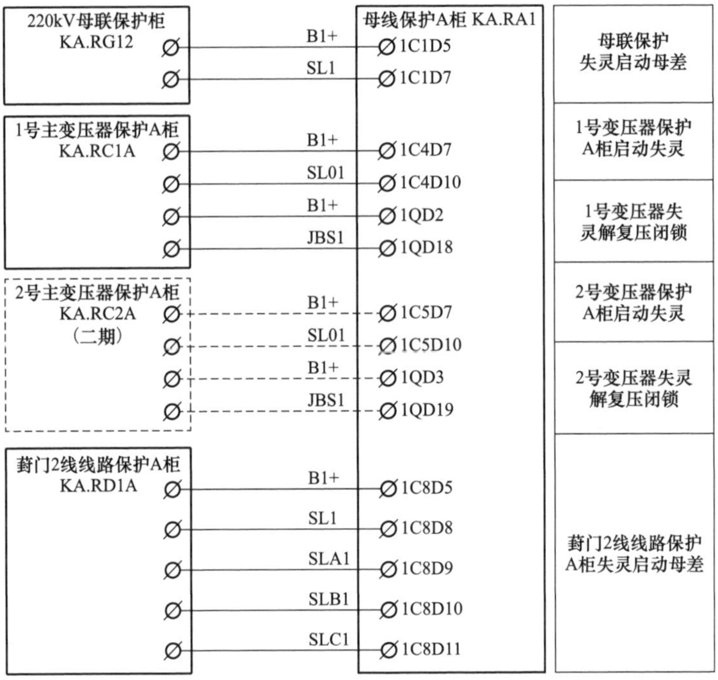

（a）

1C40			
	101	1	1X14-c6
	RCA+	2	1X26-c2
		3	
	1TJR1	4	1CLP4-1
	SLT1	5	1SLP1-1
		6	
	B1+	7	1QD5
		8	
		9	
	SL01	10	1X20-a18
		11	
	DS1	12	1X19-a6
	DS2	13	1X19-c6

1C5D			
	101	1	1X14-c10
	RCA+	2	1X26-c6
		3	
	TJR1	4	1CLP5-1
	SLT1	5	1SLP2-1
		6	
	B1+	7	1QD5
		8	
		9	
	SL01	10	1X20-a26
		11	
	DS1	12	1X19-a8
	DS2	13	1X19-c8

1QD			
	B2+	1	1DK-2
		2	1X9-a20
		3	1X25-a20
		4	1X19-a2
		5	1LP4-1
		6	1C1D5
1C9D5		7	1C2D7
1C10D5		8	1C3D7
1C11D5		9	1C4D7
1C12D5		10	1C5D7
1C13D5		11	1C6D7
1C14D5		12	1C7D7
1C15D5		13	1C8D5
		14	
	B20	15	1X5-c4
		16	1X5-c6
		17	1X5-c8
	JBS2	18	1X20-a28
	JBS2	19	1X20-a30
		20	1X20-c28

（b）

图 5-13　失灵回路端子图（一）

（a）原理图；（b）端子排图

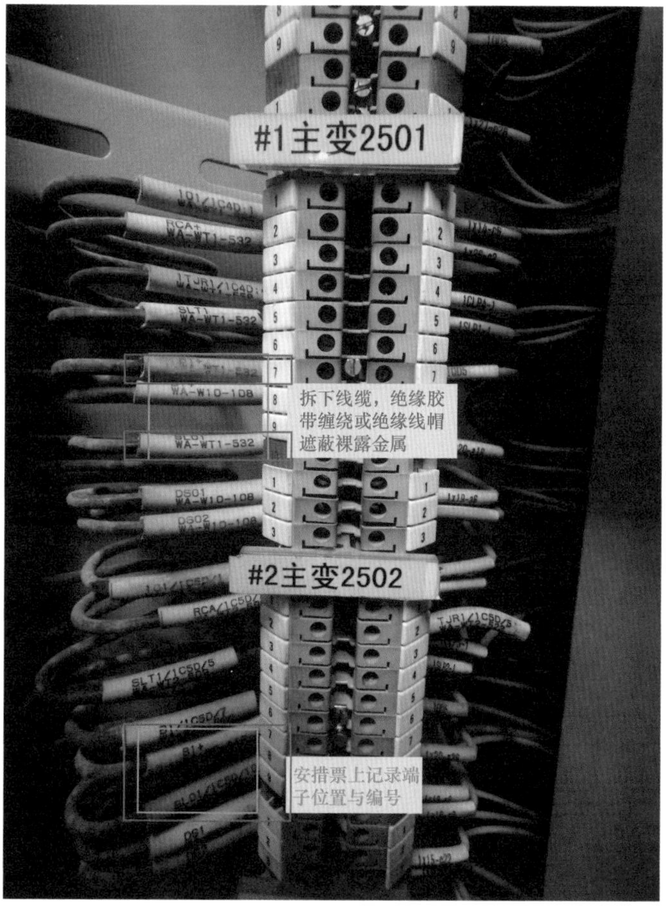
#1主变2501
拆下线缆，绝缘胶带缠绕或绝缘线帽遮蔽裸露金属
#2主变2502
安措票上记录端子位置与编号

(c)

图 5-13 失灵回路端子图（二）

(c) 实际接线图

做安措时：①检查失灵回路的端子位置与编号，与图纸一致时在安措票做好记录，与图纸不一致时，排查核实无误，确认回路正确连接后，在安措票上记录对应失灵回路的端子位置及编号；②解下某间隔失灵回路的接点“+”端；③用绝缘胶带缠绕或绝缘线帽遮蔽裸露部分，确认完全无裸露；④在安措票中该间隔的接点“+”端执行栏中打“√”；⑤该间隔的接点“—”端的安措实施过程重复前述②～④步骤；⑥其他间隔失灵回路的安措实施过程依次重复②～⑤步骤。

安措票失灵回路部分示例如表 5-11 所示。

母联、变压器、线路保护装置动作并发出跳闸指令，但故障设备的断路器拒绝跳闸时，相应间隔保护装置的失灵启动元件向母线保护屏发送启失灵信号，对于变压器，由于复压闭锁元件的灵敏度很难满足，因此还设置有发送给母线保护屏的“解除复合电压闭锁”的开入端子。

表 5-11　　　　　　　　失灵回路部分安措票

序号	执行	回路类别	安全措施内容	恢复
1		失灵回路	母联 2510：　1C1D5　　B1＋	
2			1C1D7　　SL1	
3			1 号变压器 2501：1C4D7　　B1＋	
4			1C4D10　　SL01	
5			1QD2　　B1＋	
6			1QD18　　JBS1	
7			2 号变压器 2502：1C5D7　　101	
8			1C5D10　　TJR1	
9			1QD3　　B1＋	
10			1QD19　　JBS1	
11			…	

为了避免校验过程中，其他间隔向母线保护屏发送信号，导致相应端子排的电位改变，带来可能的风险，因此断开失灵回路实现母线保护屏与外部运行设备的完全隔离。

8. 恢复安措

工作结束之后，执行人要严格依照安措票中记录的措施，逐项恢复并在安措票中的恢复栏中打“√”，恢复之后，监护人逐项检查是否恢复到位，执行人和监护人在安措票上签字。

三、500kV 母线保护安措实施

本安措的实施是基于两套 500kV 母线保护轮停的情况，此时母线一次设备处于运行状态，母线上运行的各支路开关及保护处于运行状态。

1. 二次设备状态记录

二次设备状态记录如第二节中所示。

2. 跳闸回路安措

500kV 母线保护出口回路如图 5-14 所示，将母线保护至各个开关的操作箱的跳闸回路

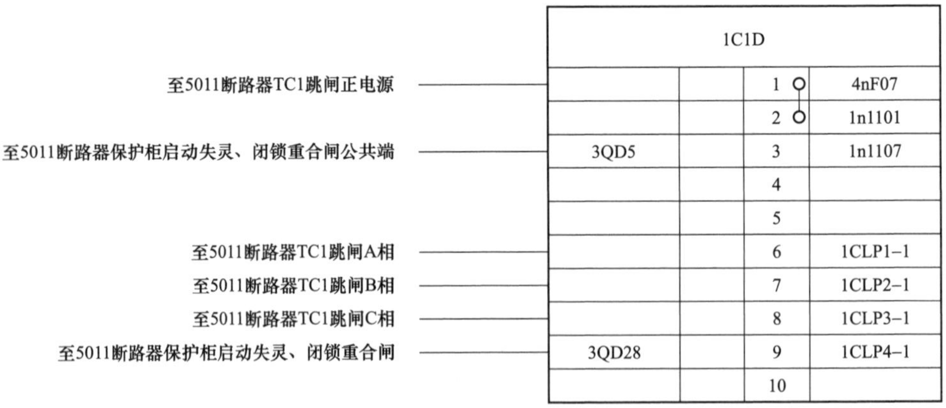

(a)

图 5-14　500kV 母线保护出口段安措示意图（一）

(a) 原理图

1C1D			
(5011)D25	1101	1	4nF07
		2	1n1101
3QD5		3	1n1107
		4	
		5	
(5011)D45	37a	6	1CLP1–1
(5011)D49	37b	7	1CLP2–1
(5011)D53	37c	8	1CLP3–1
3QD28		9	1CLP4–1
		10	

（b）

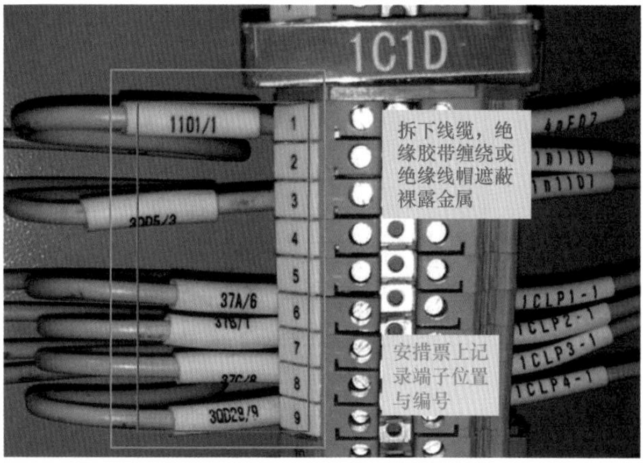

（c）

图 5-14　500kV 母线保护出口段安措示意图（二）

（b）端子排图；（c）实际接线图

拆（如图中红色框内部分 1C1D：6-8）除，防止校验过程中，母线保护误出口跳运行开关。

将母线保护至各个开关保护的启失灵回路［如图 5-14（c）中红色框内部分 1C1D：9］拆除，防止校验过程中，母线保护误出口启动运行开关失灵保护动作。

跳闸出口回路的安措实施示例如表 5-12 所示。

表 5-12　　　　跳闸出口回路部分安措票

序号	执行	回路类别	安全措施内容	恢复
1		跳边断路器	断开端子：端子编号（至 50×1 开关保护柜） 断开压板：压板编号	
2		启动断路器失灵及闭锁重合闸	断开端子：端子编号（至 50×1 开关保护柜） 断开压板：压板编号	
3		跳边断路器	断开端子：端子编号（至 50Y1 开关保护柜） 断开压板：压板编号	
4		启动断路器失灵及闭锁重合闸	断开端子：端子编号（至 50Y1 开关保护柜） 断开压板：压板编号	

3. 交流电流回路安措

500kV 母线保护电流回路如图 5-15 所示，500kV 母线保护校验时，边开关一般是运行状态，校验前需要将各支路的电流先短接再退出，之后才能在端子排内侧加量，校验保护的功能特性。安措执行步骤如下：将图 5-15（c）中各支路电流段（红色框内部分 1I2D：1-4）在连片外侧使用导通性能良好的短接线短接，再将电流连片（红色框内部分 1I2D：1-4）断开，校验加量时在端子排内侧加量。

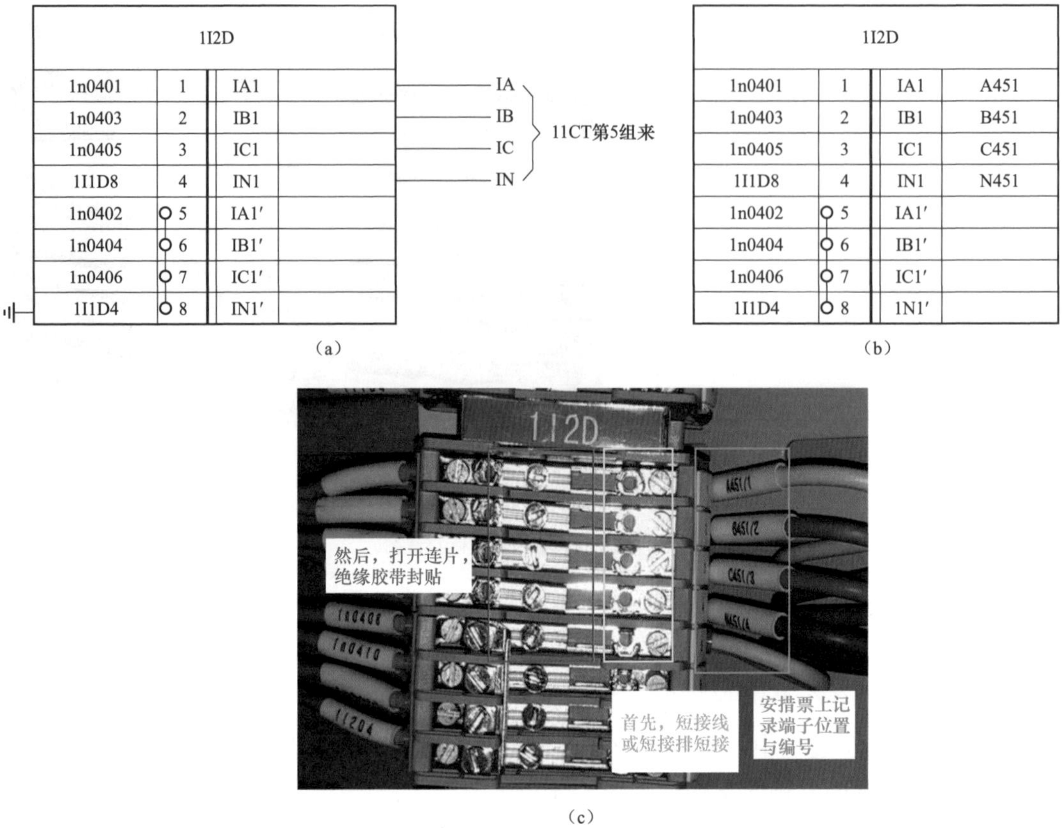

图 5-15 500kV 母线保护电流段安措示意图

(a) 原理图；(b) 端子排图；(c) 实际接线图

同时为防止校验过程中，通流到故障录波器等运行屏柜，造成相关屏柜误动作，需将串接去运行屏柜的电流部分连片断开、内侧短接。

电流回路的安措实施示例如表 5-13 所示。

表 5-13　　电流回路部分安措票

序号	执行	回路类别	安全措施内容	恢复
1		电流回路	短接、断开母线差动保护边开关 5011 电流回路	
2			短接、断开母线差动保护边开关 5021 电流回路	
3			短接、断开母线差动保护边开关 5031 电流回路	

4. 测控信号回路安措

投入检修压板，用于屏蔽软报文。

测控信号回路如图 5-16 所示，一般在端子排的 XD、YD 标签类属中。将中央信号及远动信号的公共端（如图中红色框内部分 1YD：1）及所有信号负端断开。若没有断开，在校验过程中，保护装置频繁动作，会在后台装置上持续刷新报文，干扰值班员及调度端对于对变电站的监控。

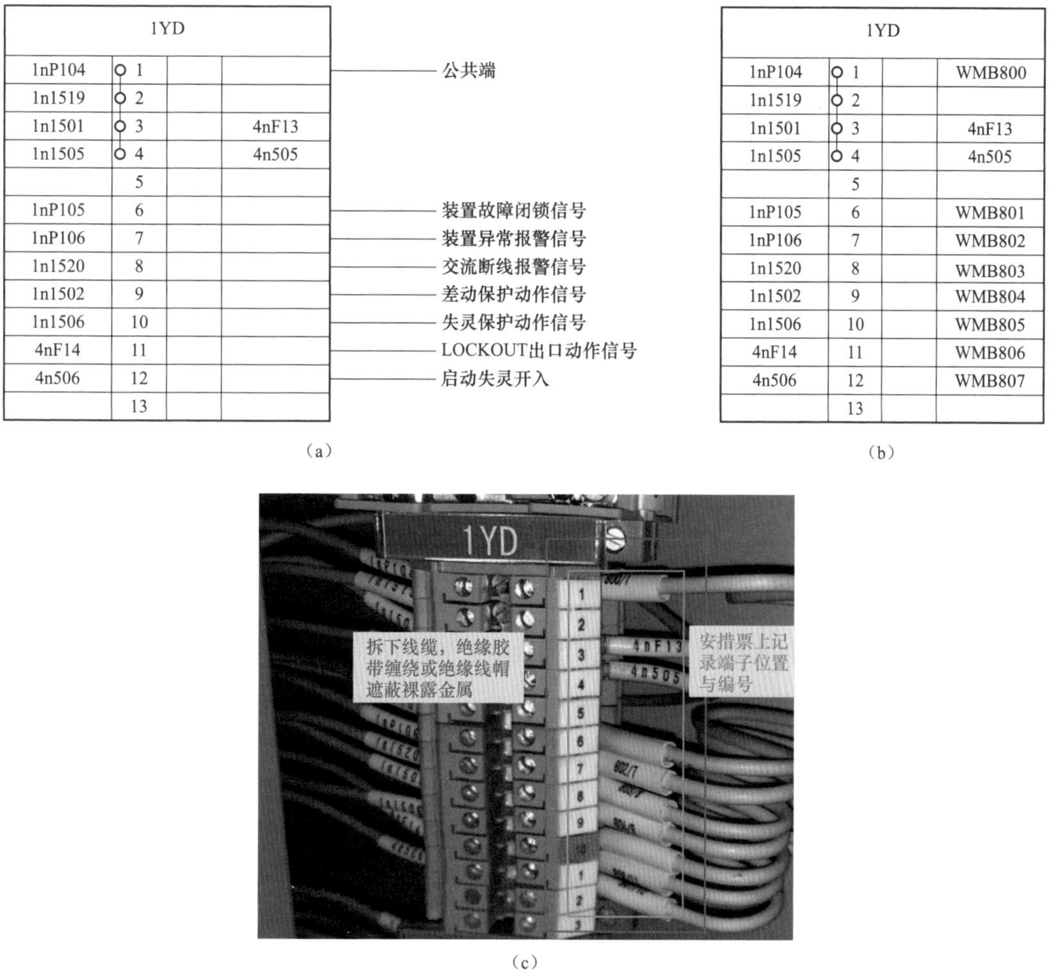

图 5-16 500kV 母线保护测控信号段安措示意图

(a) 原理图；(b) 端子排图；(c) 实际接线图

测控信号回路的安措需要断开保护至测控装置的全部回路，如表 5-14 所示，包括公共端（一般为公共正端），在端子排的“测控信号回路”类属中，编号一般为 E800；以及保护动作类、异常告警类、其他类等类别的回路类型。

表 5-14　测控信号回路端子

信号类型	信号名称
公共端	信号公共端
保护动作	母线保护差动动作
	失灵经母差跳闸
异常告警	TA 断线
	装置闭锁
	装置故障
其他	LOCKOUT 动作

安措票测控信号回路部分示例如表 5-15 所示。

表 5-15　　测控信号回路部分安措票

序号	执行	回路类别	安全措施内容		恢复
1		测控信号	信号公共端	1YD-1：E800	
2			母线差动保护差动动作	1YD-6	
3			失灵经母差跳闸	1YD-7	
4			TA 断线	1YD-8	
5			装置闭锁	1YD-9	
6			装置故障	1YD-10	
7			LOCKOUT 动作	1YD-11	
8			启动失灵开入	1YD-12	

5. 故障录波回路安措

录波信号回路如图 5-17 所示，包含信号端子段，一般在端子排的 LD 标签类属中。将故障录波信号的公共端（如图中红色框内部分 1LD：1）及所有信号负端断开。若没有断开，在校验过程中，保护装置频繁动作，会持续启动故障录波装置，干扰故障录波装置的正常记录。

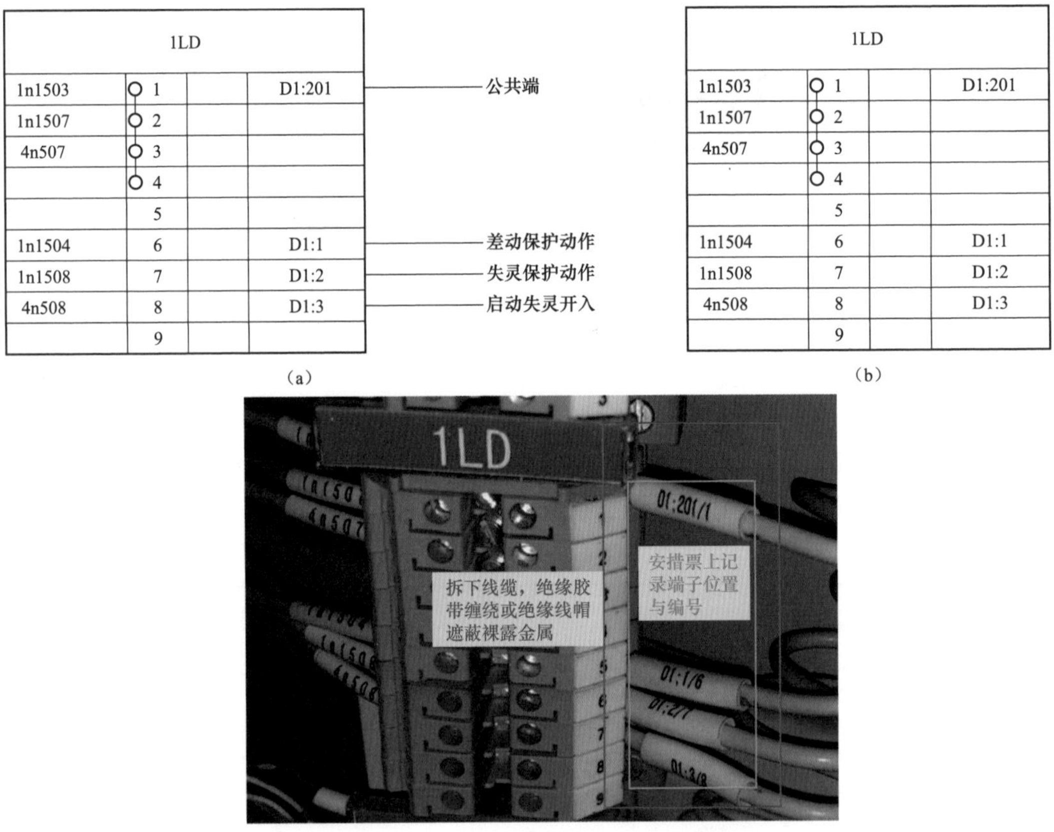

图 5-17　500kV 母线保护录波段安措示意图

（a）原理图；（b）端子排图；（c）实际接线图

故障录波信号回路的安措需要断开保护至故障录波器的全部回路，安措票信号回路部分示例如表 5-16 所示。

表 5-16 故障录波信号回路部分安措票

序号	执行	回路类别	安全措施内容		恢复
1		故障录波信号	信号公共正	1LD-1：E800	
2			母线差动保护差动动作	1LD-10	
3			失灵经母线差动跳闸	1LD-11	

6. 恢复安措

工作结束之后，执行人要严格依照安措票中记录的措施，逐项恢复并在安措票中的恢复栏中打“√”，恢复之后，监护人逐项检查是否恢复到位，执行人和监护人在安措表上签字。

四、注意事项

根据现场经验，母线差动保护安措中需要的注意事项主要有：

（1）对于“四统一”的布局方式，解跳闸出口线注意先用万用表测量所有跳闸节点的“＋”端和“－”端，避免某一间隔的“＋”端和“－”端接反，端子排的“＋”端子混入“－”电，端子排的“－”端子混入“＋”电，导致解线时误碰导通回路，造成相关间隔的断路器误动。

（2）恢复安措前要用万用表检查母差跳闸出口压板下端无正电，保证出口节点未闭合，才能继续恢复安措。

（3）恢复安措后要用万用表检查母差跳闸出口是否都是负电，保证接线正确到位。

（4）恢复安措时，对于 LOCKOUT 继电器，需要确认已经复归，最后要检查出口压板的跳闸回路侧为负电，保护节点侧无电位。

（5）记录二次设备状态时，可以先用手机拍照，一方面作为存档资料，另一方面便于核对，避免记录错误，造成安措恢复错位。

（6）上述安措注意实施顺序，建议一般按照先跳闸回路，再电流回路，最后电压回路的次序开展，先保证跳闸出口断开，提高安全性，再电流回路，避免退出时差流越限保护误动，最后是电压回路，保证前两个步骤中，母线差动保护处于闭锁状态。恢复安措时，各步骤逆向恢复。

（7）母线保护电流回路安措执行的时候，如果各电流回路是在保护屏内接地，注意不能使运行的电流回路失去接地点，短接外侧电流的时候需要将接地线端子也短接在一起，再将电流回路 A、B、C、N 及接地回路断开。

（8）注意母线保护各支路电流回路后面有没有串接别的运行装置，如果有后续串接的装置，则需要注意将装置或者对应一次设备陪停，防止电流回路短接退出后，装置失去采样，造成误动、拒动。

（9）母线保护校验，若母线上所连边开关均停役时，母线保护校验的跳闸回路安措只需解除做去边断路器保护启失灵闭重的回路。

（10）变电站 110kV 母线差动有闭锁重合功能，需要做对应安措。

第二节　智能变电站母线保护校验二次安措

在智能变电站中，母线保护装置检修硬压板投入后，设备进入检修状态，其发出的数据流将绑定“TEST 置 1”的检修品质位，其收到数据流必须有相同的检修品质位，才可实现对应功能，否则设备判别采样或开入量“状态不一致”，屏蔽对应功能。由于母线保护装置涉及多个电流采样的保护，若有任意一组采样电流置检修位，都将闭锁差动保护。智能终端收到“状态不一致”的跳合闸指令或控制信号后，将不动作于断路器。因此保护装置的正确动作，有赖于严格满足检修机制的安全措施。

对于智能变电站母线保护，当一次设备均不停电，仅停母线保护时，母线保护装置与运行间隔的合并单元和智能终端的关联二次回路主要包括 SV 和 GOOSE 两类，SV 的采样回路主要包括：来自母线合并单元的电压和来自变压器、母联和线路间隔合并单元的电流；GOOSE 二次回路主要有两类：①跳开母线所连间隔的跳闸指令；②跳开变压器三侧开关的失灵联跳指令。

综上，智能变电站母线保护的安全措施主要包括检修压板、SV 和 GOOSE 三类。

一、准备工作

1. 工器具、仪器仪表、材料介绍

智能变电站校验的准备工作中，要携带齐全个人工具箱、母线差动保护二次图纸和二次安措票。图纸要携带竣工图等资料，确认母线保护装置与各装置之间的连接关系。其中母线保护柜厂家资料主要查看装置接点联系图、SV、GOOSE 信息流图和压板定义及排列图。见图 5-18。

序号	图　号	版号	状态	图　名	张数	套用原工程图号及版号
1	30-B201004Z-D0711-01	—	CAE	卷册说明	1	
2	30-B201004Z-D0711-02	—	CAE	220kV线路系统配置图	1	
3	30-B201004Z-D0711-03	—	CAE	1号、2号变压器220kV侧系统配置图	1	
4	30-B201004Z-D0711-04	—	CAE	120MVA 1号、2号变压器220kV侧系统配置图	1	
5	30-B201004Z-D0711-05	—	CAE	220kV母联系统配置图	1	
6	30-B201004Z-D0711-06	—	CAE	220kV母线系统配置图	1	
7	30-B201004Z-D0711-07	—	CAE	220kV SV/GOOSE信息流图	1	
8	30-B201004Z-D0711-08	—	CAE	220kV线路光纤连接示意图	1	
9	30-B201004Z-D0711-09	—	CAE	1号、2号变压器220kV测光纤连接示意图	1	
10	30-B201004Z-D0711-10	—	CAE	120MVA 1号、2号变压器220kV侧光纤连接示意图	1	
11	30-B201004Z-D0711-11	—	CAE	220kV母联光纤连接示意图	1	
12	30-B201004Z-D0711-12	—	CAE	220kV母线光纤连接示意图	1	
13	30-B201004Z-D0711-13	—	CAE	220kV北部燃机1、2线线路保护测控信号及对时回路图	1	
14	30-B201004Z-D0711-14	—	CAE	220kV北部燃机1、2线智能控制柜智能A舱保护设备端子排	1	
15	30-B201004Z-D0711-15	—	CAE	220kV北部燃机1、2线智能控制柜B舱保护设备端子排	1	

备注：本卷册竣工图阶段无修改。

图 5-18　母线保护图纸资料

2. 整体链路连接关系

(1) 220kV 及以下电压等级。

以母线保护装置为中心，简化的链路示意连接关系如图 5-19 所示。母线差动差保护接收来自线路、母联、变压器等间隔合并单元的电流，根据各间隔的Ⅰ母和Ⅱ母的刀闸位置，计算差流和制动电流，接收来自母线电压合并单元的电压实现复压闭锁功能，当满足复压条件时，开出保护动作信号给线路间隔、母联间隔或变压器间隔智能终端，跳开故障母线所连间隔。当满足变压器失灵联跳条件时，母线保护通过中心交换机，通过网络发送 GOOSE 报文给变压器保护装置，跳开变压器的三侧开关。

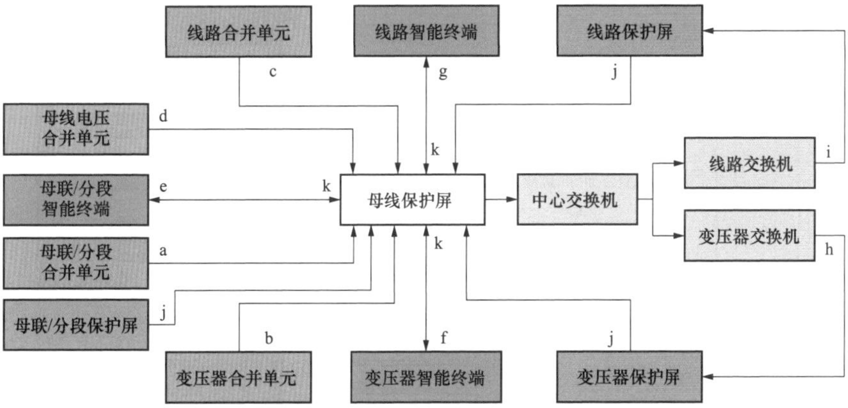

图 5-19　智能变电站母线保护回路连接关系示意

各回路的含义如下：

a～d. SV 链路，母联、变压器和各线路间隔合并单元送往母线保护屏的交流电流、额定延时，母线合并单元柜送往母线保护屏的Ⅰ母和Ⅱ母交流电压、额定延时。

e～h. GOOSE 发送链路，母线保护屏通过点对点直连方式送往母联间隔、变压器间隔和各线路间隔智能终端的断路器闭重三跳信号，母线保护屏通过组网方式送往变压器保护屏的失灵联跳信号。

i. 线路远跳链路，母线保护屏通过组网方式送往线路保护屏的远跳信号，根据需要配置。

j. GOOSE 接收链路，母联/分段间隔保护屏、各线路间隔保护屏送往母线保护屏的启失灵链路，变压器间隔保护屏送往母线保护屏的失灵开入链路。

k. 位置开入链路，母联智能终端送往母线保护屏的刀闸位置、断路器位置、手合开入信号，变压器、各线路智能终端送往母线保护屏的刀闸位置。

以线路保护装置、合并单元和智能终端与母线保护装置的具体链路连接关系如图 5-20 所示。母线保护、线路合并单元和智能终端的检修压板状态一致时，送往线路智能终端的母差跳闸信号才能跳开线路断路器。

(2) 500kV 电压等级。

500kV 部分一次主接线采用 3/2 接线方式，以 500kV 智能变电站 500kVⅠ母母线保护第一

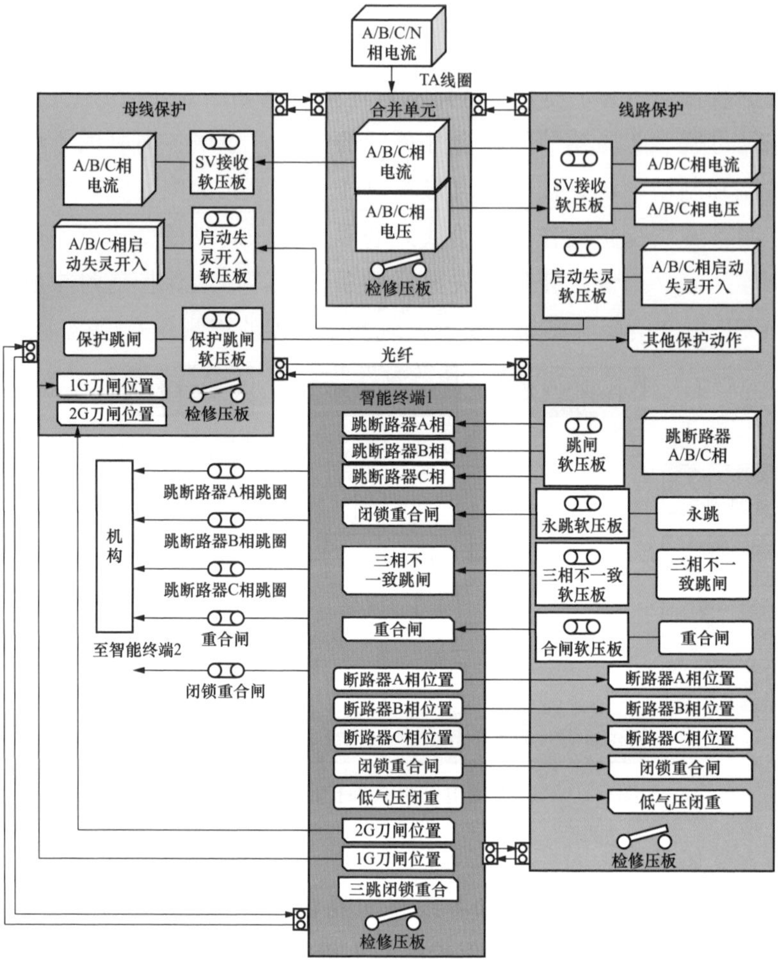

图 5-20 线路保护与母线保护之间的详细链路连接示意图

套保护为例，采用常规电缆采样、GOOSE 跳闸模式，其典型配置及网络联系示意图如图 5-21 所示。

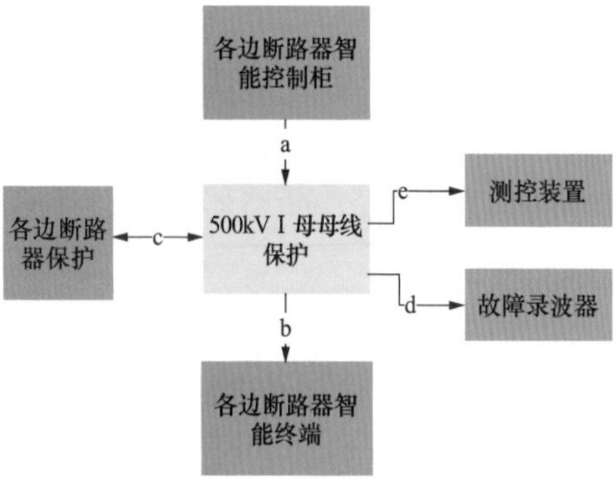

图 5-21 常规电缆采样、GOOSE 跳闸模式 500kV 母线间隔示意图

各回路含义如下：

a. 电流采样回路。各边断路器电流采样至母线保护（电缆传输）。

b. GOOSE 链路。母线保护发送直跳永跳信号至边断路器智能终端（点对点传输）。

c. GOOSE 链路。母线保护发启动边断路器失灵至边断路器保护、边断路器保护发失灵联跳至母线保护（组网传输）。

d. 故障录波信号回路。母线保护至故障录波器的串接电流、录波信号。

e. 测控信号回路。母线保护至测控装置的遥信信号（电缆传输）。

二、 220kV 及以下等级母线保护的安措实施

1. 二次设备状态记录

和传统变电站相同，首先在安措票上记录二次设备的状态，包括压板状态、当前定值区、空气开关状态、端子状态，如图 5-22～图 5-24 所示。变电站母线保护屏一般不配置切换把手。

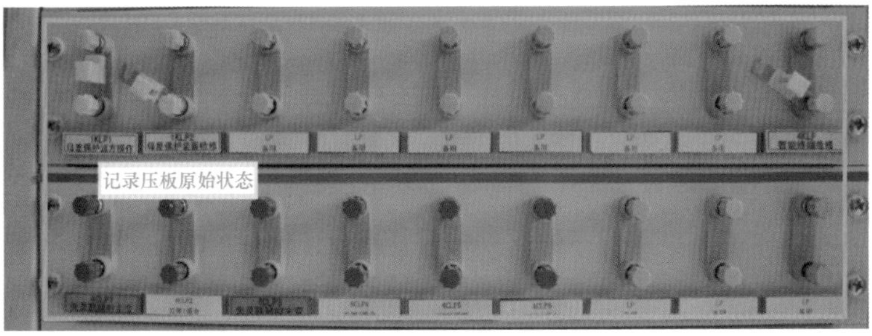

图 5-22　智能变电站母线保护屏压板

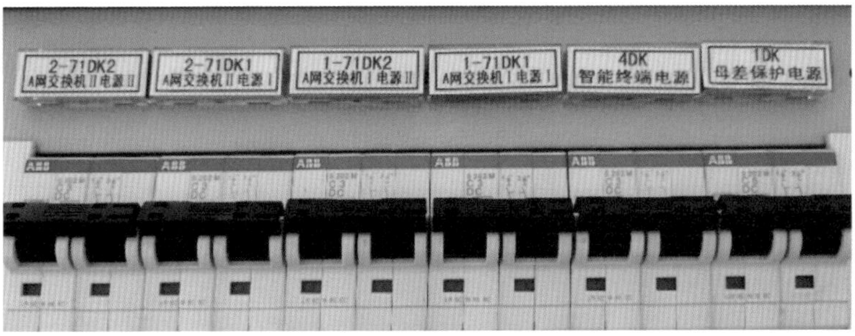

图 5-23　智能变电站母线保护屏空气开关

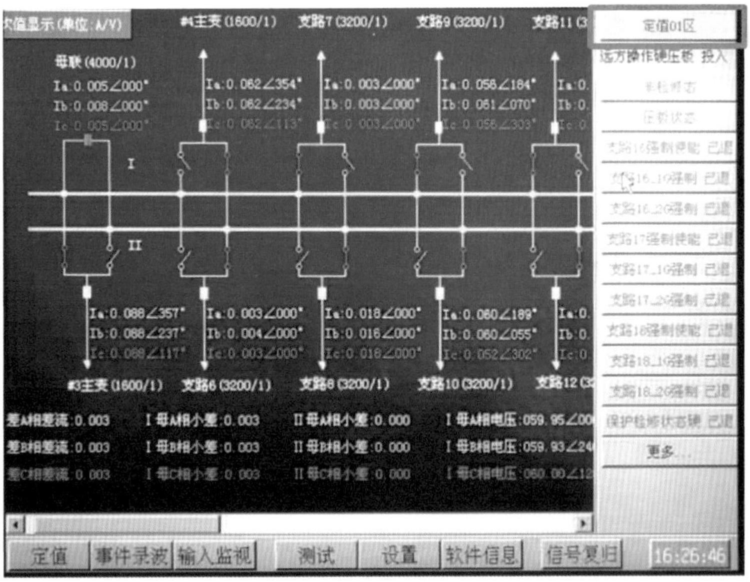

图 5-24　定值区号

安措票二次设备状态记录部分示例如表 5-17 所示。

表 5-17　　二次设备状态记录部分安措票

序号	类别	状态记录
1	压板状态	硬压板：1KLP2 退，其余投 GOOSE 发送软压板：各支路跳闸软压板状态为 0 GOOSE 接收软压板：各支路启失灵软压板状态为 0 SV 接收软压板：各支路 SV 接收软压板状态为 0 功能软压板：差动、充电、过流等软压板状态记录
2	切换把手状态	—
3	当前定值区	01 区
4	空气开关状态	全合
5	端子状态	外观无损伤，螺丝紧固

2. GOOSE 安措

GOOSE 网络回路如图 5-25 所示，包括原理、光纤接口配置图、实际接线图，实施安措前，结合三份图纸，确认各间隔的实际 GOOSE 配置和竣工图一致无误。

母线保护装置内的 GOOSE 发送和接收软压板菜单界面如图 5-26 所示。

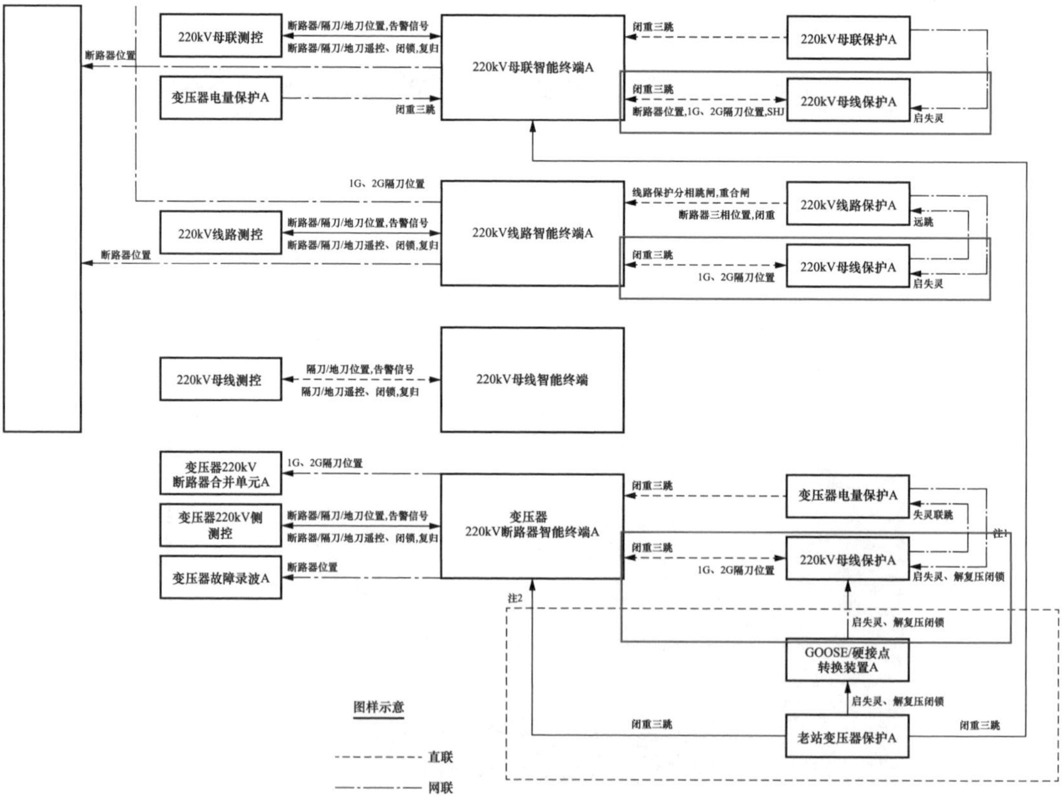

(a)

图 5-25　GOOSE 网络回路（一）

(a) 原理图

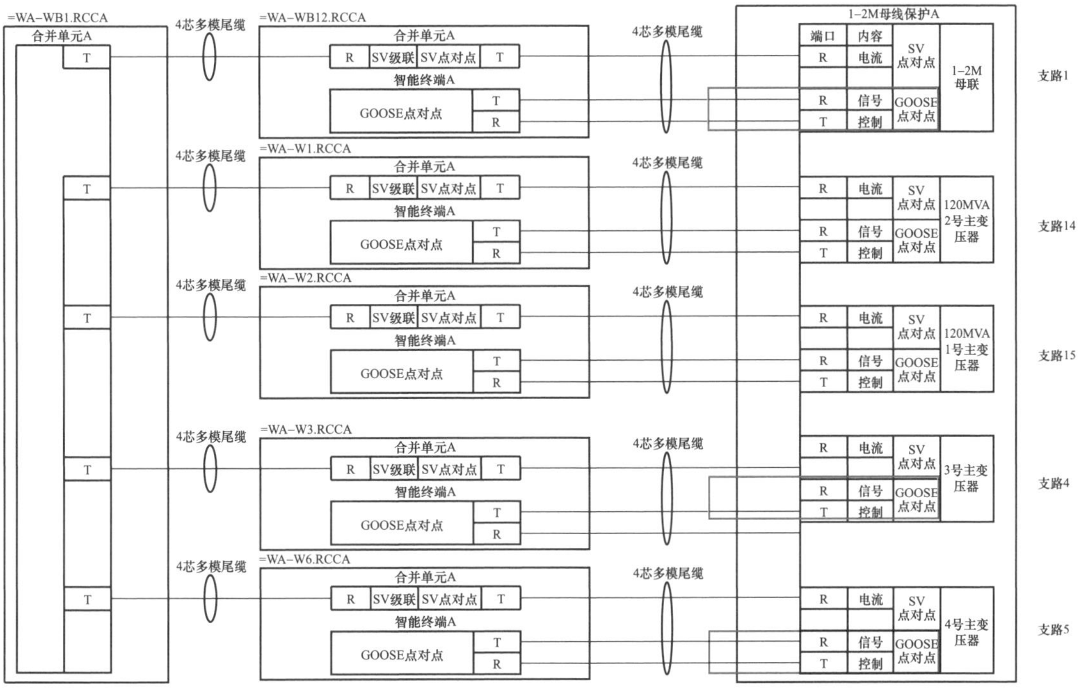

(b)

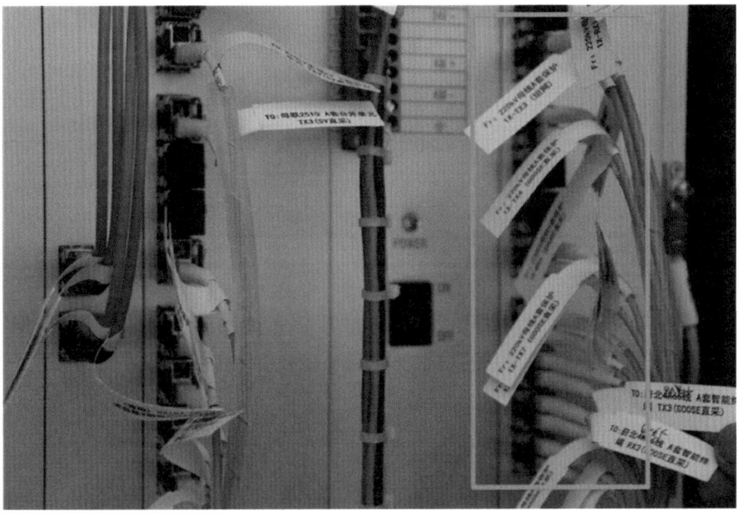

(c)

图 5-25　GOOSE 网络回路（二）

（b）端子排图；（c）实际接线图

做安措时，在保护装置的 GOOSE 软压板菜单中检查各支路的 GOOSE 软压板状态，确保各支路的 GOOSE 接收压板和发送软压板均已退出，同时重点关注变压器失灵联跳三侧开关软压板，确认该压板已退出，否则要与运维人员联系，由他们操作退出。核查无误后，在安措票中进行记录并在执行栏中打“√”。

图 5-26　GOOSE 软压板菜单界面

(a) GOOSE 发送软压板；(b) GOOSE 接收软压板

GOOSE 安措的示例如表 5-18 所示。

表 5-18　　GOOSE 安 措 票

序号	执行	回路类别	安全措施内容	恢复
1		GOOSE	检查母差跳各支路 GOOSE 发送/出口软压板确已退出	
2			检查母差各支路 GOOSE 接收软压板确已退出	
3			检查母差的变压器联跳三侧开关软压板确已退出（220kV 母线差动保护）	

检查各间隔 GOOSE 发送/出口软压板确已退出对应传统变电站跳闸回路的安措。各支路的 GOOSE 接收软压板在合位状态时，母线保护装置接收来自各线路的启动失灵开入信号。220kV 母线保护装置还具有变压器失灵联跳三侧开关的 GOOSE 软压板，合位状态时，接收来自变压器的失灵联跳三侧开关的开入信号。

根据 GOOSE 发送软压板和接收软压板的功能介绍，若不退出发送软压板，在保护试验过程中，保护动作会造成相关间隔的断路器误动；退出接收软压板则是为了实现母差保护装置与运行间隔的完全隔离。

3. SV 安措

SV 网络回路如图 5-27 所示，包括原理、光纤接口配置图、实际接线图，实施安措前，结合三份图纸，确认各间隔的实际 SV 配置和竣工图一致无误。

母线保护装置内的 SV 接收软压板菜单界面如图 5-28 所示。

安措执行步骤为：①查询 SV 软压板菜单界面，逐路检查母差各支路 SV 接收软压板，确认已退出，退出措施由运维人员负责，检修人员核实压板退出状态；②根据图纸，找到对应支路的采样光纤并拔出。上述措施均要在安措票中详细记录光口位置与编号，在对应的执行栏中打“√”。苏州地区目前由运维人员执行退出措施，检修人员负责检查核对，其他地区可能由检修人员退出 SV 和 GOOSE 压板，各地区根据实际情况执行。

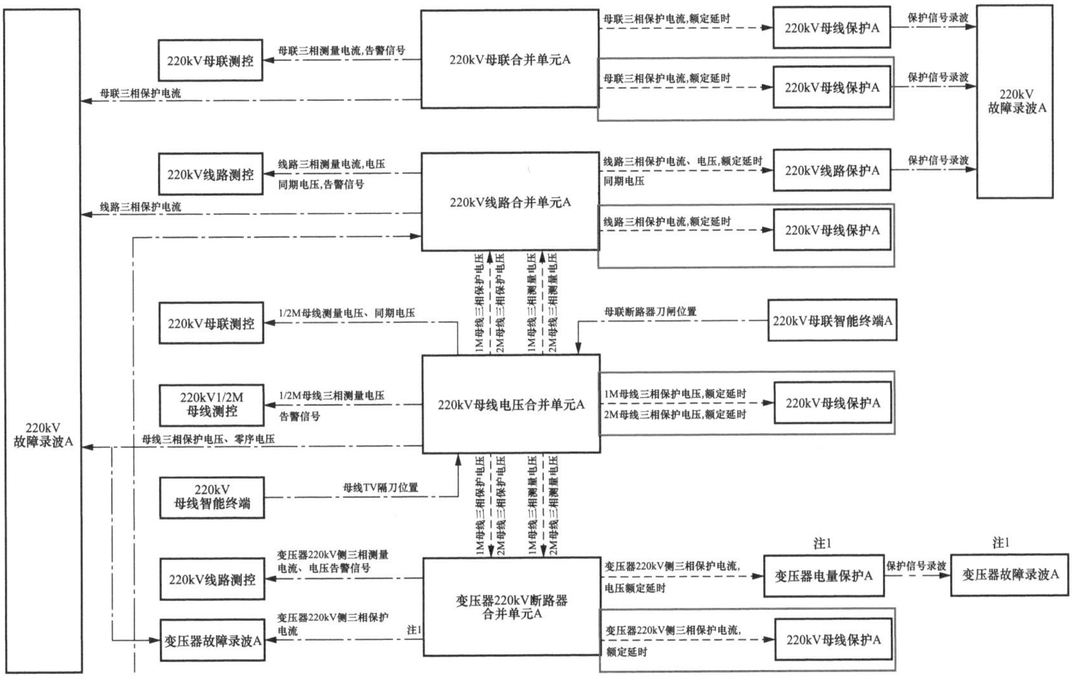

（a）

图 5-27　SV 网络回路（一）

（a）原理图

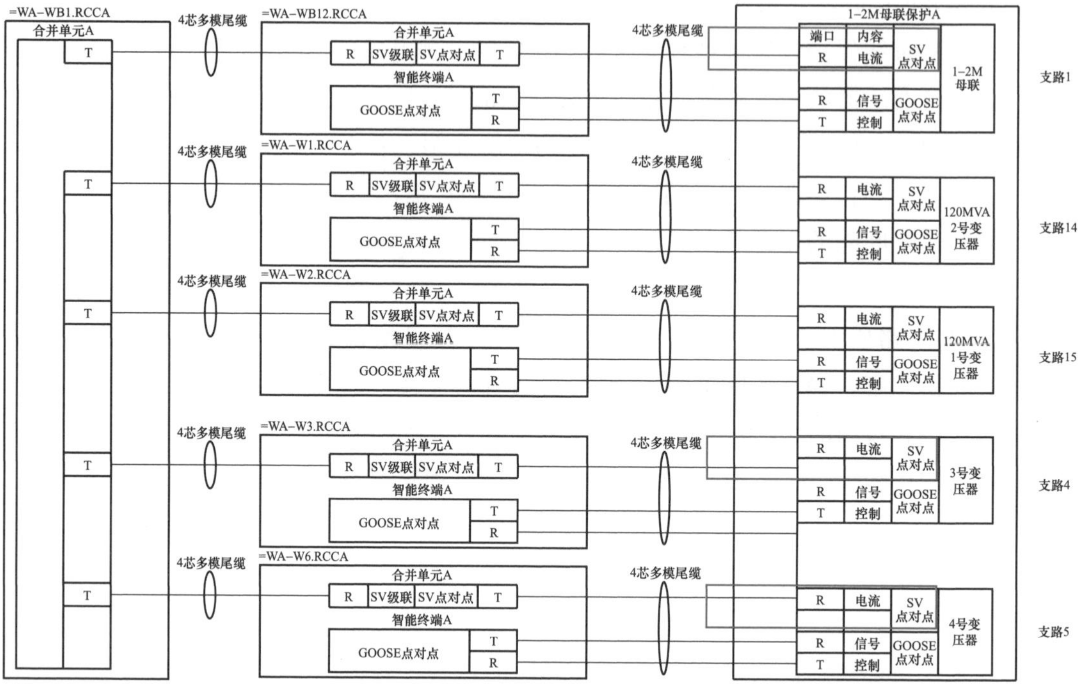

(b)

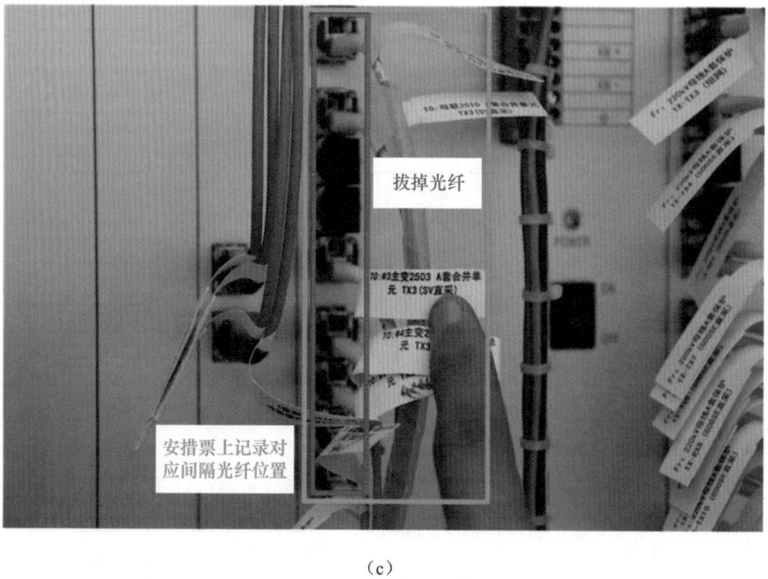

(c)

图 5-27　SV 网络回路（二）

（b）端子排图；（c）实际接线图

SV 回路的安措示例如表 5-19 所示。

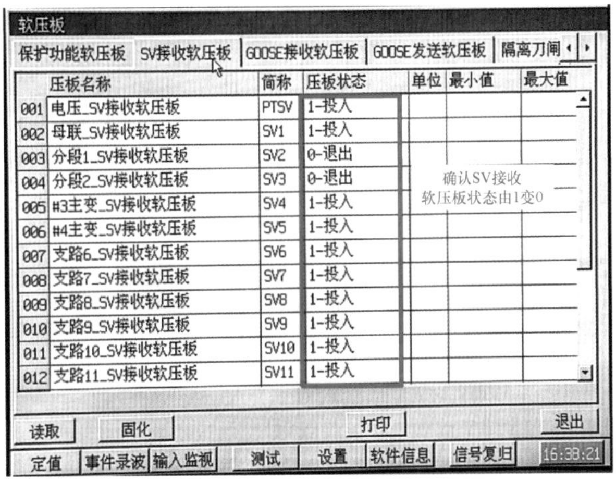

图 5-28　SV 接收软压板菜单界面

表 5-19　　　　　　　　　　**SV 回 路 安 措 票**

序号	执行	回路类别	安全措施内容	恢复
1			检查母差各支路 SV 接收软压板确已退出	
2			断开母差电压 _ SV 采样光纤　　1 口上 R	
3			断开母差支路 1SV 母联采样光纤　　2 口上 R	
4			…	
5			断开母差支路 5SV 4 号变压器采样光纤　6 口上 R	
6			…	

各间隔 SV 接收软压板和采样光纤对应传统变电站的电流回路安措，通过退出接收软压板和断开采样光纤两重措施，实现与变压器或线路的合并单元隔离，方便施加采样信号，排除外接间隔对所加电流的数字信号构成的影响，记录光纤位置防止恢复错位。

断开母线电压 SV 采样光纤和退出相应的接收软压板对应传统变电站的电压回路安措，通过这两重措施，方便施加电压采样信号，验证复压闭锁功能。

4. 置检修压板安措

某智能变电站母线保护屏上的压板如图 5-29 所示。

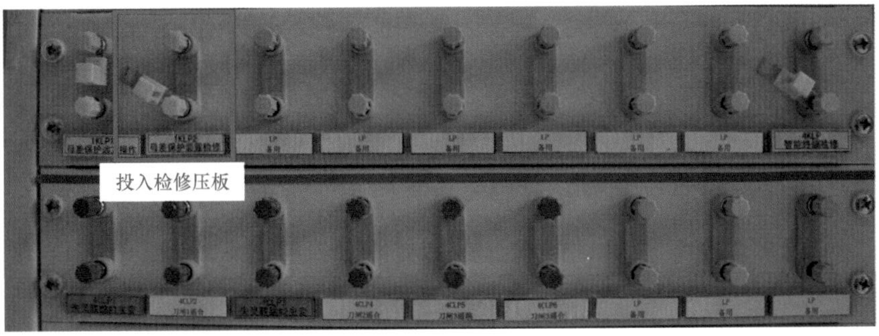

图 5-29　母线保护压板

做安措时，将打开的1KLP2检修压板合上，如果作业的母差保护装置有检修状态灯，观察检修灯状态，不亮需要排查消除故障，若常亮，在保护装置的开入菜单页面中，检查检修压板的开入量是否变位，如图5-30所示，以SGB750为例，检修状态由“分位”变为“合位”，BP2CA则由“0”变为“1”，若成功变位，在安措票中记录操作内容与压板编号，并在执行栏中打“√”，如果未发生变位，需要进行检查排除故障。

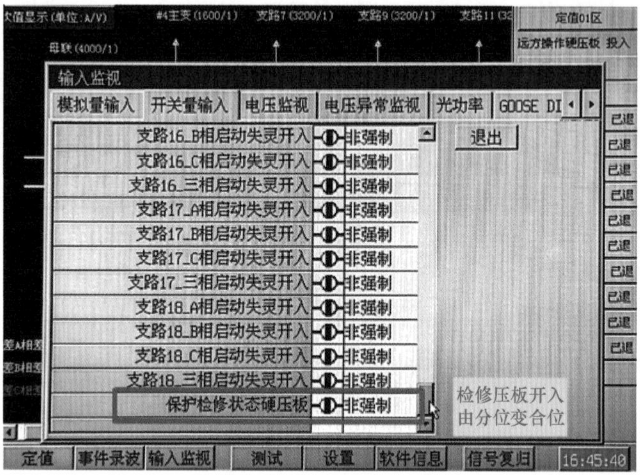

(a)

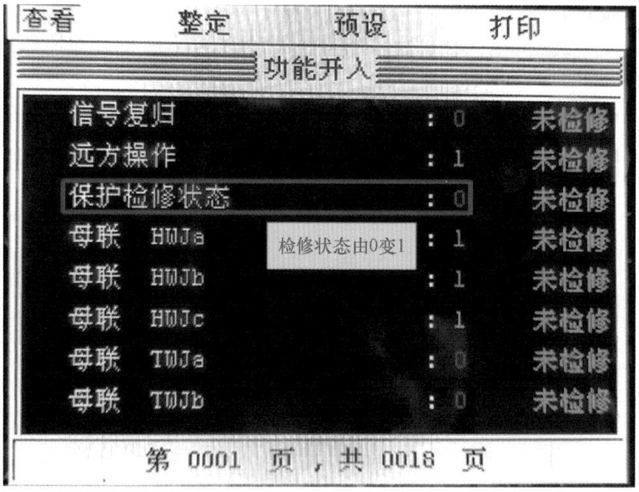

(b)

图5-30　母线保护屏检修状态页面

(a) SGB750；(b) BP2CA

置检修压板的安措示例如表5-20所示。

表5-20　置检修压板安措票

执行	回路类别	安全措施内容	恢复
	检修压板	投入母线差动保护置检修压板1KLP	

如前所示，智能变电站设置了检修机制，只有母线差动保护装置的检修硬压板投入后，其发出的数据流才有“TEST 置 1”的检修品质位。否则，线路合并单元和智能终端已置检修位，两者的数据流将与母线差动保护装置的检修品质位不同，从而判别采样或开入量“状态不一致”，屏蔽对应功能。

5. 恢复安措

工作结束之后，执行人要严格依照安措票中记录的措施，逐项恢复并在安措票中的恢复栏中打“√”，恢复之后，监护人逐项检查是否恢复到位。

三、500kV 母线保护的安措实施

本安措以智能站 500kVⅠ母第一套母线保护不停电校验为例。

1. 二次设备状态记录

记录母线保护的初始状态，包括硬压板、功能软压板、GOOSE 发送软压板、切换把手、当前定值区、空气开关状态、端子状态，装置告警信息等，便于校验结束后，恢复原始状态。

二次设备状态记录示例如表 5-21 所示。

表 5-21　二次设备状态记录部分安措票

序号	类别	状态记录
1	压板状态	硬压板： 软压板状态： GOOSE 发送软压板： 功能软压板： 智能控制柜压板状态：
2	切换把手状态	
3	当前定值区	
4	空气开关状态	保护空气开关： 智能终端空气开关：
5	端子状态	
6	其他告警信息	

2. GOOSE 状态

某 500kV 智能站母线保护 GOOSE 发送软压板如图 5-31 所示。

母线不停电检修时：

（1）检查确认退出 500kV 母线保护内所有出口软压板。

（2）检查确认退出 500kV 母线保护内所有边断路器启失灵出口软压板。

（3）断开 500kV 母线保护装置背板所有 GOOSE 直跳光纤。

（4）断开 500kV 母线保护装置背板组网光纤。

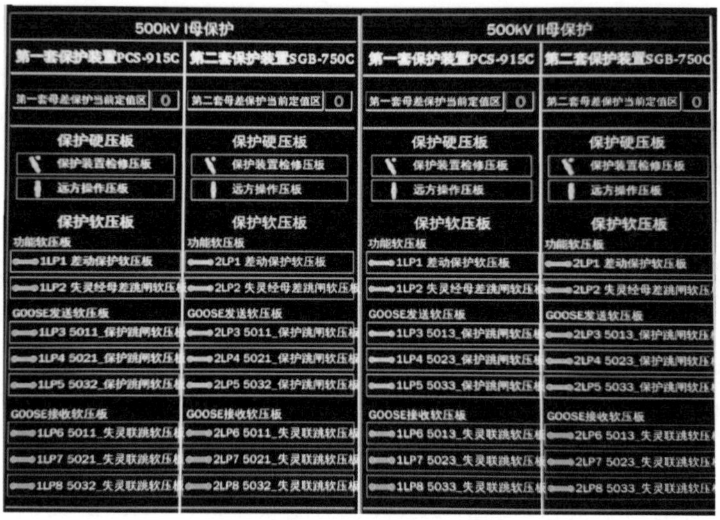

图 5-31　母线保护 GOOSE 发送软压板图

母线停电检修时：

（1）检查并记录母线保护功能软压板、GOOSE 发送软压板初始状态，并断开 500kV 母线保护装置背板组网光纤。

（2）退出 500kV 母线保护内所有边断路器启失灵出口软压板。

3. 电流回路安措

500kV 智能站母线保护电流回路如图 5-32 所示，执行安措时，当母线间隔为不停电检修时，需要先用短接线或短接排将交流电流回路端子排外侧短接，严防 TA 开路，再断开待校验母线侧各边断路器电流回路端子连片（1I1D1～8、…、1IxD1～8），并用红色绝缘胶带封住外侧端子，试验仪电流线应接入到电流端子排内侧端子。

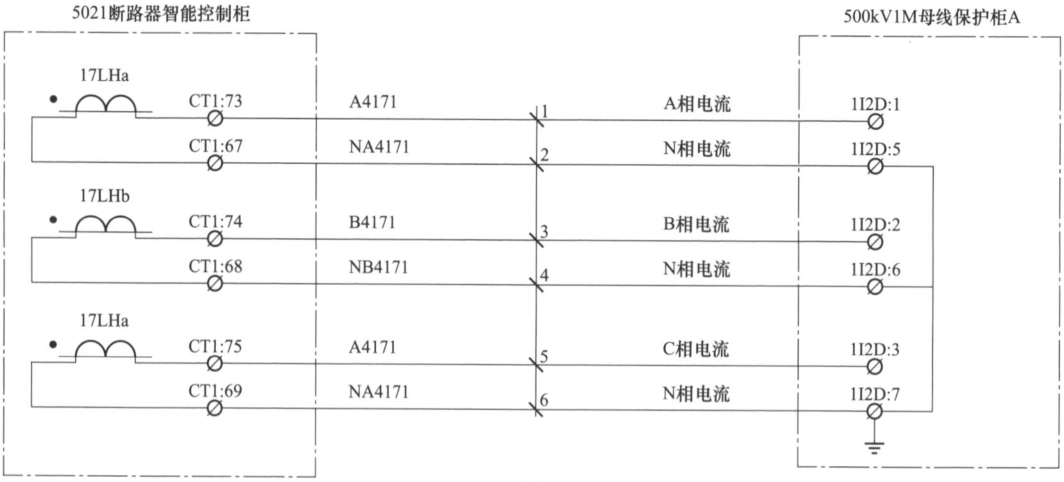

（a）

图 5-32　母线保护装置电流回路（一）

（a）原理图

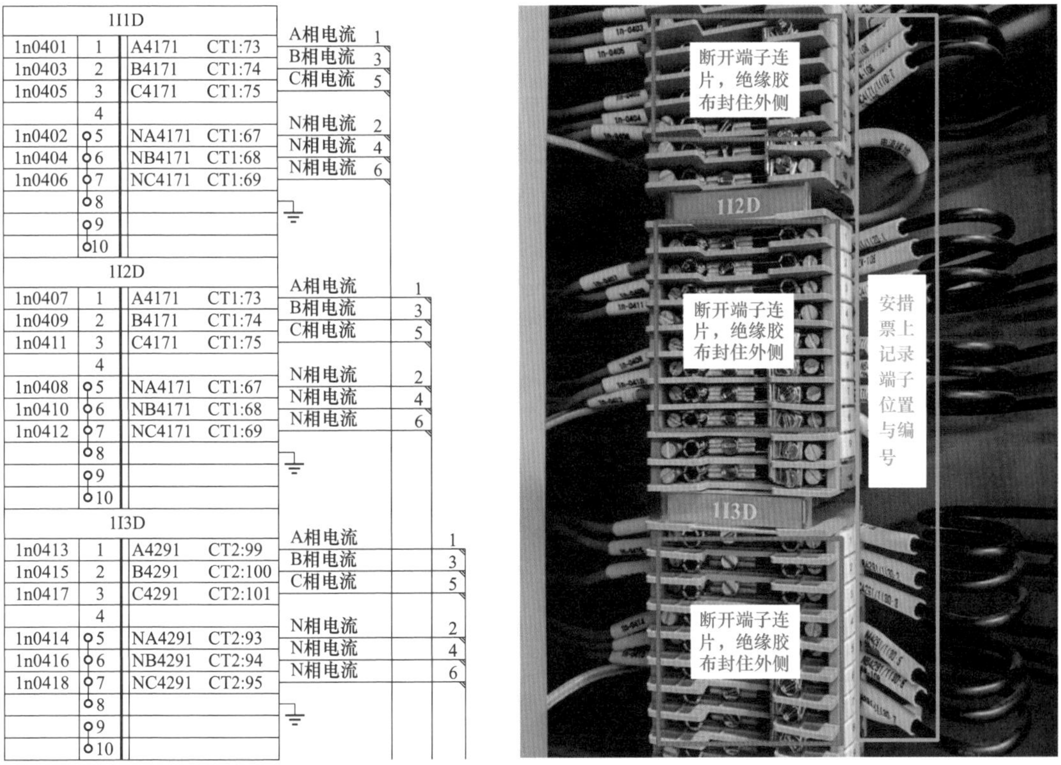

（b）　　　　　　　　　　（c）

图 5-32　母线保护装置电流回路（二）

（b）端子排图；（c）实际接线图

当母线间隔为停电检修时，在确认开关一次设备停役、二次电流回路无流之后，仅需断开待校验母线侧各边断路器电流回路端子连片（1I1D1～8、…、1IxD1～8），并用红色绝缘胶带封住外侧端子，试验仪电流线应接入到电流端子排内侧端子。

若在被校验的保护装置电流回路后串接有其他运行的二次装置，如故障录波器、安稳装置等，为防止校验过程中造成相关二次装置误动，则需要将串接出去的电流在端子排内侧短接，并断开连片。

电流回路安措实施示例如表 5-22 所示。

表 5-22　　　　　　　电流回路部分安措票

序号	执行	回路类别	安全措施内容	恢复
		电流回路	断开端子连片：×ID：×/×/×/×（从 500kV HGIS 智能控制柜来）	

4. 测控信号回路安措

500kV 智能站母线保护测控信号回路如图 5-33 所示，执行安措时，针对遥信回路，应拆开 1YD 端子排外侧所有电缆接线，并用胶布包住做好绝缘处理。

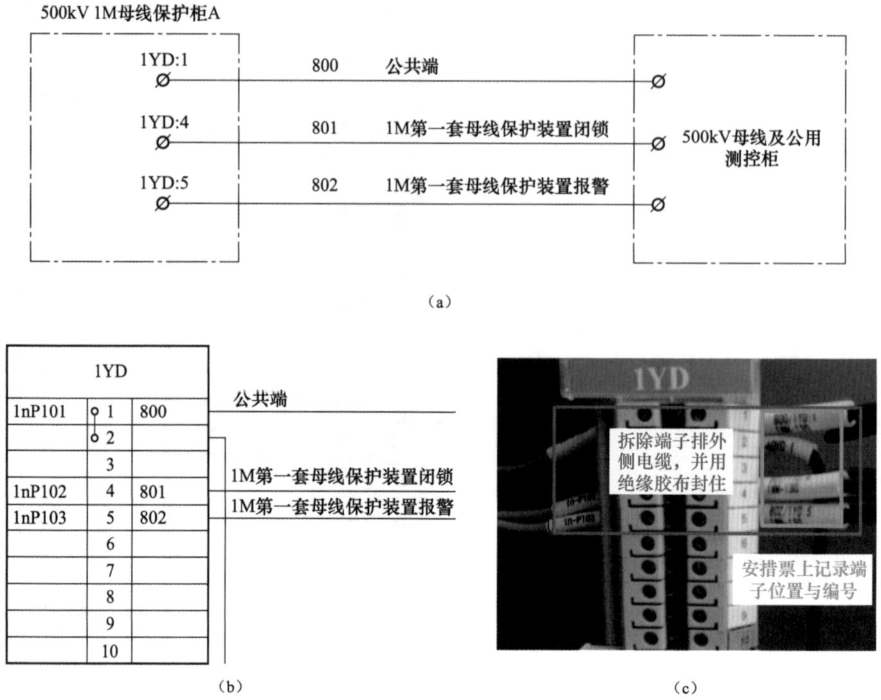

图 5-33　母线保护测控信号回路图

(a) 原理图；(b) 端子排图；(c) 实际接线图

保护装置向测控装置上送装置告警等信号，若没有断开，在校验过程中，保护装置频繁动作，相关的信号通过测控装置上送至后台机及远动机，影响运行人员及监控人员对告警报文的判断，故需要实施上述测控信号回路的安措。

测控信号回路安措实施示例如表 5-23 所示。

表 5-23　　测控信号回路部分安措票

执行	回路类别	安全措施内容	恢复
	测控信号回路	断开端子连片：×YD：×（至××测控屏）	

5. 置检修压板安措

500kV 智能站母线保护检修压板如图 5-34 所示，执行安措时，投入母线保护置检修压板并用红胶布封住，并在安措票中记录，在执行栏中打“√”，并检查开入量，保护装置开入置 1。

智能变电站装置检修态通过投入检修压板来实现，检修压板为硬压板。当检修压板投入时，装置通过 LED 灯、液晶显示、报文提醒运行、检修人员该装置处于检修状态，同时保护装置发出的报文为置检修态，并能处理接收到的检修状态报文。校验过程中，只有母线保护装置的检修硬压板投入后，其发出的数据流才有“TEST 置 1”的检修品质位。否则断路器智能终端已置检修位，数据流将与母线保护装置的检修品质位不同，从而判别开入量“检修状态不一致”，屏蔽对应功能。

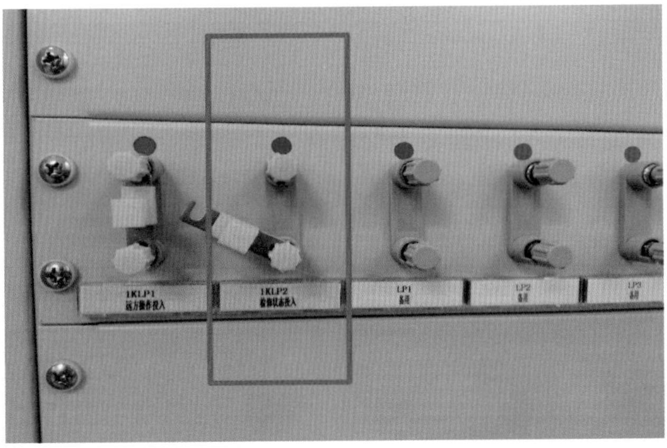

图 5-34　母线保护装置检修压板图

置检修压板安措实施示例如表 5-24 所示。

表 5-24　　置检修部分安措票

执行	回路类别	安全措施内容	恢复
	检修状态	投入母线保护装置检修压板并用胶布封住：1KLP2	

6. 恢复安措

工作结束之后，执行人要严格依照安措票中记录的措施，逐项恢复并在安措票中的恢复栏中打“√”，恢复之后，监护人逐项检查是否恢复到位。

四、注意事项

（1）为防止拔错光纤导致装置误动，可以采取拍照留存位置的措施。同时要注意安措顺序，采用先退软压板再拔光纤（或投检修压板）的方式隔离。此外，为增加安全性，防止直采断链未闭锁保护而母差动作误跳运行开关，应按先拔直跳、再拔组网、最后拔直采的顺序断开光纤。

（2）上述安措执行完毕后，校验结束恢复安措时，通过查看保护装置的报文，检查保护装置是否报 SV 采样通道延时异常，确保采样通道延时正常，如果有异常要采取相应的措施，消除异常，然后在安措票中记录并在执行栏中打“√”，如表 5-25 所示。

表 5-25　　采样通道延时部分安措票

执行	回路类别	安全措施内容	恢复
	采样通道延时	检查保护装置是否报 SV 采样通道延时异常	

消除措施一般是重启保护装置，使保护装置和合并单元的数据重新同步。

（3）安措实施完毕，要在后台机的母线差动保护分图如图 5-35 所示，检查检修硬压板、SV 接收软压板、GOOSE 接收软压板和发送/出口软压板的状态，作为核实安措的最后一道防线。

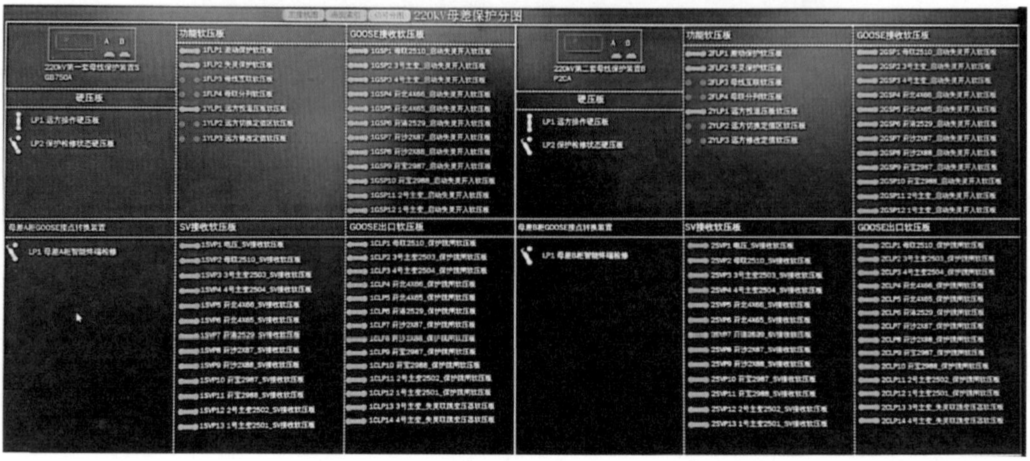

图 5-35　后台机母线差动保护分图

（4）若遇工期较长工作，每日开工前先进行安措复核，并由工作负责人签字确认，确保现场安措无变动，方可开始当日相关工作。

第三节　母线保护更换及双重化改造二次安措

一、传统变电站母线保护更换及双重化改造二次安措

1. 准备工作

同第五章第一节第一部分所述准备工具和图纸。

2. 220kV 及以下等级母线保护更换安措步骤及注意点

110kV 母线保护装置只有一套，220kV 母线保护装置一般包含两套，两套的安措步骤相同，以第一套为例，安措步骤如下依次进行：

（1）电气连接关系检查。

1）明确所有间隔与第一套母线差动保护联系的电缆接线位置（启失灵、解复压、跳闸、母联分段手合、启动分段失灵、失灵连跳等）。

2）明确所有间隔端子箱与第一套母线差动保护联系的电缆接线位置（刀闸位置、母联开关位置、TA 回路等），母联电流极性确认。

3）检查二次安措票中的端子编号是否正确、是否遗漏、与图纸回路是否一致。

4）确认屏顶小母线（各 220kV 和 110kV 交流电压、交直流电源等）电缆走向，提前准备临时电缆。

（2）电气连接关系拆除。

1）停第一套母线差动保护，确认其保护屏上的所有压板都已打开。

2）去各线路间隔拆除启失灵、跳闸线，两头拆除并记录，拆除时需要认清电缆，可通过测量电位方法确认。

3）去各变压器间隔拆除启失灵、解复压、跳闸、失灵联跳线，两头拆除并在安措票记录相应的端子编号和位置，拆除时需要认清电缆，可通过测量电位方法确认。

4）去各母联分段间隔拆除启失灵、跳闸、手合开入线，两头拆除并在并在安措票记录相应的端子编号和位置，拆除时需要认清电缆编号，可通过测量电位方法确认。

5）拆除去各间隔端子箱的刀闸位置开入、母联跳位开入，两头拆除并记录，拆除时需要认清电缆，可通过测量电位方法确认。

6）在各间隔端子箱将 TA 的母差二次 A/B/C/N 端子短接退出，增加临时接地线，注意防止 TA 开路，同时用钳形相位表在保护屏上检查电流大小，电流接近为 0，才表明安措短接退出执行退出成功，否则需要排查复验上述安措。

7）在公用测控屏上解除与母线差动保护屏相关的信号端子，在安措票记录相应的端子编号和位置。

8）在故障录波器屏柜中解除与母线保护屏相关的端子，在安措票记录相应的端子编号和位置。

9）临时电缆搭接完成后再拆除屏柜顶部小母线，保证拆除时其他运行间隔不会失压。拆搭时注意认清档位，避免错位接线。使用工具做好绝缘，避免误碰短路；若电压取自 TV 并列柜则需要在 TV 并列柜拆除电压，解除过程中避免其他间隔保护失压。

3. 500kV 母线保护更换安措步骤及注意点

以 500kV 传统变电站（3/2 接线方式）中母线保护更换为例，保护采用常规电缆采样、常规电缆跳闸模式，保护双套配置。常见方式为：一次停役设备为Ⅰ母、Ⅰ母侧边断路器，二次停役设备为挂在Ⅰ母上运行的开关的断路器保护及Ⅰ母母线保护。本安措以第一套保护更换为例，第二套保护更换时可参考第一套。

（1）回路连接关系检查。

1）检查所有支路断路器保护及操作箱（操继屏）与母线保护联系的电缆接线位置（跳闸、失灵联跳、三跳启失灵等）。

2）检查所有开关端子箱内与母线保护联系的电流回路接线位置。

3）检查拆除表中端子编号是否正确、是否遗漏、与图纸回路是否一致。

4）将运行间隔初始状态拍照留存。

（2）电气连接关系拆除。

1）在相关一、二次设备停用后，再次确认母线保护以及边断路器保护屏上的所有压板都已打开。

2）断开 500kV Ⅰ母所有边断路器保护至运行设备失灵出口回路、电流回路、保护信号、故障录波公共端、投入Ⅰ母所有边断路器保护检修压板，如表 5-26 所示。

表 5-26 边断路器保护安措票

序号	执行	回路类别	安全措施内容	恢复
1		失灵跳 50×2 开关	断开端子：端子编号（至 50×2 开关保护） 断开压板：压板编号	
2		闭锁 50×2 重合闸	断开端子：端子编号（至 50×2 开关保护） 断开压板裹：压板编号	
3		失灵联跳变压器	断开端子：端子编号（至×号变压器保护 C 柜） 断开压板：压板编号	
4		电流回路	断开端子：端子编号（从电流互感器端子箱来） 断开端子短接内侧：端子编号（至××故障录波器屏）	
5		中央信号	断开端子：端子编号（至××测控屏）	
6		录波信号	断开端子：端子编号（至××故障录波器屏）	
7		检修状态	投入检修硬压板：压板编号	

3）在 500kV Ⅰ母所有边开关电流互感器端子箱内断开 50×1 至Ⅰ母线差动保护电流回路端子，并用红胶带封上其余电流回路端子，如表 5-27 所示。

表 5-27 边断路电流互感器端子箱安措票

序号	执行	回路类别	安全措施内容	恢复
1		电流回路	断开端子：端子编号（至母线保护屏）	
2		电流回路	用红胶带封上其余电流回路端子	
3		其他		

4）拆除去各支路断路器操作箱（操继屏）的跳闸电缆两端。两头拆除并记录，拆除时需要认清电缆，先明确两端芯号一致，再通过拆除电源一端，另一端监视电位方法确认。

5）拆除去各边断路器保护屏的启失灵闭重、失灵联跳电缆两端。两头拆除并记录，拆除时需要认清电缆，先明确两端芯号一致，再通过拆除电源一端，另一端监视电位方法确认。

6）在直流分电屏拆除母线保护的直流电源。先拆除直流屏侧，再拆除保护屏侧。两头拆除并在安措票记录相应的端子编号和位置，确认方法同 4）。

7）在母线测控屏上解除与母线保护屏相关的信号端子，在安措票记录相应的端子编号和位置，确认方法同 4）。

8）在故障录波器解除与母线保护屏相关的端子，在安措票记录相应的端子编号和位置，确认方法同 4）。

9）在对时屏柜、保信子站等屏柜上解除与母线保护屏相关的端子，在安措票记录相应的端子编号和位置，确认方法同 4）。

10）在交换机屏柜解除与保护相连的用于与后台通信的网线或光纤，在安措票记录相应的端子编号和位置。

11）拆除屏内交流电源，并做好绝缘，防止误碰。

4. 母线保护双重化改造的安措步骤

与母线差动保护更换不同，母线差动保护双重化改造需要两套保护之间的同步配合，具体安措如下。

（1）电气连接关系检查。

1）在各间隔两保护屏间提前放好临时电缆（用于“四统一”向“六统一”母差启失灵回路过渡），敷设到位并做好绝缘。

2）两套新母线差动保护电缆均放到位，且验收完成，电流回路确保无开路，接线正确，跳闸启失灵回路均验证到各间隔保护屏新电缆。

3）检查二次安措票中端子编号是否正确、是否遗漏，与图纸回路是否一致。

4）确认屏顶小母线（各220kV和110kV交流电压、交直流电源等）电缆走向，提前准备临时电缆。

5）明确原母线差动保护屏内所有外部电缆的用途、功能及电缆走向。

6）确认老母线差动保护屏所有压板打开，并记录各间隔电流大小和角度。

（2）电气连接关系拆除。

1）电流回路割接，割接前确认端子箱电流极性，母联分段间隔电流是否需要反接，电流二次回路无开路，需增加临时接地线，保证TA二次有接地。割接过程中也应避免TA开路。短接前应保证短接线不存在断的情况。先接N相后接A、B、C三相，并在保护屏上检查电流是否正确。

2）各间隔端子箱的刀闸位置、母联跳位割接，在两端对芯并记录。

3）各线路间隔启失灵、跳闸线割接，失灵线用临时电缆接在断路器保护启失灵总出口回路上，且在母差屏将各分相启失灵和三相启失灵并接。

4）各变压器间隔启失灵、解复压、跳闸线割接，失灵线用临时电缆接在断路器保护启失灵总出口回路上。

5）各母联分段间隔启失灵、跳闸线割接，若有手合开入也需割接。

6）在公用测控屏上解除与母线差动保护屏相关的信号端子，在安措票记录相应的端子编号和位置，具体参见第五章第一节第二部分4.中的信号回路端子表。

7）在故障录波器解除与母线保护屏相关的端子，在安措票记录相应的端子编号和位置，具体参见第五章第一节第二部分5.中的录波回路端子表。

8）临时电缆搭接完成后再拆除屏柜顶部小母线，保证拆除时其他运行间隔不会失压。拆搭时注意认清档位，避免错位接线。使用工具做好绝缘，避免误碰短路；若电压取自TV并列柜则需要在TV并列柜拆除电压，解除过程中避免其他间隔保护失压。

5. 注意事项

（1）交流回路拆除需确保不影响其他运行屏柜内的交流电源，如拆除过程中会造成运行屏柜失电，需做好相关过渡措施。

(2) 在直流电源屏拆线时，可拉合检修设备空气开关，以验证需拆除直流电缆接线端子位置的正确性。

二、智能变电站母线差动保护更换二次安措

1. 准备工作

同第五章第二节1. 中所述准备工具和图纸。

2. 220kV及以下等级母线保护更换安措步骤

(1) 回路连接关系检查。

1) 明确所有间隔与母线差动保护联系的光口与软压板位置（启失灵、解复压、跳闸、母联分段手合、启动分段失灵、失灵连跳等）。

2) 明确所有间隔与母差智能终端联系的光口与软压板位置（刀闸位置、母联开关位置）。

3) 检查二次安措票中的光口编号与位置，是否正确、是否遗漏、与图纸回路是否一致，不一致时需要进行确认修改。

(2) 回路连接关系拆除。

1) 观察母线差动保护屏上的指示灯和保护屏的各菜单页面，保证无异常告警灯信号，电流、电压、开入量正常。

2) 停母线差动保护屏，确认其保护屏上的所有压板都已打开。

3) 检查确认母线差动保护装置已退出运行，逐路检查变压器、线路与母联间隔的SV接收软压板、GOOSE软压板已经退出。

4) 记录母线差动保护屏后各支路的SV、GOOSE等光纤的光口位置。

5) 拔出母线差动保护装置背板上所有支路的SV、GOOSE光纤回路，光纤口用专用防尘帽套牢，并在安措票上记录光口的位置与编号，与新母线差动保护的图纸进行比对核查，若有不同，需要核实无误后，进行相应修改。

6) 投入母线保护的置检修硬压板。

3. 500kV母线保护更换安措步骤

本安措以智能站500kV Ⅰ母第一套母线保护更换为例，一次停役设备为Ⅰ母侧所有边断路器、Ⅰ母，二次停役设备为边断路器的智能终端、边断路器保护、Ⅰ母母线保护。

(1) 回路连接关系检查。

1) 明确所有间隔与母线差动保护联系的光口与GOOSE软压板位置（GOOSE跳闸出口软压板、GOOSE启失灵发送软压板、GOOSE接收软压板）。

2) 明确所有间隔与母线差动智能终端联系的光口位置（组网光纤、直跳光纤）。

3) 检查拆除表中的光口编号与位置是否正确，是否遗漏，与图纸回路、现场是否一致。不一致时需要进行确认修改。

4）将运行间隔初始状态拍照留存。

（2）回路连接关系拆除。

保护改造时，所涉及屏柜，安措执行时以屏柜为单位，逐一执行。

1）母线保护屏 A：投入母线保护 A 检修压板，若母线保护有串接电流至故障录波器需短接退出相应电流回路，若整屏更换，则在故障录波屏内短接退出。

2）边断路器智能控制柜：检查确认边断路器 50×1 智能终端 A 检修压板确已投入，并用红胶布封住。

3）线路/变压器第一套保护屏：短接并断开线路/变压器保护屏内 50×1 边断路器电流回路端子，并用红胶布封住。

4）断开母线保护组网光纤、拆除遥信回路硬接点信号、交流回路、直流回路、对时回路电缆。

（3）搭接试验安措。

搭接试验前，应检查确认母线侧各间隔边断路器保护内至运行间隔 GOOSE 出口软压板、启失灵软压板确以退出，检查确认母线侧各间隔边断路器相邻保护内 GOOSE 接收软压板确已退出。

1）边断路器保护屏 A：检查确认退出母线侧各间隔边断路器保护内边断路器保护“失灵启动线路远跳/联跳变压器”软压板、“失灵跳中断路器”软压板，并投入相应断路器保护检修压板，断开遥信回路硬接点端子。

2）线路/变压器间隔保护 A：退出母线侧各间隔边断路器相邻保护运行间隔内“远传接收软压板/高压侧失灵开入 1”GOOSE 接收软压板。

4. 注意事项

安措执行后，现场采取“一柜一票”模式，将安措票用透明文件夹吸附于柜门上，方便随时核查，将所执行安措拍照打印贴于屏门之上，每日开工前核查安措有无变动。

第六章　备用电源自动投入装置二次安措

当工作电源因故障被断开以后，能自动而迅速地将备用电源投入工作，保证用户连续供电的装置即成为备用电源自动投入装置，简称备自投或备自投装置。220kV 及以下变电站中常见备自投方式有：分段（母联）备自投方式，进线备自投方式，桥备自投方式。其中 220kV 变电站通常采用分段（母联）备自投方式和进线备自投方式，110kV 变电站通常采用桥备自投方式。由于这些备自投在安措实施上大同小异，因此本文以 220kV 变电站最常见的分段备自投为例开展讨论，其余类型备自投不再赘述。

常规变电站和智能变电站的常见备用电源自动投入装置型号统计如表 6-1 所示。

表 6-1　　常规变电站和智能变电站的备用电源自动投入装置型号统计

变电站类型	备用电源自动投入装置型号
常规变电站	RCS-9651B、PSP-691、NSR-641RF、ISA-367、CSC-246 等
智能变电站	PCS-9651、PSR-641、WBT-821、CSD-246 等

常规变电站备自投与智能站备自投在功能以及逻辑上并无差异，不同之处主要体现在智能变电站的分支采样、开入信号及跳合闸回路通过光纤通道传输数字信号，区别于常规变电站的采样模拟量和硬接点开入开出。其中，与二次安措息息相关的新功能特征主要包括光纤通信、检修机制、数字通道与软压板。

第一节　常规变电站备用电源自动投入装置校验二次安措

一、准备工作

1. 工器具、仪器仪表、材料介绍

个人工具箱、钳型电流表、万用表、短接片、短接线、备自投装置二次图纸、备用电源自动投入装置专用二次安措票（见附录）。

钳型电流表用于测量进线和母联 TA 退出前后的电流值，判断退出措施是否到位。

万用表用于测量两段母线电压以及进线电压断开前后的电压值，判断电压是否断开情

况，防止虚断。

短接片或短接线用于进线和母联 TA 的电流退出，分别适用于 A/B/C/N 相端子紧挨和间隔分布的场景。

备用电源自动投入装置二次图纸主要包括端子排图、电压电流回路图、备自投装置原理图和连接关系图。

2. 整体回路连接关系

备用电源自动投入装置的主要回路涉及模拟量输入回路，开入量输入回路，信号回路，跳合闸出口回路，母联操作回路（如果是备自投母联保护一体装置）。

备用电源自动投入装置的各类回路示意连接关系如图 6-1 所示。

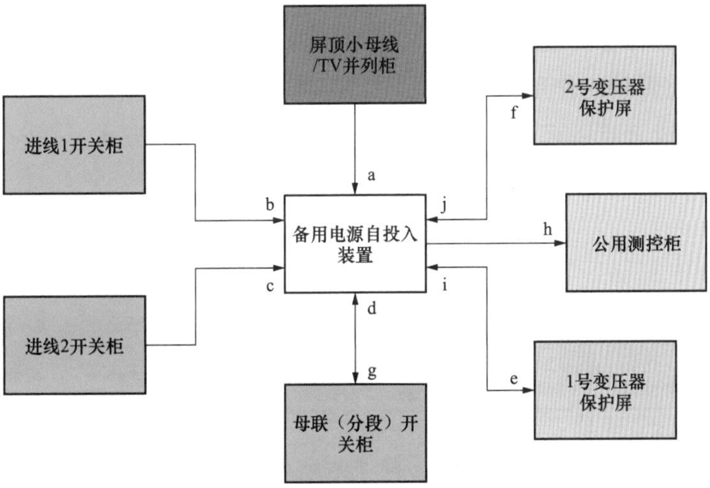

图 6-1 备用电源自动投入装置回路连接关系示意

各回路的含义如下：

a. 包括两段母线 A/B/C 相电压通过屏顶小母线或者 TV 并列柜送往备用电源自动投入装置。

b. 包括进线 1 的电流、电压、断路器位置等送往备用电源自动投入装置。

c. 包括进线 2 的电流、电压、断路器位置等送往备用电源自动投入装置。

d. 包括母联的电流、电压、断路器位置等送往备用电源自动投入装置。

e. 是备用电源自动投入装置送往 1 号变压器保护屏中低压侧断路器操作箱的跳合闸回路。

f. 是备用电源自动投入装置送往 2 号变压器保护屏中低压侧断路器操作箱的跳合闸回路。

g. 是备用电源自动投入装置送往母联断路器的跳合闸回路。

h. 测控信号回路。备用电源自动投入装置送往公用/母线测控屏的相关信号回路，用来接入后台机监视装置异常、直流失电、保护动作等信号。

i. 闭锁回路。1 号变压器相关保护动作后，发闭锁信号给备用电源自动投入装置。

j. 闭锁回路。2 号变压器相关保护动作后，发闭锁信号给备用电源自动投入装置。

二、安措实施（以某站 35kV 分段备自投为例）

1. 二次设备状态记录

二次设备的初始状态由运行人员设定（如压板状态、切换把手状态、当前定值区、空气开关状态、端子状态等）。在检修过程中，由于试验的需要会改变压板或者切换开关等状态，检修结束后，需按照检修工作前的记录将二次设备恢复为初始状态。

在安措票上记录二次设备的状态，包括压板状态、切换把手状态、当前定值区、空气开关状态、端子状态，如图 6-2～图 6-4 所示，便于校验结束后，恢复原始状态。

记录状态之后，在保护装置校验前，通常还会将所有的出口压板全部退出（一般为红色压板），起到双重保护的作用。

对于一些复杂或者难以记录准确的内容可通过拍照留存的方式。

图 6-2　空气开关状态

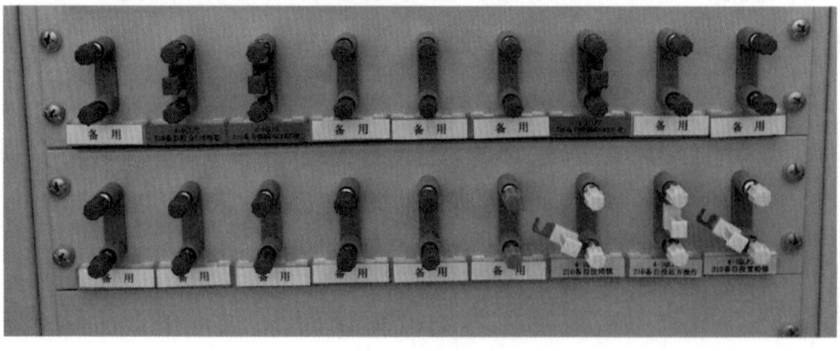

图 6-3　压板状态

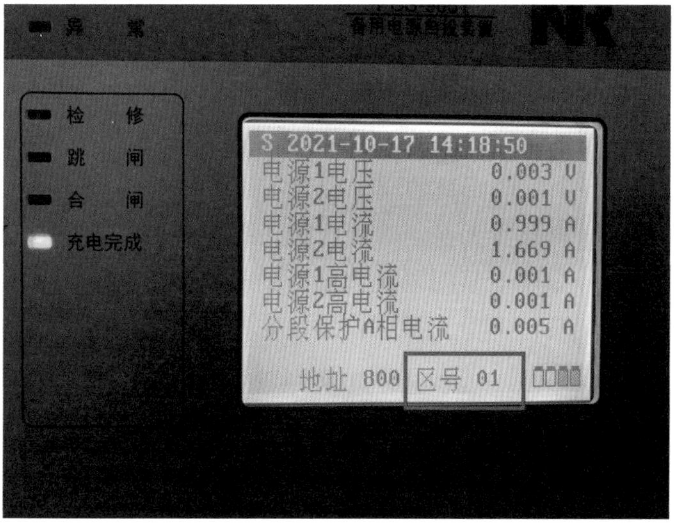

图 6-4　定值区号

安措票二次设备状态记录部分示例如表 6-2 所示。

表 6-2　　安措票二次设备状态记录

序号	类别	状态记录
1	压板状态	4-1QLP2 投，其余退
2	切换把手状态	无
3	当前定值区	01 区
4	空气开关状态	断开状态：无 合上状态：全部
5	端子状态	外观无损伤，螺丝紧固

2. 跳合闸回路安措

备自投装置的跳合闸回路主要包含母联（分段）跳合闸回路和进线断路器跳合闸回路，误碰这些回路极有可能误出口导致误跳或者误合开关，造成极其严重的后果。

（1）母联跳合闸回路（见图 6-5）。

装置合母联由备用电源自动投入装置合闸接点动作后，通过合闸出口压板及 HBJ 至合闸线圈来实现，端子排上所属标签类别为 CD（接点“＋”端）和 KD（接点“－”端），“＋”端编号一般为 101，出口回路编号一般为 R133。

装置分母联由备用电源自动投入装置分闸接点动作后，通过分闸出口压板及 TBJ 至分闸线圈来实现，端子排上所属标签类别为 CD（接点“＋”端）和 KD（接点“－”端），“＋”端编号一般为 101，出口回路编号一般为 103。

（2）进线 1、进线 2 跳闸回路（见图 6-6）。

备自投装置跳进线开关接点动作后，通过分闸出口压板至变压器保护屏中低压侧断路器操作箱分闸回路来实现，端子排上所属标签类别为 CD（接点“+”端）和 KD（接点“—”端）。

做安措时：①检查各个跳闸回路的端子位置与编号，与图纸一致时在安措票做好记录，与图纸不一致时，排查核实无误，确认回路正确连接后，在安措票上记录对应跳闸回路的端子位置及编号；②解下某间隔跳闸回路的接点“+”端；③用绝缘胶带缠绕或绝缘线帽遮蔽裸露部分，确认完全无裸露；④在安措票中该间隔的接点“+”端执行栏中打“√”；⑤该间隔的接点“—”端的安措实施过程重复步骤②～④；⑥母联以及进线 1、进线 2 的跳合闸回路的安措实施过程依次重复步骤②～⑤。

安措票跳闸回路部分示例如表 6-3 所示。

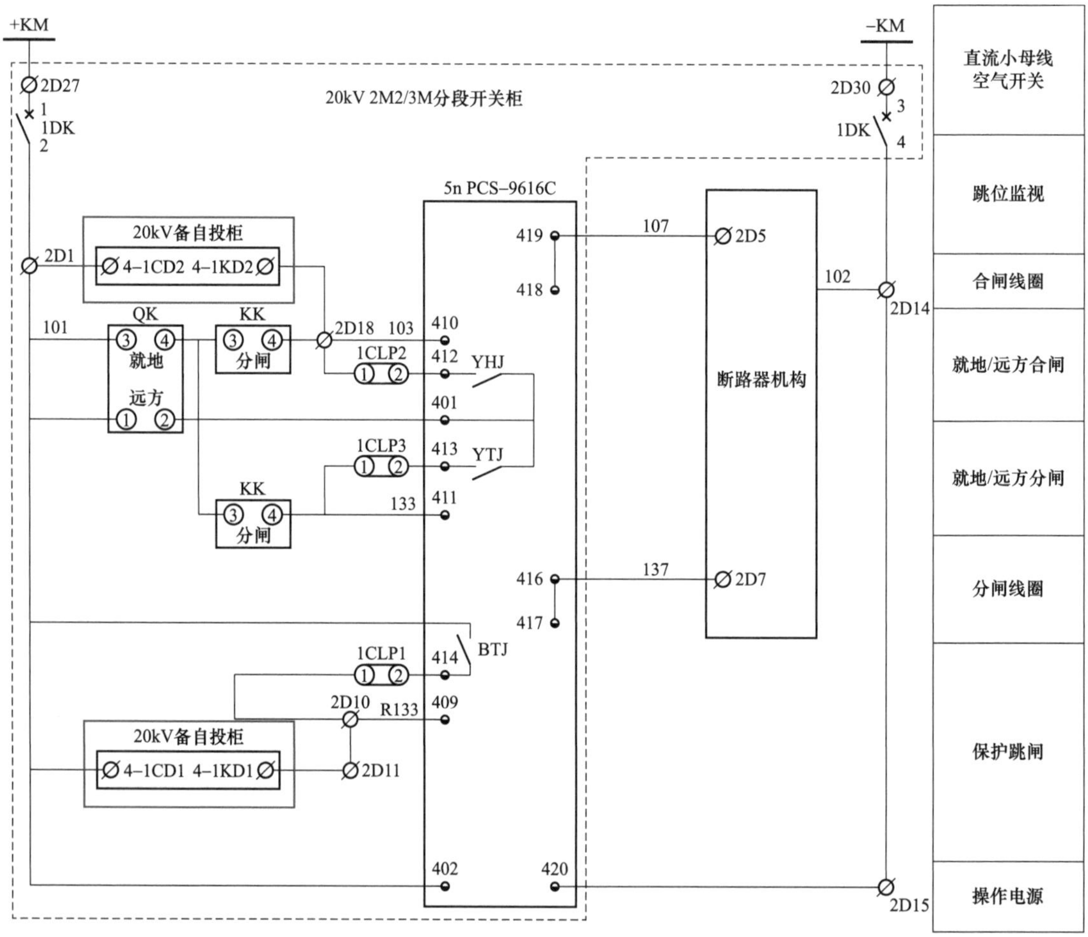

（a）

图 6-5 母联断路器跳合闸回路图（一）

（a）原理图

4-1CD		
101	1	4-1n-04:X1:03
	2	4-1n-04:X1:05
3201	3	4-1n-04:X1:07
	4	4-1n-04:X1:09
	5	4-1n-04:X1:15
	6	4-1n-04:X1:17
301	7	4-1n-04:X1:11
	8	4-1n-04:X1:13
	9	4-1n-04:X1:19
	10	4-1n-04:X1:21
	11	4-1n-04:X1:23
	12	4-1n-04:X1:25
	13	4-1n-04:X1:27
	14	4-1n-04:X1:29
4-1KD		
R133	1	4-1CLP1:1
103	2	4-1CLP2:1
32R	3	4-1CLP3:1
	4	4-1CLP4:1
	5	4-1CLP5:1
	6	4-1CLP6:1
3R	7	4-1CLP7:1
	8	4-1CLP8:1
	9	4-1CLP9:1
	10	4-1CLP10:1
	11	4-1CLP11:1
	12	4-1CLP12:1
	13	4-1CLP13:1
	14	4-1CLP14:1

（b）

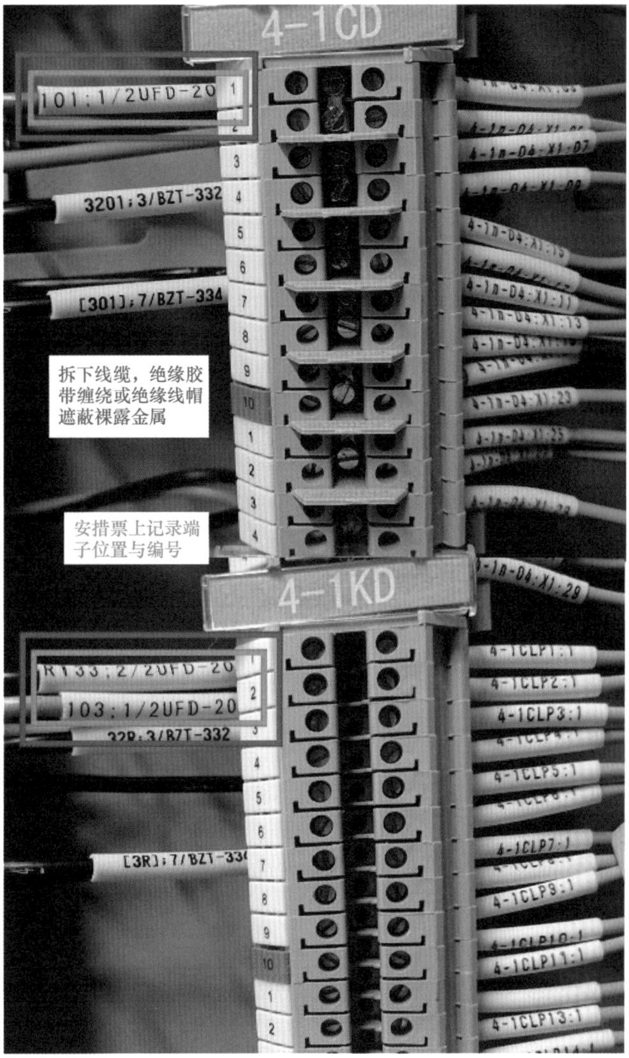

（c）

图 6-5　母联断路器跳合闸回路图（二）

（b）端子排图；（c）实际接线图

表 6-3　　安措票跳闸回路记录

序号	执行	回路类别	安全措施内容		恢复
1		跳闸出口回路	跳 1DL 正	4-1CD：3	
2			跳 1DL 负	4-1KD：3	
3			跳 2DL 正	4-1CD：7	
4			跳 2DL 负	4-1KD：7	
5			合 3DL 正	4-1CD：1	
6			合 3DL 负	4-1KD：2	

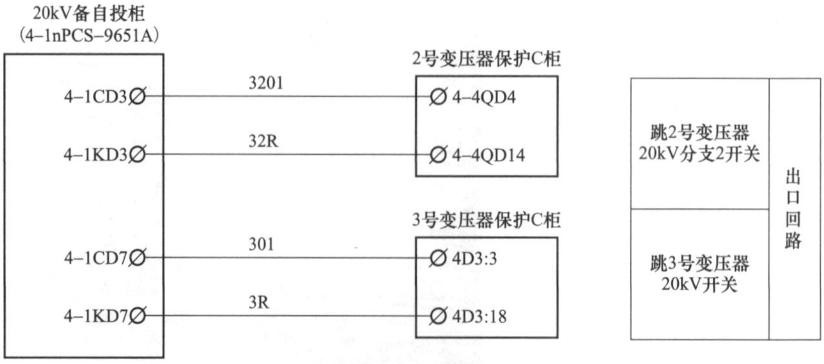

(a)

4-1CD		
101	1	4-1n-04:X1:03
	2	4-1n-04:X1:05
3201	3	4-1n-04:X1:07
	4	4-1n-04:X1:09
	5	4-1n-04:X1:15
	6	4-1n-04:X1:17
301	7	4-1n-04:X1:11
	8	4-1n-04:X1:13
	9	4-1n-04:X1:19
	10	4-1n-04:X1:21
	11	4-1n-04:X1:23
	12	4-1n-04:X1:25
	13	4-1n-04:X1:27
	14	4-1n-04:X1:29
4-1KD		
R133	1	4-1CLP1:1
103	2	4-1CLP2:1
32R	3	4-1CLP3:1
	4	4-1CLP4:1
	5	4-1CLP5:1
	6	4-1CLP6:1
3R	7	4-1CLP7:1
	8	4-1CLP8:1
	9	4-1CLP9:1
	10	4-1CLP10:1
	11	4-1CLP11:1
	12	4-1CLP12:1
	13	4-1CLP13:1
	14	4-1CLP14:1

(b)

(c)

图 6-6　进线 1、进线 2 跳合闸回路图

(a) 原理图；(b) 端子排图；(c) 实际接线图

以上表格，1DL 表示进线 1 断路器，2DL 表示进线 2 断路器，3DL 表示母联断路器。

备自投装置动作后，跳合闸接点是跳开或合上对应断路器的出口，解开跳合闸接点，避免做试验时，加采样装置动作时，出口回路导通，误分或者误合非检修设备。

3. 交流电流回路安措

外部电流输入经隔离互感器隔离变换后，由低通滤波器输入模数变换器。其中，分段保护电流是指该母联（分段）的保护电流，I_A、I_B、I_C 为过流保护用模拟量输入，I_1、I_2 为两分支进线的一相电流，用于防止 TV 断线时装置误起动，也是为了更好地确认进线断路器已跳开。此外，由于受限于母联断路器或者分支进线开关 TA 次级数量的限制，往往没有多余的保护次级给备自投装置使用，因此现场实际常常采用与测量次级共用的方式，来实现这些回路接入备用电源自动投入装置。

交流电流回路如图 6-7 所示。包含母联（分段）电流回路和进线开关电流回路两部分，做安措前，结合原理图、端子排图和实际接线图，确认各间隔的实际端子位置及编号和竣工图一致无误。

做安措时：①用万用表电阻蜂鸣档测试通断，确保短接线或短接排导通性能良好后，用短接线或短接排将交流电流回路端子排外侧短接；②用钳型电流表测量并监视该电流端子排内侧电流变化情况；③当钳型电流表示数和备用电源自投入装置模拟量菜单中对应母联断路器（或者进线开关）的电流有效值明显减小时，用螺丝刀打开端子排上对应端子的金属连片，并紧固连片；④在二次安措票中记录对应交流电流回路的端子位置及编号，防止误碰。上述步骤完成后，其余电流回路按照上述方法依次操作，直至所有电流回路安措均全部完成，并用绝缘胶带封贴连片和内部电流端子。

备自投装置通常是采集母联断路器和进线开关电流，电流回路施加"短接退出"安措，一方面排除外接间隔对所加电流构成的影响，另一方面避免校验仪电流对运行间隔 TA 电流的影响，造成线路跳闸事故。

电流回路的安措票实施示例如表 6-4 所示。

表 6-4　　安措票电流回路记录

序号	执行	回路类别	安全措施内容		恢复
1		电流回路	电流 A 相	4-1ID：1 / A432	
2			电流 B 相	4-1ID：2 / B432	
3			电流 C 相	4-1ID：3 / C432	
4			电流公共 N	4-1ID：4 / N432	
5			进线电流 I_1	4-1ID：7 / B43211	
6			进线电流 I_1'	4-1ID：8 / B43211	
7			进线电流 I_2	4-1ID：9 / B4341	
8			进线电流 I_2'	4-1ID：10 / B4342	

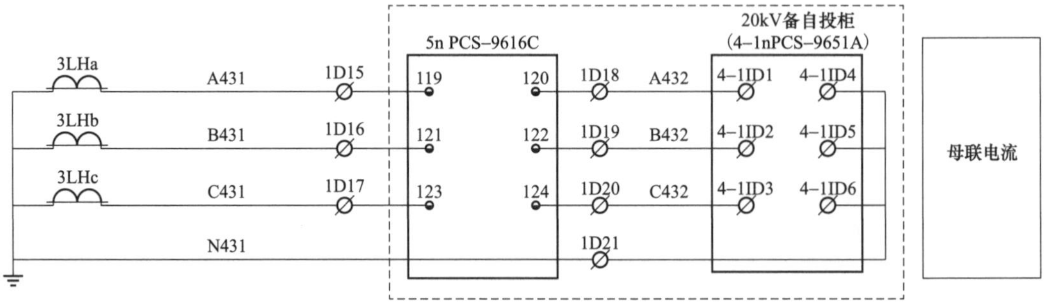

(a)

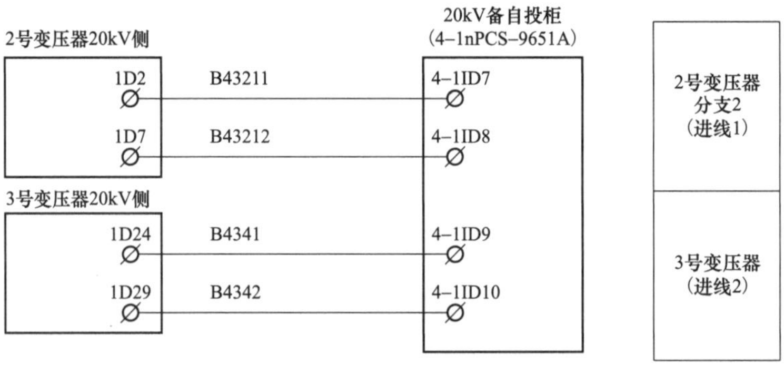

(b)

4-1ID

A432	1	4-1n-02:13
B432	2	4-1n-02:15
C432	3	4-1n-02:17
N431	4	4-1n-02:14
	5	4-1n-02:16
	6	4-1n-02:18
B43211	7	4-1n-02:23
B43212	8	4-1n-02:24
B4341	9	4-1n-02:25
B4342	10	4-1n-02:26
	11	4-1n-02:19
	12	4-1n-02:20
	13	4-1n-02:21
	14	4-1n-02:22

(c)

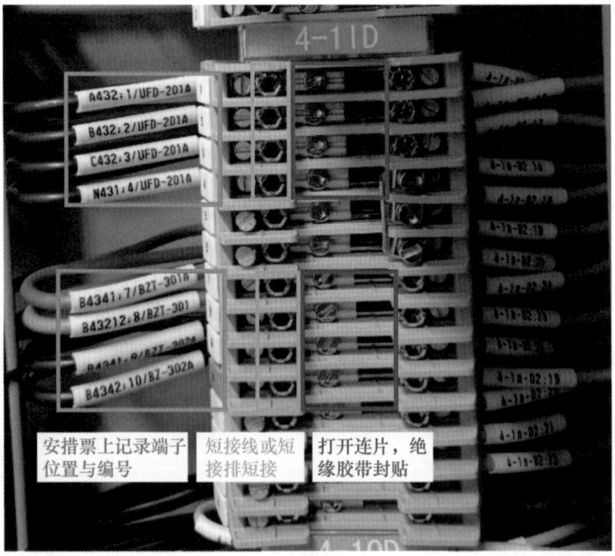

(d)

图 6-7　交流电流回路图

(a) 母联电流原理图；(b) 分支进线电流原理图；(c) 端子排图；(d) 实际接线图

4. 交流电压回路安措

外部电压输入经隔离互感器隔离变换后，由低通滤波器输入模数变换器。包括母线电压以及分支进线电压。其中，母线电压是指该母联（分段）所连接两段母线的电压，UA1、UB1、UC1 为Ⅰ母电压输入，UA2、UB2、UC2 为Ⅱ母电压输入，通常由电压小母线通过电压空气开关引下，线路电压由进线 1 电压和进线 2 电压分别引入，装置引入二段母线电压，用于有压、无压判别。

交流电压回路如图 6-8 所示，包含两条母线的 TV 采集电压，编号一般为 630、640、650、660 等，在端子排的 UD 标签类属中。做安措前，确认交流电压回路的实际端子位置及编号和竣工图一致无误。该实例中，由于采用分段备投方式，因此没有分支进线电压。

做安措时：①用万用表电压档测量端子排内侧电压，打开Ⅰ母和Ⅱ母交流电压回路的 A/B/C/N 相连接片，打开后要紧固连片；②用万用表电压档测量打开后的端子排内侧电压，监测电压变化情况；③查看装置中的电压采样值，确认母线电压接近 0V；④二次安措票中记录对应端子位置与编号；⑤用绝缘胶带封贴打开后的电压回路端子排，防止误碰。

备自投装置电压回路的“打开退出”安措，防止校验仪所加电压与母线 TV 二次电压误碰，跳开屏顶小母线馈出间隔的空气开关。

电压回路的安措实施示例如表 6-5 所示。

表 6-5　　安措票电压回路记录

序号	执行	回路类别	安全措施内容		恢复
1		电压回路	正母电压 A 相	4-1UD：1 / 4-1ZKK1：2	
2			正母电压 B 相	4-1UD：2 / 4-1ZKK1：4	
3			正母电压 C 相	4-1UD：3 / 4-1ZKK1：6	
4			副母电压 A 相	4-1UD：5 / 4-1ZKK2：2	
5			副母电压 B 相	4-1UD：6 / 4-1ZKK2：4	
6			副母电压 C 相	4-1UD：7 / 4-1ZKK2：6	
7			电压公共 N	4-1UD：4 / UD14	
8			电压公共 N	4-1UD：8 / UD19	
9			进线电压 U_{X1}	无	
10			进线电压 U'_{X1}	无	
11			进线电压 U_{X2}	无	
12			进线电压 U'_{X2}	无	

5. 信号回路安措

端子 800 系列为测控遥信信号用于反应保护测控装置的基本运行情况，如图 6-9 所示，分别为：装置闭锁、运行告警（包括直流消失），备自投动作等。

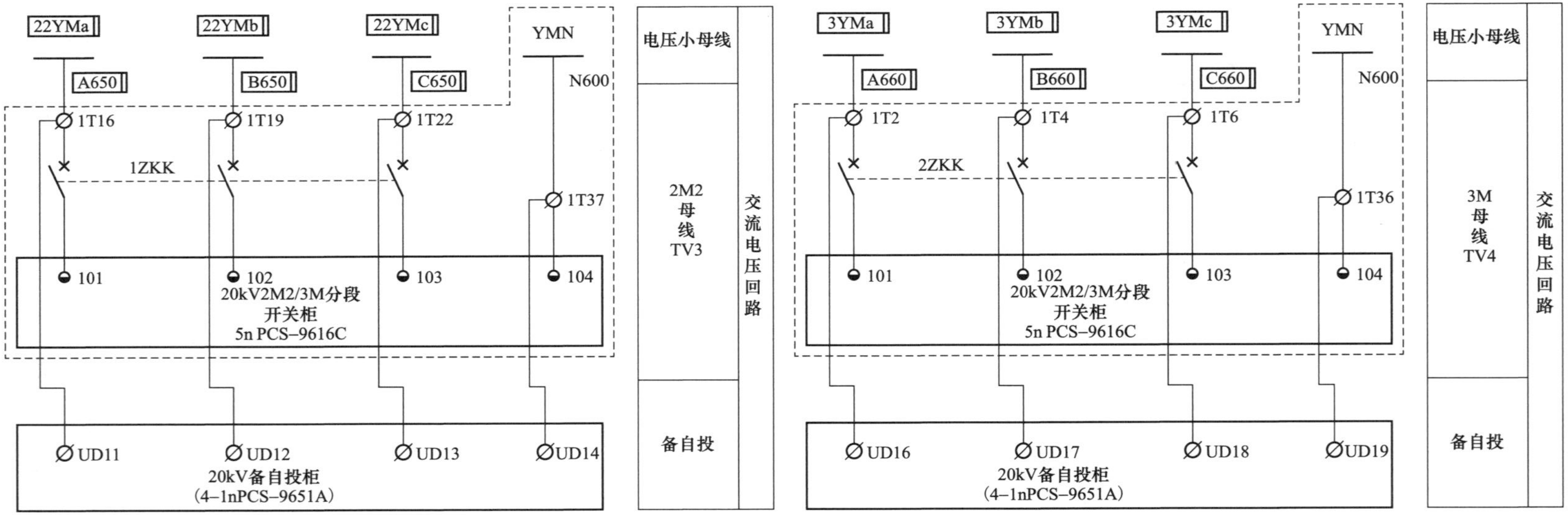

（a）

图 6-8　交流电压回路图（一）

（a）原理图

4-1UD		
4-1ZKK1:2	1	4-1n-02:01
4-1ZKK1:4	2	4-1n-02:02
4-1ZKK1:6	3	4-1n-02:03
UD:14	4	4-1n-02:04
4-1ZKK2:2	5	4-1n-02:05
4-1ZKK2:4	6	4-1n-02:06
4-1ZKK2:6	7	4-1n-02:07
UD:19	8	4-1n-02:08
	9	4-1n-02:09
	10	4-1n-02:10
	11	4-1n-02:11
	12	4-1n-02:12

（b）

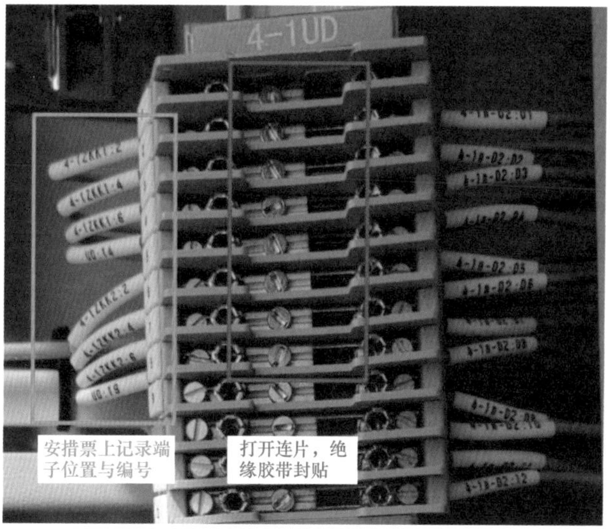

（c）

图 6-8　交流电压回路图（二）

（b）端子排图；（c）实际接线图

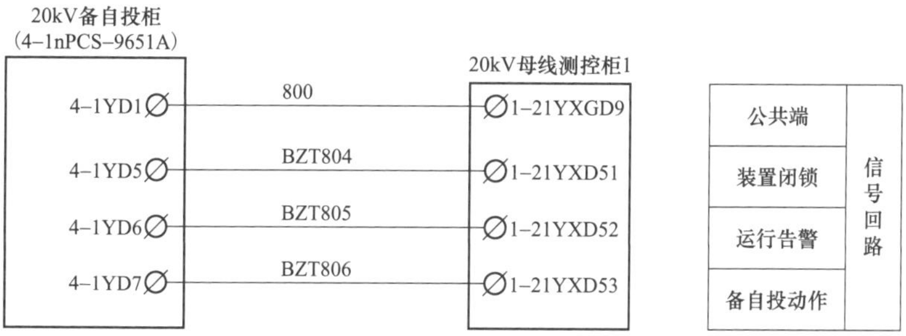

（a）

4-1YD		
800	1	4-1n-06:30
	5	4-1n-04:X1:01
	3	
	4	
BZT804	5	4-1n-06:31
BZT805	6	4-1n-06:32
BZT806	7	4-1n-04:X1:02

（b）

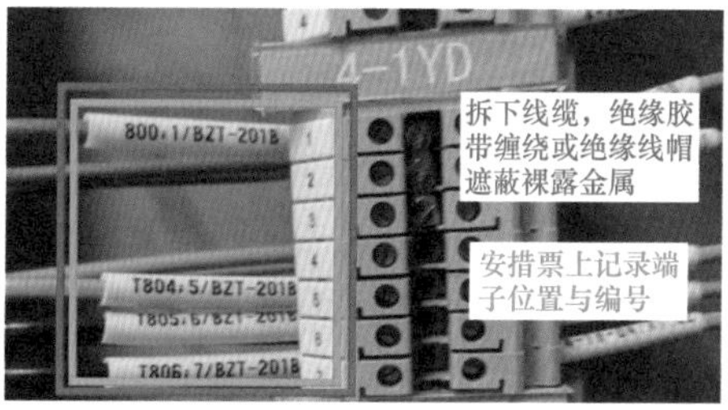

（c）

图 6-9　信号回路图

（a）原理图；（b）端子排图；（c）实际接线图

断开备用电源自动投入装置至测控装置的信号回路，如表 6-6 所示。

表 6-6　信号回路类型及名称

信号类型	信号名称
公共端	信号公共端
保护动作	备自投动作
异常告警	装置闭锁
	运行告警

信号回路的安措需要断开装置的全部信号回路，包括公共端（一般为公共正端），在端子排的“信号回路”类属中，编号一般为 800；装置动作类主要有：装置动作等；异常告警类主要有：装置闭锁、运行告警等。

做安措时，找到对应的端子，解开线芯，用绝缘胶带缠绕或绝缘线帽遮蔽裸露部分，确认完全无裸露，在安措票中记录端子位置和编号，在该端子的执行栏中打“√”，所有信号回路安措按上述步骤依次开展。

安措票信号回路部分示例如表 6-7 所示。

表 6-7　安措票信号回路记录

序号	执行	回路类别	安全措施内容		恢复
1		测控信号	信号公共正	4-1YD：1 / 800	
2			装置闭锁	4-1YD：5 / 804	
3			运行告警	4-1YD：6 / 805	
4			备自投动作	4-1YD：7 / 806	

信号回路是保护装置向测控装置上送动作、告警等信号的通道，为防止在保护装置校验过程中，相关的信号通过测控装置上送至后台机及远动机，影响运行人员及监控人员对告警报文的判断，通常需要实施上述信号回路的安措。

6. 开入回路安措

除了备自投信号回路，还需要考虑开入量的安措隔离，比如对母联（分段）断路器和进线断路器位置信号的隔离，这些信号用于备自投装置逻辑。由于装置校验或者其他工作，需要对断路器位置进行置位，方可验证逻辑，所以需要对这些信号进行安措隔离。

如图 6-10 所示，端子排上所属标签类别为 QD，装置引入 1DL 断路器分位（1TWJ）、2DL 断路器分位（2TWJ）、3DL 断路器分位（3TWJ）、3DL 断路器合后位（3KKJ），用于系统运行方式判别，备自投充电及备自投动作。

装置将 1DL 和 2DL 的 KKJ 分别接入 KKJ 装置用于手分闭锁备自投来给备自投放电，

另外还引入一个闭锁备自投输入接点（回路号 701），用于其他闭锁备自投（包括变压器保护动作闭锁备投以及闭锁备投压板开入）。

装置开入回路的安措需要断开装置与其他运行设备的全部开入回路，如图 6-10 所示，包括公共端（一般为公共正端），在端子排的“开入回路”类属中，编号一般为 700；需要执行安措的开入主要有：其他保护闭锁备自投、进线 1 断路器分位、进线 1 断路器合后位、进线 2 断路器分位、进线 2 断路器合后位、母联断路器分位、母联断路器合后位等。

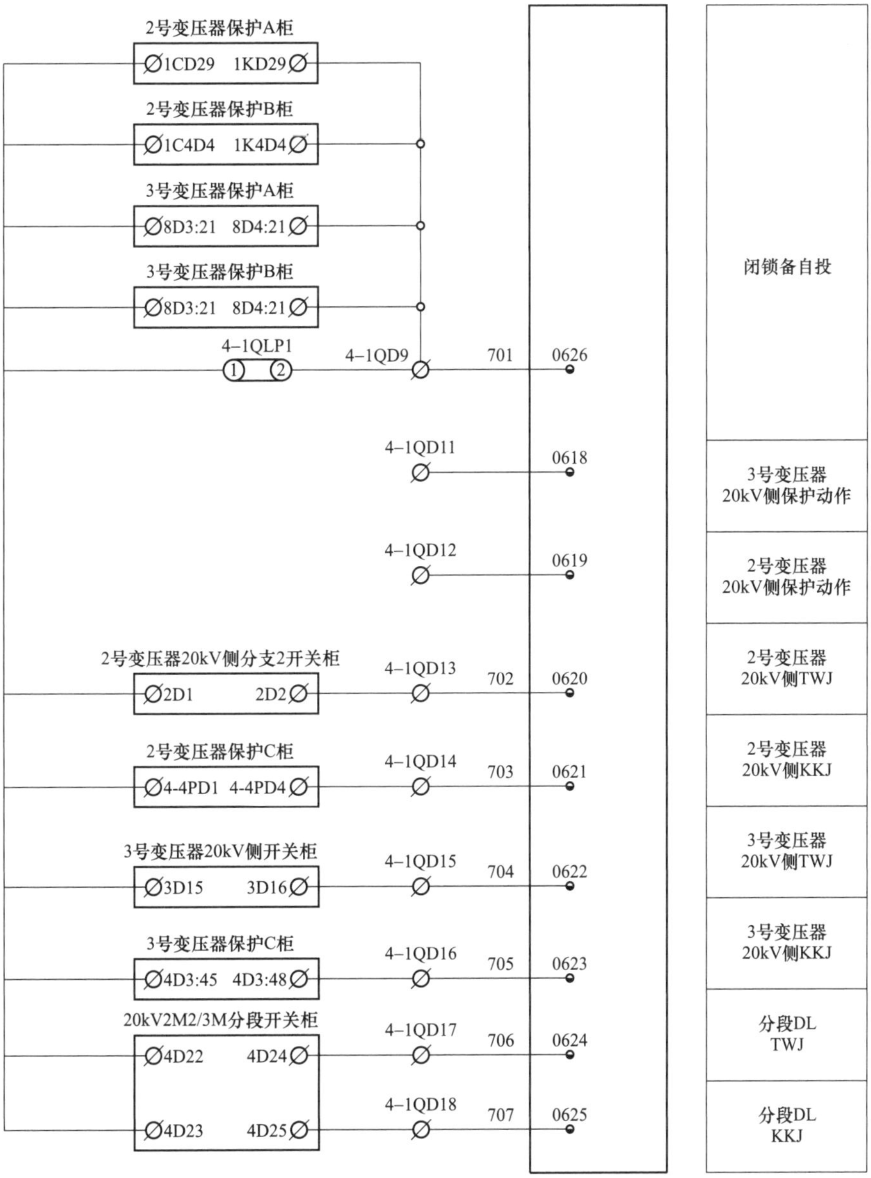

(a)

图 6-10　装置开入回路图（一）

(a) 原理图

4-1QD		
4-1K1:4	1	4-1n-06:02
700	2	4-1QLP1:1
	3	4-1FA:13
	4	
	5	
	6	
	7	
	8	
4-1QLP1:2	9	4-1n-06:26
701	10	
	11	4-1n-06:18
	12	4-1n-06:19
702	13	4-1n-06:20
703	14	4-1n-06:21
704	15	4-1n-06:22
705	16	4-1n-06:23
706	17	4-1n-06:24
707	18	4-1n-06:25
	19	
	20	
	21	
	22	
4-1K1:2	23	4-1n-06:04
	24	4-1n-06:06

（b）

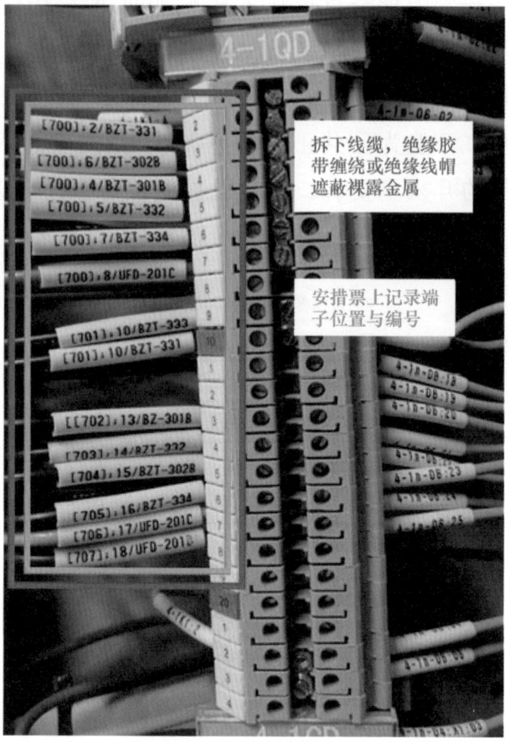

（c）

图 6-10　装置开入回路图（二）

（b）端子排图；（c）实际接线图

同时，执行开入安措后以及恢复开入安措后，需检查装置内开入量变化，以保证安措执行与恢复的正确有效，如图 6-11 所示。

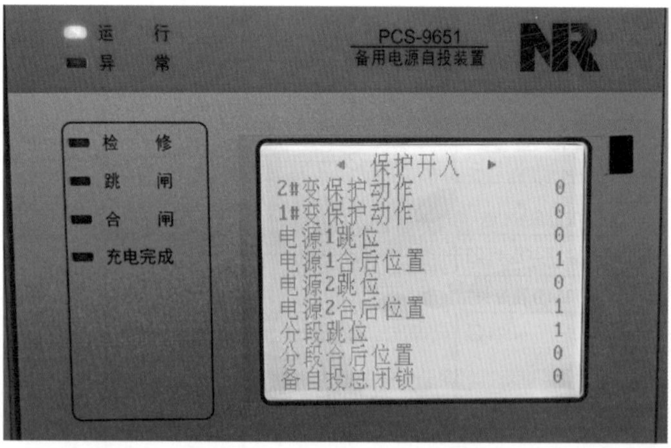

图 6-11　装置开入回路图

做安措时，找到对应的端子，解开线芯，用绝缘胶带缠绕或绝缘线帽遮蔽裸露部分，确认完全无裸露，在安措票中记录端子位置和编号，在该端子的执行栏中打“√”，所有信号回路安措按上述步骤依次开展。

安措票信号回路部分示例如表 6-8 所示。

表 6-8 信号回路部分安措票

序号	执行	回路类别	安全措施内容		恢复
1		装置开入回路	开入公共端	4-1QD：2 / 700	
2			其他保护闭锁备投	4-1QD：10 / 701	
3			1DL 的 TWJ	4-1QD：13 / 702	
4			1DL 的 KKJ	4-1QD：14 / 703	
5			2DL 的 TWJ	4-1QD：15 / 704	
6			2DL 的 KKJ	4-1QD：16 / 705	
7			3DL 的 TWJ	4-1QD：17 / 706	
8			3DL 的 KKJ	4-1QD：18 / 707	

开入回路影响备用电源自动投入装置的保护逻辑，所以在日常工作，诸如装置校验和验收工作中，需要对这些开入施加电位（+）置位，方可验证逻辑。为了与运行间隔的安全隔离，务必要对这些开入回路进行安措隔离。

7. 恢复安措

工作结束之后，执行人要严格依照安措票中记录的措施，逐项恢复并在安措票中的恢复栏中打“√”，恢复之后，监护人逐项检查是否恢复到位。

三、注意事项

（1）解跳闸出口线注意先用万用表测量所有跳闸节点的“+”端和“−”端，确认 CD 端子处正电，KD 端子处负电。避免某一间隔的“+”端和“−”端接反，端子排的“+”端子混入“−”电，端子排的“−”端子混入“+”电，导致解线时误碰导通回路，造成相关间隔的断路器误动。

（2）恢复安措后要用万用表检查所有跳闸出口是否都是负电，保证接线正确到位。

（3）记录二次设备状态时，可以先用手机拍照，一方面作为存档资料，另一方面便于核对，避免记录错误，造成安措恢复错位。

（4）上述安措注意实施顺序，建议一般按照先跳闸回路，再电流电压回路，最后信号开入回路的次序开展，先保证跳闸出口断开，提高安全性，再电流回路，最后是电压回路。恢复安措时，各步骤逆向恢复。

（5）由于本文只讨论了分段备投的安措，现场实际中还会遇到进线备投以及桥备投等情况，这些备自投在安措实施方法上大同小异。

（6）现场实际安措执行前，需要确认母联断路器是否陪停的情况。

（7）如果备自投装置与母联保护共用合一装置，涉及母联断路器电流以及跳合闸回路安措，可与母联保护安措共同执行。

第二节 智能变电站备用电源自动投入装置校验二次安措

对比常规变电站，智能变电站数字化采集二次量，二次设备之间应用光纤通信、网络传输数据流，其设备部分功能与特征发生改变。其中，与二次安措息息相关的新功能特征主要包括光纤通信、检修机制、数字通道与软压板。

备用电源自动投入装置检修硬压板投入后，设备进入检修状态，其发出的数据流将绑定“TEST 置 1”的检修品质位，其收到数据流必须有相同的检修品质位，才可实现对应功能，否则设备判别采样或开入量“状态不一致”，屏蔽对应功能。由于备用电源自动投入装置涉及多个电流采样，若有任意一组采样电流置检修位，都将闭锁装置功能。智能终端收到“状态不一致”的跳合闸指令或控制信号后，将不动作于断路器和刀闸。因此装置的正确动作，有赖于严格满足检修机制的安全措施。

对于智能变电站备用电源自动投入装置，当一次设备均不停电，仅停备自投装置时，备自投装置与运行间隔的合并单元和智能终端的关联二次信号主要包括 SV 和 GOOSE 两类，SV 的采样信号主要包括：来自主变压器进线分支合并单元的电压和来自母联或分段合并单元的电流（目前母联电流常采用常规模拟量方式采集）；GOOSE 指令信号主要有两类：①跳合进线分支、母联、分段开关的跳合闸指令；②闭锁备用电源自投入装置的 GOOSE 开入信号。

一、准备工作

1. 工器具、仪器仪表、材料介绍

个人工具箱、备自投装置二次图纸、备自投信息流图、二次安措票（见附录），图纸要携带竣工图等资料，确认备自投装置与其他各装置之间的连接关系。其中备自投装置厂家资料主要查看装置接点联系图、SV /GOOSE 信息流图和压板定义及排列图。

2. 整体链路连接关系

智能化备自投装置回路多采用网采网跳，即采样、开入开出及跳合闸均通过 SV/GOOSE 网络实现。图 6-12 为“网采网跳”方式备自投网络联系图。

a. 各进线电流量以及母线电压量通过 SV 网采发至过程层交换机。

b. 备自投装置通过过程层交换机采集所需进线电流量及母线电压量。

c. 进线智能终端的 GOOSE 组网链路。主要有发送各进线断路器的开入量以及接收备自投跳合闸指令。

d. 备自投的 GOOSE 组网链路。主要有接收各进线断路器的开入量以及发送备自投跳合闸指令。

目前由于智能变电站中低压设备（10kV、20kV、35kV 等）还多采用常规装置，因此母联（分段）电流的采样、母联开入开出及跳合闸也采用常规方式，此部分安措与以上传统站类似，不再赘述，以下只对智能化部分展开讨论。

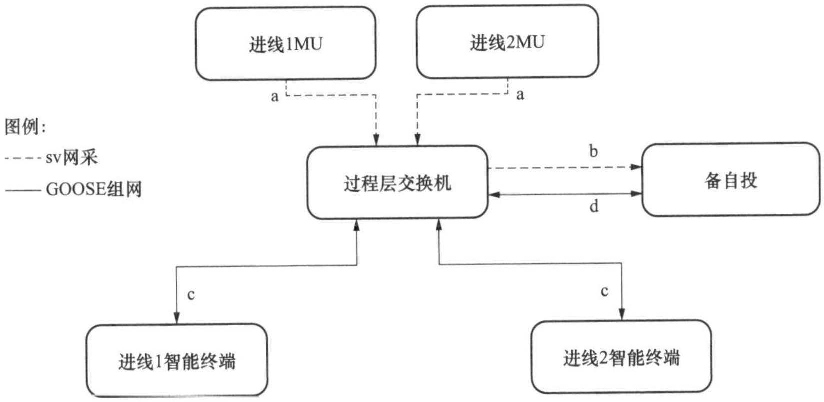

图 6-12 “网采网跳”方式备自投网络联系图

二、安措实施

1. 二次设备状态记录

和常规变电站相同，首先在安措票上记录二次设备的状态，包括压板状态、当前定值区、空气开关状态、端子状态，如图 6-13～图 6-15 所示。

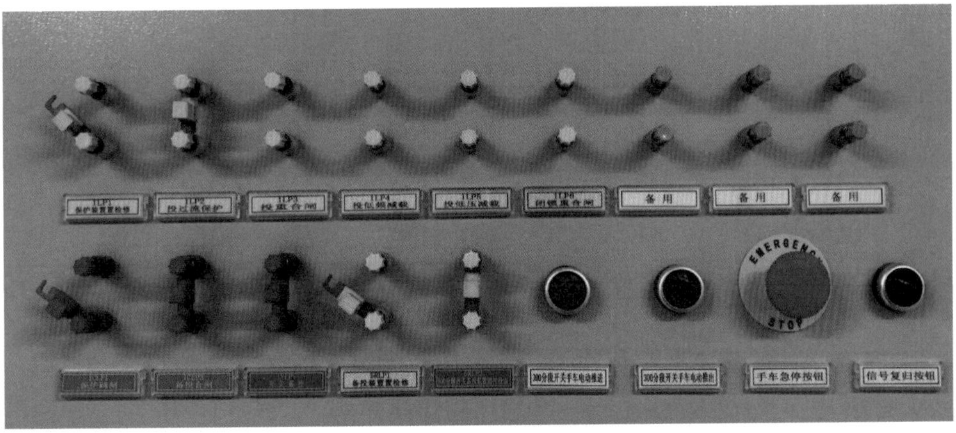

图 6-13 智能变电站备用电源自动投入装置柜压板

图 6-14 智能变电站备用电源自动投入装置柜空气开关

安措票二次设备状态记录部分示例如表 6-9 所示。

图 6-15 定值区号

表 6-9 **安措票二次设备状态记录**

序号	类别	状态记录
1	压板状态	1LP1，1CLP1，5RLP1 退，其余投
2	切换把手状态	—
3	当前定值区	01 区
4	空气开关状态	全合
5	端子状态	外观无损伤，螺丝紧固

2. 置检修压板安措

智能化备自投装置设有置检修硬压板，装置将接收到的 GOOSE 报文 TEST 位、SV 报文数据品质 TEST 位与装置自身检修压板状态进行比较，做“异或”逻辑判断，两者一致时，信号进行处理或参与逻辑运算，两者不一致时则该报文视为无效，不参与逻辑运算。

结合检修机制，备自投装置校验、消缺等现场检修作业时，投入置检修压板即可，检修压板操作原则：

（1）操作装置检修压板前，应确认装置处于信号状态，且与之相关的运行保护装置（母联、进线断路器）二次回路的软压板（如跳合闸出口）已退出。

（2）操作检修压板后，应查看装置指示灯、报文或开入变位等情况，同时核查相关运行装置是否出现非预期信号，确认正常后方可进行后续操作。

某备自投装置的压板配置如图 6-16 所示。

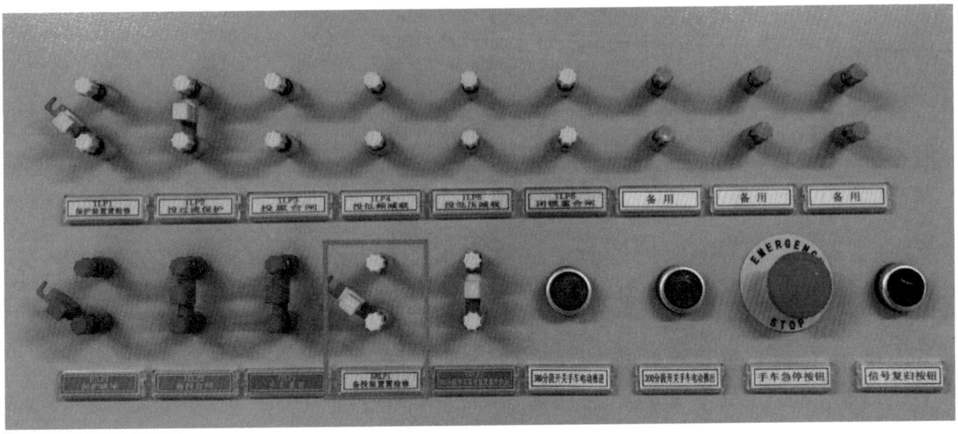

图 6-16 压板图

做安措时，将打开的 5RLP-1 检修压板合上，检查装置上“检修”信号灯是否亮起，同时在装置的开入菜单页面中，检查检修压板的开入量是否变位为“1”，若成功变位，并在安措票中记录操作内容与压板编号，在执行栏中打“√”，如果依然为 0，需要进行检查排除故障。

以 PCS-9651 备自投装置为例，置检修压板投入后的核对检查示例如图 6-17 所示。

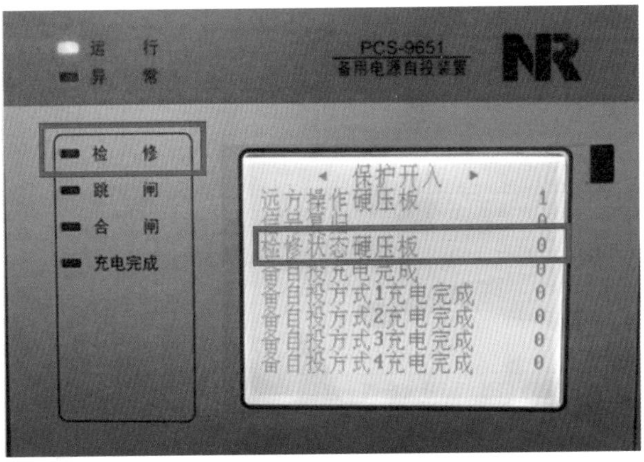

图 6-17 置检修压板压板核对检查

置检修压板的安措示例如表 6-10 所示。

表 6-10　　安措票检修压板状态记录

执行	回路类别	安全措施内容	恢复
	检修压板	保护装置置检修	

如前所示，智能变电站设置了检修机制，只有备自投装置的检修硬压板投入后，其发出的数据流才有“TEST 置 1”的检修品质位。否则，其他进线或者母联合并单元和智能终端已置检修位，两者的数据流将与备自投装置的检修品质位不同，从而判别采样或开入量“状态不一致”，屏蔽对应功能。

3. SV 安措

SV 软压板负责控制本装置接受来自各合并单元的采样值信息，该软压板退出时，相应采样值不参与装置逻辑运算。备自投装置接收 SV 主要来自母线合并单元、母联（分段）合并单元和进线合并单元，此类由多支路电流构成的保护和电网安全自动装置，合并单元或对应一次设备影响保护的电流回路或保护逻辑判断，作业前在确认该一次设备改为冷备用或检修后，应先退出该保护装置接收电流互感器 SV 输入软压板，防止合并单元受外界干扰误发信号造成保护装置闭锁或跳闸。

SV 网络回路如图 6-18 所示，包括信息流图、光纤回路图、实际接线图。

序号	起点设备				终点设备			
	装置端口	虚端子定义	名称	虚端子号	装置端口	虚端子定义	名称	虚端子号
1	2X/1-2-RX	1M A相电压	10kV 1M/4M分段备自投装置	SVIN1	7X/2-2 ET	电压A相1	1号变压器10kV侧分支一合并单元A	
2	2X/1-2-RX	1M B相电压	10kV 1M/4M分段备自投装置	SVIN2	7X/2-2 ET	电压B相1	1号变压器10kV侧分支一合并单元A	
3	2X/1-2-RX	1M C相电压	10kV 1M/4M分段备自投装置	SVIN3	7X/2-2 ET	电压C相1	1号变压器10kV侧分支一合并单元A	
4	2X/1-2-RX	1M A相电流	10kV 1M/4M分段备自投装置	SVIN9	7X/2-2 ET	第一组保护电流A相1	1号变压器10kV侧分支一合并单元A	
5	2X/1-2-RX	1号变压器分支1合并器额定延时1	10kV 1M/4M分段备自投装置	SVIN17	7X/2-2 ET	合并器额定延时	1号变压器10kV侧分支一合并单元A	
6	2X/1-3-RX	4M A相电压	10kV 1M/4M分段备自投装置	SVIN4	7X/2-2 ET	电压A相1	2号变压器10kV侧分支二合并单元A	
7	2X/1-3-RX	4M B相电压	10kV 1M/4M分段备自投装置	SVIN5	7X/2-2 ET	电压B相1	2号变压器10kV侧分支二合并单元A	
8	2X/1-3-RX	4M C相电压	10kV 1M/4M分段备自投装置	SVIN6	7X/2-2 ET	电压C相1	2号变压器10kV侧分支二合并单元A	
9	2X/1-3-RX	4M A相电流	10kV 1M/4M分段备自投装置	SVIN10	7X/2-2 ET	第一组保护电流A相1	2号变压器10kV侧分支二合并单元A	
10	2X/1-3-RX	2号变压器分支2合并器额定延时1	10kV 1M/4M分段备自投装置	SVIN18	7X/2-2 ET	合并器额定延时	2号变压器10kV侧分支二合并单元A	

（a）

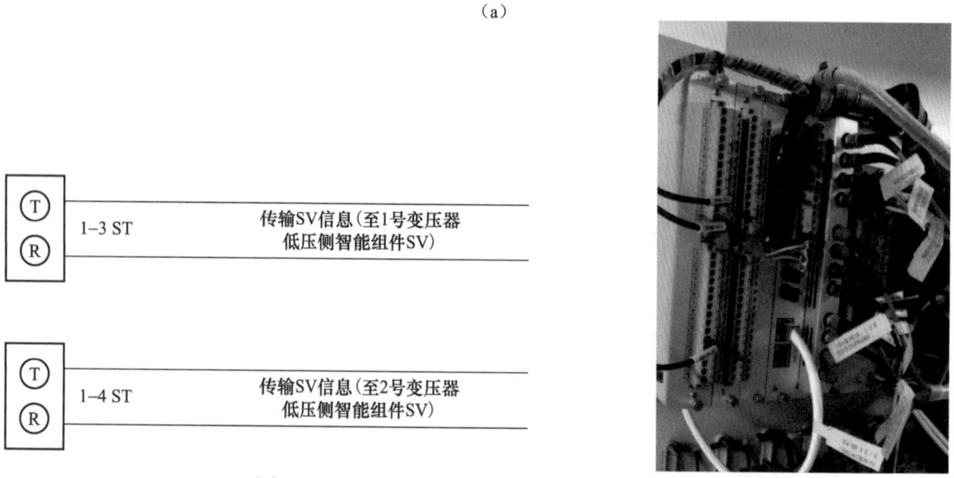

（b）　　（c）

图 6-18　SV 网络回路图

（a）信息流图；（b）光纤回路图；（c）实际接线图

备用电源自动投入装置内的 SV 接收软压板菜单界面如图 6-19 所示。

做安措时：①查询 SV 软压板菜单界面，逐路退出各间隔合并单元 SV 接收软压板，注意该项安措一般由检修人员负责实施；②根据图纸，找到对应支路的采样光纤并拔出。上述措施均要在安措票中详细记录光口位置与编号，在对应的执行栏中打“√”。

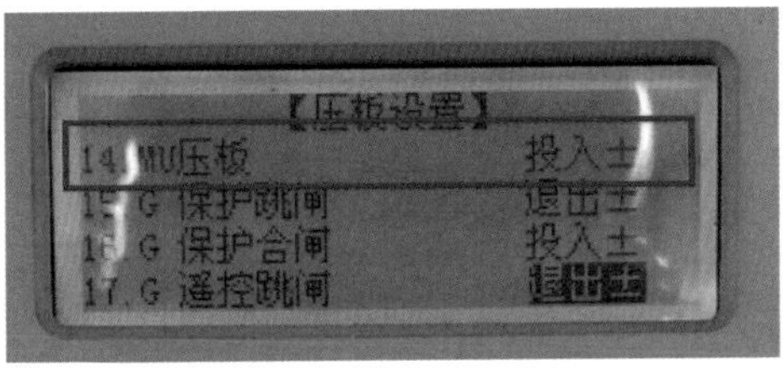

图 6-19　SV 接收软压板菜单界面

SV 软压板的安措示例如表 6-11 所示。

表 6-11　　安措票 SV 软压板记录

序号	执行	回路类别	安全措施内容	恢复
1		SV	退出装置 SV 接收软压板	
2			断开进线 1 的 SV 采样光纤	
3			断开进线 2 的 SV 采样光纤	

各个进线接收软压板和采样光纤对应传统站的电流回路安措，通过退出接收软压板和断开采样光纤两重措施，实现与主变压器合并单元隔离，方便施加采样信号，排除外接间隔对所加电流的数字信号构成的影响，记录光纤位置防止恢复错位。

另外针对进线备投方式，断开分支进线电压 SV 采样光纤和退出相应的接收软压板对应传统站的电压回路安措，通过这两重措施，方便施加电压采样信号，验证失压、有压闭锁等功能。

4. GOOSE 安措

GOOSE 发送软压板，负责控制本装置向其他智能装置发送 GOOSE 指令，该软压板退出时，不向其他装置发送相应的 GOOSE 指令。为防止在装置校验过程中相关运行间隔断路器误动，需退出 GOOSE 发送软压板，实现与运行设备的完全隔离。

GOOSE 接收软压板，负责控制本装置接受来自其他智能装置的 GOOSE 命令，该软压板退出时，本装置对其他装置发送来的相应 GOOSE 指令不作逻辑处理。

如图 6-20 所示，某站备自投虚回路以及链路图，备自投 GOOSE 发送主要包括跳合 1 号变压器进线断路器、跳合 2 号变压器进线断路器、GOOSE 接收主要包括 1 号变压器进线断路器位置、2 号变压器进线断路器位置、1 号变压器 A/B 套保护动作闭锁备自投开入、2 号变压器 A/B 套保护动作闭锁备自投开入等。这些链路皆可通过退出 GOOSE 接收及发送软压板实现隔离，如有必要，也可通过断开光纤的方式可靠隔离。

GOOSE 网络回路如图 6-20 所示，包括信息流图、光纤回路图、实际接线图。

备用电源自投入装置内的 GOOSE 发送菜单界面如图 6-21 所示。

序号	起点设备				终点设备			
	装置端口	虚端子定义	名称	虚端子号	装置端口	虚端子定义	名称	虚端子号
1	2X/1-0-TX	分1号主变压器分支1断路器	10kV 1M/4M分段备自投装置		2X/2-2 ER	保护1三跳出口	1号主变压器10kV侧分支一智能终端A	GOIN1
2	2X/1-1-TX	分1号主变压器分支1断路器	10kV 1M/4M分段备自投装置		2X/2-2 ER	保护1三跳出口	1号主变压器10kV侧分支一智能终端B	GOIN1
3	2X/1-0-RX	分2号主变压器分支2断路器	10kV 1M/4M分段备自投装置	GOOUT15	2X/2-2 ER	保护1三跳出口	2号主变压器10kV侧分支二智能终端B	GOIN1
4	2X/1-1-TX	分2号主变压器分支2断路器	10kV 1M/4M分段备自投装置	GOOUT15	2X/2-2 ER	保护1三跳出口	2号主变压器10kV侧分支二智能终端B	GOIN1
5	2X/1-0-TX	合1号主变压器分支1断路器	10kV 1M/4M分段备自投装置		2X/2-2 ER	重合1	1号主变压器10kV侧分支一智能终端A	GOIN31
6	2X/1-1-TX	合1号主变压器分支1断路器	10kV 1M/4M分段备自投装置		2X/2-2 ER	重合1	1号主变压器10kV侧分支一智能终端B	GOIN31
7	2X/1-0-RX	合2号主变压器分支2断路器	10kV 1M/4M分段备自投装置	GOOUT13	2X/2-2 ER	重合1	2号主变压器10kV侧分支二智能终端B	GOIN31
8	2X/1-1-TX	合2号主变压器分支2断路器	10kV 1M/4M分段备自投装置	GOOUT13	2X/2-2 ER	重合1	2号主变压器10kV侧分支二智能终端B	GOIN31
11	2X/1-0-RX	G 跳闸开入1	10kV 1M/4M分段备自投装置		4X/3-TX	GOOSE_跳低2分段	1号主变压器保护A	GOOUT16
12	2X/1-0-RX	G 闭锁本备投1	10kV 1M/4M分段备自投装置		4X/3-TX	GOOSE_闭锁低2备投	1号主变压器保护A	GOOUT19
13	2X/1-1-RX	G 跳闸开入2	10kV 1M/4M分段备自投装置		4X/3-TX	GOOSE_跳低2分段	1号主变压器保护B	GOOUT16
14	2X/1-1-RX	G 闭锁本备投2	10kV 1M/4M分段备自投装置		4X/3-TX	GOOSE_闭锁低2备投	1号主变压器保护B	GOOUT19
15	2X/1-0-RX	G 跳闸开入3	10kV 1M/4M分段备自投装置		4X/3-TX	GOOSE_跳低2分段	2号主变压器保护A	GOOUT16
16	2X/1-0-RX	G 闭锁本备投3	10kV 1M/4M分段备自投装置		4X/3-TX	GOOSE_闭锁低2备投	2号主变压器保护A	GOOUT19
17	2X/1-1-RX	G 跳闸开入4	10kV 1M/4M分段备自投装置		4X/3-TX	GOOSE_跳低2分段	2号主变压器保护B	GOOUT16
18	2X/1-1-RX	G 闭锁本备投4	10kV 1M/4M分段备自投装置		4X/3-TX	GOOSE_闭锁低2备投	2号主变压器保护B	GOOUT19
19	2X/1-0-RX	1号主变压器分支1断路器位置	10kV 1M/4M分段备自投装置		2X/2-2 ET	断路器总位置	1号主变压器10kV侧分支一智能终端A	GOOUT1
20	2X/1-0-RX	2号主变压器分支2断路器位置	10kV 1M/4M分段备自投装置	GOIN18	2X/2-2 ET	断路器总位置	2号主变压器10kV侧分支二智能终端A	GOOUT1

（a）

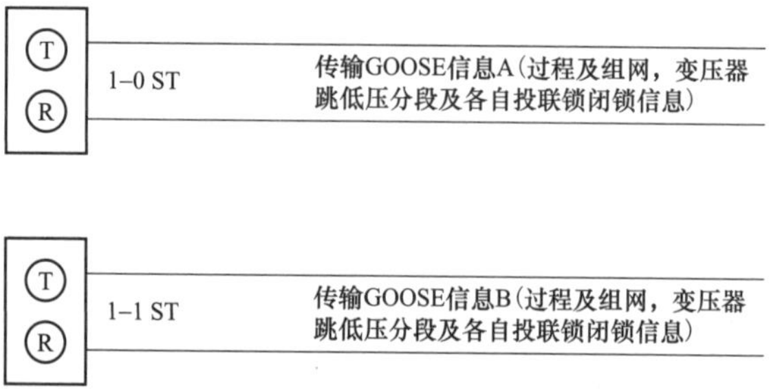

（b）

（c）

图 6-20　GOOSE 网络回路图

（a）信息流图；（b）光纤回路图；（c）实际接线图

做安措时，在保护装置的 GOOSE 软压板菜单中检查各进线的 GOOSE 软压板状态，确保各进线的 GOOSE 出口压板均已退出，否则要与运维人员联系，由他们操作退出。核查无误后，在安措票中进行记录并在执行栏中打“√”。

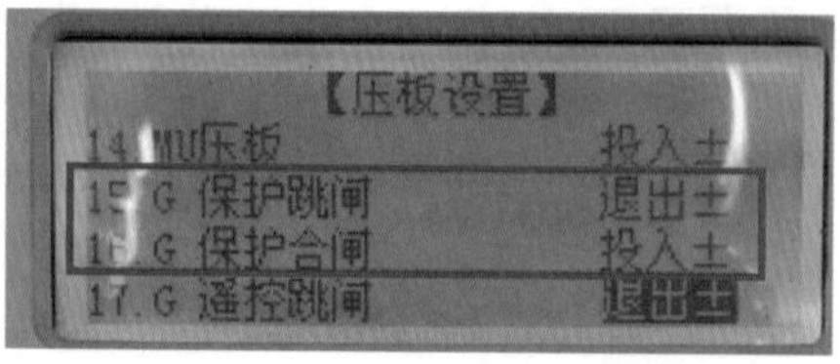

图 6-21　GOOSE 软压板菜单界面

GOOSE 安措的示例如表 6-12 所示。

表 6-12　　安措票 GOOSE 记录

序号	执行	回路类别	安全措施内容	恢复
1		GOOSE	检查 GOOSE 出口软压板确已退出	
2			断开进线 1 的 GOOOSE 组网光纤	
3			断开进线 2 的 GOOSE 组网光纤	

检查各间隔 GOOSE 出口软压板确已退出。部分型号的备自投可能会存在 GOOSE 接收软压板，用于接收来自各进线的闭锁备自投开入信号，与 GOOSE 出口软压板一样，也需要执行安措退出。

5. 恢复安措

工作结束之后，执行人要严格依照安措票中记录的措施，逐项恢复并在安措票中的恢复栏中打“√”，恢复之后，监护人逐项检查是否恢复到位。

三、注意事项

（1）为防止光纤恢复错误，可以采取拍照留存方式。同时要注意安措顺序，采用先退软压板再断开光纤（或投检修压板）的方式隔离。此外，为增加安全性，防止直采断链未闭锁保护而备自投装置动作误跳运行开关，应按先断开直跳、再断开组网、最后断开直采的顺序断开光纤。

（2）上述安措执行完毕后，校验结束恢复安措时，通过查看装置的报文，检查装置是否报 SV 采样通道延时异常，确保采样通道延时正常，如果有异常要采取相应的措施，消除异常，然后在安措票中记录并在执行栏中打“√”，如表 6-13 所示。

表 6-13　　安措票通道延时检查记录

执行	回路类别	安全措施内容	恢复
	采样通道延时	检查装置是否报 SV 采样通道延时异常	

消除措施一般是重启装置，使装置和合并单元的数据重新同步。

第三节　备用电源自动投入装置更换二次安措

一、常规变电站备自投装置更换二次安措

1. 准备工作

同第六章第一节第一部分中所述准备工具和图纸。

2. 备自投装置更换安措步骤

（1）电气连接关系检查（拆除表更换安措票）。

1）明确所有间隔与备自投装置联系的电缆接线位置、明确保护柜（断路器柜）内所有外部电缆的用途功能及电缆走向（闭锁备自投、进线跳闸、进线合闸、母联跳闸、母联合闸、进线电流电压、母联电流、母线电压等）。

2）检查安措票中的端子编号是否正确、是否遗漏、与图纸回路是否一致；

3）确认屏顶小母线［各10kV（或20kV、35kV）交流电压、交直流电源等］电缆走向，提前准备临时电缆。

（2）电气连接关系拆除。

1）检查确认备自投装置已退出运行，出口压板已全部打开；

2）根据拆除表找到备自投跳两路变压器进线断路器的电缆线、变压器后备保护动作闭锁备自投线、进线断路器位置线、KKJ合后位等，两头拆除，可通过测量电位方法确认；

3）拆除备自投跳合母联断路器的电缆线和母联断路器位置电缆线，两头拆除，可通过测量电位方法确认；

4）在变压器端子箱内用已测量确认连接良好的可锁紧短接线短接两路电源的变压器电流回路，用红胶带贴住，工作期间禁止撕毁，确认无流后拆除两侧电流电缆；

5）找到备自投屏柜上备自投的直流电源回路，在断路器柜小母线处解开，不方便的话在端子排处解开，并用红胶带贴住，工作期间严禁撕毁；

6）解除备自投装置的两路电源的交流电压回路，若为断路器柜式备自投装置，一般为柜顶小母线引下电压；若为集中组屏式备自投，从屏顶小母线处引电压；

7）若备自投装置接有母联电流，则在进线端将该电流在端子排上短接退出，且用红胶布贴住，工作期间严禁误碰（一般情况母联同停，可不用）；

8）备自投装置若安装在母联刀闸柜，则该柜内的母联刀闸位置遥信带电，用红胶带贴住，工作期间严禁撕毁（一般情况母联同停，可不用）；

9）备自投装置若安装在母联断路器柜内，则将涉及母联保护的所有端子排用红胶布贴住，工作期间严禁撕毁（一般情况母联同停，可不用）。

二、智能变电站备自投装置改造二次安措

1. 准备工作

同第六章第二节第一部分中所述准备工具和图纸。

2. 备自投装置更换安措步骤

智能变电站和常规变电站的备自投装置更换施工步骤大致相同，安措步骤如下所示：

（1）电气连接关系检查。

1）明确所有间隔与备自投装置联系的电缆、光纤接线位置（闭锁备自投、进线跳闸、进线合闸、母联跳闸、母联合闸、进线电流电压、母联电流、母线电压等）；

2）检查拆除表中端子编号是否正确、是否遗漏、与图纸回路是否一致；

3）确认屏顶小母线（交直流电源等）电缆走向，提前准备临时电缆；

4）停备自投装置，确认其所有压板打开。

（2）电气连接关系拆除。

1）拆除去各进线断路器柜或交换机的GOOSE直连以及组网，两头拆除并记录，拆

除时需要认清尾纤及光缆，可通过测量光功率方法确认；

2）拆除去各进线断路器柜或交换机的 SV 直连或组网，两头拆除并记录，拆除时需要认清尾纤及光缆，可通过测量光功率方法确认；

3）拆除装置失电告警信号；

4）装置断电并拉掉装置电源空气开关后，解开空气开关下桩头电源线。

第七章　电容器保护二次安措

并联电容器和电抗器是调节电力系统无功平衡、稳定系统电压最为简单、经济、有效的手段之一。夏季用电高峰期，感性负载用电量激增，常见的感性负载如风扇、电磁炉、空调以及工业用大功率电机将对系统无功功率产生大量需求，并联电容器向系统输送无功，起到提高系统功率因数、降低线路和输变电设备的损耗、改善受端电压质量作用。在系统用电负荷较少时，因输电线路对地电容发出的无功功率较大，系统电压呈升高趋势，系统电压过高将影响电力设备绝缘情况，而并联电抗器的投入，可以有效吸收系统多余的无功功率，将电网电压维持在较合理的水平。

常见的电容器组接线方式有单 Y 型接线和 Y－Y 型接线方式。单 Y 型接线方式下，A、B、C 三相电容器组一侧接系统电压，另一侧三相并联，可以在每相电容器组内部配置检测桥差电流的电流互感器，有效甄别电容器组内部匝间短路故障，其灵敏度较高，或采用每相电容器组内部两段电压差构成的差压式保护。Y－Y 型接线方式下，每组电容器分两个小组，在两组 Y 型电容器接线的中性点连接线上布置一台单相式的电流互感器，故障时由于两个 Y 型接线电容器组的电流值不同，中性点连接线上流过不平衡电流，达到整定值时保护动作跳闸，切除故障。

电容器保护的保护范围为过流保护电流次级往后的一次设备部分。常见的常规变电站及智能变电站电容器保护装置型号如表 7-1 所示。

表 7-1　　常规变电站及智能变电站的电容器保护装置型号统计

变电站类型	电容器保护型号
常规变电站	CSC-221A、ISA-359G、CSC-285、RCS-9611、NSR621RF-D00、WDR-821、PSC-641U、PCS-9631D
智能变电站	WSR-821B-G3、PCS-9647D-D

第一节　常规变电站电容器保护校验二次安措

以某 500kV 变电站为例，分析站内电容器保护校验安措实施基本方法及要求。该

500kV 变电站 1 号变压器 35kV 低压侧经总断路器后连接 35kV 母线，母线上再经三台断路器分别连接了两台电容器及一台低抗，两台电容器保护装置配置了过电压、欠电压保护功能，并配备过流保护及电容器组桥差电流保护。该站电容器保护装置与电容器测控装置分开，无功自投切装置投切无功设备的回路是直接接入保护装置，由保护相关操作回路动作投、切电容器。也有无功自投切装置投切回路与测控投切无功设备回路并接，这也是较为推荐的一种接线方式。

一、准备工作

1. 工器具、仪器仪表及材料准备

主要包括个人工具箱、钳型电流表、万用表、短接片、短接线、电容器保护二次图纸、电容器保护专用二次安措票。

（1）钳型电流表用于测量电流支路退出前后的电流值，判断退出措施是否到位。

（2）万用表用于测量母线电压断开前后的电压值，判断电压是否断开，防止虚断。

（3）电容器护二次图纸主要包括端子排图、电压电流回路图、保护原理图和连接关系图。

2. 整体回路连接关系

常见 Y 型接线方式下的电容器保护回路关联示意图如图 7-1 所示。

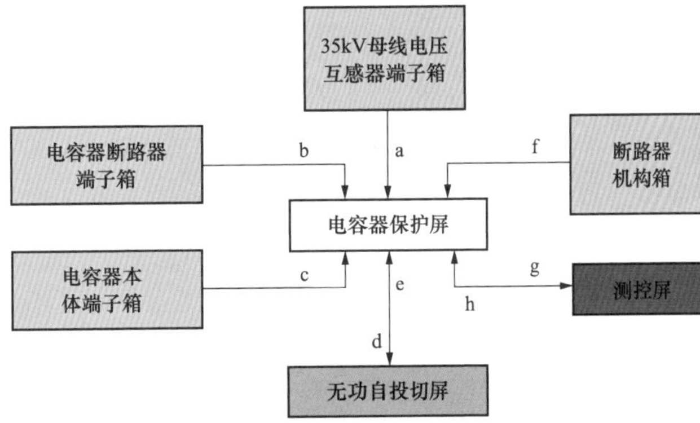

图 7-1　电容器保护回路连接关联示意

各回路的含义如下：

a. 电压回路。变压器 35kV 侧母线二次电压用于电容器过电压和欠电压保护。

b/c. 电流回路。分别为电容器流变次级及电容器组桥差电流次级电流回路，用于过流保护及桥差过流保护。

d. 电容器保护动作闭锁无功自投切回路。该回路用于保护动作闭锁无功自投切装置投切电容器组的功能。

e. 无功自投切装置动作投、切电容器组的回路。通常其合电容器与测控手合并接，切电容器则通过保护动作或手分回路切除。

f. 操作回路。电容器保护跳断路器、测控装置手合断路器的回路。

g. 测控信号回路。电容器保护送往电容器测控屏相关的保护动作、装置异常等信号。

h. 遥控回路。测控装置手合、手分断路器命令，其通过保护装置的操作回路控制现场断路器分合。

二、安措实施

以常见的 35kV 电容器保护为例，开展相关校验工作分析，考虑一台电容器及保护装置停电检修开展保护校验工作，35kV 母线及其他无功设备处于运行状态。

1. 二次设备状态记录

工作开始前，应仔细核对二次设备状态信息，如实填写在二次安措票的“二次设备状态记录”栏中，二次安措票执行人、监护人共同签字确认。工作结束后，按照二次安措票“二次设备状态记录”栏的内容将二次设备状态恢复至工作前的状态，二次安措票恢复人、监护人共同签字确认。

二次设备的状态由运行人员按照停电检修方式设定，设备状态包括压板状态、切换把手状态、当前定值区、空气开关状态、端子状态等。在检修过程中，因校验需要会改变压板或者切换开关等状态，检修结束后，应按照检修工作前的记录将二次设备恢复为初始状态。

2. 电流回路安措

图 7-2 为该保护装置交流电流回路图。从保护原理图可以看出，应打开端子排上 1-1ID1 至 1-1ID4 端子连片，及 1-1ID9 至 1-1ID14 端子连片，并用绝缘胶带封住端子排外侧接线孔，确保保护加量时不会加到外部回路上。

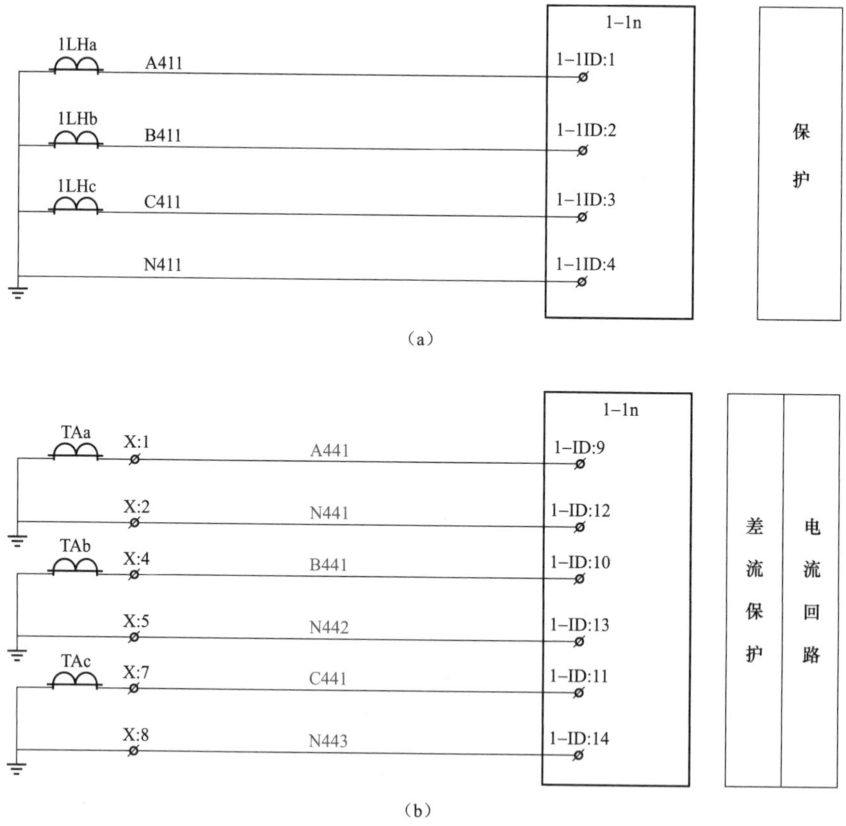

图 7-2　交流电流回路图（一）

(a) 原理图 1；(b) 原理图 2

1-1ID		
1-1n0413	1	A411
1-1n0415	2	B411
1-1n0417	3	C411
1-1n0414	4	N411
1-1n0416	5	
1-1n0418	6	
1-1n0419	7	
1-1n0420	8	
1-1n0405	9	A441
1-1n0407	10	B441
1-1n0409	11	C441
1-1n0406	12	N441a
1-1n0408	13	N441b
1-1n0410	14	N441c

（c）

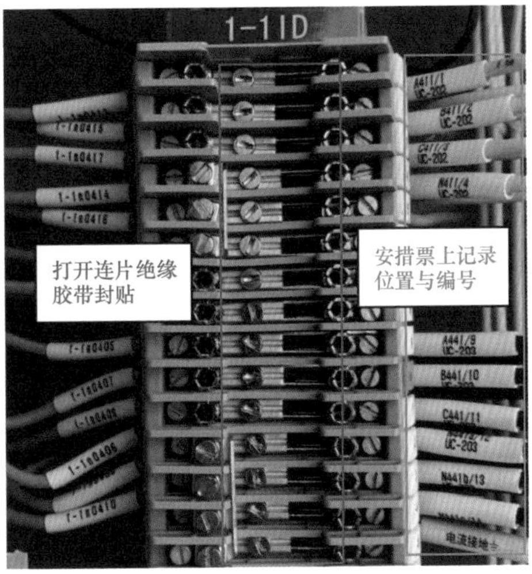
1-1ID
打开连片绝缘胶带封贴
安措票上记录位置与编号

（d）

图 7-2 交流电流回路图（二）

（c）端子排图；（d）实际接线图

交流电流回路的安措票如表 7-2 所示。

表 7-2 交流电流回路的安措票

序号	执行	回路类别	安全措施内容		恢复
1		电容器电流	电流 A 相	1-1ID1：A411	
2			电流 B 相	1-1ID2：B411	
3			电流 C 相	1-1ID3：C411	
4			电流公共 N	1-1ID4：N411	
5		不平衡电流回路	电流 A 相	1-1ID9：A441	
6			电流 N 相	1-1ID 12：N441	
7			电流 B 相	1-1ID 10：B441	
8			电流 N 相	1-1ID 13：N441	
9			电流 C 相	1-1ID11：C441	
10			电流 N 相	1-1ID14：N441	

3. 电压回路安措

对于电容器保护而言，保护电压采用变压器低压侧母线压变二次电压。一般保护电压由 35kV 侧母线 TV 端子箱经电缆连接到屏顶小母线，再经引下线接入端子排，最后过空气开关后接入保护装置。在电容器保护校验时，35kV 侧母线 TV 正常处于运行状态，在执行电压回路安措时，要严防误碰电压回路，防止跳开 TV 端子箱内电压互感器二次空气开关，对其他相关无功设备保护装置造成影响。交流电压回路如图 7-3 所示，编号一般为 660，在端子排的 UD 标签类属中。做安措前，确认交流电压回路的实际端子位置及编号和竣工图一致无误。

应断开 1-1UD1 至 1-1UD4 端子排内侧接线，并用红胶布封住整个电压端子排，防止工作过程中误碰运行中的电压回路。因保护电压一般是由空气开关出线桩头直接接入保护装置，因此，加量时，只能用鳄鱼夹夹住电压互感器二次空气开关进线端。交流电压回路安措票如表 7-3 所示。

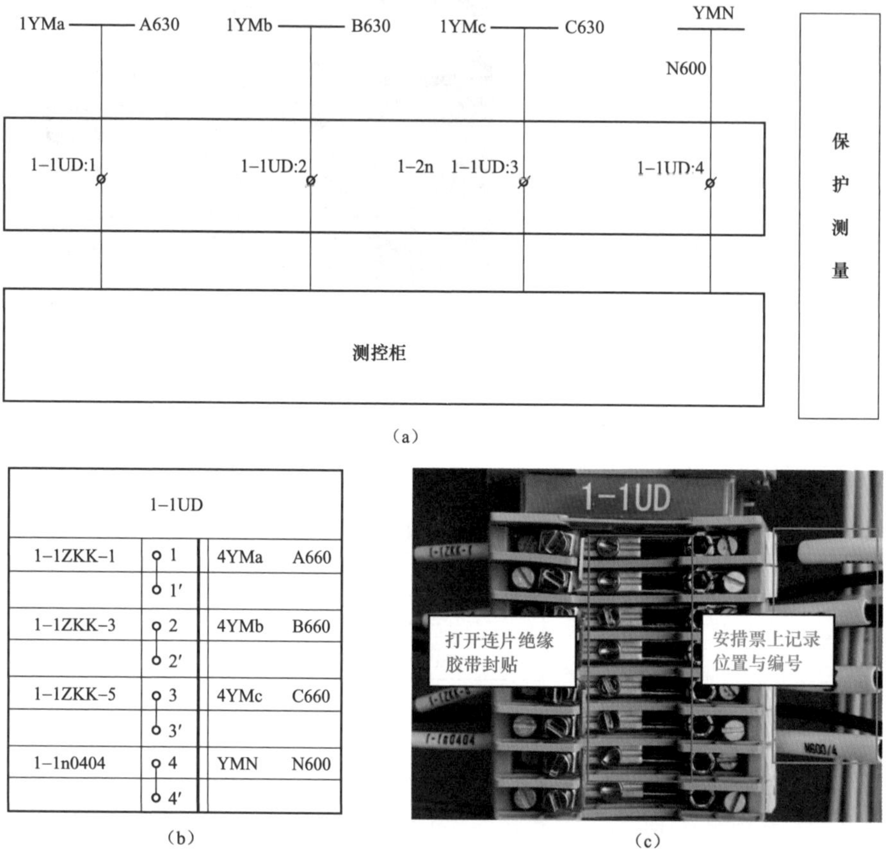

图 7-3　交流电压回路图

（a）原理图；（b）端子排图；（c）实际接线图

表 7-3　交流电压回路安措票

序号	执行	回路类别	安全措施内容		恢复
1		电压回路	电压 A 相	1-1U1D1：A660	
2			电压 B 相	1-1U1D2：B660	
3			电压 C 相	1-1U1D3：C660	
4			电压公共 N	1-1U1D4：N600	

4. 至无功自投切装置安措

电力系统无功自动投切装置是一种能自动检测系统电压并根据整定值自动投切电容器、低抗的保护装置。在电容器检修时，有必要断开电容器保护与运行中的无功自投切装置间的联系回路，防止校验过程中误开入闭锁信号至无功自投切保护装置。同时，工作前也应检查确认无功自投切装置投切本电容器的相关压板已断开。电容器保护与无功自投切装置联系回路如图 7-4 所示。

对于保护动作闭锁无功自投切回路，应断开 1-1CD1 及 1-1KD1 端子接线，并用红胶布包裹断开的电缆芯线。

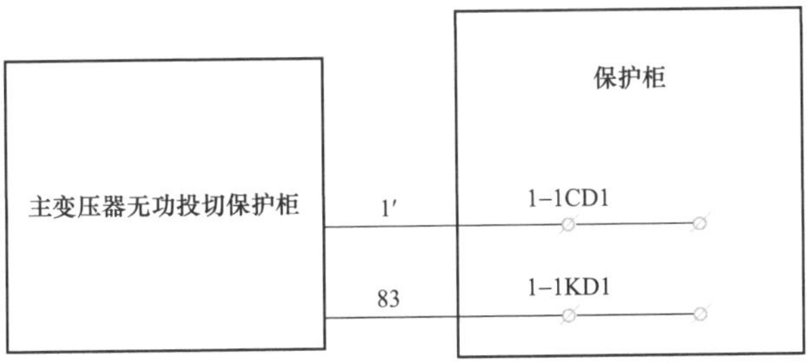

（a）

出口	1–1CD		
		○1	1
	–1–1n:7:4	○2	
		3	
	–1–1n:7:6	○4	
	–1–1n:7:5	○5	
出口	1–1KD		
	–1–1n:7:12	○1	83

（b）

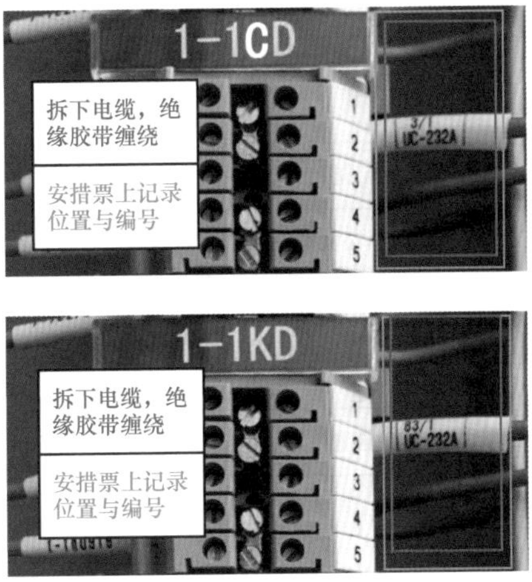

（c）

图 7-4 闭锁无功投切回路图

（a）原理图；（b）端子排图；（c）实际接线图

闭锁无功投切回路的安措票如表 7-4 所示。

表 7-4 **闭锁无功投切回路安措票**

序号	执行	回路类别	安全措施内容	恢复
1		保护动作闭锁无功自投切	断开端子 1-1CD1 并包绝缘	
2			断开端子 1-1KD1 并包绝缘	

5．测控信号回路安措

电容器保护校验过程中，会产生保护动作、装置告警等异常信号，为了防止信号干扰后台值班人员对其他正常运行设备的监控，应断开电容器保护至测控装置的信号回路。

如图 7-5 所示电容器保护测控信号回路图，应断开 1-1YD1 端子的信号回路公共端，并断开其余信号端子接线后包裹好绝缘。在拆除编号为 800 的电缆线并包裹好绝缘后，应用万用表检查确认 1-1YD1 端子排上无电位。测控信号安措票如表 7-5 所示。同时，应投入置检修压板，屏蔽相关信号报文。

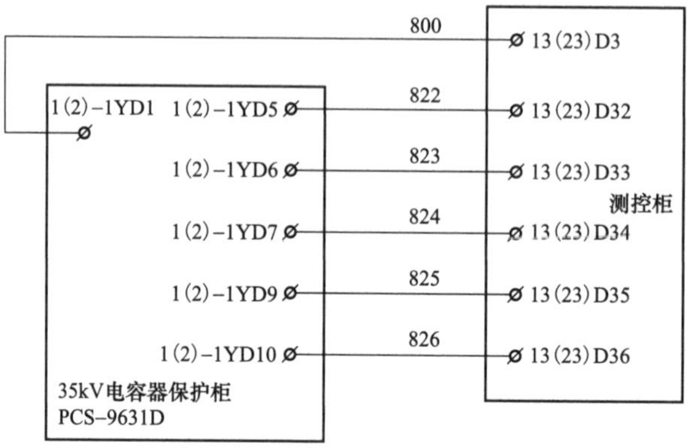

(a)

遥信	1-1YD	
公共端	800	1
保护动作	822 1X:50	5
控回断线	823 1X:51	6
装置闭锁	824 1X:52	7

(b)

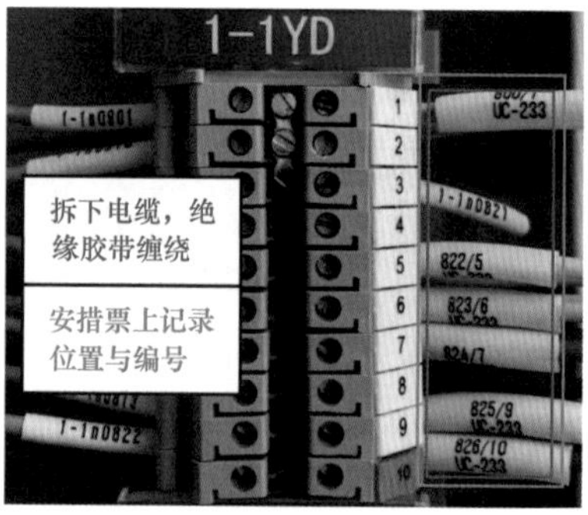

(c)

图 7-5 测控信号回路图

(a) 原理图；(b) 端子排图；(c) 实际接线图

表 7-5 **测控信号回路安措票**

序号	执行	回路类别	安全措施内容		恢复
1		测控信号	信号公共正	1-1YD：1	
2			装置闭锁	1-1YD：5	
3			装置告警	1-1YD：6	
4			保护动作	1-1YD：7	
5			控制回路断线	1-1YD：8	
6			事故总信号	1-1YD：9	

6. 恢复安措

工作结束之后，执行人要严格依照安措票中记录的措施，逐项恢复并在安措票中的恢复栏中打“√”，恢复之后，监护人逐项检查是否恢复到位，执行人和监护人在安措表上签字。

三、注意事项

（1）开展保护校验工作时，要提前熟悉设备相关二次图纸，重点掌握电流回路、电压回路、无功自投切闭锁回路、跳合闸回路接线情况。结合图纸编制好保护校验安措票，并开展停电前现场勘察工作，核查现场实际接线及图实一致性情况。现场工作开展前，要了解现场无功设备一次接线方式及停电检修方式，做好事故预想和危险点分析，有不完善的地方要做好动态补充。

（2）在电容器保护校验而35kV侧母线上其他间隔不停电时，要重点注意母线二次电压在保护屏内走向，安措实时要做好母线电压防误碰隔离措施。当母线电压在本屏内由一组并联端子并给多个保护装置情况时，要摸清楚电压回路走向，核对好电压回路二次安措实施方案，千万要注意防止出现解开电压端子接线后导致其他运行的保护装置TV失压。

（3）对于采用差压保护的电容器保护装置，在执行相关安措时，要断开端子排上差压电压的接线，并用红胶布包裹相关电缆，防止保护校验过程中加量至外部TV回路，造成设备损坏。

（4）对于采用不平衡电流保护的电容器保护装置，在执行电流回路安措时，要打开其不平衡电流接线端子联片，并用红胶布封住端子外侧。

第二节　智能变电站电容器保护校验二次安措

对于35kV电容器保护来说，近期新投入的500kV电压等级智能变电站，电容器保护的二次回路基本采用常规采样加GOOSE跳闸。保护的开入开出回路，在常规站是通过电缆接线实现，而在智能站内，除对时、失电告警等通过硬电缆实现，其余通过光纤回路实现。电容器保护跳现场断路器通过直跳光纤连接，保护动作闭锁无功自投切及无功自投切分合断路器通过组网光纤连接。

一、准备工作

1. 工器具、仪器仪表、材料介绍

智能变电站校验的准备工作中，要携带齐全个人工具箱、电容器保护二次图纸和二次安措票。图纸要携带竣工图等资料，确认电容器保护装置与各装置之间的连接关系。其中电容器保护柜厂家资料主要查看装置接点联系图、GOOSE信息流图和压板定义及排列图。

2. 整体链路连接关系

本文所引智能变电站电容器保测一体装置的保护二次回路连接关系如图7-6所示，该站采用常规采样加GOOSE跳闸，电容器组配备桥差式电流保护。

各回路的含义如下：

a. 电压回路。变压器 35kV 侧母线二次电压用于电容器过电压和欠电压保护。

b/c. 电流回路。分别为电容器电流互感器二次及电容器组桥差电流二次，用于过流保护及桥差过流保护。

d. 电容器保护动作闭锁无功自投切回路。该回路用于保护动作闭锁无功自投切装置投切电容器组的功能，通过组网光纤经交换机连接。

e. 无功自投切装置动作分、合电容器组断路器回路。

f. 跳闸、合闸回路。电容器保测一体装置跳合断路器回路。

g. 信号回路。电容器间隔告警信号及智能终端告警信号上送测控装置。

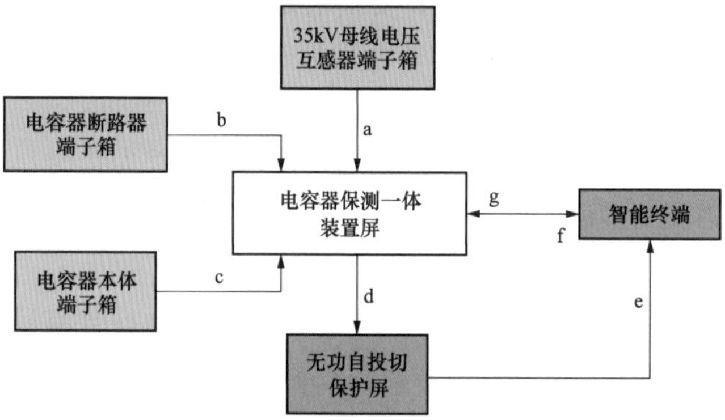

图 7-6　智能站电容器保护回路连接关系示意

二、安措实施

1. 二次设备状态记录

和常规变电站相同，首先在安措票上记录二次设备的状态，包括压板状态、当前定值区、空气开关状态、端子状态。

安措票二次设备状态记录安措票如表 7-6 所示。

表 7-6　二次设备状态记录安措票

序号	类别	状态记录
1	压板状态	1KLP1 退，其余投
2	切换把手状态	无
3	当前定值区	01 区
4	空气开关状态	全合
5	端子状态	—

2. 置检修压板安措

投入电容器保护装置及智能终端的置检修压板，投入压板后，进入装置检查检修状态是否置位成功。智能变电站装置检修态通过投入检修压板来实现，检修压板为硬压板。当检修压板投入时，装置通过 LED 灯、液晶显示、报文或动作节点提醒运行、检修人员该装置处于检修状态，同时保护装置发出的报文为置检修态，并能处理接收到的检修状态报文。校验过程中，只有电容器保护装置的检修硬压板投入后，其发出的数据流才有“TEST 置 1”的检修品质位。否则仅投入对应智能终端检修压板时，两者的数据流将与电容器保护装置的检修品质位不同，从而判别开入量“状态不一致”，屏蔽对应功能，无法完成相关回路功能的验证。图 7-7 所示为检修压板示图。

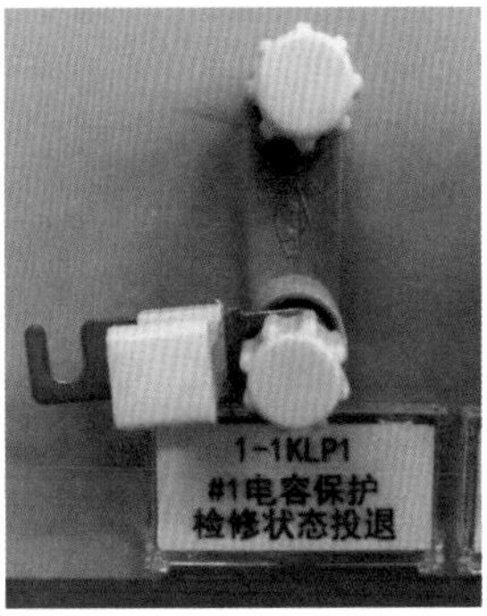

图 7-7　电容器保护装置检修状态投退压板示图

检修压板投退安措票如表 7-7 所示。

表 7-7　检修压板投退安措票

序号	执行	回路类别	安全措施内容	恢复
1		检修压板	投入电容器保护置检修压板 1KLP1	
2		检修压板	投入智能终端置检修压板 1KLP1	

3. 电流回路安措

图 7-8 为智能站电容器保护电流回路图。其接线方式与常规站一致，应断开保护相关

(a)

图 7-8　电容器保护交流电流回路图（一）

(a) 原理图

2-1ID				说明
A4111	1	2-1n101	*	保护电流IA
B4111	2	2-1n103	*	保护电流IB
C4111	3	2-1n105	*	保护电流IC
	4			保护电流IN
	4			
	5	2-1n102	*	保护电流IA′
	6	2-1n104	*	保护电流IB′
	7	2-1n106	*	保护电流IC′
	8			
	9	2-1n107	*	零序电流I0
N4111	10	2-1n108	*	零序电流I0′
	11			
A4211	12	2-1n127	*	桥差电流Ia
N4211	13	2-1n126	*	桥差电流Ia′
	14			
B4211	15	2-1n129	*	桥差电流Ib
N4212	16	2-1n128	*	桥差电流Ib′
	17			
C4211	18	2-1n131	*	桥差电流Ic
N4213	19	2-1n130	*	桥差电流Ic′

（b）

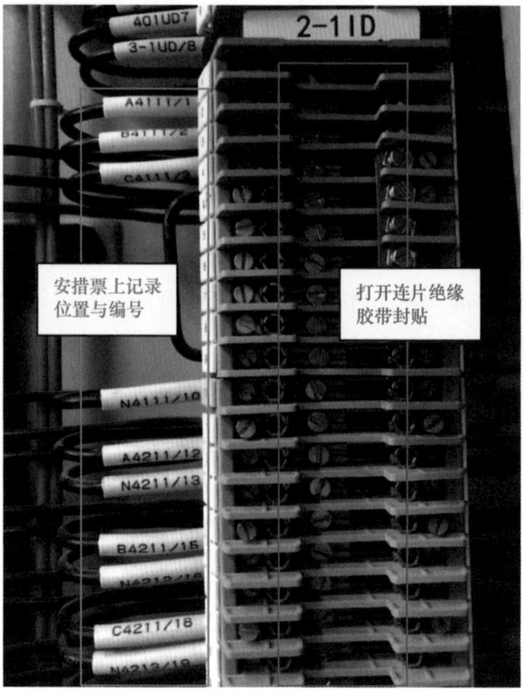

（c）

图 7-8　电容器保护交流电流回路图（二）

（b）端子排图；（c）实际接线图

TA 回路与全部外部电缆联系，包括 2-1ID1 至 2-1ID3、2-1ID10、2-1ID12、2-1ID13、2-1ID15、2-1ID16、2-1ID18、2-1ID19 等端子排上连片并用红胶布封住外侧，防止误加量到设备侧。

电流回路安措票如表 7-8 所示。

表 7-8　　电 流 回 路 安 措 票

序号	执行	回路类别	安全措施内容		恢复
1		电容器电流	电流 A 相	2-1ID1：A411	
2			电流 B 相	2-1I D2：B411	
3			电流 C 相	2-1I D3：C411	
4			电流公共 N	2-1I D4：N411	
5		桥差电流回路	电流 A 相	2-1ID12：A4211	
6			电流 N 相	2-1ID13：N4211	
7			电流 B 相	2-1ID15：B4211	
8			电流 N 相	2-1ID16：N4211	
9			电流 C 相	2-1ID18：C4211	
10			电流 N 相	2-1ID19：N4211	

4. 电压回路安措

一般情况下，母线电压可以经长电缆接至保护屏柜内端子排上，由端子排并至各保护装置，或母线电压经长电缆接至屏顶小母线后再分别转接至屏内各保护装置对应端子排，由端子排经电压互感器二次空气开关后接入保护装置，在执行二次安措时，要认清保护电压的走向。本书所列举保护装置，其电压采用的是屏内转接方式。如图 7-9 所示电压回路图，应断开 2-1UD1、2-1UD3、2-1UD5、2-1UD7 端子排外侧接往空气开关的电缆接线，用红色绝缘胶带封住电压回路的端子部分，防止试验接线时误接在带电的电压回路端子上。加量时，用鳄鱼夹夹在拆下的电缆芯线上。

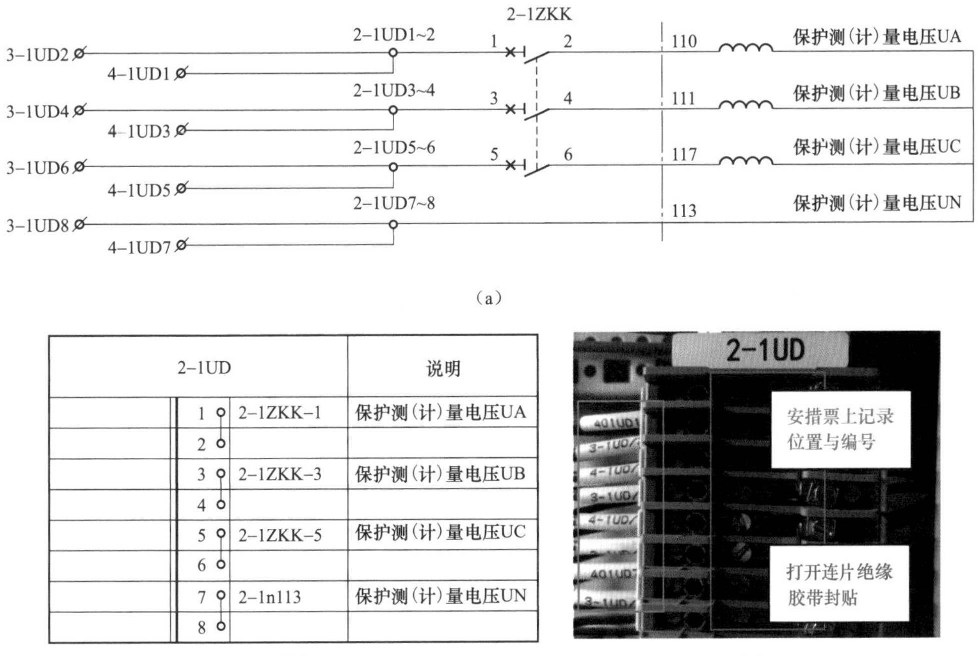

图 7-9　电容器保护电压回路图

(a) 原理图；(b) 端子排图；(c) 实际接线图

电容器保护电压回路安措票如表 7-9 所示。

表 7-9　　电 压 回 路 安 措 票

序号	执行	回路类别	安全措施内容		恢复
1		电压回路	电压 A 相	1-1U1D1：A660	
2			电压 B 相	1-1U1D2：B660	
3			电压 C 相	1-1U1D3：C660	
4			电压公共 N	1-1U1D4：N600	

5. 测控信号回路安措

如图 7-10 所示测控信号回路图，应断开信号公共端 1-1YD1 至遥信电源公共端，并用红胶布包裹做好绝缘，防止保护相关信号上送至后台，同时断开其他信号电缆接线。

电容器保护测控信号回路安措票如表 7-10 所示。

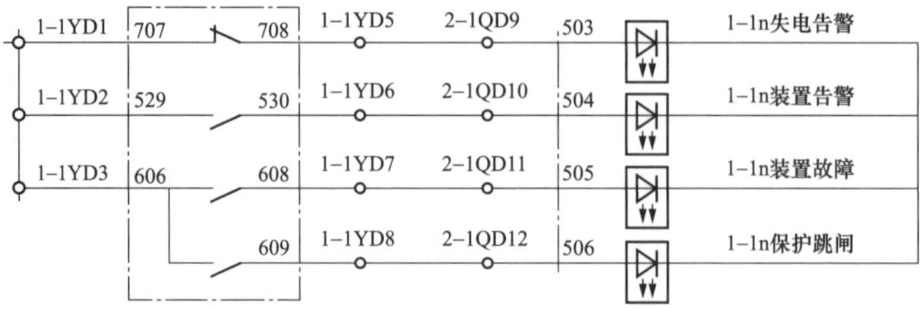

（a）

说明	1-1YD		
信号公共端	1-1n707	1	2-1QD4
	1-1n529	2	
	1-1n606	3	
		4	
1号电容保护失电告警	1-1n708	5	2-1QD9
1号电容保护装置故障	1-1n530	6	2-1QD10
1号电容保护运行异常	1-1n608	7	2-1QD11
1号电容保护保护跳闸	1-1n609	8	2-1QD12

（b）

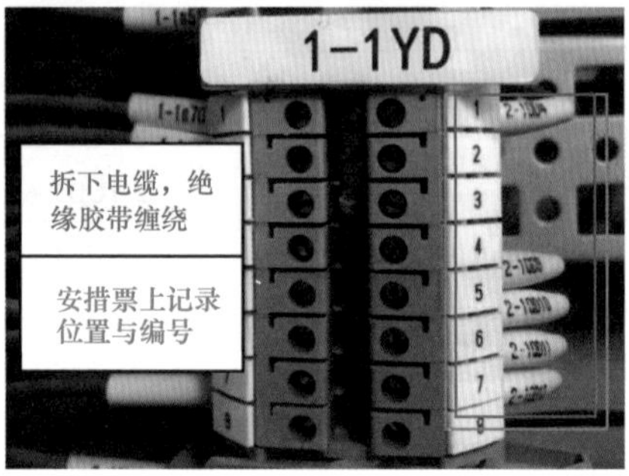

（c）

图 7-10　电容器测控信号回路图

（a）原理图；（b）端子排图；（c）实际接线图

表 7-10　　测控信号回路安措票

序号	执行	回路类别	安全措施内容		恢复
1		测控信号	信号公共端	1-1YD：1	
2			保护动作	1-1YD：5	
3			失电告警	1-1YD：6	
4			装置告警	1-1YD：7	
5			装置故障	1-1YD：8	

6. GOOSE 安措

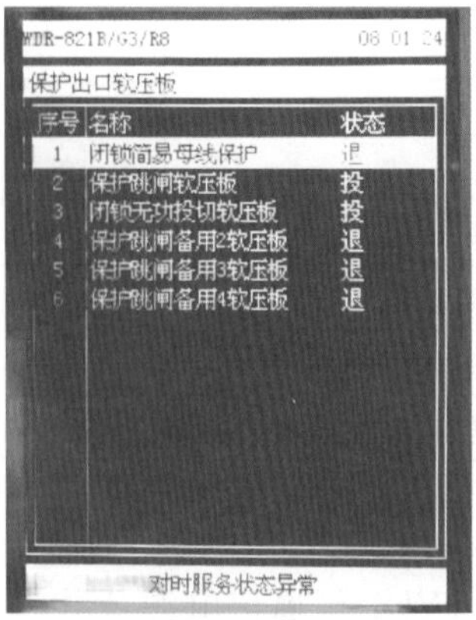

图 7-11　闭锁无功投切软压板示意图

智能站电容器保护 GOOSE 安措主要是与无功自投切保护装置相关的闭锁回路，通常在电容器保护装置会设置“闭锁无功自投切”发送软压板，工作前，应检查确认该软压板处于退出状态，防止保护校验过程中误发信闭锁了无功自投切装置的相关功能，对系统正常运行造成影响。图 7-11 为闭锁无功投切软压板示意图。

电容器保护校验相关的 GOOSE 安措如下：

1）检查确认闭锁无功自投切压板已退出；

2）断开 35kV 电容器保护装置背板组网光纤。

GOOSE 链路安措票如表 7-11 所示。

表 7-11　　GOOSE 链路安措票

序号	执行	回路类别	安全措施内容	恢复
1		GOOSE	检查闭锁无功自投切软压板已退出	

7. 恢复安措

工作结束之后，执行人要严格依照安措票中记录的措施，逐项恢复并在安措票中的恢复栏中打“√”，恢复之后，监护人逐项检查是否恢复到位。

三、注意事项

（1）在保护装置检修电压互感器先投入时，应在保护屏上看到检修不一致灯亮起，再投入智能终端装置检修压板后，保护装置上检修不一致灯应熄灭，可通过观察检修不一致指示灯确认相关检修压板投入情况。

（2）在无功设备未全停的保护校验工作中，应重点关注屏内 35kV 母线电压接线方式，防止因安措执行不到位导致 35kV 母线二次电压失电，造成其他正常运行的电容器组、电抗器组保护装置电压回路异常，甚至造成其他电容器保护装置误动作。

第三节　电容器保护更换二次安措

当运行的电容器保护达到退役年限或当前电容器接线方式、保护原理灵敏度不足时，需要更换相关保护装置时，应提前做好充分、完备的勘察工作，理清保护屏柜内相关联二次回路，彻底隔绝交直流电源与保护装置的联系，做好安措编制及实施。

电容器保护更换的安措主体思路大致同电容器保护校验相近，但考虑到电容器保护更换过程中需要将电容器保护装置整体拆除，与之相关的电流、电压、信号、操作回路电缆也达到使用年限需要整体更换，因此，在电容器的保护更换工作时，我们除了要在电容器保护屏实施相关安措，还需要在直流屏、测控屏、无功自投切屏、对时装置屏等实施安措，确保需要更换的电缆两端都与待更换设备或运行设备安全脱离开来。

一、常规变电站电容器保护更换二次安措

无功设备保护屏基本上一面屏柜内有多套保护装置，在电容器保护立新屏更换时，其屏内的母线电压、公用交流电源等并不会拆除，在安措执行过程中应仔细核对，做好安措。

1. 准备工作

同第七章第一节中第一部分所述准备工具、图纸和材料。

2. 电容器保护更换安措步骤

（1）电气连接关系检查。

1）明确保护采用的电压和电流回路接线。

2）理清无功自投切装置与保护之间的回路联系关系。

3）检查二次安措票中的端子编号是否正确、是否遗漏，与图纸回路是否一致。

4）确认母线电压接线方式及电缆走向，提前准备临时电缆。

（2）电气连接关系拆除。

1）检查拆除表中端子编号是否正确、是否遗漏，与图纸回路是否一致，确认无误后方可执行拆除工作。

2）明确旧电容器保护屏内与待更换保护装置相关的所有外部电缆的用途功能及电缆走向。

3）断开电容器保护电流回路，主要有电容器桥差电流回路，应在电容器保护屏及现场电容器端子箱中实施；断开电容器过流保护用电流回路，也应在电容器保护屏及现场电容器端子箱中实施。

4）断开电容器保护测量、计量电流回路。若有电流回路串接时，要认真核对电缆标签并检查芯线，用钳形电流表检查无电流后方可拆除。

5）断开电容器保护电压回路，要先确认电容器保护电压是取自屏顶小母线电压还是端子排上并接，若电压取自屏顶小母线，拆除时要做好绝缘措施，防止误碰小母线导致上级空气开关跳开，若是屏内转接，其端子排要包好绝缘，严防误碰。

6）拆除闭锁无功自投切回路及无功自投切动作投、切除电容器回路，在电容器保护屏内监测电位，拆除闭锁无功自投切回路电缆，在无功自投切屏监测电位，拆除无功自投切动作投、切电容器回路电缆，确认正常后拆除剩余接线。

7）拆除保护屏至电容器端子箱内开关位置回路接线，应采用监测电位法拆除，即在受电端监测电位，在拆除送电端接线电缆后电位消失，表明该回路正确，可开展后续拆除工作。

8）拆除遥信回路电缆，在电容器保护屏监测遥信回路电位，在测控屏内依次拆除公共端及其他信号回路，确认无误后拆除电容器保护屏内遥信回路电缆。

9）解开打印机至屏内公用 220V 交流电源回路接线。

10）断开装置电源空气开关，断开电容器保护控制电源空气开关，检查相关电源确已断开，用胶布或其他警示措施封住相应直流空气开关，防止有人误投入该直流空气开关造成直流接地或人身触电伤害。

11）断开保护装置至对时装置电缆两侧并包好绝缘。

二、智能变电站电容器保护更换二次安措

常规采样的智能变电站电容器保护的交流回路与常规变电站基本无差异，在交流回路的安措和注意事项可参考常规变电站部分，此处重点讨论智能变电站相关部分。对于采用常规采样加 GOOSE 跳闸的智能变电站电容器保护来说，在执行保护改造工作时，要重点注意以下安措的执行。

（1）实施闭锁无功自投切回路安措，并投入检修压板。具体安措表如表 7-12 所示。

表 7-12　　智能变电站软压板及检修压板安措票

1 号变压器 312 电容器保护测控屏				
序号	执行	回路类别	安全措施内容	恢复
1		闭锁无功自投切	退出“保护动作闭锁无功自投切”发送软压板	
2		检修压板	投入“置检修”压板：1-1KLP1	

（2）智能终端安措实施如表 7-13 所示。

表 7-13　　智能终端安措票

1 号变压器 2 号电容器 312 断路器智能终端柜				
序号	执行	回路类别	安全措施内容	恢复
1		检修压板	投入“置检修”压板：1KLP1	

第八章　电抗器保护二次安措

电抗器及电容器是500kV变电站必不可少的无功调节元件，承担着稳定系统电压改善电力系统电能质量的重要作用。本文以500kV等级变电站内所配置的35kV电抗器保护装置为例，分析电抗器保护在常规保护校验及保护改造工作中的相关安措布置和重点注意事项。常规电抗器组接线方式基本采用Y型连接，并配备分段式过流保护、比率差动保护、非电量保护等主要功能。

35kV电抗器的保护范围为其差动回路首端电流回路次级至电抗器中性点间的一次设备。较为常见的常规变电站及智能变电站内的电抗器保护型号如表8-1所示。

表8-1　　常规变电站和智能变电站的电抗器保护型号统计

变电站类型	电抗器保护型号
常规变电站	RCS-9621C、UDC332AG、ISA-348G、CSC-231、WKB801A
智能变电站	PCS-9647D、CSK-406A、YKB-821B、WKB-851BG

第一节　常规变电站电抗器保护校验二次安措

一、准备工作

1. 工器具、仪器仪表及材料准备

主要包括个人工具箱、钳型电流表、万用表、短接片、短接线、电抗器保护二次图纸、电抗器保护专用二次安措票。

钳型电流表用于测量电流支路退出前后的电流值，判断退出措施是否到位。

万用表用于测量母线电压断开前后的电压值，判断电压是否断开，防止虚断。

电抗器护二次图纸主要包括端子排图、电压电流回路图、保护原理图和连接关系图。

2. 整体回路连接关系

电抗器保护二次回路连接关系如图8-1所示，在执行安措时，应断开与电抗器保护柜相连的全部二次回路。

a. 电压回路。变压器35kV侧母线二次电压。

b. 电流回路。包括电抗器首端电流及末端电流，用于电抗器过流保护及差动保护。

c. 保护动作闭锁无功自投切回路。该回路用于保护动作闭锁无功自投切装置投切电抗器组的功能。

d. 无功自投切装置动作投、切电抗器组的回路。通常其合电抗器与手合并接，切电抗器则通过保护动作或手分回路切除。

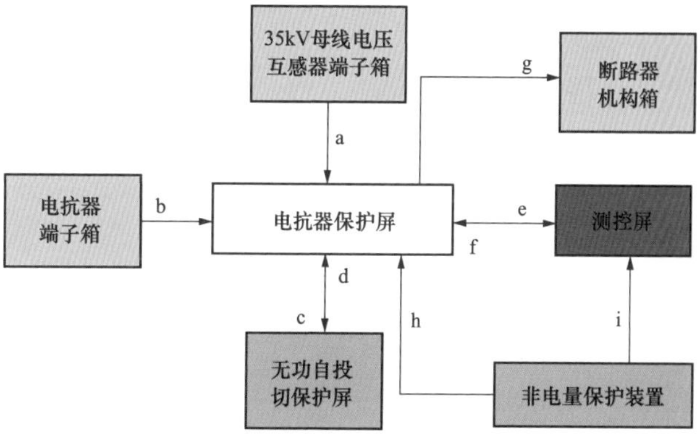

图 8-1　电抗器保护二次回路连接关系示意

e/i. 测控信号回路。电抗器保护装置、非电量装置上送测控屏的保护动作、事故总、装置异常、非电量信号等。

f. 遥控回路。测控装置手合、手分断路器命令，其通过保护装置的操作回路控制现场断路器分合。

g. 操作回路。合电抗器断路器，分电抗器断路器的回路。

h. 非电量跳闸回路。非电量保护动作跳电抗器断路器。

二、安措实施

1. 二次设备状态记录

工作开始前，应仔细核对二次设备状态信息，如实填写在二次安措票的“二次设备状态记录”栏中，二次安措票执行人、监护人共同签字确认。工作结束后，按照二次安措票“二次设备状态记录”栏的内容将二次设备状态恢复至工作前的状态，二次安措票恢复人、监护人共同签字确认。

二次设备的状态由运行人员按照停电检修方式设定，设备状态包括压板状态、切换把手状态、当前定值区、空气开关状态、端子状态等。在检修过程中，因校验需要会改变压板或者切换开关等状态，检修结束后，应按照检修工作前的记录将二次设备恢复为初始状态。

安措票二次设备状态记录安措如表 8-2 所示。

表 8-2　　二次设备状态记录安措票

序号	类别	状态记录
1	压板状态	LP1 投，其余退
2	切换把手状态	无
3	当前定值区	01 区
4	空气开关状态	1-ZKK1 退，其余全合
5	端子状态	—

2. 电流回路安措

图 8-2 为电抗器交流电流回路图，可以看出，电抗器保护配置了两组电流回路——首端及末端电流。两组电流构成了电抗器差动保护，且首端电流还用于过流保护。在执行安措时，应确认电抗器间隔及开关一次设备停役、二次电流回路无流之后，用螺丝刀打开端子排上两组电流回路对应端子的金属连片，打开后要紧固连片。

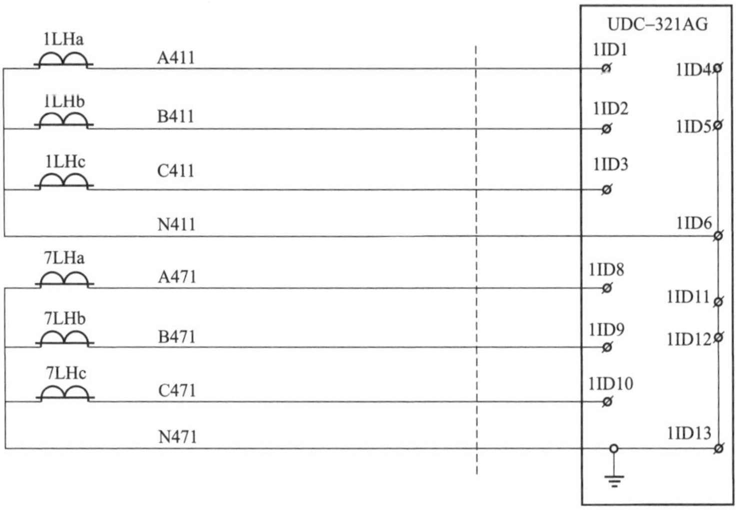

（a）

1ID			交换电流
1ID:1 A411	1	A411	
1ID:2 B411	2	B411	
1ID:3 C411	3	C411	
1ID:4 N411	4	N411	
	5		
	6		
	7		
1ID:8 N471	8	A471	
1ID:9 B471	9	B471	
1ID:10 C471	10	C471	
1ID:11 N471	11	N471	
	12		
	13		

（b）

（c）

图 8-2 电抗器交流电流回路图

（a）原理图；（b）端子排图；（c）实际接线图

电流回路的安措票如表 8-3 所示。

表 8-3 电流回路的安措票

序号	执行	回路类别	安全措施内容		恢复
1		电抗器首端电流回路	电流 A 相	1ID1：A411	
2			电流 B 相	1ID2：B411	
3			电流 C 相	1ID3：C411	
4			电流公共 N	1ID4：N411	
5		电抗器尾端电流回路	电流 A 相	1ID8：A471	
6			电流 B 相	1ID9：B471	
7			电流 C 相	1ID10：C471	
8			电流公共 N	1ID11：N471	

3. 电压回路安措

电抗器保护电压回路图如图 8-3 所示。可以看到，原理图上并未显示母线电压进装置前的空气开关 1ZK1，实际接线图中是配有空气开关的。电抗器保护采用变压器 35kV 侧母线电压，当电抗器保护校验时变压器低压侧母线处于运行状态，在执行电压回路安措时，注意做好防误碰措施，用绝缘胶带封贴带电电压回路端子排，防止误碰。并在安措编制前，确认各间隔的实际端子编号和设计图纸一致无误。此处电压回路安措为：解开端子排 1UD1-1UD4 右侧接入 1ZK1 上桩头的内部软线，加量时，用鳄鱼夹夹在解下的软线线芯上。

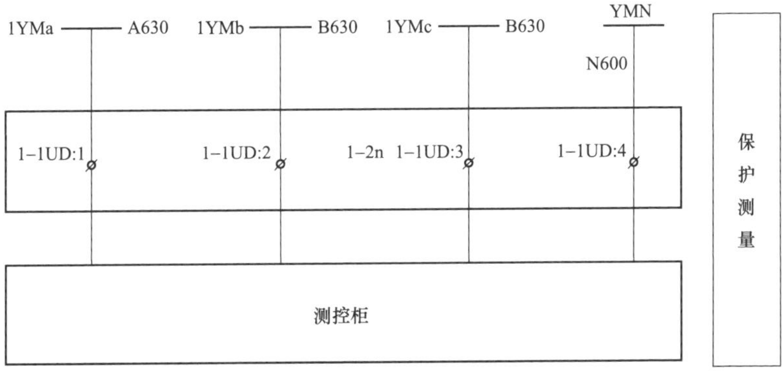

（a）

交流电压		1-1UD	
A630	Ua	1ZKK:1	1
B630	Ub	1ZKK:3	2
C630	Uc	1ZKK:5	3
N600	Un	1-1n0304	4

（b）

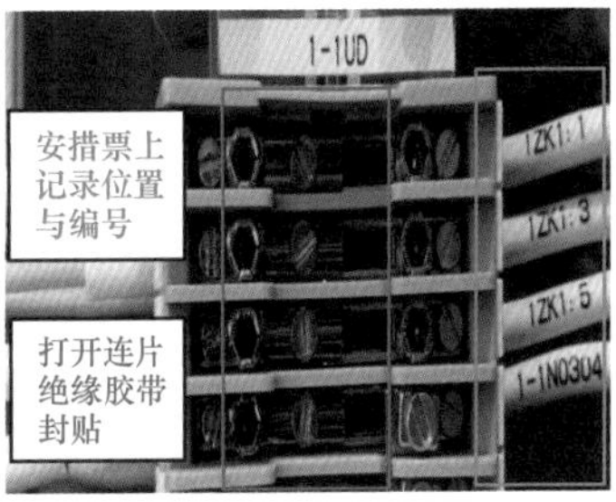

（c）

图 8-3 电抗器交流电压回路图

（a）原理图；（b）端子排图；（c）实际接线图

电压回路安措票如表 8-4 所示。

表 8-4　　　　电压回路的安措票

序号	执行	回路类别	安全措施内容		恢复
1		电压回路	电压 A 相	1U1D1：A630	
2			电压 B 相	1U1D2：B630	
3			电压 C 相	1U1D3：C630	
4			电压公共 N	1U1D4：N600	

4. 至无功自投切装置安措

如图 8-4 所示的闭锁无功自投切回路图。断开至无功自投切回路，防止保护动作信号发送至无功自投切保护装置，闭锁其动作投切电抗器的功能。同时，工作前也应检查确认无功自投切装置投切本电抗器的相关压板已断开。闭锁无功自投切是由保护装置动作后提供动作节点给无功自投切装置，应拆除 1-4CD10、1-4CD13 端子外部电缆接线并包裹好绝缘胶布，完成后可检查端子排上不带电确认拆线正常。恢复时，也应检查端子排 1-4CD10 带电后方可确认正常。

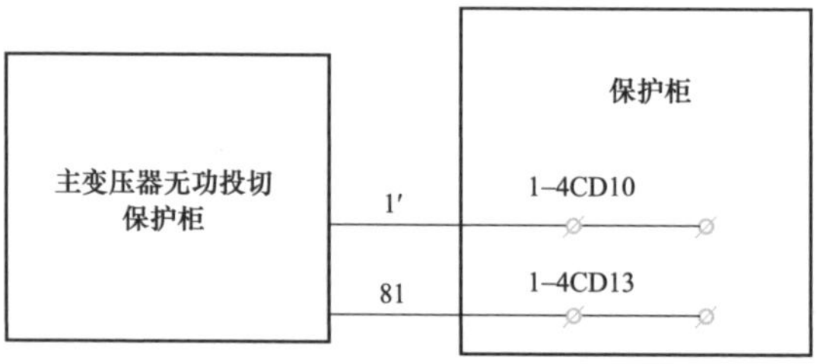

(a)

操作出口	1-4CD	
		1
		2
闭锁VQC+	1-1n0916	10
		11
		12
闭锁VQC-	1CLP7:1	13

(b)

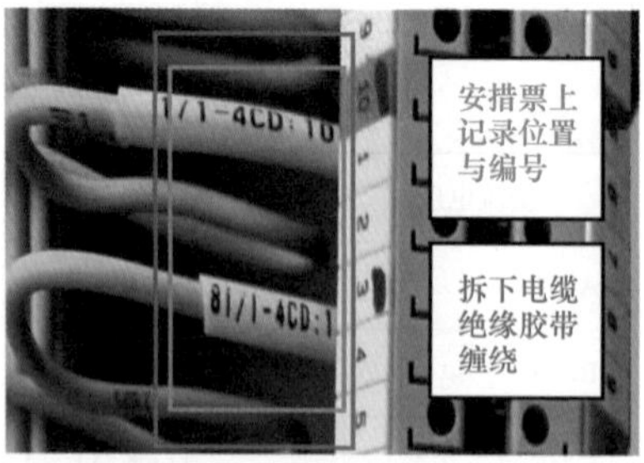

(c)

图 8-4　闭锁无功自投切装置回路图

(a) 原理图；(b) 端子排图；(c) 实际接线图

至无功自投切装置回路安措票如表 8-5 所示。

表 8-5　　至无功自投切装置回路安措票

序号	执行	回路类别	安全措施内容	恢复
1		保护动作闭锁无功自投切	断开端子 1-4CD10 并包绝缘	
2			断开端子 1-4CD13 并包绝缘	

5. 测控信号回路安措

图 8-5 为测控信号回路图，包括非电量保护装置、电量保护装置信号回路。防止工作时发送信号至后台，将保护装置至测控信号的公共端及其他信号端子断开。断开 1-1YD1、1-5YD1 两个公共端及其他信号端子外部电缆并包裹好绝缘。

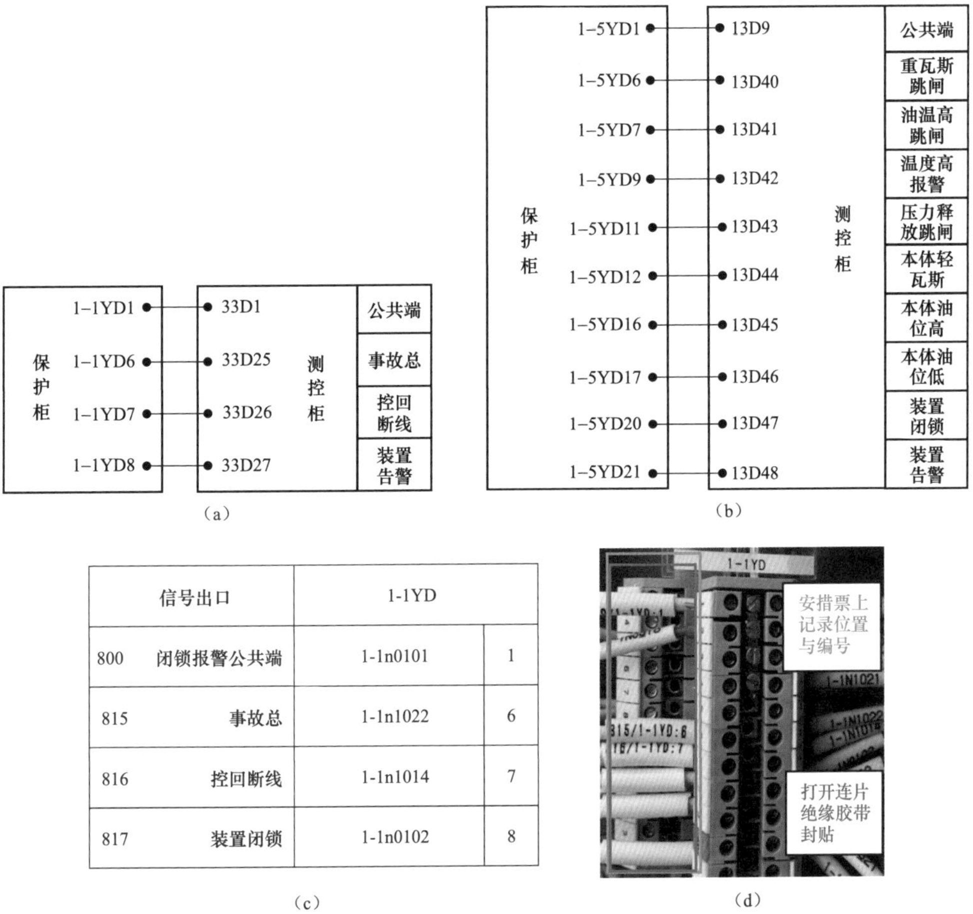

图 8-5　测控信号回路图

(a) 原理图（一）；(b) 原理图（二）；(c) 端子排图；(d) 实际接线图

常见的电抗器保护信号主要包括表 8-6 所示部分。

表 8-6　　电抗器主要信号

信号类型	信号名称
公共端	信号公共端
保护动作	保护动作

续表

信号类型	信号名称
保护动作	重瓦斯跳闸
	油温高跳闸
	压力释放跳闸
	风冷全停跳闸
异常告警	控制回路断线
	事故总
	运行异常
	轻瓦斯报警
	油位异常报警
	过负荷告警
其他	装置闭锁

信号回路部分安措票如表 8-7 所示。

表 8-7　　测控信号回路安措票

序号	执行	回路类别	安全措施内容		恢复
1		测控信号	信号公共正	1-1YD：1 1-5YD：1	
2			事故总	1-1YD：6	
3			控制回路断线	1-1YD：7	
4			装置闭锁告警	1-1YD：8	
5			重瓦斯跳闸	1-5YD：6	
6			油温高跳闸	1-5YD：7	
7			油温高报警	1-5YD：9	
8			压力释放跳闸	1-5YD：11	
9			本体轻瓦斯	1-5YD：12	
10			本体油位高	1-5YD：16	
11			本体油位低	1-5YD：17	
12			装置闭锁	1-5YD：20	

6. 恢复安措

工作结束之后，执行人要严格依照安措票中记录的措施，逐项恢复并在安措票中的恢复栏中打“√”，恢复之后，监护人逐项检查是否恢复到位。

三、注意事项

（1）对于电抗器一次设备来说，有断路器后置和断路器前置两种接线方式，断路器后置式接线方式造价低、占地面积较小，但电抗器相关保护动作时是直跳变压器 35kV 侧总断路器的。对于断路器后置式接线方式，在单独检修电抗器而无保护校验工作时，应注意隔离低抗非电量保护动作跳变压器 35kV 侧总开关回路，防止因检修人员检查气体继电器引发非电量保护动作跳变压器低压侧总开关。

（2）执行电压回路安措时，有必要用红胶带将电压端子封住，防止试验接线时误碰运行电压回路，造成其他在运保护失去电压，甚至保护动作的严重后果。

第二节　智能变电站电抗器保护校验二次安措

以一台 35kV 电压等级保测一体装置为例分析智能变电站电抗器保护校验二次安措。该装置采用常规采样、GOOSE 跳闸，智能终端柜布置在现场，保测一体装置布置在保护室内。35kV 电压等级的无功设备保护基本采用单套配置，本文均以单套配置的保护为例展开分析。

一、准备工作

1. 工器具、仪器仪表、材料介绍

智能变电站校验的准备工作中，要携带齐全个人工具箱、电抗器保护二次图纸和二次安措票。图纸要携带竣工图等资料，确认电抗器保护装置与各装置之间的连接关系。其中电抗器保护柜厂家资料主要查看装置接点联系图、GOOSE 信息流图和压板定义及排列图。

2. 整体回路连接关系

35kV 保测一体电抗器保护装置电压电流回路采用的常规采样，跳闸信号由 GOOSE 点对点连接至智能终端装置，电抗器保护动作闭锁无功自投切采用的组网光纤连接方式。相关回路图及示意图如图 8-6 所示，具体回路释义如下。

a. 电压回路，变压器 35kV 侧母线二次电压。

b. 电流回路，包括电抗器首端电流及末端电流，用于电抗器过流保护及差动保护。

c. 保护动作闭锁无功自投切回路。该回路用于保护动作闭锁无功自投切装置投切电抗器组的功能。

d/e. 操作回路。无功自投切装置动作切、投电抗器组，测控装置手合、手分断路器操作，保护动作跳闸命令等。

f/g. 信号回路。电抗器保护装置上送测控装置的装置异常、本体智能终端非电量信号等。

二、安措实施

1. 二次设备状态记录

和常规变电站相同，首先在安措票上记录二次设备的状态，包括压板状态、当前定值区、空气开关状态、端子状态。

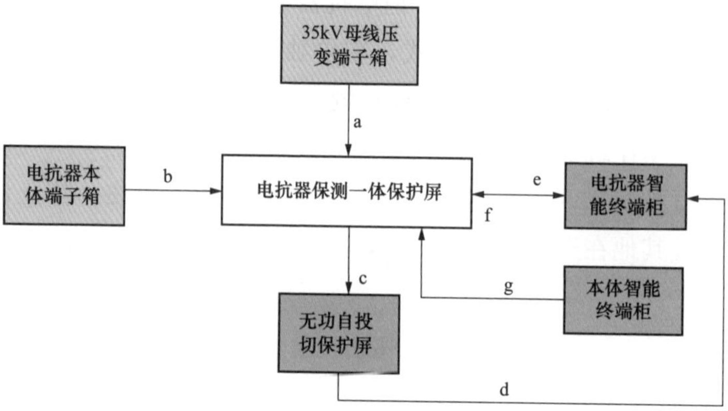

图 8-6　智能站电抗器保护回路连接关系示意

安措票二次设备状态记录安措票如表 8-8 所示。

表 8-8　　二次设备状态记录卡

序号	类别	状态记录
1	压板状态	1KLP1 退，其余投
2	切换把手状态	无
3	当前定值区	01 区
4	空气开关状态	全合
5	端子状态	—

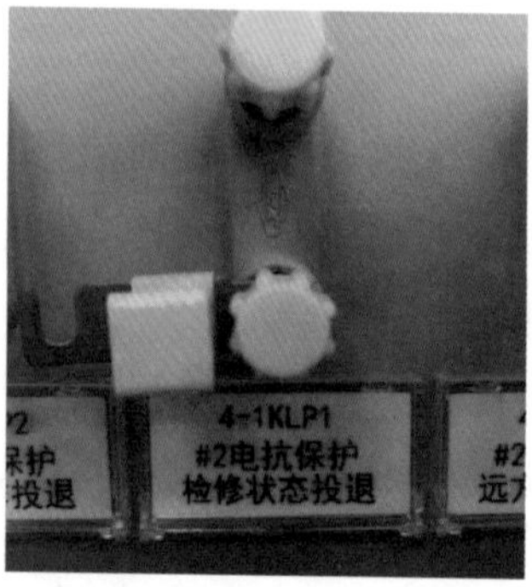

图 8-7　电抗器保护装置检修状态投退压板示图

2. 置检修压板安措

检修机制是智能站中极为重要的安措手段之一，智能变电站相关保护校验工作中，应投入电抗器保护装置和智能终端装置置检修压板，投入压板后，进入装置检查检修状态是否置位成功。图 8-7 为电抗器保护装置检修状态投退压板示图。

检修压板投退安措记录安措票如表 8-9 所示。

表 8-9　　检修压板安措记录卡

序号	执行	回路类别	安全措施内容	恢复
1		检修压板	投入电抗器保护置检修压板 1KLP1	
2		检修压板	投入智能终端置检修压板 1KLP1	

3. 电流回路安措

图 8-8 为智能站电抗器保护交流电流回路图。做安措前，结合原理图、端子排图和实际接线图，确认各间隔的实际端子位置及编号和竣工图一致无误。此处安措实施，应打

开首端三相保护电流、末端三相保护电流端子排，包括 4-1ID1-4-1ID3，4-1ID10、4-1ID12-4-1ID15，并用红胶布封住端子排外侧端子。

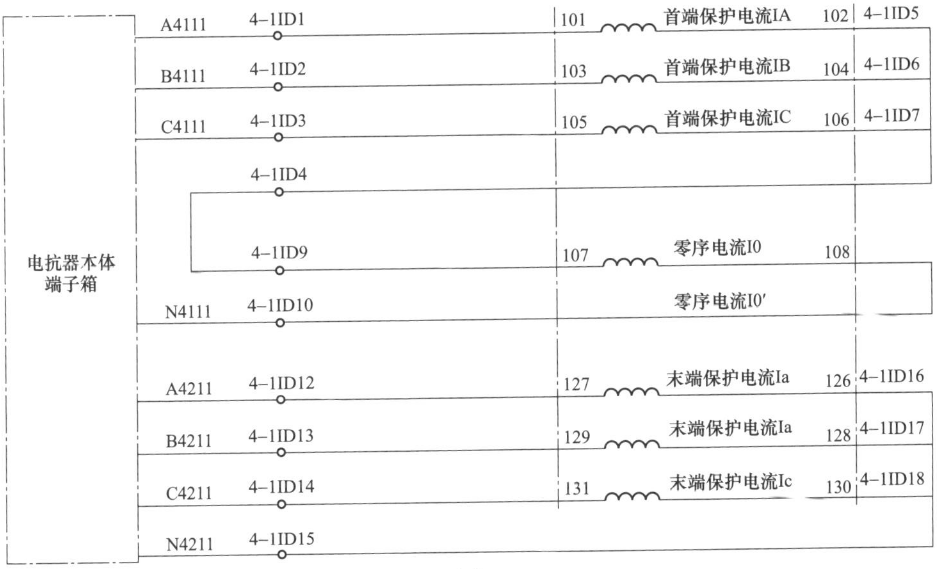

（a）

4–1ID				说明
A4111	1	4–1n101	*	首端保护电流IA
B4111	2	4–1n103	*	首端保护电流IB
C4111	3	4–1n105	*	首端保护电流IC
	4			首端保护电流IN
	4			
	5	4–1n102	*	首端保护电流IA′
	6	4–1n104	*	首端保护电流IB′
	7	4–1n106	*	首端保护电流IC′
	8			
	9	4–1n107	*	零序电流I0
N4111	10	4–1n108	*	零序电流I0′
	11			
A4211	12	4–1n127	*	末端保护电流IA
B4211	13	4–1n129	*	末端保护电流IB
C4211	14	4–1n131	*	末端保护电流IC
N4211	15			末端保护电流IN
	15			
	16	4–1n126	*	末端保护电流IA′
	17	4–1n128	*	末端保护电流IB′
	18	4–1n130	*	末端保护电流IC′

（b）

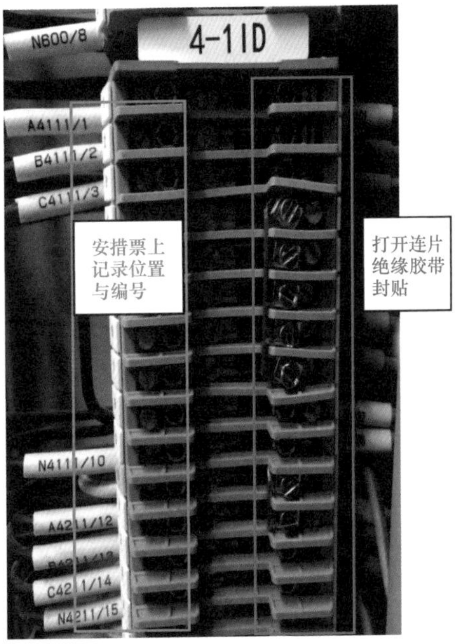

（c）

图 8-8 智能电抗器保护交流电流回路图

（a）原理图；（b）端子排图；（c）实际接线图

电流回路安措票如表 8-10 所示。

表 8-10　　电流回路安措票

序号	执行	回路类别	安全措施内容		恢复
1		电抗器首端电流回路	电流 A 相	4-1ID1：A4111	
2			电流 B 相	4-1ID 2：B4111	
3			电流 C 相	4-1ID 3：C4111	
4			电流公共 N	4-1ID 10：N4111	
5		电抗器末端电流回路	电流 A 相	4-1ID12：A4211	
6			电流 B 相	4-1ID13：B4211	
7			电流 C 相	4-1ID14：C4211	
8			电流公共 N	4-1ID15：N4211	

4．电压回路安措

智能站电压二次回路如图 8-9 所示。该处母线电压为外部电缆接入 4-1UD 端子排后并给其他保护装置使用，本保护装置所接电压则经电缆连接至空气开关后再接入装置。此处安措为解开端子排上 4-1UD1、3、5 号端子外侧接入 4-1ZKK 空气开关的电缆，用红胶布封住端子排，防止校验过程中误碰电压端子造成上级空气开关跳开，导致相连的其他无功设备保护装置失压。

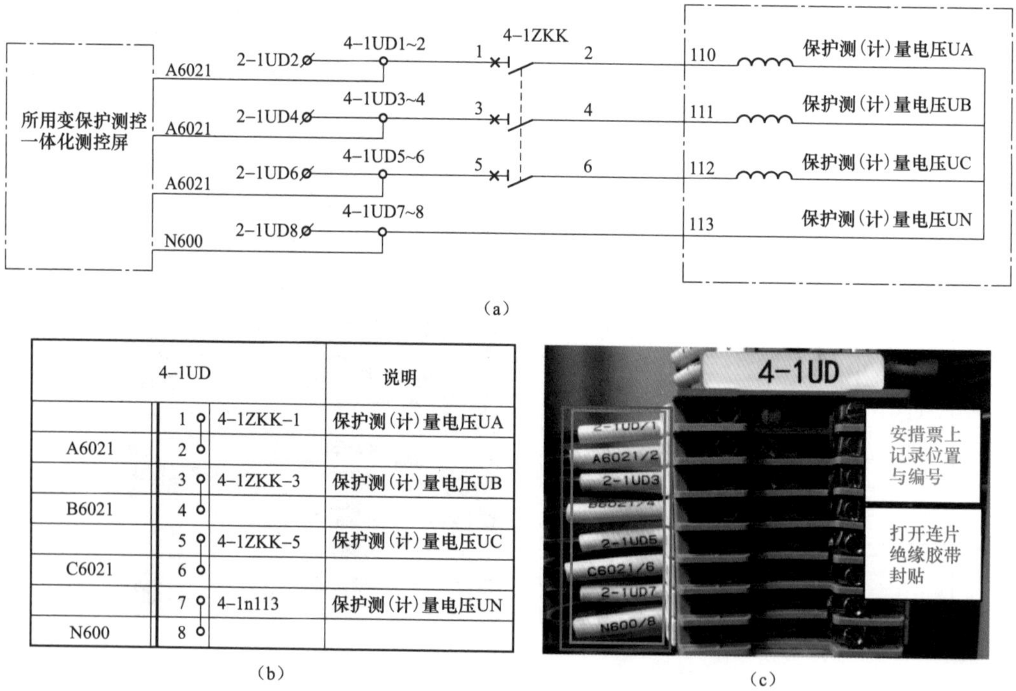

图 8-9　智能站电抗器保护电压二次回路图

(a) 原理图；(b) 端子排图；(c) 实际接线图

电抗器保护电压回路安措票如表 8-11 所示。

表 8-11 **电压回路安措票**

序号	执行	回路类别	安全措施内容		恢复
1		电压回路	电压 A 相	4-1U1D1：A6021	
2			电压 B 相	4-1U1D3：B6021	
3			电压 C 相	4-1U1D5：C6021	
4			电压公共 N	4-1U1D7：N600	

5. 测控信号回路安措

测控信号回路图如图 8-10 所示。信号回路的安措需要断开保护至测控装置的全部回路，包括公共端（一般为公共正端），在端子排的“信号回路”类属中，编号一般为 E800；该保测一体的电抗器装置相关信号，是通过同屏内的其他装置上送后台的，所以要断开 4-1YD1 及 4-1YD5-8 等端子排内部接线，并用胶布包裹绝缘。

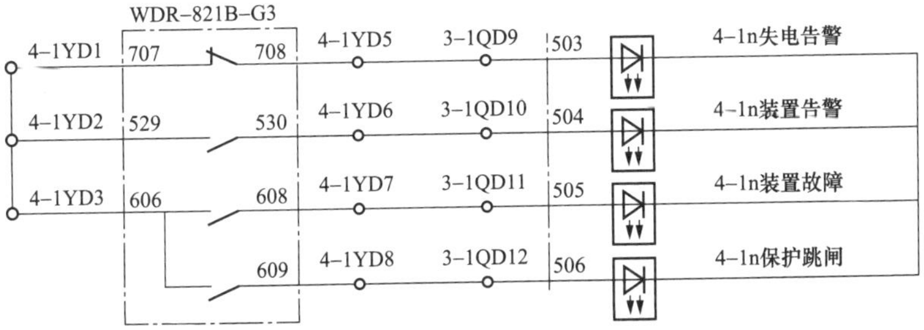

（a）

4-1YD			说明
3-1QD4	1	4-1n707	信号公共端
	2	4-1n529	
	3	4-1n606	
	4		
3-1QD9	5	4-1n708	2号电抗保护失电告警
3-1QD10	6	4-1n530	2号电抗保护装置故障
3-1QD11	7	4-1n608	2号电抗保护运行异常
3-1QD12	8	4-1n609	2号电抗保护保护跳闸

（b）

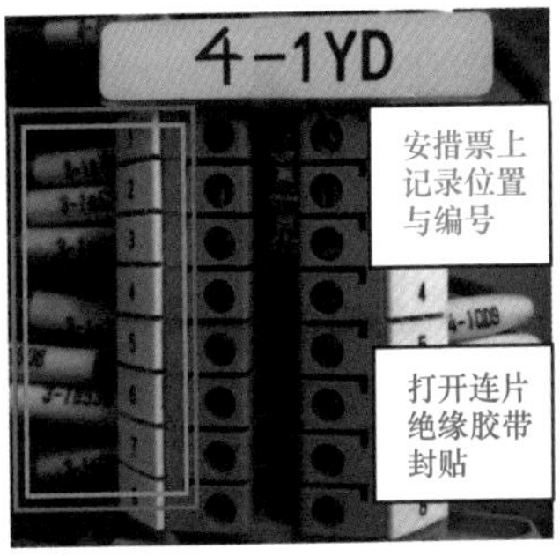

（c）

图 8-10 电抗器测控信号回路图

（a）原理图；（b）端子排图；（c）实际接线图

电抗器保护校验安措票信号回路安措票如表 8-12 所示。

表 8-12 **测控信号回路安措票**

序号	执行	回路类别	安全措施内容		恢复
1		测控信号	信号公共端	4-1YD：1	
2			保护动作	4-1YD：5	
3			失电告警	4-1YD：6	
4			装置告警	4-1YD：7	
5			装置故障	4-1YD：8	

6. GOOSE 安措

智能站电抗器保护 GOOSE 安措主要是与无功自投切保护装置相关的闭锁回路，通常在电抗器保护装置会设置“闭锁无功自投切”发送软压板，工作前，应检查确认该软压板处于退出状态，防止保护校验过程中误发信闭锁了无功自投切装置的相关功能，对系统正常运行造成影响。电抗器保护校验相关 GOOSE 安措如下。

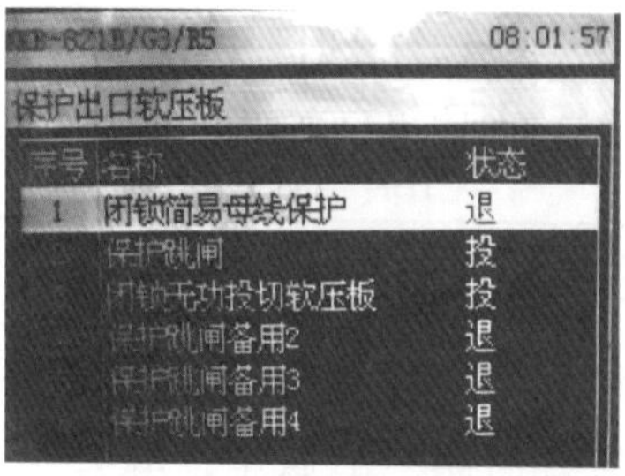

图 8-11　闭锁无功自投切发送软压板

(1) 检查闭锁无功自投切发送软压板已退出，闭锁无功自投切发送软压板如图 8-11 所示。

(2) 断开 35kV 电抗器保护装置背板组网光纤。

GOOSE 链路安措票如表 8-13 所示。

表 8-13　GOOSE 链路安措票

序号	执行	回路类别	安全措施内容	恢复
1		GOOSE	检查闭锁无功自投切软压板已退出	

7. 恢复安措

工作结束之后，执行人要严格依照安措票中记录的措施，逐项恢复并在安措票中的恢复栏中打“√”，恢复之后，监护人逐项检查是否恢复到位。

三、注意事项

(1) 断开的保护背板及智能终端背板光纤应先检查标签是否正确再断开标签，若标签不正确或无标签的，应先粘贴正确标签再断开，断开后应用防尘帽将背板光口及光纤头均保护起来，恢复光纤接线前应用光纤头清洁盒擦拭光纤口，再接入。

(2) 安措全部恢复后，应在智能终端及保护屏柜检查是否存有异常信号，并至后台监控系统检查相关 GOOSE 回路连接情况是否正常，确认无异常后方可结束工作。

第三节　电抗器保护更换二次安措

电抗器保护更换的主体思路大致同电抗器保护校验相近，考虑到电抗器保护更换过程中需要将电抗器电量及非电量保护装置同外部接线整体拆除，与之相关的电流、电压、信号、操作回路电缆也达到使用年限需要整体更换，因此，在电抗器的保护更换工作时，我们除了要在电抗器保护屏实施相关安措，还需要在直流屏、测控屏、无功自投切屏、对时装置屏等实施安措，确保需要更换的电缆两端都与待跟换设备或运行设备安全脱离开来。

一、常规变电站电抗器保护更换二次安措

1. 准备工作

同第八章第一节中第一部分所述，准备工具、图纸和材料。

2. 电抗器保护更换安措步骤

（1）电气连接关系检查。

1）明确保护采用的电压和电流回路接线。

2）理清无功自投切装置与保护之间的回路联系关系。

3）检查二次安措票中的端子编号是否正确、是否遗漏，与图纸回路是否一致。

4）确认母线电压接线方式及电缆走向，提前准备临时电缆。

（2）电气连接关系拆除。

1）检查拆除表中端子编号是否正确、是否遗漏，与图纸回路是否一致，确认无误后方可执行拆除工作。

2）明确旧电抗器保护屏内与待更换保护装置相关的所有外部电缆的用途功能及电缆走向。

3）断开电抗器保护电流回路，主要有首端、末端电流回路，应在电抗器保护屏及现场电抗器端子箱中实施。

4）断开电抗器保护电压回路，要先确认电抗器保护电压是取自屏顶小母线电压还是端子排上并接，若电压取自屏顶小母线，拆除时要做好绝缘措施，防止误碰小母线导致上级空气开关跳开。

5）断开电抗器测量、计量电流回路，要认真核对电力标签并检查芯线，并用钳形电流表检查无电流后方可拆除，防止误拆除测控屏内其他运行支路。

6）拆除电抗器保护屏至电抗器端子箱内开关位置回路接线，应采用监测电位法拆除，即在受电端监测电位，在拆除送电端接线电缆后电位消失。

7）拆除遥信回路电缆，在电抗器保护屏监测遥信回路电位，在测控屏内依次拆除公共端及其他信号回路，确认无误后拆除电抗器保护屏内遥信回路电缆。

8）拆除闭锁无功自投切回路及无功自投切动作投、切该电抗器回路，在电抗器保护屏内监测电位，拆除闭锁无功自投切回路电缆；在无功自投切屏监测电位，拆除无功自投切动作切除电抗器回路电缆，确认正常后拆除剩余接线。

9）拆除保护装置220V交流电源回路，拆除后检查保护装置相关交流电源确已断开。

10）断开装置电源空气开关，断开电抗器保护控制电源空气开关，检查相关电源确已断开。

11）断开保护装置至对时装置电缆并包好绝缘。

需要特备注意的是，对于断路器后置式的电抗器保护，其保护动作后是直跳变压器低压侧总断路器的。此种接线方式的电抗器保护在改造时，要解除电抗器跳变压器低压侧总断路器回路，该安措在变压器低压侧断路器所在的操作回路和电抗器保护回路中实施。

二、智能变电站电抗器保护更换二次安措

因常规采样的智能变电站电抗器保护的交流回路与常规变电站基本无差异，在交流回

路的安措和注意事项可参考常规变电站部分，此处重点讨论智能变电站相关部分。对于采用常规采样加 GOOSE 跳闸的智能变电站电抗器保护来说，在执行保护改造工作时，要重点注意以下安措的执行。

（1）实施闭锁无功自投切回路及无功自投切动作投、切该电抗器回路安措，并投入检修压板。安措票如表 8-14 所示。

表 8-14　智能站软压板及检修压板安措票

1 号变压器 311 电抗器保护测控屏				
序号	执行	回路类别	安全措施内容	恢复
1		闭锁无功自投切	退出“保护动作闭锁无功自投切”发送软压板	
2		检修压板	投入“置检修”压板：4-1KLP1	

（2）智能终端安措票如表 8-15 所示。

表 8-15　智能终端安措票

1 号变压器 1 号电抗器 311 断路器智能终端柜				
序号	执行	回路类别	安全措施内容	恢复
1		检修压板	投入“置检修”压板：1KLP1	

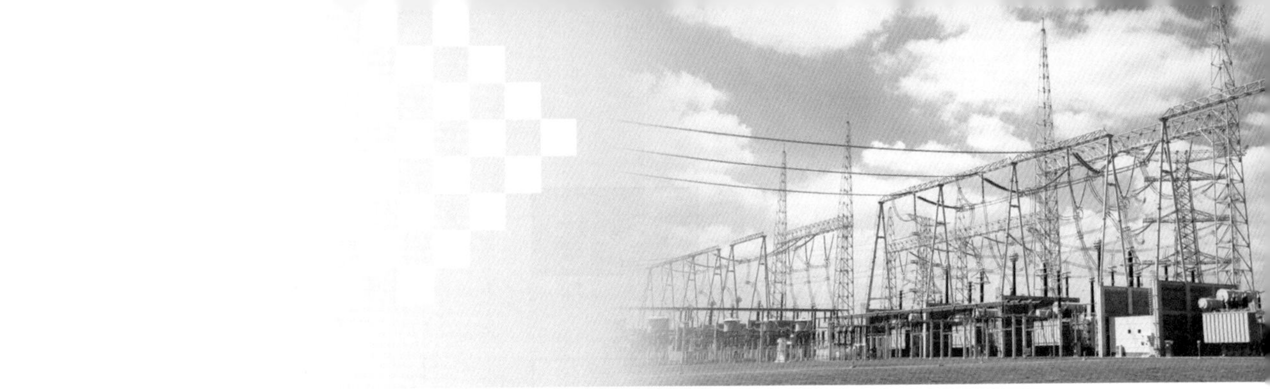

第九章　500kV 断路器保护二次安措

500kV 断路器保护按开关配置，传统站单套配置，智能站双套配置。单挂母线的主变配置两套断路器保护。断路器保护应具有失灵保护、重合闸和沟通三跳、充电过流（2 段过流及 1 段零序电流）、死区保护等功能。

500kV 智能变电站和传统变电站中的断路器保护，保护装置交流电流采样通过二次电缆直接接入保护装置。保护的开入开出，在常规变电站是通过二次电缆实现，而在智能变电站除对时、失电告警等信号通过二次电缆实现，其余通过光纤回路实现。

常规变电站和智能变电站的常见断路器保护型号统计如表 9-1 所示。

表 9-1　　常规变电站和智能变电站的断路器保护型号统计

变电站类型	断路器保护型号
常规变电站	PCS-921、NSR-321、WDLK-862、CSC-121、PRS-721、PSL-631
智能变电站	PCS-921A-DG-G、PSL-631A-DG-G、NSR-321-DG-G、CSC-121A-DG-G、WDLK-862A-DG-G、PRS-721A-DG-G

第一节　传统变电站断路器保护校验二次安措

一、准备工作

1. 工器具、仪器仪表、材料介绍

500kV 断路器保护校验所需携带的物品如下：个人工具箱（万用表、螺丝刀、绝缘胶带等）、钳型电流表、万用表、短接片、短接线、绝缘电阻测试仪、校验仪、线盘、二次图纸、工作票、二次工作安全措施票、二次作业典型风险分析及防范措施卡、装置校验报告、保护定值单等。

2. 整体回路连接关系

500kV 边断路器保护回路连接关系如图 9-1 所示。

各回路的含义如下：

a. 交流电流回路。断路器 TA 开关保护二次至断路器保护屏的交流电流回路。

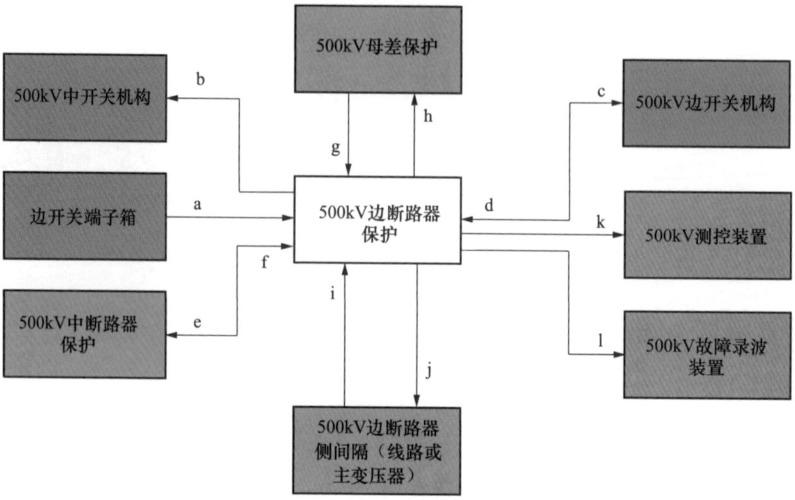

图 9-1　500kV 边断路器保护连接关系示意图

b/e/h/j. 失灵联跳回路。分别为边断路器保护失灵保护动作后联跳中断路器开关的跳闸回路、闭重中断路器重合闸回路、联跳母线保护、联跳运行间隔（对线路是远传，对变压器是联跳变压器三侧）的联跳回路。

c. 跳合闸回路。边断路器保护分相跳本开关，重合本开关回路。

d. 位置、闭重回路。本间隔开关本体将分相断路器位置及低气压闭重信号至本断路器保护。

f. 闭重回路。中断路器保护失灵保护动作后闭重边断路器重合闸回路。

g/i. 启失灵回路。母线（变压器的电气量保护）保护动作后至断路器保护的三相启失灵回路、线路保护动作后至断路器保护的分相启失灵回路。

k. 测控遥信回路。断路器保护至测控屏的相关信号回路，用来接入后台机监视断路器保护动作、开入和告警等信号。

l. 故障录波信号回路。断路器保护至故障录波器的相关信号回路，用来记录断路器保护动作和开入变位等信号。

500kV 中断路器保护回路连接关系如图 9-2 所示。

各回路的含义如下：

a. 交流电流回路。断路器 TA 开关保护二次至断路器保护屏的交流电流回路。

b/e/h/j. 失灵联跳回路。分别为中断路器保护失灵保护动作后联跳边断路器开关的跳闸回路、闭重边断路器重合闸回路、联跳Ⅰ母侧运行间隔保护、联跳Ⅱ母侧运行间隔保护（对线路是远传，对变压器是联跳变压器三侧）的联跳回路。

c. 跳合闸回路。中断路器保护分相跳本开关，重合本开关。

d. 位置、闭重回路。本间隔开关本体将分相断路器位置及低气压闭重信号至本断路器保护。

f. 闭重回路。边断路器保护失灵保护动作后闭重中断路器重合闸回路。

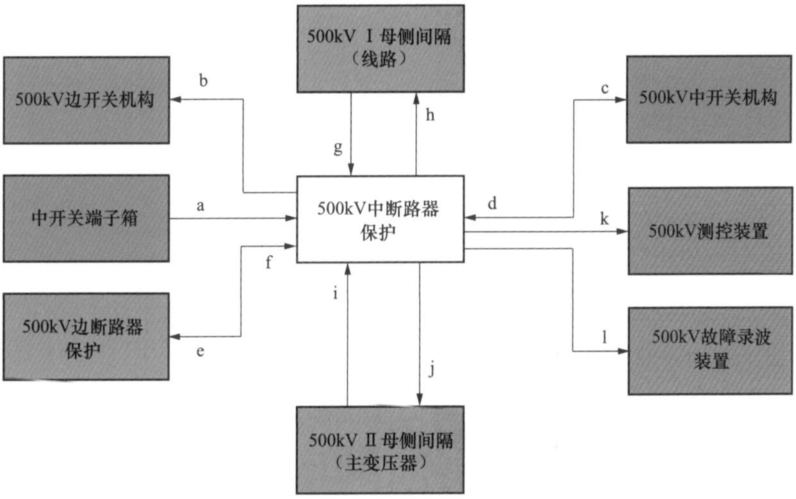

图 9-2　500kV 中断路器保护连接关系示意图

g/i. 启失灵回路。变压器电气量保护动作后至断路器保护的三相启失灵回路、线路保护动作后至断路器保护的分相启失灵回路。

k. 测控遥信回路。断路器保护至测控屏的相关信号回路，用来接入后台机监视断路器保护动作、开入和告警等信号。

l. 故障录波信号回路。断路器保护至故障录波器的相关信号回路，用来记录断路器保护动作和开入变位等信号。

二、断路器保护的安措实施

本安措的实施是基于 500kV 线路/变压器间隔一、二次设备处于检修状态，其相邻的边、中开关及保护同样处于检修状态的情况，并完成此条件下的边、中开关保护校验的安措。若此时该隔保护同样需要定校，则边（中）断路器保护与间隔保护之间的回路可以不作为二次安措执行。

1. 二次设备状态记录

记录断路器保护初始状态，包括压板状态、切换把手状态、当前定值区、空气开关状态、端子状态。如图 9-3～图 9-6 所示，便于校验结束后，恢复原始状态。

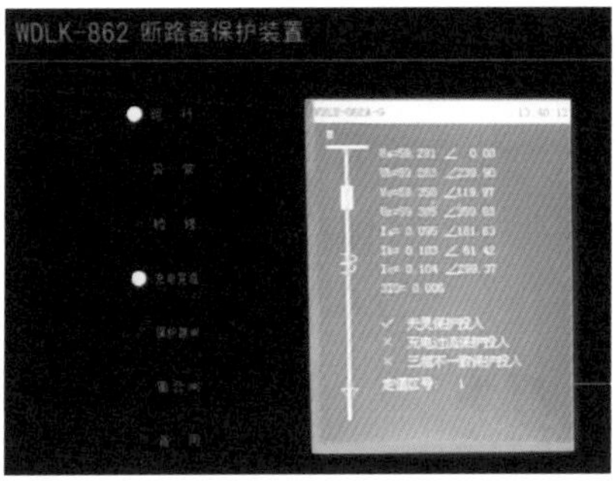

图 9-3　当前定值区

图 9-4　切换把手状态

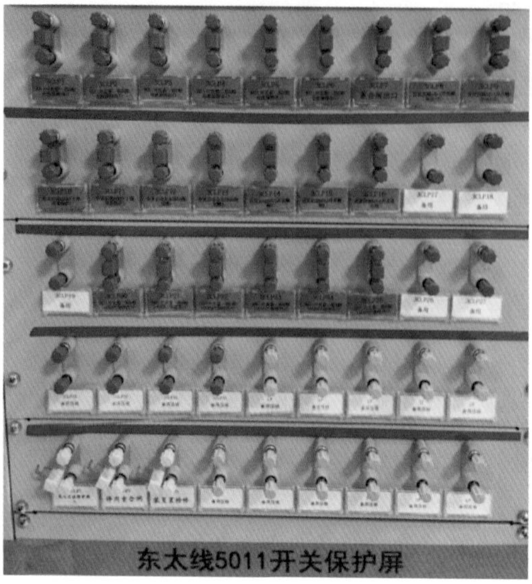

图 9-5　压板状态

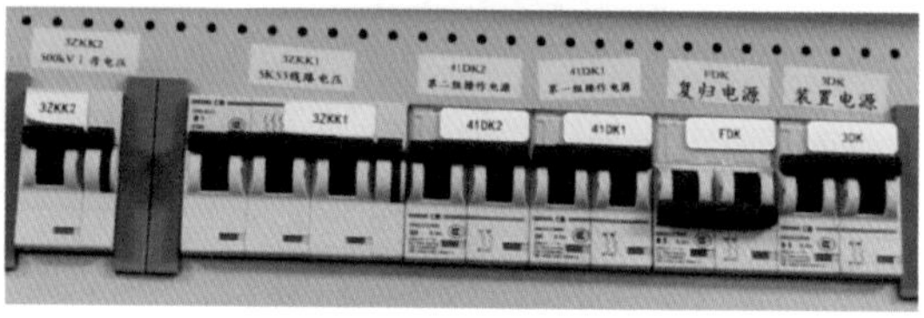

图 9-6　空气开关状态

安措票二次设备状态记录部分示例如表 9-2 所示。

表 9-2　　二次设备状态记录部分安措票

序号	类别	状态记录
1	压板状态	打开状态：××、××； 打上状态：其余合
2	切换把手状态	3QK：就地
3	当前定值区	00 区
4	空气开关状态	UK3 退，其余全合
5	端子状态	外观无损伤，螺丝紧固

2. 出口回路安措

校验过程中需要断开断路器保护至运行设备的出口回路，断路器保护出口回路如图 9-7、图 9-8 所示，防止引起运行设备误动作。

（1）边断路器保护。

1）将断路器保护失灵联跳母线的电缆拆除，防止校验过程中失灵联跳母线，造成 500kV 母差保护误动作。

2）将断路器保护至线路保护远传对侧（对于变压器间隔是联跳三侧电缆）的电缆拆除，防止校验时误分对侧断路器，若线路（变压器）保护同样需定校，则此二次安措不必执行。

3）若相邻中断路器不停电，还要将边断路器保护联跳中断路器开关、闭重中断路器保护的电缆拆除，防止影响中断路器的正常运行。

安措票出口回路部分示例如表 9-3 所示。

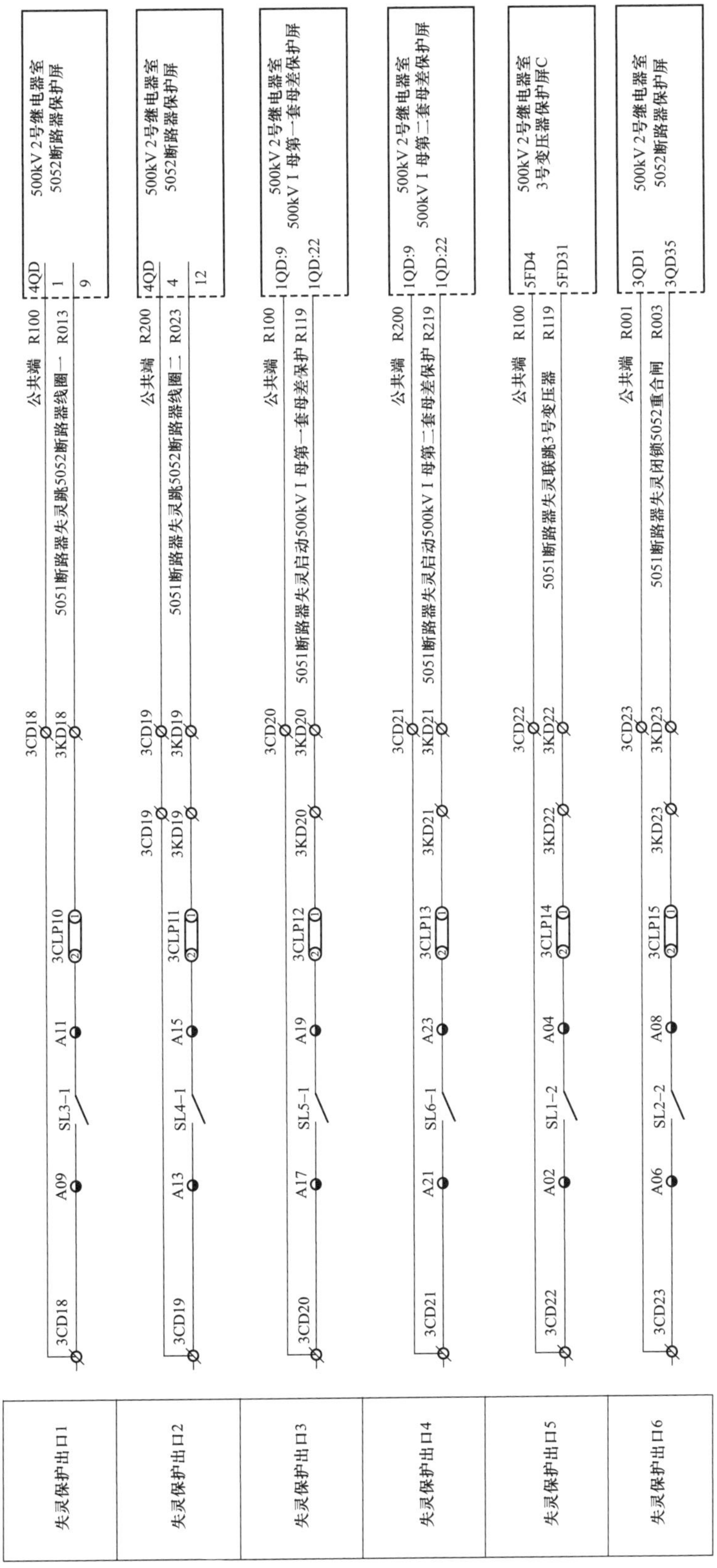

图 9-7　边断路器保护出口回路图（一）

（a）原理图

说明	3CD		
跳本开关一线圈	4n102	1	
	4nC13	2	
	4n708	3	
	41Q1D6	4	
		5	
		6	
跳本开关二线圈	4n111	7	
		8	
	4n808	9	
	41Q2D6	10	
		11	
		12	
		13	
重合闸出口+	3nC01	14	
		15	
失灵再跳本开关1+	3nA01	16	4QD2
失灵再跳本开关2+	3nA05	17	4QD4
公共端	3nA09	18	R100
公共端	3nA13	19	R200
公共端	3nA17	20	R100
公共端	3nA21	21	R200
公共端	3nA02	22	R100
公共端	3nA06	23	R001
失灵保护出口7+	3nA10	24	
失灵保护出口8+	3nA14	25	
失灵保护出口9+	3nA18	26	
失灵保护出口10+	3nA22	27	

说明	3KD		
跳本开关一线圈A相	3CLP1–1	1	41C1D2
	3CLP20–1	2	
跳本开关一线圈B相	3CLP2–1	3	41C1D4
	3CLP21–1	4	
跳本开关一线圈C相	3CLP3–1	5	41C1D6
	3CLP22–1	6	
跳本开关二线圈A相	3CLP4–1	7	41C2D2
	3CLP23–1	8	
跳本开关二线圈B相	3CLP5–1	9	41C2D4
	3CLP24–1	10	
跳本开关二线圈C相	3CLP6–1	11	41C2D6
	3CLP25–1	12	
		13	
重合闸出口–	3CLP7–1	14	
		15	
失灵再跳5051线圈一	3CLP8–1	16	
失灵再跳5051线圈二	3CLP9–1	17	4QD12
失灵跳5052线圈一	3CLP10–1	18	
失灵跳5052线圈二	3CLP11–1	19	R219
失灵启动Ⅰ母第一套母差	3CLP12–1	20	
失灵启动Ⅰ母第二套母差	3CLP13–1	21	R219
失灵联跳3号主变各侧	3CLP14–1	22	
失灵闭锁5052重合闸	3CLP15–1	23	

（b）

图 9-7 边断路器保护出口回路图（二）

（b）端子排图

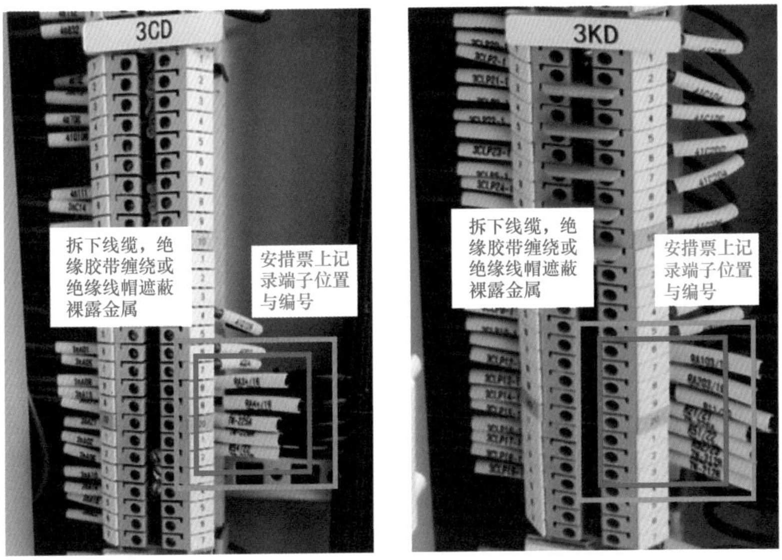
3CD
拆下线缆，绝缘胶带缠绕或绝缘线帽遮蔽裸露金属
安措票上记录端子位置与编号
3KD
拆下线缆，绝缘胶带缠绕或绝缘线帽遮蔽裸露金属
安措票上记录端子位置与编号

(c)

图 9-7 边断路器保护出口回路图（三）

(c) 实际接线图

表 9-3 **出口回路部分安措票（边断路器）**

序号	执行	回路类别	安全措施内容	恢复
1		失灵联跳母线	断开端子：端子编号（至 500kV Ⅰ母第一套母线保护屏） 断开压板：压板编号	
2			断开端子：端子编号（至 500kV Ⅰ母第二套母线保护屏） 断开压板：压板编号	
3		失灵联跳线路	断开端子：端子编号（至××线第一套线路保护屏） 断开压板：压板编号	
4			断开端子：端子编号（至××线第二套线路保护屏） 断开压板：压板编号	
5		失灵跳相邻断路器	断开端子：端子编号（至 50×2 断路器保护 TCI） 断开压板：压板编号	
6			断开端子：端子编号（至 50×2 断路器保护 TC2） 断开压板：压板编号	
7		失灵闭锁重合闸	断开端子：端子编号（至 50×2 断路器保护屏） 断开压板：压板编号	

(2) 中断路器保护。

1) 将断路器保护联跳两侧运行间隔保护的电缆拆除，防止校验过程中联跳运行间隔，若一侧间隔及开关保护同样需定校，则与该侧相关回路的二次安措不必执行。

2) 若相邻断路器不停电，还要将中断路器保护联跳相邻断路器开关、闭重相邻断路器保护的电缆拆除，防止影响相邻断路器的正常运行。

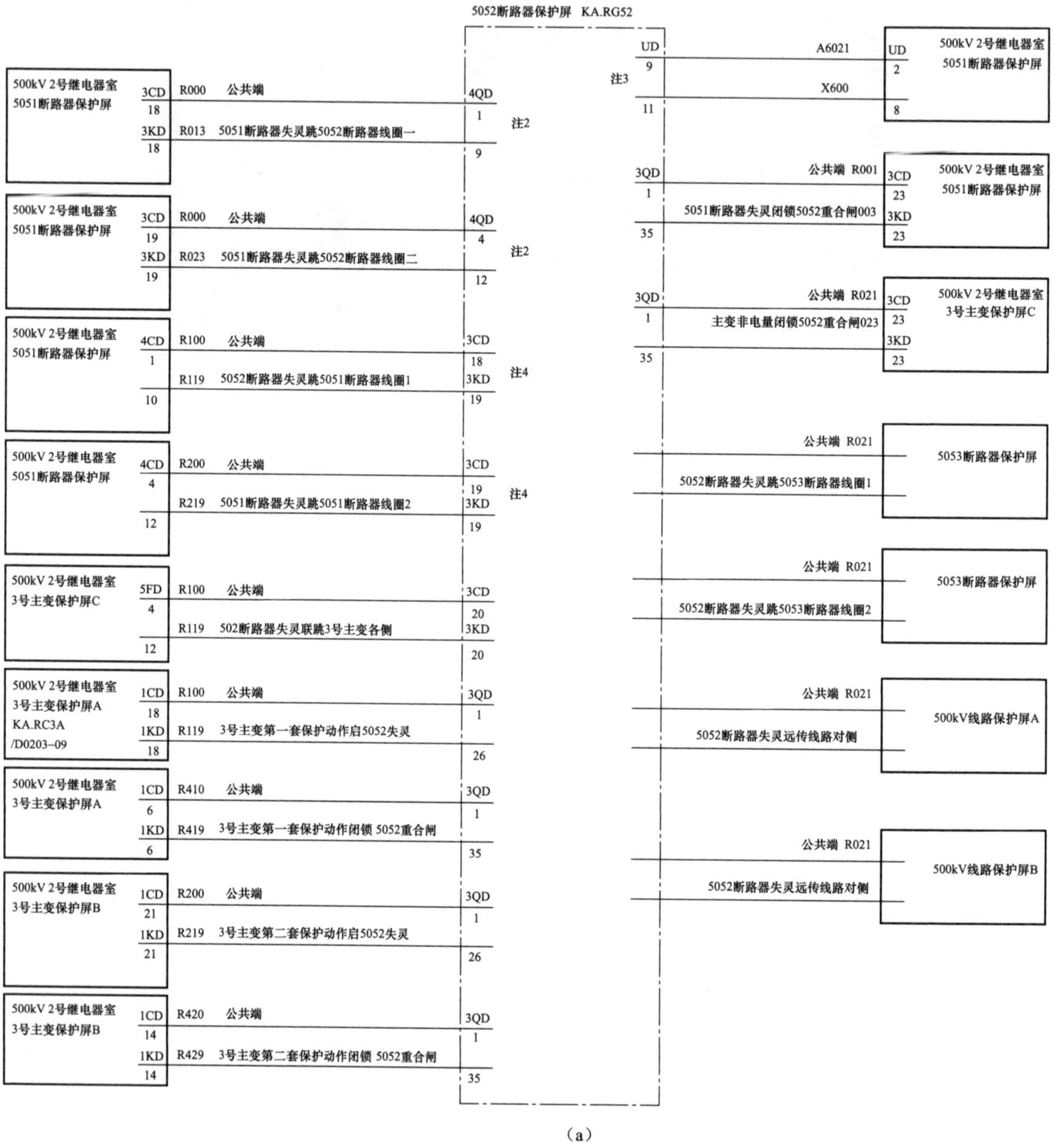

(a)

图 9-8 中断路器保护出口回路图（一）
(a) 原理图

说明		3CD	
跳本开关一线圈	14n102	1	1101
跳闸公共端1	3nC13	2	
	14n708	3	
		4	
重合闸出口+	3nC01	5	
		6	
跳本开关二线圈	14n111	7	1201
跳闸公共端2	3nC14	8	
	14n808	9	
		10	
		11	
		12	
		13	
失灵跳闸1+	3nA01	14	14QD1
失灵跳闸2+	3nA02	15	
失灵跳闸3+	3nA05	16	A–4QD1
失灵跳闸4+	3nA06	17	A–4QD2
失灵跳闸5+	3nA09	18	A–4QD1
失灵跳闸6+	3nA10	19	A–4QD2
失灵跳闸7+	3nA13	20	3QD8
失灵跳闸8+	3nA14	21	3QD8
失灵跳闸9+	3nA17	22	1QD4
失灵跳闸10+	3nA18	23	1QD4
失灵跳闸11+	3nA21	24	1QD4
失灵跳闸12+	3nA22	25	1Q74
失灵跳闸13+	3nA25	26	
失灵跳闸14+	3nA26	27	
重合闸备用+	3nC02	28	

（b）

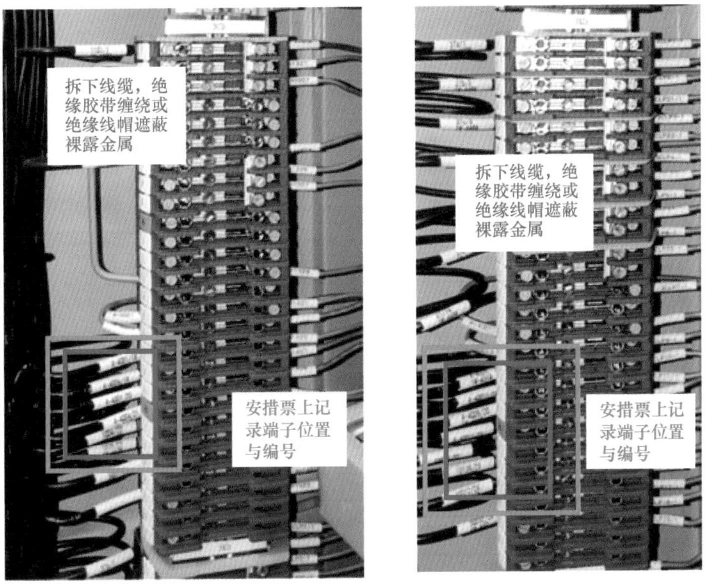
拆下线缆，绝缘胶带缠绕或绝缘线帽遮蔽裸露金属
安措票上记录端子位置与编号
拆下线缆，绝缘胶带缠绕或绝缘线帽遮蔽裸露金属
安措票上记录端子位置与编号

（c）

图 9-8　中断路器保护出口回路图（二）

（b）端子排图；（c）实际接线图

安措票出口回路部分示例如表 9-4 所示。

表 9-4　　出口回路部分安措票（中断路器）

序号	执行	回路类别	安全措施内容	恢复
1		失灵联跳线路	断开端子：端子编号（至××线第一套线路保护屏） 断开压板：压板编号	
2			断开端子：端子编号（至××线第二套线路保护屏） 断开压板：压板编号	
3		失灵联跳变压器三侧	断开端子：端子编号（至×号变压器保护屏 C） 断开压板：压板编号	
4		失灵跳相邻断路器	断开端子：端子编号（至 50×1 断路器保护 TC1） 断开压板：压板编号	
5			断开端子：端子编号（至 50×1 断路器保护 TC2） 断开压板：压板编号	
6			断开端子：端子编号（至 50×3 断路器保护 TC1） 断开压板：压板编号	
7			断开端子：端子编号（至 50×3 断路器保护 TC2） 断开压板：压板编号	
8		失灵闭锁重合闸	断开端子：端子编号（至 50×3 断路器保护屏） 断开压板：压板编号	

3. 电流回路安措

以某变电站断路器保护屏柜为例，电流回路如图 9-9 所示，包含电流端子段，一般在端子排的 ID 标签类属中。做安措前，确认各段的实际端子编号和设计图纸一致无误。

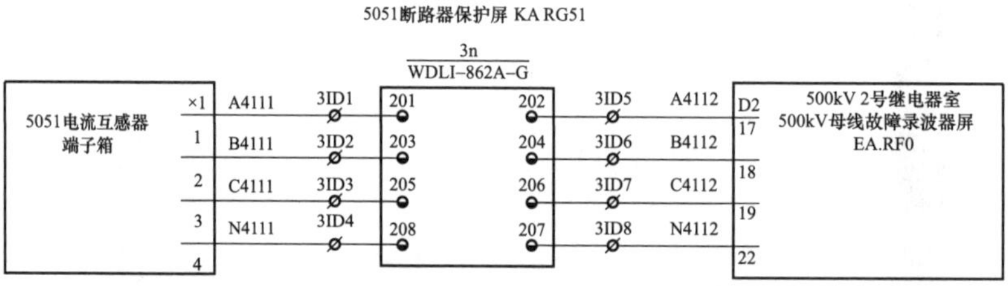

（a）

说明	3ID			
断路器保护电流IA	3n201	*	1	A4111
断路器保护电流IB	3n203	*	2	B4111
断路器保护电流IC	3n205	*	3	C4111
断路器保护电流IN	3n208	*	4	N4111
断路器保护电流IA′	3n202	*	5	A4112
断路器保护电流IB′	3n204	*	6	B4112
断路器保护电流IC′	3n206	*	7	C4112
断路器保护电流IN′	3n207	*	8	N4112

（b）

图 9-9　交流电流回路图（一）

（a）原理图；（b）端子排图

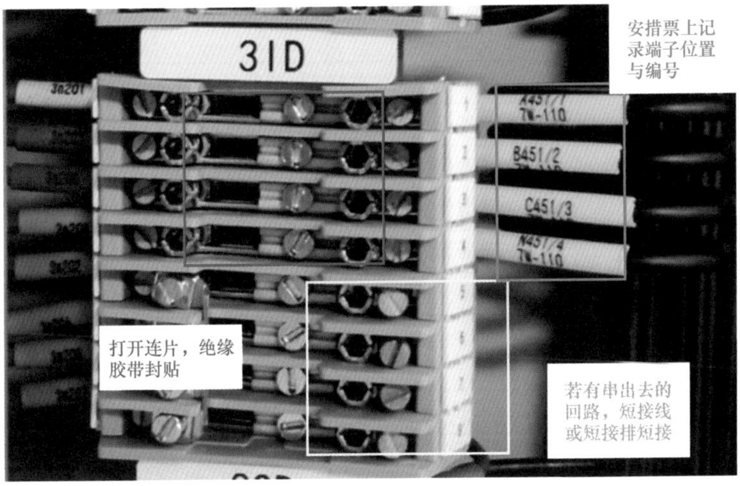

(c)

图 9-9 交流电流回路图（二）

(c) 实际接线图

在确认断路器一次设备停役、二次电流回路无流之后，将图 9-9（3）中电流段连片断开，打开后要紧固连片。同时为防止校验过程中，通流到母差保护（边断路器次级与母差保护共用保护次级的情况）、故障录波器等运行屏柜，造成相关屏柜误动作，需将串接去运行屏柜的电流部分连片断开、内侧短接。

电流回路的安措实施示例如表 9-5 所示。

表 9-5　　电流回路部分安措票

序号	执行	回路类别	安全措施内容	恢复
1		电流回路	断开端子：端子编号（从电流互感器端子箱来）	
2			断开端子并短接内侧：端子编号（至××故障录波器柜）	

4. 测控信号回路安措

投入检修压板，用于屏蔽软报文。测控信号回路如图 9-10 所示，一般在端子排的 XD、YD 标签类属中。将中央信号及远动信号的公共端（如图 9-10 中红色和蓝色框内部分 3XD：1、3YD：1）及所有信号负端断开。若没有断开，在校验过程中，保护装置频繁动作，会在后台装置上持续刷新报文，干扰值班员及调度端对于对变电站的监控。

测控信号回路的安措需要断开保护至测控装置的全部回路，如表 9-6 所示，包括公共端（一般为公共正端），在端子排的“测控信号回路”类属中，编号一般为 E800，以及保护动作类、异常告警类、其他类等类别的回路类型。

表 9-6　　　　　　　　　　　　**信 号 回 路 端 子**

信号类型	信号名称
公共端	信号公共端
保护动作	断路器保护装置单相跳闸信号
	断路器保护装置失灵保护动作信号
	断路器保护装置重合闸动作信号
	断路器保护装置 LOCKOUT 继电器动作信号
异常告警	断路器保护装置闭锁信号
	断路器保护装置异常信号

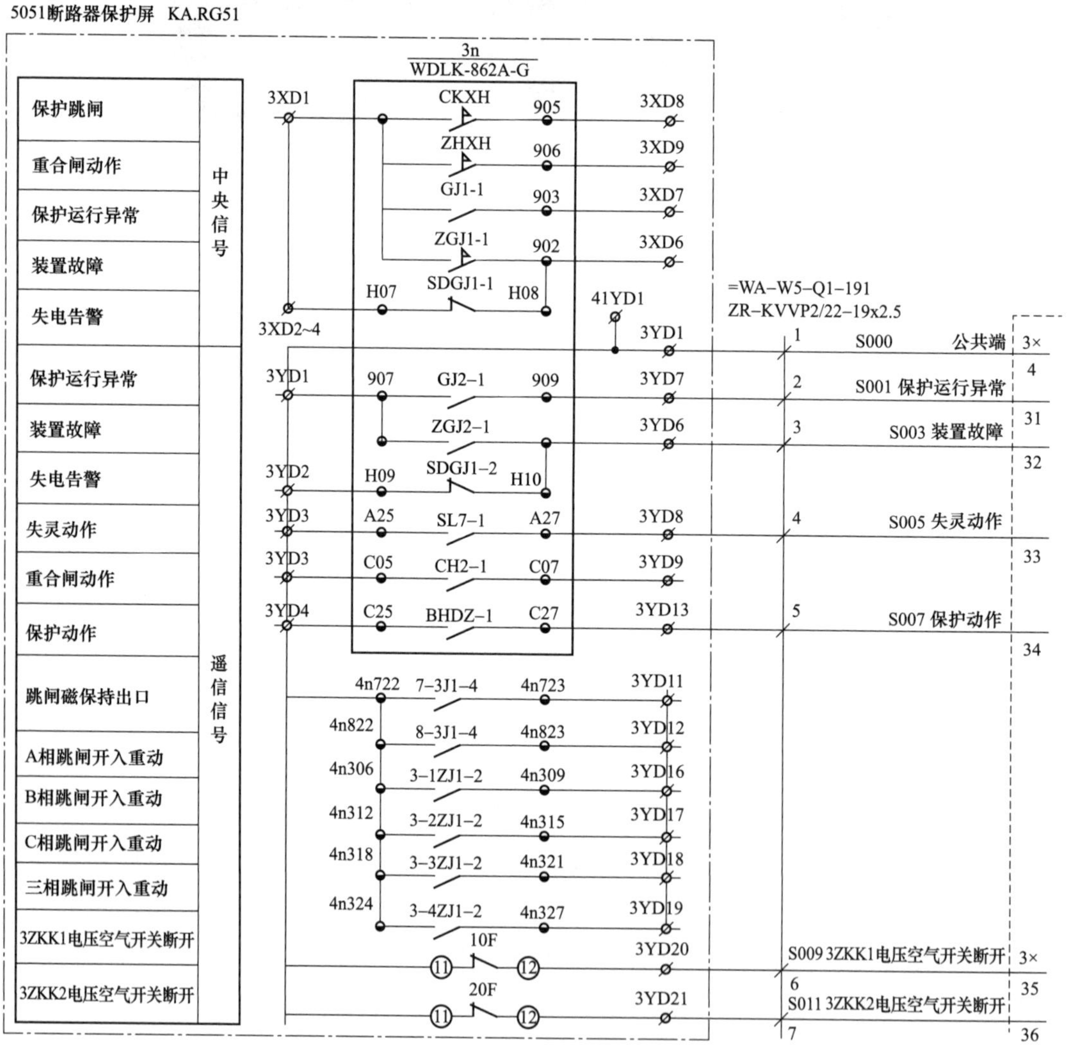

(a)

图 9-10　500kV 断路器保护测控信号段安措示意图（一）

（a）原理图

3XD			说明
	1	3n901	中央信号公共端
	2	3nH07	
	3		
	4		
	5		
	6	3n902	装置故障
	7	3n903	保护运行异常
	8	3n905	保护跳闸
	9	3n906	重合闸动作
	10		
	11		
	12		
3YD			说明
S000	1	3n907	遥信信号公共端
	1		
	2	3nH09	
	2		
4n722	3	3nA25	遥信信号公共端
	3	3nC05	
3QK–5	4	3nC25	
10F–11	4	20F–11	
	5		
S003	6	3n908	装置故障
S001	7	3n909	保护运行异常
S005	8	3nA27	失灵动作
	9	3nC07	重合闸动作
	10		
	11	4n723	跳闸磁保持出口
	12	4n823	
S007	13	3nC27	保护动作
	14		
	15		
	16	4n309	A相跳闸开入重动
	17	4n315	B相跳闸开入重动
	18	4n321	C相跳闸开入重动
	19	4n327	三相跳闸开入重动
S009	20	10F–12	3ZKK1电压空气开关断开
S011	21	20F–12	3ZKK2电压空气开关断开

（b）

3XD
拆下线缆，绝缘胶带缠绕或绝缘线帽遮蔽裸露金属
3YD
3ZKK1-11
安措票上记录端子位置与编号

（c）

图 9-10　500kV断路器保护测控信号段安措示意图（二）

（b）端子排图；（c）实际接线图

安措票测控信号回路部分示例如表 9-7 所示。

表 9-7　　测控信号回路部分安措票

序号	执行	回路类别	安全措施内容		恢复
1		测控信号	测控信号公共正	3XD-1：E800	
2			装置故障	3XD-6	
3			保护运行异常	3XD-7	

续表

序号	执行	回路类别	安全措施内容		恢复
4		测控信号	保护跳闸	3XD-8	
5			重合闸动作	3XD-9	
6			装置故障	3YD-6	
7			保护运行异常	3YD-7	
8			失灵动作	3YD-8	
9			重合闸动作	3YD-9	
10			LOCKOUT 继电器动作信号	3YD-11	
11			保护动作	3YD-13	
12			A 相跳闸开入重动	3YD-16	
13			B 相跳闸开入重动	3YD-17	
14			C 相跳闸开入重动	3YD-18	
15			三相跳闸开入重动	3YD-19	
16			3ZKK1 交流电压空开断开	3YD-20	
17			3ZKK2 交流电压空开断开	3YD-21	

5. 故障录波回路安措

故障录波信号回路如图 9-11 所示，包含信号端子段，一般在端子排的 LD 标签类属中。将故障录波信号的公共端（如图中红色和蓝色框内部分 3LD：1）及所有信号负端断开。若没有断开，在校验过程中，保护装置频繁动作，会持续启动故障录波装置，干扰故障录波装置的正常记录。

3LD			说明
	1	3nC06	至录波信号公共端
	2	3nA26	
	3	4n307	
G000	4	3nC26	
	5		
	6		
	7		
G001	8	3nC28	5051断路器保护动作
G003	9	3nA28	5051断路器失灵动作
	10	3nC08	重合闸动作
G005	11	4n310	5051断路器保护A相跳闸
G007	12	4n316	5051断路器保护B相跳闸
G009	13	4n322	5051断路器保护C相跳闸
G011	14	4n328	5051断路器保护三相跳闸

（a）

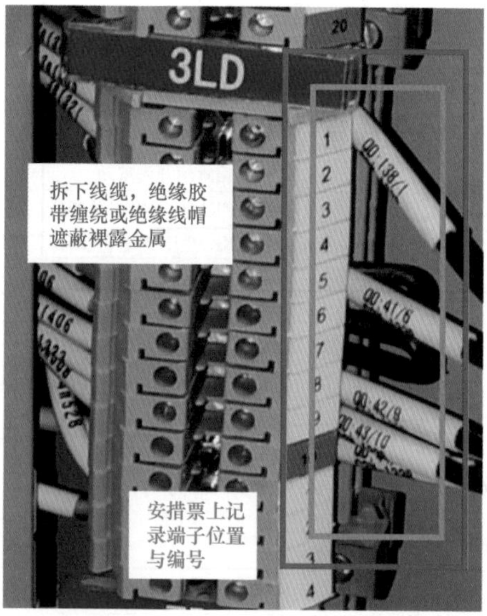
3LD
拆下线缆，绝缘胶带缠绕或绝缘线帽遮蔽裸露金属
安措票上记录端子位置与编号

（b）

图 9-11　500kV 断路器保护录波段安措示意图

（a）端子排图；（b）实际接线图

故障录波信号回路的安措需要断开保护至测控装置的全部回路，安措票信号回路部分示例如表 9-8 所示。

表 9-8 故障录波信号回路部分安措票

序号	执行	回路类别	安全措施内容		恢复
1		故障录波信号	信号公共正	3LD-1：E800	
2			断路器保护装置 A 相跳闸录波信号	3LD6-11	
3			断路器保护装置 B 相跳闸录波信号	3LD-12	
4			断路器保护装置 C 相跳闸录波信号	3LD-13	
5			断路器保护装置保护动作录波信号	3LD-8	
6			断路器保护装置重合闸动作录波信号	3LD-10	
7			断路器保护装置失灵动作录波信号	3LD6-9	
8			断路器保护装置三相跳闸信号	3LD-14	

6. 恢复安措

工作结束之后，执行人要严格依照安措票中记录的措施，逐项恢复并在安措票中的恢复栏中打“√”，恢复之后，监护人逐项检查是否恢复到位，执行人和监护人在安措表上签字。

三、注意事项

安措执行前，先记录保护装置的初始状态，包括压板状态（硬压板、软压板）、切换把手、当前定值区、空气开关状态，并与运行人员核对；若遇工期较长工作，每日开工前先进行安措复核，并由工作负责人签字确认，确保现场安措无变动，方可开始当日相关工作。恢复安措时，对于 LOCKOUT 继电器，需要确认已经复归。针对断路器保护定校还需注意以下几个方面：

（1）注意断路器保护电流回路串至母线保护以及故障录波器的情况。电流串其他设备时，需要将该段电流端子短接退出，防止通流到运行设备造成保护误动作。

（2）注意断路器保护的交流电压。现阶段，站内大部分 500kV 断路器保护采用单重方式，交流电压未接入断路器保护。但部分断路器保护可能采用三重方式，需接入相关间隔的三相电压用于重合闸，此时需要注意执行交流电压的二次安措。

（3）断路器保护使用三重方式，需使用检同期、检无压功能时，会接入母线电压（边开关）或两侧间隔电压（中开关）。断路器保护定校时，需要注意屏内间隔电压带电，要执行交流电压的二次安措，并将带电部位做好绝缘，防止误碰。

第二节 智能变电站断路器保护校验二次安措

一、准备工作

1. 工器具、仪器仪表、材料介绍

二次工作安全措施票（以屏柜为单位）、二次电缆绝缘试验隔离措施票（以间隔为单位）、二次作业典型风险分析及防范措施卡、标准化作业指导卡、装置校验报告、保护定值单、图纸资料、工作票、工具箱（绝缘胶带、万用表、螺丝刀）、绝缘摇表、光功率计（带光源）、光纤尾纤、电流短接线、保护校验仪、线包、电源线盘。

2. 整体链路连接关系

以 500kV 智能变电站线变串，边、中断路器为例，采用常规电缆采样、GOOSE 跳闸模式，其典型配置及网络联系示意图如图 9-12、图 9-13 所示。

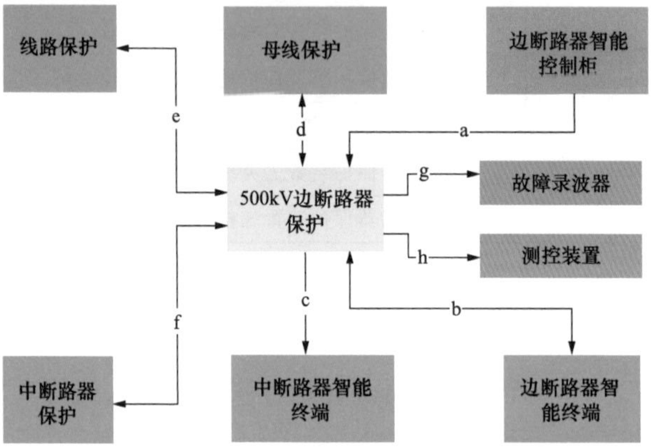

图 9-12　边断路器保护示意图

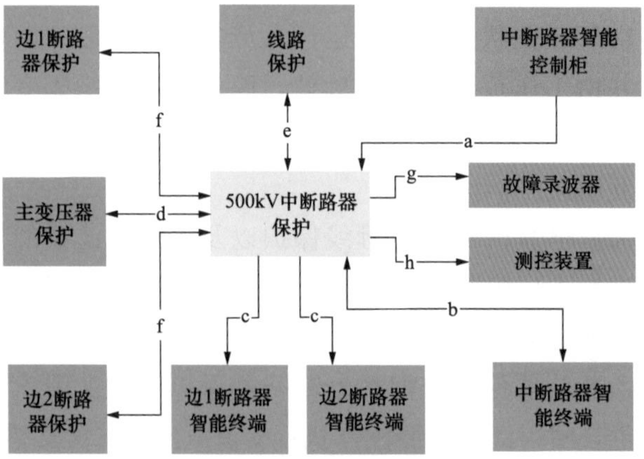

图 9-13　中断路器保护示意图

各回路的含义如下：

a. 电流采样回路。边断路器电流采样至边断路器保护（电缆传输）。

b. GOOSE 回路。边断路器保护发送跳闸信号至边断路器智能终端、边断路器智能终端发开关位置、闭重至边断路器保护（点对点传输）。

c. GOOSE 链路。边断路器保护发送失灵联跳至中断路器智能终端（组网传输）。

d. GOOSE 链路。边断路器保护发送失灵联跳至母差保护，母线保护发送三相启失灵至边断路器保护（组网传输）。

e. GOOSE 链路。线路保护发启动边断路器保护失灵及闭锁重合闸至边断路器保护、边断路器保护发远跳至线路保护（组网传输）。

f. GOOSE 链路。边断路器保护与中断路器保护互发失灵启动并闭锁重合闸（组网传输）。

g. 故障录波信号回路。边断路器保护至故障录波器的串接电流、录波信号。

h. 测控信号回路。边断路器保护至测控装置的遥信信号（电缆传输）。

各回路的含义如下：

a. 电流采样回路。中断路器电流采样至中断路器保护（电缆传输）。

b. GOOSE 链路。中断路器保护发送跳闸信号至中断路器智能终端、中断路器智能终端发开关位置、闭重至中断路器保护（光纤传输）。

c. GOOSE 链路。中断路器保护发送失灵联跳至边断路器智能终端（组网传输）。

d. GOOSE 链路。中断路器保护发送失灵联跳至变压器保护，变压器保护发送三相启失灵至中断路器保护（组网传输）。

e. GOOSE 链路。线路保护发启动中断路器失灵及三跳闭锁重合闸至中断路器保护、中断路器保护发远跳至线路保护（组网传输）。

f. GOOSE 链路。中断路器保护与边断路器保护失灵启动并闭锁重合闸（组网传输）。

g. 故障录波信号回路。中断路器保护至故障录波器的串接电流、录波信号。

h. 测控信号回路。中断路器保护至测控装置的遥信信号（电缆传输）。

二、断路器保护的安措实施

500kV 断路器保护校验时，通常与间隔（变压器/线路）保护同时进行。本安措以某 500kV 智能变电站第 X 串边断路器、中断路器保护校验为例，该串为典型线—变串，一次停役设备为 50×1 断路器、50×2 断路器、××线，二次停役设备为 50×1 断路器智能终端、50×1 断路器保护；50×2 断路器智能终端、50×2 断路器保护；××线线路保护，以下以 A 套保护为例，B 套保护可参考 A 套保护。

1. 二次设备状态记录

记录线路保护及边中断路器保护的初始状态，包括硬压板、功能软压板、GOOSE 发送软压板、切换把手、当前定值区、空气开关状态、端子状态，装置告警信息等，便于校验结束后，恢复原始状态。

二次设备状态记录示例如表 9-9 所示。

表 9-9 二次设备状态记录部分安措票

序号	类别	状态记录
1	压板状态	硬压板： 软压板状态： GOOSE 发送软压板： 功能软压板： 智能控制柜压板状态：

续表

序号	类别	状态记录
2	切换把手状态	—
3	当前定值区	—
4	空气开关状态	保护空气开关： 智能终端空气开关：
5	端子状态	—
6	其他（告警信息）	—

2. GOOSE 安措

以某 500kV 智能站断路器保护为例，断路器保护 GOOSE 发送软压板如图 9-14 所示。

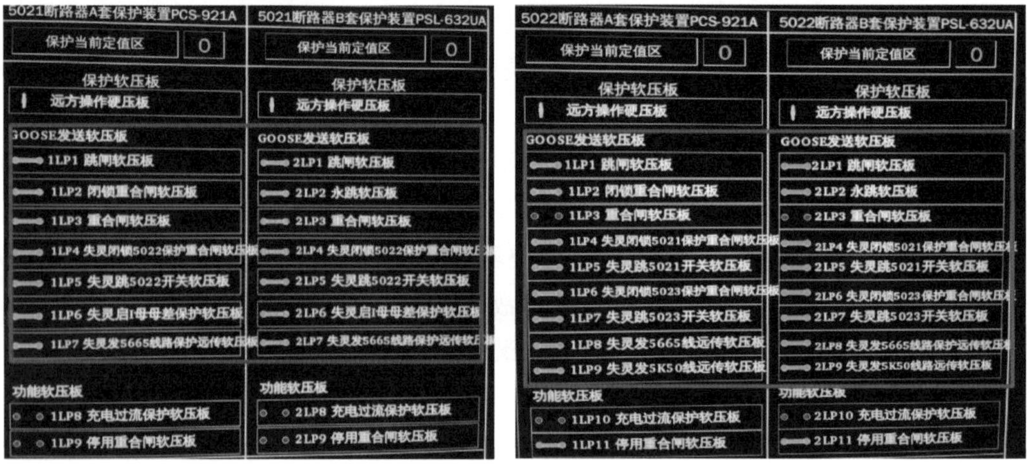

图 9-14　断路器保护 GOOSE 发送软压板图

（1）边断路器保护。

1）检查确认退出 50×1 断路器保护 A“失灵启Ⅰ母第一套母差保护 GOOSE 发送软压板”已退出，防止校验过程中联跳母差。

2）检查确认退出 50×1 断路器保护 A“失灵启动××线路远跳 GOOSE 发送软压板”已退出，防止校验过程中联跳变压器/远跳线路，若线路保护与断路器保护同时定校，则此该安措不必执行。

3）若相邻 50×2 中断路器不停电，则需检查确认退出 50×1 断路器保护 A“失灵跳 50×2 断路器”及“失灵闭锁 50×2 保护重合闸”GOOSE 发送软压板，防止影响中断路器的正常运行。

（2）中断路器保护。

1）检查确认退出 50×2 断路器保护 A“失灵联跳＃×变压器 GOOSE 发送”已退出，防止校验过程中联跳运行变压器，若变压器保护与断路器保护同时定校，则此该安措不必执行。

2）检查确认退出 50×2 断路器保护 A“失灵启动××线路远跳 GOOSE 发送软压板”已退出，防止校验过程中联跳变压器/远跳线路，若线路保护与断路器保护同时定校，则此该安措不必执行。

3）检查确认退出 50×2 断路器保护 A 失灵跳相邻运行开关 50×3 断路器 GOOSE 发送软压板，若相邻 50×1 边断路器不停电，则需检查确认退出 50×2 断路器保护 A“失灵跳 50×1 断路器”失灵闭锁 50×1 保护重合闸 GOOSE 发送软压板，防止影响边断路器的正常运行。

边断路器 GOOSE 链路安措实施示例如表 9-10 所示。

表 9-10　GOOSE 链路部分安措票（边断路器）

序号	执行	回路类别	安全措施内容	恢复
1		失灵联跳母线	退出 50××断路器保护 A“失灵启动×母第一套母差 GOOSE 发送软压板”	

中断路器 GOOSE 链路安措实施示例如表 9-11 所示。

表 9-11　GOOSE 链路部分安措票（中断路器）

序号	执行	回路类别	安全措施内容	恢复
1		失灵跳相邻运行开关	退出 50××断路器保护 A“失灵跳××出口 GOOSE 发送软压板”	
2		失灵启动线路远跳（失灵联跳变压器）	退出 50××断路器保护 A“失灵启动××远跳（联跳＃×变压器）GOOSE 发送软压板”	

3. 电流回路安措

500kV 智能站断路器保护电流回路如图 9-15 所示，当断路器间隔为停电检修时，在确认断路器间隔及开关一次设备停役、二次电流回路无流之后，仅需断开电流回路（边断路器、中断路器）端子连片（1-3ID1～4），并用红色绝缘胶带封住外侧端子，试验仪电流线应接入到电流端子排内侧端子。

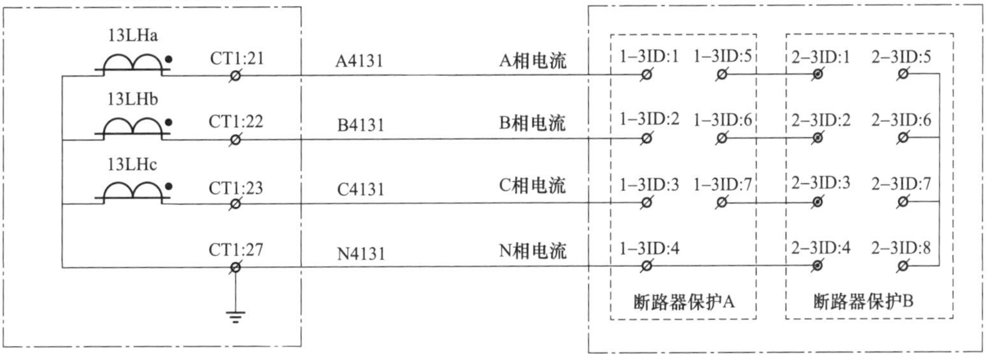

(a)

图 9-15　断路器保护装置电流回路图（一）

(a) 原理图

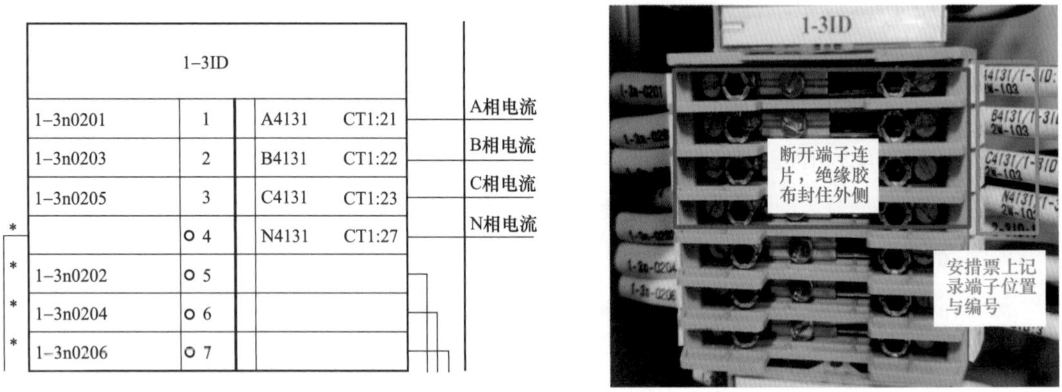

（b） （c）

图 9-15 断路器保护装置电流回路图（二）

（b）端子排图；（c）实际接线图

若在被校验的保护装置电流回路后串接有其他运行的二次装置，如故障录波器、安稳装置等，为防止校验过程中造成相关二次装置误动，则需要将串接出去的电流在端子排内侧短接、并断开连片。

注意：中断路器电流回路安措可参考边断路器。

校验过程中，应确保 TA 回路可靠隔离，同时针对不停电检修工作，应严防 TA 开路，避免产生人身、设备安全。

电流回路安措实施示例如表 9-12 所示。

表 9-12 电流回路部分安措票实施示例

序号	执行	回路类别	安全措施内容	恢复
1		电流回路	断开端子连片：×ID：×/×/×/×（从 500kV HGIS 智能控制柜来）	

4. 电压回路安措

通常 500kV 断路器保护采取单重方式，不接入同期电压回路，若接入同期电压回路，则应可靠断开电压回路。

5. 测控信号回路安措

500kV 智能站断路器保护测控信号回路如图 9-16 所示，执行安措时，针对遥信回路，应拆开 1YD 端子排外侧所有电缆接线，并用胶布包住做好绝缘处理。

保护装置向测控装置上送装置告警等信号，若没有断开，在校验过程中，保护装置频繁动作，相关的信号通过测控装置上送至后台机及远动机，影响运行人员及监控人员对告警报文的判断，故需要实施上述信号回路的安措。

测控信号回路安措实施示例如表 9-13 所示。

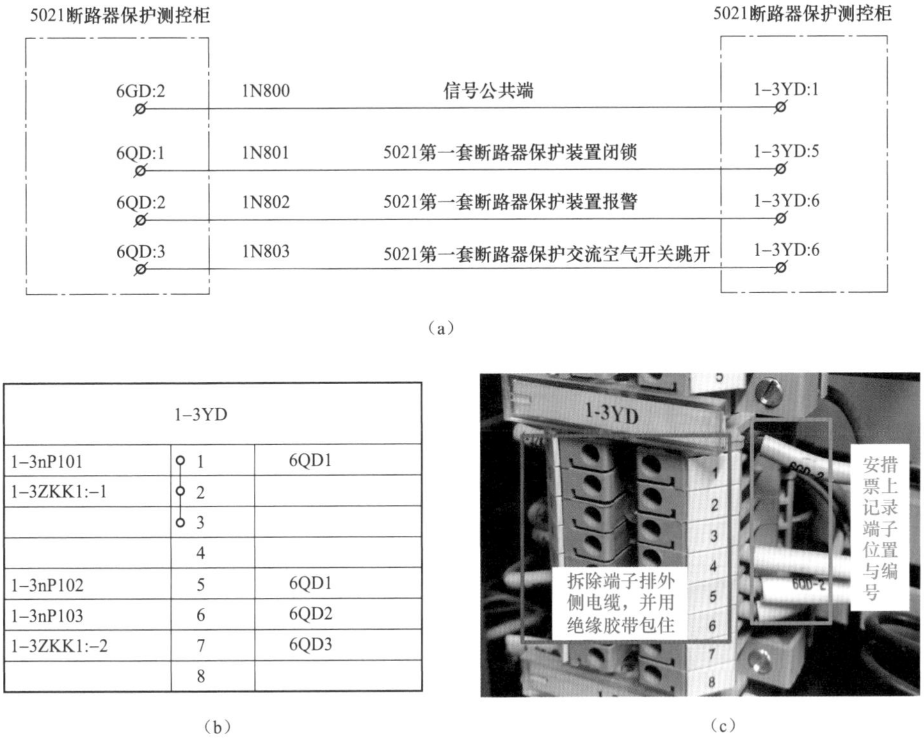

图 9-16 测控信号回路图

（a）原理图；（b）端子排图；（c）实际接线图

表 9-13 测控信号回路部分安措票

序号	执行	回路类别	安全措施内容	恢复
1		测控信号	断开端子连片：×YD：×（至××测控屏）	

注 中断路器测控信号回路安措可参考边断路器。

6. 置检修压板安措

500kV 智能站断路器保护检修压板如图 9-17 所示，执行安措时，投入线路保护、边、

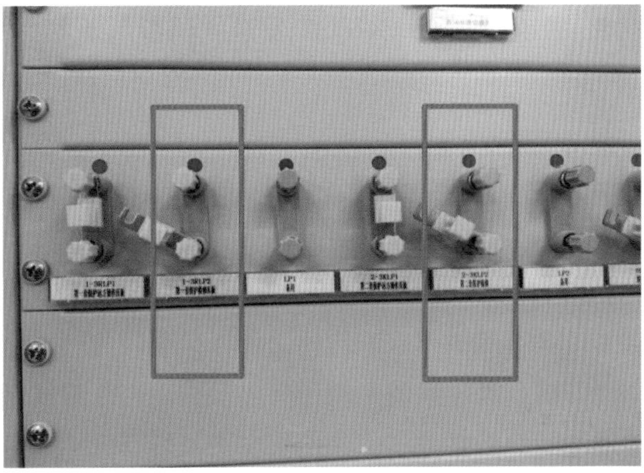

图 9-17 断路器保护检修压板图

中断路器保护以及边、中断路器智能终端装置检修压板并用红胶布封住，在执行栏中打“√”，并检查开入量，保护装置开入置1。

智能变电站装置检修态通过投入检修压板来实现，检修压板为硬压板。当检修压板投入时，装置通过LED灯、液晶显示、报文提醒运行、检修人员该装置处于检修状态，同时保护装置发出的报文为置检修态，并能处理接收到的检修状态报文。校验过程中，只有断路器保护装置的检修硬压板投入后，其发出的数据流才有“TEST置1”的检修品质位。否则断路器智能终端已置检修位，数据流将与断路器保护装置的检修品质位不同，从而判别开入量“检修状态不一致”，屏蔽对应功能。

置检修压板安措实施示例如表9-14所示。

表9-14　置检修回路部分安措实施示例

序号	执行	回路类别	安全措施内容	恢复
1		检修状态	投入断路器保护装置检修压板并用胶布封住：1KLP2	

7. 恢复安措

工作结束之后，执行人要严格依照安措票中记录的措施，逐项恢复并在安措票中的恢复栏中打“√”，恢复之后，监护人逐项检查是否恢复到位。

三、注意事项

（1）安措执行前，先记录保护装置的初始状态，包括压板状态（硬压板、软压板）、切换把手、当前定值区、空气开关状态，并与运行人员核对。

（2）若遇工期较长工作，每日开工前先进行安措复核，并由工作负责人签字确认，确保现场安措无变动，方可开始当日相关工作。

（3）为确保电压回路确已断开，可用万用表电压档测量打开后的端子排内侧电压，监测电压变化情况。

（4）恢复安措时，为避免电流回路TA开路，恢复端子连片并紧固后，可用万用表欧姆档测量端子连片内外两侧阻值，确保接触可靠无断开点。

（5）保护校验前可将功能软压板、GOOSE发送软压板原始状态拍照留存，工作结束前逐一核对。

第三节　断路器保护更换二次安措

一、传统站断路器保护更换二次安措

以500kV传统变电站（3/2接线方式）边断路器保护更换为例，介绍了需要执行的断路器保护的相关回路的二次安措，需注意的是对于间隔保护同边断路器保护一同更换的可能情况，间隔保护与边断路器之间的回路可不作为二次安措执行。保护采用常规电缆采样、常规电缆跳闸模式，且一般为单套配置。保护更换过程中，一次停役设备为××间隔、50×1断

路器、50×2断路器，二次停役设备为××间隔、50×1断路器、50×2断路器保护。

1. 准备工作

同第九章第一节第一部分中所述准备工具和图纸。

2. 断路器保护更换安措步骤

(1) 回路连接关系检查。

1) 检查需更换断路器保护与中断路器、母线、线路保护联系的电缆接线位置（分相启失灵、闭锁重合闸、失灵远传、失灵联跳母线、失灵联跳中开关、失灵闭重中断路器保护等，若间隔保护一同更换，与边断路器保护联系部分可不作为二次安措执行）。

2) 检查需更换断路器保护与直流分电屏、故障录波器、测控装置、对时屏柜、保信子站、端子箱、电能表的电缆接线位置，特别注意电流、电压极性的确认。

3) 检查拆除表中的端子编号是否正确、是否遗漏、与图纸回路是否一致。

4) 将运行间隔初始状态拍照留存。

(2) 电气连接关系拆除。

1) 在相关一二次设备停用后，再次确认母线保护、边中断路器保护、线路保护屏上的相关压板都已打开。

2) 断开500kV Ⅰ母母差保护中50×1开关失灵开入回路、跳50×1开关回路、启动50×1开关失灵及闭重回路，并断开50×1电流回路端子。安措记录执行如表9-15所示。

表9-15　500kV Ⅰ母母差保护屏安措票

序号	执行	回路类别	安全措施内容	恢复
1		50×1失灵 启动母差开入	断开端子：端子编号（50×1开关保护来） 断开压板：压板编号	
2		跳50×1开关	断开端子：端子编号（至50×1开关保护来）	
3		启动50×1开关失灵及闭重	断开端子：端子编号（至50×1开关保护来）	
4		电流回路	断开端子：端子编号（从50×1流变端子箱来）	

3) 断开50×2开关保护中50×1开关保护失灵及闭重开入回路、失灵联跳50×1开关回路、闭锁50×1开关重合闸回路；安措记录执行如表9-16所示。

表9-16　50×2中断路器保护屏安措票

序号	执行	回路类别	安全措施内容	恢复
1		50×1失灵联跳开入	断开端子：端子编号（50×1开关保护来）	
2		50×1闭重开入	断开端子：端子编号（50×1开关保护来）	
3		失灵联跳50×1开关	断开端子：端子编号（50×1开关保护来）	
4		闭锁50×1开关重合闸	断开端子：端子编号（50×1开关保护来）	

4) 断开××线路保护中50×1失灵启动远跳开入回路、跳50×1开关回路、启动50×1开关失灵回路、闭锁50×1开关重合闸回路；安措记录执行如表9-17所示。

表 9-17　500kV 线路保护屏安措票

序号	执行	回路类别	安全措施内容	恢复
1		50×1 失灵启动线路远跳开入	断开端子：端子编号（50×1 开关保护来）	
2		跳 50×1 开关	断开端子：端子编号（至 50×1 开关保护）	
3		启动 50×1 开关失灵	断开端子：端子编号（至 50×1 开关保护）	
4		闭锁 50×1 开关重合闸	断开端子：端子编号（至 50×1 开关保护）	

5）在 50×1 电流互感器端子箱内断开至 50×1 开关保护电流回路端子，并用红胶带封上其余电流回路端子，安措记录执行如表 9-18 所示。

表 9-18　50×1 电流互感器端子箱安措票

序号	执行	回路类别	安全措施内容	恢复
1		电流回路	断开端子：端子编号（至 50×1 开关保护）	
2		电流回路	用红胶带封上其余电流回路端子	
3		其他		

6）拆除至中断路器保护屏失灵闭重、联跳中开关电缆两端。两头拆除并记录，拆除时需要认清电缆，先明确两端芯号一致，再通过拆除电源一端，另一端监视电位方法确认。

7）拆除至母线保护屏联跳母线电缆、跳 50×1 开关回路、启动 50×1 开关失灵及闭重回路，并断开 50×1 电流回路端子。两头拆除并记录，拆除时需要认清电缆，先明确两端芯号一致，再通过拆除电源一端，另一端监视电位方法确认。

8）拆除至线路（变压器）保护屏分相启失灵、闭重、跳闸、远传电缆两端。若间隔保护一同更换，与边断路器保护联系部分可不作为二次安措执行。两头拆除并记录，拆除时需要认清电缆，先明确两端芯号一致，再通过拆除电源一端，另一端监视电位方法确认。

9）拆除至就地的电流、跳闸电缆两端。两头拆除并记录，拆除时需要认清电缆，先明确两端芯号一致，再通过拆除电源一端，另一端监视电位方法确认。

10）在直流分电屏拆除断路器保护的直流电源。先拆除直流屏侧，再拆除保护屏侧。两头拆除并在安措票记录相应的端子编号和位置，确认方法同 6）。

11）在测控屏上解除与断路器保护屏相关的信号端子，在安措票记录相应的端子编号和位置，确认方法同 6）。

12）在故障录波器解除与断路器保护屏相关的端子，在安措票记录相应的端子编号和位置，确认方法同 6）。

13）在对时屏柜、保信子站、电能表等屏柜上解除与断路器保护屏相关的端子，在安措票记录相应的端子编号和位置，确认方法同 6）。

14）在交换机屏柜解除与保护相连的用于与后台通信的网线或光纤，在安措票记录相应的端子编号和位置。

15）拆除屏内交流电源，并做好绝缘，防止误碰。

（3）接入前的准备措施。

1）利用的旧电缆需要摇绝缘，进行电缆绝缘确认，否则需要更换新电缆。

2）将电缆按间隔弯到位，做好绝缘，防止误碰。

3）使用临时电源将装置上电并调试，验证跳闸、失灵等回路正确性。

4）搭接验证回路关系时，检查确认母线保护屏上出口至运行开关及保护的压板均已退出，检查确认中开关保护至运行开关及间隔保护的出口压板均已退出。

3. 注意事项

（1）上述措施每执行一项都在安措票的执行栏中打"√"。安措执行后，现场采取"一柜一票"模式，将安措票用透明文件夹吸附于柜门上，方便随时核查，将所执行安措拍照打印贴于屏门之上，每日开工前核查安措有无变动。

（2）保护更换工作结束后，还要开展以下措施，保证正常运行之后的设备安全。

（3）在开关端子箱内断开至母线保护第一套保护屏、间隔保护第一套保护屏电流端子连片，并用红胶布封住，防止施工人员端子箱内工作时，发生误碰。

（4）交流回路拆除需确保不影响其他运行屏柜内的交流电源，如拆除过程中会造成运行屏柜失电，需做好相关过渡措施。

（5）在直流电源屏拆线时，可拉合检修设备空气开关，以验证需拆除直流电缆接线端子位置的正确性。

竣工内容与要求如表9-19所示。

表9-19　竣工内容与要求

序号	内容	执行
1	全部工作完毕，拆除所有试验接线（应先拆开电源侧）	
2	工作负责人监督工作班成员按安全措施票恢复安全措施	
3	全体工作班人员清扫、整理现场，清点工具及回收材料；工作过程中产生的固体废弃物的收集、运输、存放地点的管理，应根据固体废弃物分类划分不同贮存区域；装设防雨、防泄漏、防飞扬等设施，并有消防等应急安全防范设施，且有醒目的标识；固体废弃物贮存的设施、设备和场所，要设有专人管理；一般废弃物应放在就近城市环卫系统设定的垃圾箱内，不得随便乱扔	
4	工作负责人周密检查施工现场，检查施工现场是否有遗留的工具、材料	

二、智能站断路器保护更换二次安措

500kV部分一次主接线采用3/2接线方式，500kV智能变电站目前基本采用常规电缆采样、GOOSE跳闸模式。本安措以某500kV智能变电站500kV某变电站变压器侧第一套边开关（50×1）保护为例，该串为典型线一变串，一次停役设备为50×1断路器，二次停役设备为50×1断路器智能终端、50×1断路器保护，以下以A套保护为例，B套保护可参考A套保护。中断路器保护更换可参考边断路器保护。

1. 准备工作

同第九章第二节第一部分中所述准备工具和图纸。

2. 断路器保护更换安措步骤

（1）回路连接关系检查。

1）明确断路器保护光口、断路器保护 GOOSE 软压板位置（状态）（GOOSE 跳闸出口软压板、GOOSE 启失灵发送软压板、GOOSE 接收软压板）。

2）明确智能终端光口位置（组网光纤、直跳光纤）。

3）检查拆除表中的光口编号与位置，是否正确、是否遗漏、与图纸回路、现场是否一致。不一致时需要进行确认修改，将运行间隔初始状态拍照留存。

（2）回路连接关系拆除。

保护更换时，所涉及屏柜，安措执行时以屏柜为单位，逐一执行。

1）50×1 边断路器第一套保护：检查确认退出 50×1 边断路器第一套保护内失灵跳母差，失灵跳变压器、失灵跳 50×2 断路器及闭重 GOOSE 出口软压板，投入 50×1 断路器保护检修压板。

2）50×1 边断路器智能控制柜：检查确认 50×1 智能终端 A 检修压板确已投入并用红胶布封住。

3）500kV 第一套母线保护：短接并断开母线保护屏内 50×1 边断路器电流回路端子，并用红胶布封住。

4）500kV 线路/主变压器第一套保护：短接并断开线路/变压器保护屏内 50×1 边断路器电流回路端子，并用红胶布封住（线路/变压器保护同时更换无须执行）。

5）故障录波器屏：短接并断开故障录波器屏内 50×1 断路器第一套保护来的电流回路端子，并用红胶布封住。

6）断开边断路器保护组网光纤、拆除遥信回路硬接点信号、交流回路、直流回路、对时回路电缆。

注意：若边断路器、中断路器、线路/变压器保护与边断路器同时更换，则边断路器至对应间隔安措可不必执行。

3. 搭接试验安措

（1）500kV 第一套母线保护：检查确认退出对应 500kV 第一套母线保护内该断路器保护 GOOSE 启失灵接收软压板，退出对应 500kV 第一套母线保护内运行间隔 GOOSE 出口软压板及直跳光纤，投入该母线保护检修压板。

（2）500kV 线路/变压器第一套保护：检查确认退出 500kV 第一套线路/变压器保护内该断路器保护 GOOSE 失灵联跳接收软压板，退出 500kV 线路/变压器第一套保护内至运行间隔 GOOSE 出口软压板及直跳光纤、启失灵软压板，投入该线路/变压器保护检修压板。

（3）50×2 中断路器第一套保护：退出第一套中断路器保护内至运行间隔 GOOSE 出

口软压板、启失灵软压板，投入该中断路器保护检修压板。

(4) 220kV XM/XM 第一套母线保护：若运行间隔为变压器，则应检查确认退出第一套 220kV 母线保护内该变压器 220kV 侧 GOOSE 启失灵接收软压板，若边断路器对应间隔为线路保护，则无此步安措。

(5) 50×2 断路器智能控制柜：退出中断路器第一套智能终端出口硬压板，投入中智能终端检修压板。该种安全措施方案可传动至中断路器智能终端出口硬压板，如有必要可停役相关一次设备。

4. 注意事项

(1) 上述措施每执行一项都在安措票的执行栏中打"√"，断路器保护更换工作结束后，还要开展以下措施，保证正常运行之后的设备安全。

竣工内容与要求如表 9-20 所示。

表 9-20　竣工内容与要求

序号	内容
1	全部工作完毕，拆除所有试验接线（应先拆开电源侧）
2	工作负责人监督工作班成员按安全措施票恢复安全措施
3	全体工作班人员清扫、整理现场，清点工具及回收材料；工作过程中产生的固体废弃物的收集、运输、存放地点的管理，应根据固体废弃物分类划分不同贮存区域；装设防雨、防泄漏、防飞扬等设施，并有消防等应急安全防范设施，且有醒目的标识；固体废弃物贮存的设施、设备和场所，要设有专人管理；一般废弃物应放在就近城市环卫系统设定的垃圾箱内，不得随便乱扔
4	工作负责人周密检查施工现场，检查施工现场是否有遗留的工具、材料

(2) 安措执行后，现场采取"一柜一票"模式，将安措票用透明文件夹吸附于柜门上，方便随时核查，将所执行安措拍照打印贴于屏门之上，每日开工前核查安措有无变动。

(3) 拆除硬电缆回路时，应两头拆除并记录，拆除时需要认清电缆，先明确两端芯号一致，再通过拆除电源一端，另一端监视电位方法确认。

第十章 常规变电站综自改造二次保安措施

变电站综合自动化系统（简称综自）改造，就是将变电站原有的测量、控制、自动监视、保护以及调度通信等各种系统、线路保护进行技术升级。老旧变电站的综合自动化改造，无论设计还是施工都比新建变电站有较大的难度，涉及设备多、参与人员多、工作地点多；风险高、工期长、管控难度大，为保证综自改造项目安全、有序进行，本章针对综自改造施工全过程中可能出现的危险点进行分析，通过二次安措的实施，将危险点彻底隔离，从而保证综自改造项目的顺利实施。

第一节 前 期 准 备

在综自改造施工过程中既有运行设备又有新增的改造设备，既要保证运行设备的安全运行，又要在施工过程中保证安全、保证质量、保证工期，这就要求施工的工作负责人在开工前对变电站的环境、一次设备的运行状况、二次设备的构成、该站的设备、二次接线等是否存在特殊结构等情况都必须进行查勘，详细了解后在施工方案中针对这些特点制定专项的施工方案和安全技术措施，并要求工作负责人将责任到人、明确与各个配合单位的分工界线，确保运行设备的安全运行，新建设备顺利投产，同时还应注意以下问题。

一、图纸审核

工作负责人通过详细审核改造部分的设计图纸，熟悉改造范围；搜集旧设备的相关资料，了解旧设备的基本情况；同时工作负责人必须把新设计图纸与新设备详细对照，及时发现设计图纸与到货设备不符之处。

将新设计图纸与老设备资料对照，了解变电站的基本结构，包括设备以及交直流系统、公用系统的运行状况，信号系统的构成等。确定施工中要拆除和接入的设备及相关二次回路，并做好书面记录，记录要详细，明确到每一个回路，每一根电缆芯线及其所在的端子排位置，对有疑问的接线重点记录，查找原始资料，明确其功能。

二、编写“三措”

根据现场查勘的情况，进行危险点辨识、编写预控方案，用于指导整个施工改造过程的监督，并编制“施工组织、安全、技术措施”（简称“三措”）。

明确本次综自改造的工作范围、停电范围、施工内容。施工方案的编制若没有根据现场实际情况，或提出的安全措施、工作计划安排不合理等，就可能造成在施工过程中人员的违章工作甚至危险工作。所以前期项目负责人对施工方案组织运行部门、班组工作负责人、设备专职、计划专职、外包单位负责人进行讨论，结合变电站的现场实际情况，对方案中各个阶段的施工方案、危险点、停电范围、安全措施等进行分析，做到心中有数。

对于综自改造的施工现场，通常存在作业面多、人员散乱、车辆多、旧设备拆除、新设备安装、二次回路交叉接线等很多的危险因素，针对这些情况，如果分析不到位，二次安措编写存在缺失、二次安措执行不力，就很容易出现危险，从而影响整个施工进程，同时有可能带来不必要的损失。针对可能出现的上述现象，工作负责人要根据施工方案，从施工期间如何保证运行设备安全可靠运行的角度出发，深入细致地开展危险点分析摸排工作，形成危险点控制措施表，从而最终形成一份技术措施方案。

最后明确停电计划，停电计划如果没有考虑到实际情况，就会出现停电了安全措施依然不够等原因而无法正常施工的问题。例如：某间隔改造，需要陪停相邻间隔或者某些相关联的一次设备，但由于前期查勘或者现场交底时的疏忽，导致漏报停电计划，就会出现上述情况改造间隔已停电但无法进行改造。

三、现场交底

由于每个变电站综自改造在施工过程中都存在特殊性，现以 220kV 变电站综自改造为例进行说明。

1. 设备安装

改造中需更换的一次设备大部分都在户外，受天气影响较大。综自改造工程施工风险大，受停电计划影响大，需根据停电时间，充分做好停电前期施工准备工作。同时若是整站综自改造过程涉及施工工作点多，施工作业面广，施工任务重，需充分做好现场安全监护及工作安排。

2. 新增设备与运行屏的搭接工作

应编写详细的搭接方案，搭接时应甲方持工作票，施工方作为工作班成员。

3. 季节影响

若是整站综自改造，变电站施工将处于春、夏、秋、冬季。在空气湿度较大的季节，须做好防雨、防潮工作。冬季需做好防寒保暖工作，错开霜冻时段。雨雪天不宜进行室外设备安装，避免设备内部受潮。

这就要求项目负责人在综自改造正式开工前组织运行部门、工作负责人、设备专职、监理单位、外包单位负责人进行现场详细的技术交底，并确定施工区域、设备型号、施工时间、施工电源接取位置，并用围栏隔离，并征得运行部门同意。

最后，由工作负责人在开工前将工作内容及存在的危险点详细向全体施工人员进行交底，并确认，使大家心中都有数。

同时严格执行规程及反事故措施是改造工程成败的关键。施工过程中应根据设计图纸、新旧设备的资料以及现场实际情况，在不同的施工阶段制订详细的专项方案，进行技术交底，让每一个施工人员都清楚工作范围和内容，增强安全工作意识。

第二节　施　工　安　措

一、通用规定

通用要求，是针对综自改造施工过程经常会发生危险的地方提出的基本要求，将这些规定宣贯到每一个现场工作人员，并严格执行这些基本规定，预防并避免危险的发生。

（1）严格执行《电力建设安全工作规程　第3部分：变电站》（DL 5009.3—2013）中所规定的保证安全工作的组织措施：即工作票制度，工作许可制度，工作监护制度，工作间断、转移和终结制度。

（2）严格执行工作票制度，正确使用第一种工作票或第二种工作票。施工前应进行安全措施的认真检查和安全注意事项与技术要求的交底，作业前工作票负责人应对工作人员进行工作内容交底，工作人员应熟知工作任务、工作地点、工作范围和及安全注意事项。对施工中存在的危险源进行辨识，制定相应的措施，在开工前和站班会上认真宣读并落实预控措施。并做好危险点预控工作，并确保在施工中贯彻执行。

（3）严格执行《电力建设安全工作规程　第3部分：变电站》（DL 5009.3—2013）。工作人员应确保与220kV带电体大于3.0m的安全距离，与110kV带电体大于1.5m的安全距离，与35kV带电体大于1.0m的安全距离；起重机械应确保与220kV带电体大于6.0m的安全距离，与110kV带电体大于5.0m的安全距离，与35kV带电体大于4.0m的安全距离。

（4）严格执行工作监护制度和安全互保制度。严禁在无人监护的情况下一个人进入带电区域。严禁无票工作和超范围工作。

工作前应认清工作范围和间隔名称，防止误入工作范围以外的或带电运行的间隔。

（5）工作负责人不得离开施工现场，施工过程中加强对施工人员的监护。

（6）进入现场的厂家服务人员由使用单位管理，进行安全教育，并在工作票的班组成员中注明。

（7）起重作业时必须设专人监护，吊车司机和起重负责人在工作前应进行统一的工作安排，统一指挥，禁止盲目蛮干；起吊物应绑牢，局部着落和吊物未固定时严禁松钩。

（8）施工用电源应使用甲方运行人员的指定的检修箱电源，并办理接电二种工作票，将电源接引至施工区二级电源箱。不得使用运行中的端子箱电源。施工用动力电缆应做好必要的防护措施，电源箱内安装应装设漏电触保器，工作范围内必须有可靠工作接地，电源箱和施工机具外壳应接地良好，防止触电。电源线接入检修箱时应从升高座内接入，接入后能关闭检修箱上部门锁。

（9）使用的竹梯应牢固并有防滑措施，在运行区域内搬运竹梯时，应放倒搬运，与带电设备保持足够的安全距离。

（10）不得随意拆除或挪动安全围栏、接地线、警示牌。

（11）进行二次电缆敷设时，掀电缆盖板要注意轻拿轻放，防止损坏运行中二次电缆或盖板、误跳运行中设备。二次电缆敷设完后，及时做好封堵工作。

（12）临时的连接线未搭接前应有可靠的绑扎措施。投运前对施工、搭接过程中做的临时措施必须进行恢复、并进行再次检查。

（13）加强文明施工管理，变电所内禁止吸游烟。每天清扫工作现场，加强环境保护，做到工完料尽场地清。对废品、垃圾作集中处理。

（14）电焊工作（若有）中必须将接地线接在焊接点附近，防止损伤运行中二次电缆，影响保护运行、甚至误跳运行中设备。焊接（包括气焊）工作必须使用动火工作票，在焊接地点设置流动干粉灭火器。

（15）新安装保护柜时不得敲击，以免震动影响相临保护柜的安全运行。在安装就位后，应用红布与运行中二次设备隔开，有明显的分界点，并悬挂“在此工作”牌。

（16）除二次运行屏上二次拆除、搭接的工作负责人由甲方检修人员负责以外，其他工作负责人均由施工方负责；工作票签发人为乙方负责，会签人由甲方负责。

（17）二次拆除、搭接的安措票编制后，应提交工程建设管理单位组织监理、检修运行等单位会审签字确认，实施拆、搭时将办理逐个回路拆、搭接现场签字确认，具体由实施方、监理、运检单位专业人员签字确认，确保实施过程正确无误。运行设备侧的二次拆、搭及调试作业应执行省公司有关规定。二次安措由检修人员负责实施，施工方人员只对符合性进行复核。

（18）间隔遥控时提前通知运维人员到现场与调度协调，切换已运行远方就地把手至就地位置做好记录；得到调度许可命令后由运维人员进行遥控操作。间隔电气闭锁试验时注意母线均带电，验收时应将 1、2 刀闸机构转动部位与垂直连杆做好标记后脱开传动；刀闸转动部分用电缆线芯捆绑防止误动。

二、二次安措票要求

综自改造工作是一个持续时间较长的系统工程，总体上可以分为三大阶段：不停电准备阶段、停电施工阶段、结束扫尾阶段。每个阶段涉及的工作不同，这就要求我们针对具体的工作并结合上述的通用要求，使用不同的二次安措。但总体来说它是从事现场施工的第一道关口，也是最重要的一道安全防线，执行的好，可以保证施工的安全开展、顺利结束。

1. 使用范围

综自改造工程与改扩建工程最大的不同就是与运行设备的隔离工作穿插在每一个间隔的停电改造过程中，因此我们首先必须明确二次安措票的使用范围：当二次设备（包括二次回路）上有工作时，为了可靠地和运行设备隔离，检修人员应使用二次安措票，原则上二次安措票和工作票相对应。在相关联的设备上拆线、接线及试验时需使用二次安措票。

同时，二次安措票应由工作负责人负责填写，班组专业工程师、班组长负责签发，编制人与签发人不得为同一人。

2. 具体要求

(1) 二次安措票填写时应保证“票、图、物”一致。工作开始前，二次安措票执行人、监护人再次核对安措票填写的内容与现场实际是否相符，核对无误后再开始执行，执行安措票时，必须二人工作，一人执行一人监护，工作时切勿失去监护。安措执行后，执行人和监护人分别根据二次安措票进行全面检查，确认无误后，执行人、监护人在二次工作安措票上进行签字。

(2) 二次安措票执行的重点是隔离影响运行设备相关回路，防止检修工作时影响运行设备的正常运行。

(3) 严格按照二次安措票中安措内容的先后顺序依次执行，即先执行出口回路安措、再执行电流电压回路安措、最后执行监控系统和故障录波等信号回路安措。执行过程中需要注意，直流回路不发生接地、运行的电流回路不开路，运行的电压回路不短路。

(4) 执行人负责二次安措施的具体实施，监护人负责二次安措施实施过程中的监护。由监护人唱票，执行人复诵后执行操作，执行人完成操作，监护人检查无误后在对应项执行框内打钩确认。

(5) 对于安措用红色绝缘胶布做明显标识的，在工作中不得随意碰触和更改，对于临时用的隔离措施应用其他颜色绝缘胶布标识。

(6) 安措恢复的顺序和执行的顺序相反，即先恢复监控系统和故障录波器等信号回路安措、再恢复电流电压回路安措、最后恢复出口回路安措。恢复安措时，必须二人工作，一人执行一人监护，工作时切勿失去监护。安措恢复后，执行人和监护人分别根据二次安措票进行全面检查，确认无误后，执行人、监护人在二次工作安措票上进行签字。

(7) 个人工器具需要进行绝缘处理。螺丝刀除刀口及手柄部分，其余裸露金属部分做绝缘包裹处理，螺丝刀刀口裸露部分不宜超过1cm。扳手、钳子等金属工器具若手柄无绝缘套，需进行绝缘包裹处理。

三、应急处置措施

为应对综自改造过程中可能出现的意外情况，现场成立应急现场指挥部，明确现场应急总指挥人员，负责接受公司应急指挥部的指令，组织实施现场应急处置。

同时应设立：

(1) 医疗救助组：明确组长人选，成员应由经急救培训合格人员组成。负责对事故现场受伤人员进行简易分类，并对受伤人员作简易的抢救和包扎工作；及时转移重伤人员到医疗机构就医抢救。

(2) 技术保障组：明确组长人选，成员由技术、安全、质量等部门人员组成。负责事故的设施、设备破坏的抢险救援所需的技术支持；提供事故所需的相关技术资料；配合、参与事故调查的技术分析。

(3) 保卫疏导组：明确组长人选，成员由办公室、施工班组人员组成。负责及时设置警戒围栏和保卫人员，对事故现场内外进行有效的隔离和保护工作；疏导和维护现场应急救援通道畅通的工作；及时疏散事故现场外的围观居民劝其远离撤出危险地带。

（4）物资供应组：明确组长人选，成员由材料、机具部门和施工班组人员组成。负责迅速调配抢险物资器材至投入事故发生点现场抢险；检查并提供和抢险人员完好的装备和安全配备防护用品；及时提供后续的抢险物资；迅速组织后勤必须供给的物品；及时输送后勤供给物品到抢险人员手中。

另外还需要明确应急抢救地点及路线：

1）医院名称：××医院。

2）医院地址：××××。

3）联系电话：0512-57790003。

4）应急路线：本工程施工现场→××路→××路→××医院。全程×km，大约需要×分钟（如图10-1所示）。

图 10-1 应急路线图

四、不停电准备阶段

1. 新屏安装

新屏进场时若涉及起重吊装，首先必须明确起重机的进站路线、吊装位置等，同时要求：

（1）进入施工区的人员必须正确佩戴安全帽，帽带要系紧。

（2）特种作业人员正确须经培训合格，持证上岗。

（3）现场特别是对临近、穿越带电体作业区段要进行详尽的调查摸底；临近带电体作业施工时，起重设备、牵引绳等与带电体保持足够的安全距离；保持不了安全距离，则该线路必须停电。

根据设计图纸，在新增保护屏、测控屏的前后分别设置临时围栏。在围栏上向内悬挂“止步、危险！”标示牌。在围栏入口处悬挂“从此进出！”标示牌；在新增保护屏、测控屏前后分别悬挂“在此工作！”标示牌；在邻近新增保护屏、测控屏的非检修屏上前后分别设置红布幔，如图 10-2 所示。

另外，根据前期查勘的情况，若现场无空屏位，此时需要重新在主控室地面开槽，安装槽钢，铺设接地铜排等。相关工作就会涉及动火工作，就需要使用动火工作票（见附

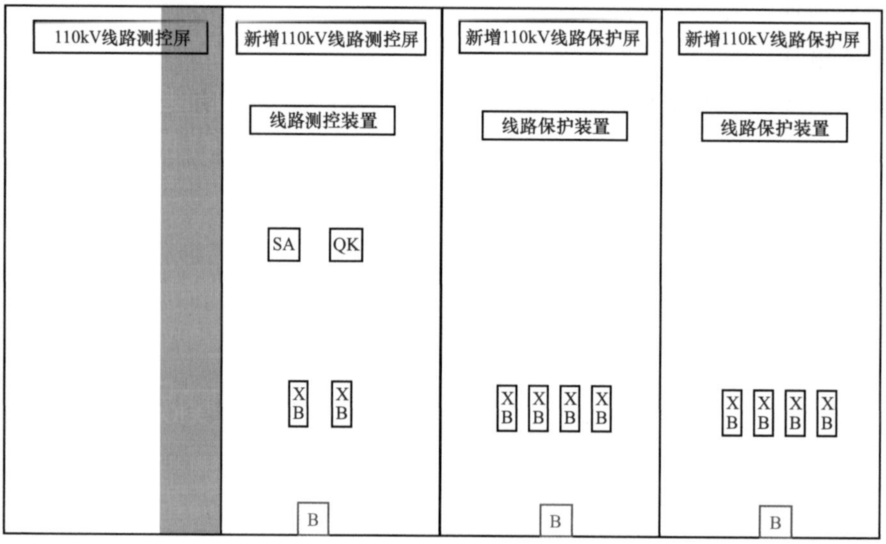

(a)

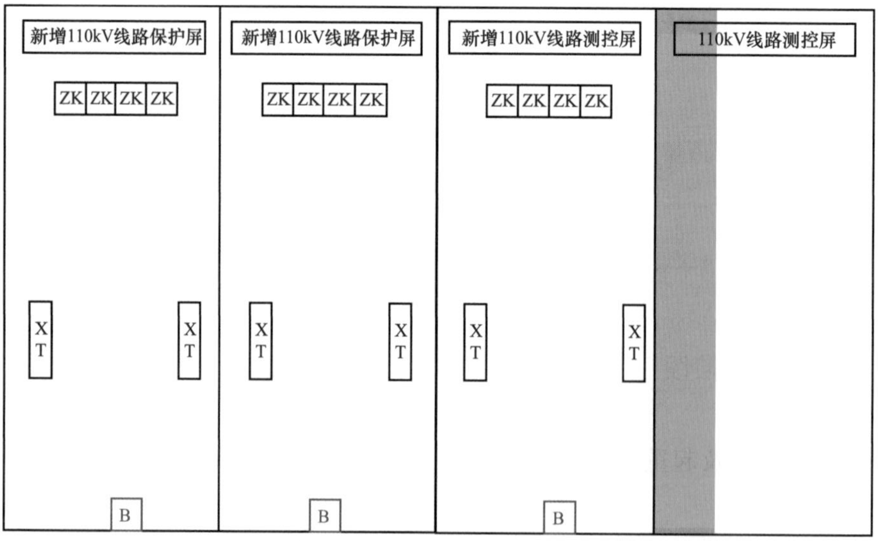

(b)

图 10-2　安措布置示意图（一）

(a) 屏前安措示意图；(b) 屏后安措示意图

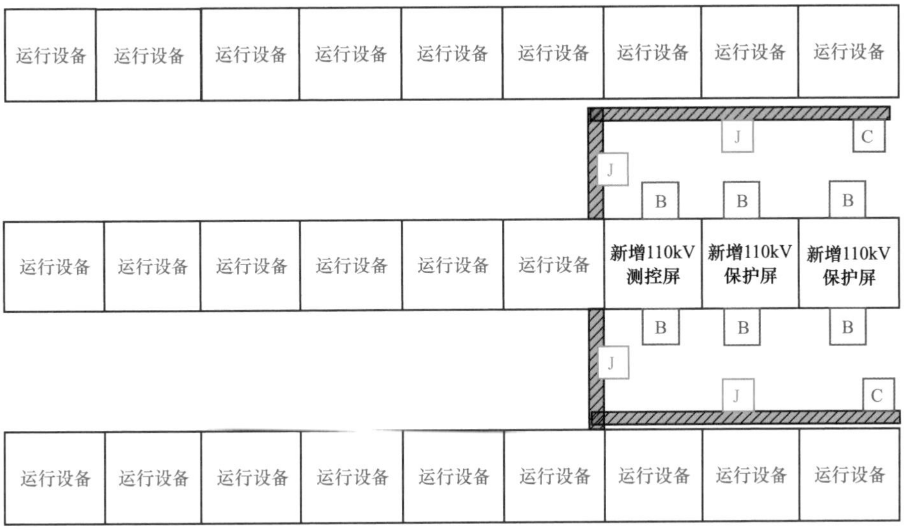

（c）

图 10-2　安措布置示意图（二）

（c）控制室平面安措示意图

图例：

B—在此工作；C—从此进出；J—止步、危险；—红布幔；—围栏；SA—控制开关；

QK—远方就地切换开关；ZK—直流电源空气开关；XB—压板；XT—端子排

录 H 表 H.1）。电焊工作（若有）中必须将接地线接在焊接点附近，防止损伤运行中二次电缆，影响保护运行、甚至误跳运行中设备。在焊接地点设置流动干粉灭火器。并明确动火工作的负责人、执行人、执行地点、动火内容、动火方式等，并执行相关安措：

1）工作时应配备合格的灭火器，工作现场不得有遗留易燃易爆物品。

2）工作时应加强监护，严禁单人工作。

3）工作间断与工作终结时应清理现场。

2. 端子箱安装

以某开关端子箱改造工作为例，在某开关端子箱四周设临时围栏；在围栏上向内悬挂适量“止步，高压危险!”标示牌；在围栏入口处悬挂“在此工作!”“从此进出!”标示牌，如图 10-3 所示。同时，动火工作参照第十章第二节第四部分“1. 新屏安装中动火工作”的要求执行。

3. 电缆敷设、接线

进行二次电缆敷设时，掀电缆盖板要注意轻拿轻放，防止损坏运行中二次电缆或盖板、误跳运行中设备。二次电缆敷设完后，及时做好封堵工作；同时，由于二次电缆的敷设涉及的人员较多、场地较大，需要设置多名专职监护人（根据电缆敷设的范围而定）。同时，对于掀开盖板的地方，应设临时围栏，以免人员误掉入电缆层内，造成人员受伤。

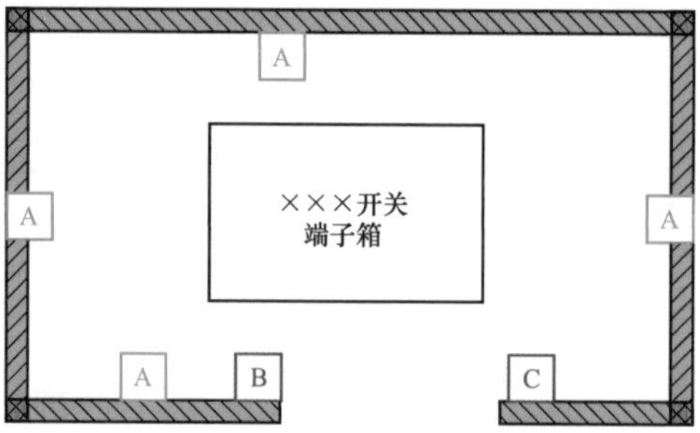

图 10-3　安措布置示意图

图例：

A—止步，高压危险；B—在此工作；C—从此进出；—围栏

4. 交直流系统安装、调试

交直流系统的改造一般建议在停电之前就完成改造，否则后期等停电改造完后再进行，就会存在一定的安全风险，而且主要就是在负荷割接过程，严重的可能会导致多台装置同时失电的情况发生。

首先，我们先来看一下交直流系统改造的一个流程：

（1）总体步骤：先改直流后改交流。

（2）原是蓄电池屏，则先竖立新的交直流屏 UPS 屏通信电源屏，蓄电池室改造，蓄电池敷设。

（3）新老直流屏两组电源分别短接，分别直流电源合环。

（4）从老交流屏两段交流分别引临时电缆给新直流屏两段母线。

（5）新两组蓄电池分别接入新的两段直流母线，新 UPS 屏也直流带电。

（6）调节老直流屏硅链，使其与新直流屏电压一致，压差小于 1V。

（7）新直流屏引电缆与老直流屏搭接。

（8）拆除Ⅰ段蓄电池屏（空出屏位给其他测控屏位或者其他屏位使用，若屏位多可以不拆Ⅰ段蓄电池屏），保留Ⅱ段蓄电池屏继续给老直流屏供电，保证直流稳定。

（9）直流屏最后上的话就各间隔直流带电割接，带电割接若有需要可增加端子排和用短接线短接后再断开老直流，若提前上直流屏的话，就停一路割一路。尤其要注意低压开关柜屏顶小母线的割接。

（10）全部直流割接完成后改通信电源屏负荷，一路一路割接，临时断电。

（11）通信电源屏割接完成后拆除新老直流屏的临时电缆，老蓄电池屏和老直流屏拆除。

（12）之后准备交流屏割接，停第一路站用电，合上新老交流屏母联开关，此时Ⅰ段交流负荷会临时失电，拆除原Ⅰ段交流屏到新Ⅰ段直流屏的电缆，将站用电屏至老Ⅰ段交流屏电缆改接至新Ⅰ段交流屏，此时两路交流均有站用电带交流。

（13）割接交流支路，都会有临时断电。

（14）全部交流负荷割接完成后，一路一路带电割接 UPS 负荷，信通配合人员需在现场。

（15）UPS割接完成后停第二路站用电，拉开新交流屏母联开关，Ⅱ段交流负荷临时失电，接入第二路站用电，交流改造完成。其中，对于蓄电池改造，由于受现场实际情况的限制，可能会出现蓄电池无法一次性安装到位的情况，或者蓄电池室无法满足《国家电网有限公司十八项电网重大反事故措施（2018年修订版）》的需求："5.3.1.5 酸性蓄电池室（不含阀控式密封铅酸蓄电池室）照明、采暖通风和空气调节设施均应为防爆型，开关和插座等应装在蓄电池室的门外。"相关二次安措中就要求注明蓄电池的临时安装位置，待蓄电池室满足安装条件后再安装到位，同时安措票完成闭环检查流程。

交直流改造过程中比较容易出现安全风险的就是在拆搭接过程中，可能出现误拆线、误碰跳空气开关等事故，此时就可能造成如下危险：

1）直流失电：如果是环路式直流供电，可能会导致多台设备失电。

2）交流电压失电：会导致保护报TV断线，部分保护退出，母差失去闭锁，对于低压侧可能造成备自投动作跳主变压器低分支或电容器跳开。

3）220V交流失电：主要影响柜内照明和打印，但是某些老站会使用交流交换机，失电会导致通信中断。

所以前期的查勘、图纸核对工作就显得尤为重要，每个站都有每个站的特殊点或者特殊结构，所以在正式进行负荷割接时：

1）使用审核过的安措票。

2）搭接工作地点有专人监护，不得多点开工。

3）施工前摸清电缆走向，制作电缆走向图，新老屏交替搭接时确保回路已搭接再拆除老回路。

4）搭接前先量电位，确定电源性质相同，无电位差才可搭接。

5）每执行完一步或拆搭接完一个回路，在相应的二次安措票上打"√"确认。

针对变电站内的特殊回路在综自改造过程中的安全控制，由于有很多特殊回路的改造和完善是无法在完全停电的情况下施工的，这就需要工作负责人制定专项施工方案及风险分析预控卡，并经过班长、设备专职等共同审核后方可进行实施。专项方案及二次搭接风险分析及防范措施卡（见附录H表H.2）的编制人员必须根据现场实际情况编写。

5．远动及后台通信设备安装、调试

变电站内自动化设备种类繁多：后台监控主机、管理机、交换机、路由器、纵向加密装置、网络安全检测装置、通信网关机、测控装置、同步相量测量装置、时间同步装置等，自动化典型的二次安措票见附录H表H.3。

对于自动化检修安全措施票执行，我们应严格按照下列步骤行进：

（1）自动化检修安全措施卡上应填写对应工作票号。

（2）自动化安全措施执行前，工作负责人应首先组织核对运行人员实施的安全措施是否符合工作要求，组织检修人员和厂家人员核对安全措施内容是否齐全，检修人员和厂家人员双方在“工作前签字确认”一栏签字。

（3）自动化安全措施执行时，应按照“安全措施内容”从前到后逐条执行，监护人应在执行人做完一项内容检查无误后及时在自动化检修安全措施票“执行”一栏打“√”。

（4）自动化安全措施执行过程中，工作人员不得擅自变动自动化检修安全措施票内容，如现场确需修改内容，应重新审核签发，不得涂改票面。

（5）自动化安全措施执行后，工作负责人应进行全面检查。

同样，当自动化相关工作结束后需要恢复安全措施，同样应按照下列步骤认真执行：

（1）自动化安全措施恢复时，应按照“安全措施内容”提示进行恢复，监护人应在恢复人做完一项内容检查无误后及时在自动化检修安全措施票对应一栏打勾。

（2）自动化安全措施恢复后，工作负责人应按照自动化检修安全措施票，对每个项目再进行一次全面核对，确保接线正确、配置正确、设备无异常。

（3）自动化安全措施恢复工作完成后，经运行和主站验收合格后，检修人员和厂家人员双方在“工作后签字确认”一栏签字。

自动化的相关工作，大部分都是由厂家人员完成的，工作负责人更多是监护职责，所以工作负责人必须加强现场管控，工作过程中严禁厂家人员破坏自动化安全措施。每次工作间断后重新开工前，工作负责人应首先核查工作屏柜自动化安全措施是否完好。同时，必须严控厂家人员违规外联情况的发生。在整个综自改造过程中，后台监控主机是厂家接触最多的设备之一，针对后台监控主机的自动化检修安全措施票见附录H表H.4。

五、停电改造阶段

1. 一般要求

当综自改造的不停电准备工作完成后，接下来就是持续时间最长的停电改造工作了，其一般要求是：

（1）变电站二次系统工作按照安规要求执行变电站（发电厂）第一种工作票、变电站（发电厂）第二种工作票、二次系统工作安全措施票。

（2）工作前应做好准备，了解工作地点、工作范围、一次设备及二次设备运行情况、安全措施、试验方案、上次试验记录、图纸、定值通知单、核对需要改造的保护装置、测控设备等是否齐备并符合实际，检查仪器、仪表等试验设备是否完好。

（3）现场工作开始前，应检查已做的安全措施是否符合要求，运行设备和检修设备之间的隔离措施是否正确完成，工作时还应仔细核对检修设备名称，严防走错位置。

（4）在全部或部分带电的运行屏（柜）上进行工作时，应将检修设备与运行设备前后以明显的标志隔开。以110kV某一间隔的改造为例，如图10-4所示：

1）在110kV线路测控、保护检修屏前后分别悬挂“在此工作！”标示牌。

2）在邻近110kV线路测控、保护屏检修屏的非检修屏上前后分别设置红布幔，将110kV线路测控、保护检修屏上其他非检修线路测控、保护单元装置、端子排、有关跳闸出口压板、交直流电源用红布幔遮盖绑扎。

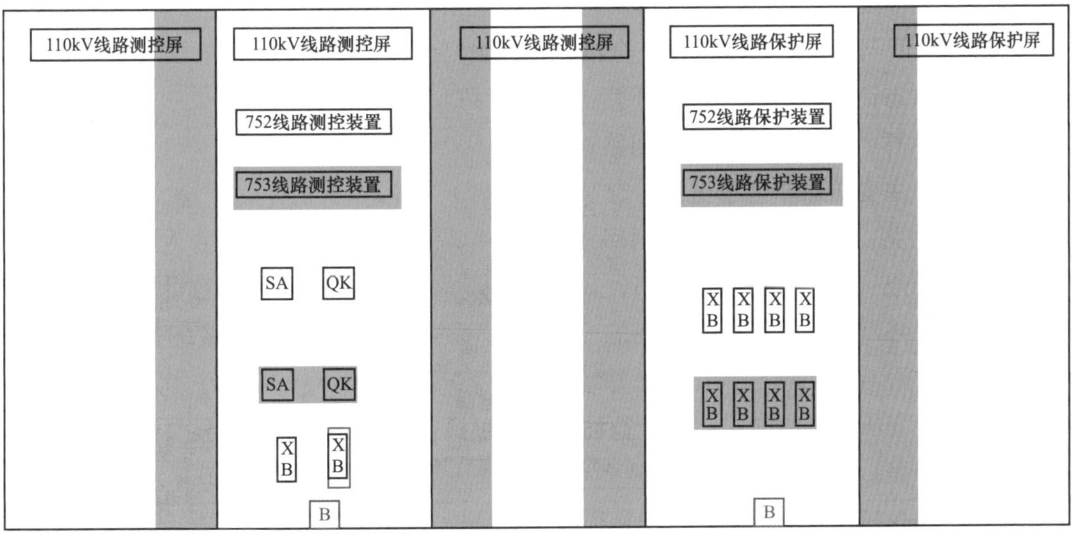

（a）

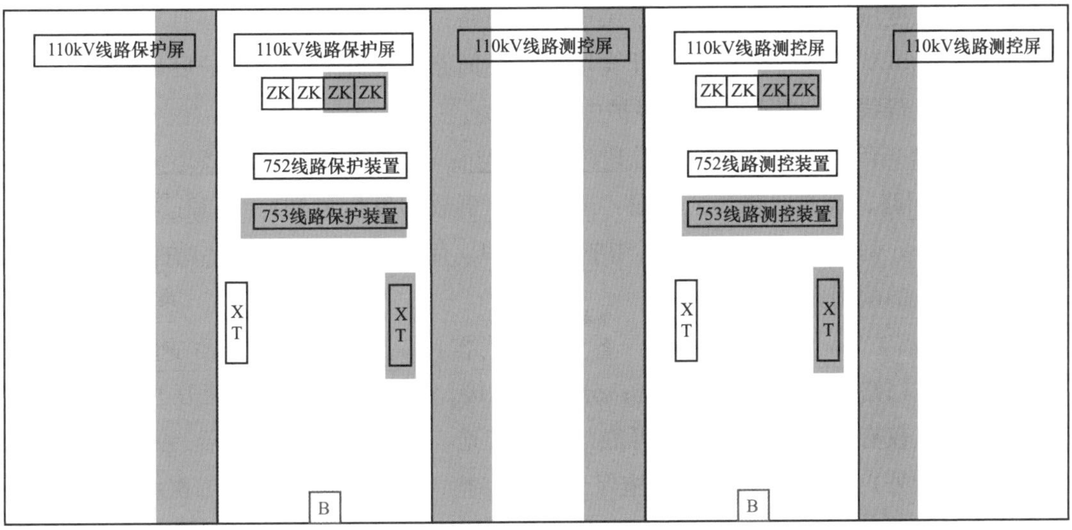

（b）

图10-4 110kV线路改造安措布置图

（a）屏前安措示意图；（b）屏后安措示意图

图例：

B—在此工作；（灰色块）—红布幔；SA—控制开关；QK—远方就地切换开关；

ZK—直流电源空气开关；XB—压板；XT—端子排

若上述改造后的装置是全部都在新的屏柜上，第一条线路改造时由于屏柜内的设备都属于未投运设备，安措可参考图 10-2 所示，但改造到第二条线路或者是原屏柜掏屏改造的，就需要参照图 10-4 所示的进行布置，将运行设备与待改造设备完全区分出来。

二次安措票编制均应审核并签字确认后，实施拆、搭时将办理逐个回路拆、搭接现场签字确认；运行设备侧的二次拆、搭及调试作业应由检修人员负责实施。

针对停电间隔编写的二次工作安全措施票，主要应包括：

a. 原始状态记录：压板、空气开关、切换把手、定值区。

b. 交流采样：电流回路、电压回路。

c. 开入：主变压器非电量电源（交叉作业拉开）。

d. 控制回路：本身断路器跳合闸回路（交叉作业拉开控制电源）。

e. 跳闸回路：母差保护跳闸回路、变压器跳旁路和母联、断路器保护跳相邻断路器和远跳对侧断路器、备自投（母联备自投）跳变压器低压侧断路器、低频低压减载装置跳低压出线断路器、无功自投切装置跳低抗、电容器断路器、稳控装置跳线路及变压器断路器、接地变压器跳闸联跳。

f. 合闸回路：备自投（母联备自投）合低压侧母联断路器、无功自投切装置合低抗、电容器断路器、稳控装置合线路、变压器断路器。

g. 启动失灵回路：220kV 线路、变压器、母联分段保护启动母线保护失灵回路；500kV 线路、变压器保护启动断路器保护失灵回路；500kV 断路器保护启动断路器保护失灵回路；500kV 断路器保护启动母线保护失灵回路；500kV 母线保护启动断路器保护失灵；220kV 母线保护启动变压器保护中压侧失灵装置联跳三侧（新老有别）；220kV 母线保护启动另一套 220kV 母线保护分段失灵回路。

h. 信号回路、录波回路：公共端：通过各类事故的发生可知，从工作流程上保证各项措施的执行，确保二次工作的安全措施有执行、有恢复、有监护，才能保证停电间隔综自改造工作的顺利完成。

2. 二次回路上的工作

（1）电流回路：分清有流、无流；分清先短接、先退出；所有电流互感器的二次绕组应有一点且仅有一点永久性的、可靠的保护接地、禁止将电流互感器二次侧开路（光电流互感器除外）；恢复要有监视措施保证回路完整；短路电流互感器二次绕组，应使用短路片或短路线，禁止用导线缠绕。在带电的电流互感器二次回路上工作时，应做好安全隔离措施，必要时工作前申请停用有关保护装置、安全自动装置或自动化监控设备。

（2）电压回路：分清有压、无压；分清拆线、造断点；严禁造成短路、接地；拆线时优先拆无源端、有源端做好绝缘误碰措施；恢复要有监视措施保证回路完整；所有电压互感器的二次绕组应有一点且仅有一点永久性的、可靠的保护接地。在带电的电压二次回路上工作时，应做好安全隔离措施，必要时工作前申请停用有关保护装置、安全自动装置或自动化监控设备。

电压回路的工作还有一个极其重要设备就是电压互感器，它改造时会涉及整个变电站所有需要使用“电压”的设备，并且考虑到电压也需要采用辐射状供电压模式，所以一般电压互感器改造都安排在对应电压等级的线路改造之前完成改造。具体的作业指导卡见附录 H 表 H.8。需要注意的是：

1）拆搭接表应现场摸排制作，应确保表上端子号准确。

2）同屏位非工作装置及其端子排、把手、空气开关等应用红布幔做补充安措。拆除老线和搭接新线的过程中可能出现接地或相间短路，导致 TV 端子箱空气开关跳开，导致保护报 TV 断线，部分保护退出，母差失去闭锁，低压侧可能造成备自投动作跳主变压器低分支或电容器跳闸。

3）无法区分的 N600 可等整屏退役时再行移动。拆除老线过程中可能导致其他等级 N600 接地点失去，使得电压漂浮、电压波形畸变。

（3）开入开出：在回路工作应做好绝缘措施防止误发信；对于主变压器非电量电源（交叉作业拉开）等。

（4）控制回路：本身断路器跳合闸回路（交叉作业拉开控制电源）。

（5）跳闸回路：电位测量建议对地测试电位，最好不要直接测试跳闸正电与跳闸线电位；建议正电源解无源侧、跳闸线解有源侧；跳闸正电源与跳闸线相邻时建议都拆无源侧（内部线）但外部电缆做好绝缘误碰措施；涉及基建、改造、多个二次工作在同一作业面的建议电缆两侧全部拆除；严禁使用短接来模拟保护出口验证回路；恢复要有监视措施保证回路完整；在操作回路工作时，应采取可靠措施防止误碰。

（6）合闸回路：与跳闸回路类似。

（7）启动失灵回路：与跳闸回路类似。

（8）信号回路、录波回路：公共端拆除做好绝缘措施。

3. 监控系统上的工作

（1）监控系统上的工作应遵循二次系统安全防护规定。不得安装与系统无关的软件；不得将无关的设备接入监控系统专用网络；严禁将变电站计算机监控系统的内部网络与其他非电力系统实时数据传输专用的网络相连。

（2）监控系统软硬件变更、参数调整等涉及自动化遥测、遥信、遥控、遥调的工作，均应经验收后方能结束。

（3）智能变电站现场工作涉及 SCD 配置文件变更时，应根据新生成的 SCD 配置文件导出监控系统的配置信息，现场对相关的功能和信号进行验证时应做好与运行设备的安全隔离措施。

（4）所有涉及运行设备的工作，设备检修单位应安排专人进行监护。

（5）工作前、后，应将相关二次系统软件和参数备份。

（6）严禁擅自更改监控系统的软件版本。

（7）在测控屏（柜）上或附近进行打眼等振动较大的工作时，应采取防止运行中设备误动作的措施，必要时将遥控压板暂时退出。

（8）电容器开关、主变压器有载开关本体有人工作时，应停用该站的相应设备的自动控制，如电压自动调节等功能。

（9）防误操作逻辑的修改应经运行单位审核后方可进行，并需做好逻辑闭锁验证工作。

（10）测控装置同期检测的参数设定应符合有关规定，并结合开关检修进行校验。

（11）站内监控主机上的维护工作应专人监护核对。具体的二次安措票见附录 H 表 H.4。

4. 测控装置上的工作

（1）在启停测控装置前应做好防误出口措施。

（2）禁止带电插拔板卡。

（3）影响到有关调度机构自动化数据采集的工作，应做好防止影响负荷总加、数据统计、监控工作等安全措施。具体的二次安措票见附录 H 表 H.5。

5. 数据通信与处理单元（数据通信网关机）上的工作

（1）配置修改前应将运行中参数导出、使用。不能导出的应严格核对，确保符合现场实际。

（2）在冗余配置的数据通信与处理单元上的工作，应采取防止两台配置不一致导致数据采集和信息传输错误的安全措施，确保在一台装置投入运行后，才允许对另一台进行更新。具体的二次安措票见附录 H 表 H.6。

6. 交换机上的工作

（1）工作中确保设备可靠接地，工作人员应采取释放静电的措施，防止静电导致的设备损坏。

（2）禁止将未认证的计算机设备接入交换机，应采取防止病毒在网络内传播的安全措施。

（3）网络交换机上有工作时，应做好该交换机上连接的所有设备的安全措施。网络交换机软硬件调整时，应确认调整后的交换机配置文件及端口设置正确。

（4）对数据流量大且实时性要求高的站内交换机，应采用必要的端口流量限制措施。具体的二次安措票见附录 H 表 H.7。

7. 其他设备上的工作

（1）终端服务器、智能网关机等其他与监控系统相关的设备接入，不应违反调度数据直采直送的原则。

（2）在终端服务器、智能网关机等其他设备上工作时，应做好安全措施，避免因为配置错误导致其他所连设备的误动作。

（3）配置修改前应将运行中参数或配置文件导出、使用。不能导出的应严格核对，确保符合现场实际。

（4）在启停前应做好防误出口措施。其他设备的二次安措票可参考附录 H 表 H.3。

8. 二次仪器仪表的检查

（1）二次装置检验所使用的仪器仪表应经过检验合格，满足精度要求，并定期校验。

（2）微机型试验装置应加强防病毒工作。

（3）有接地端的测试仪表，在现场进行检验时，不允许直接接到直流电源回路中，防止发生直流电源接地的现象。

9. 二次工具的使用

（1）二次专用短接线或短接插拔在使用前应检查短路电阻，严禁不经试验直接使用。

（2）万用表在对跳合闸回路、出口压板检查前应使用高阻电压档；在串入电流回路前须检查电流挡是否正常。

（3）在使用二次专用工具前应进行绝缘检查，对金属裸露部分除刀口外须包绝缘。

（4）对二次设备的检验中应尽量不使用烙铁，如元件损坏等应在现场进行焊接时，要用内热式带接地线烙铁或烙铁断电后再焊接。

（5）绝缘电阻表的使用应符合额定绝缘等级；对每项绝缘试验前应断开所有交直流电源；试验时，应使用安全防护工具，防止对人员造成伤害；试验完成后，应将试验回路对地放电。

（6）试验电源应在专用试验电源柜或指定电源箱接取，严禁从运行设备上接取；施工用电动工具外壳应有可靠接地，防止漏电伤人。

10. 二次调试工作

（1）电流回路：校验工作检查零漂、精度；改造时保护装置认相，电流互感器全项目验证、外回路一次通流认相、确认完整性。

（2）电压回路：校验工作检查零漂、精度；改造时保护装置认相，外回路二次通压认相、确认完整性。

（3）开入开出：投退验证回路正确性。

（4）控制回路：断路器现场与保护出口相别核对，操作箱指示与现场一致。

（5）跳闸回路、合闸回路、启动失灵回路：校验工作验证到内部线，工作结束测试回路接点可靠返回；改造时停相关设备实际验证。

（6）功能满足定值与指导书要求。

调试工作是对该间隔改造的一个检验过程，也是设备投运前的最后一次检查，必须严格按照上述步骤逐一检查并确认，以免留下隐患。

六、不停电扫尾阶段

经过停电改造阶段，整个变电站的综自改造工作可以说已经完成一大半，扫尾阶段可以说是整个工程的查漏补缺阶段，主要是针对前期由于屏位不足导致某些无法在前期安装的设备，通过停电改造后有空屏位置后再进行安装调试以及公用信号的割接等。

1. 公用屏的改造

（1）遥测回路：同样包含电流、电压等。

1）电流回路：电流互感器的二次绕组应有一点且仅有一点永久性的、可靠的保护接地，禁止将电流互感器二次侧开路；短路电流互感器二次绕组，应使用短路片或短路线，禁止用导线缠绕。在带电的电流互感器二次回路上工作时，应做好安全隔离措施。

2）电压回路：分清有压、无压；分清拆线、造断点；拆线时优先拆无源端，有源端做好绝缘误碰措施；在带电的电压二次回路上工作时，应做好安全隔离措施。

（2）遥信回路：公共端拆除做好绝缘措施，在回路工作应做好绝缘措施防止误发信；确认每个割接回路的遥信定义，主要是有些设备可能不在本次综自改造范围内，不能通过实际传动验证相关遥信信号，此时只能通过老图纸、后台等方法确认其定义并割接至新的公用测控装置等。

（3）遥控回路：拉开涉及设备的控制电源；拆线时建议正电源解无源侧、跳闸线解有源侧并做好绝缘误碰措施；严禁使用短接来模拟相应设备的出口验证回路；恢复要有监视措施保证回路完整；在操作回路工作时，应采取可靠措施防止误碰。

2. 其他工作

对于改造过程中遗留的废旧电缆都需要抽离出相应的屏柜、端子箱，此时需要注意：

（1）核对电缆两端接线情况，电缆开断前，必须确认电缆两端未接入运行回路，并经工作负责人同意后，方可实施电缆开断作业。擅自锯断或用其他方式开断电缆，可能造成二次回路短路，引发安全事件。

（2）在运行屏柜中核对电缆时，拨、拉电缆用力过大，导致电缆芯线从端子排中脱落，造成电流回路开路、电压回路失压、控制回路断线等。

（3）若发现废旧电缆一头已与运行设备隔离但另一头仍然接入时，必须确认该电缆的用途，经确认可以拆除时，方可将接入侧的电缆芯线拆除并抽除该电缆。

第三节　综自改造中二次安措的重要原则

（1）做好新上设备与运行设备的电气隔离工作。二次安措的核心思想就是做到与运行设备的完全隔离，只有这样才能保证改造工作的顺利实施。只有思想上高度重视安全工作，切实做好现场安全措施才能以保证运行设备正常工作。

1）工作电源的隔离：对于新上的二次设备在调试时，由于保护装置工作性能未做现场检验，其交直流工作电源应采用保护室内试验电源屏上的交直流电源，以保证运行设备工作电源的正常。

2）控制信号回路的隔离：断路器的操作电源、隔离开关的工作电源、信号回路的电源，在施工过程中都应使用与运行设备无关的交直流电源，可以从试验电源屏引接，或从所用电源屏独立引接，并外设与设备容量相适应的空气断路器。

（2）防止直流接地。根据以往的经验，需要进行综自改造的变电站其直流系统一般都很薄弱，二次电缆已经锈蚀，轻微的碰撞都可能造成直流接地，严重的引起断路器和操作箱动作跳闸，危害电网的安全运行，所以要制定切合实际的“三措”方案，内容应详尽，具有可操作性。

（3）防止运行设备交直流失电。在运行的变电站工作都必须使用工作票，严禁无票工作；在运行设备工作时，必须由工程监理、工作负责人、旁站人员共同监督。工作前应掌握运行设备工作电源的电缆走向及小母线连接电缆的电源，需要拆除电源时，应做好电源的环接工作，在确保运行设备不失电的条件下进行施工。

（4）防止误碰运行设备、误拆接线、误入运行间隔。每项工作开始前，现场技术负责人应进行安全技术交底，并向所有参与施工的人员交代工作任务、地点、内容及安全注意事项。

（5）重要回路在施工过程中的关注事项。变电站改造过程中，有很多特殊回路的改造和完善是无法在完全停电的情况下施工的，特别是跨间隔的装置：母差、备投、旁路等，这就需要工作负责人制订专项施工方案，通过相关人员审核后实施。专项方案的编制人员必须根据现场实际情况编写。

1）更换保护或者端子箱、电流互感器等的间隔，在接入母差保护时，就应该编写专项方案，内容应该具体：如需要接入电缆的编号、端子排位置、回路编号等；需要拆除的回路及回路编号，同时还要填写相应的二次安措票；传动试验时需要采取的安全措施；施工前经现场工作负责人确认后方可工作。

2）同样的失灵保护、旁路保护等也需要制作专项方案，要求同上。

3）直流屏、所用屏的改造应根据现场实际情况做出方案。

（6）注重细节，循序渐进是改造工程的重点。施工过程中，应严格执行施工技术方案及施工安全措施，加强现场的安全监护；改造后的所有二次回路，应尽可能地进行实际模拟试验，以保证投产后的稳定运行；所有电流回路应做带负荷试验。

以上是近几年来在变电站综自改造中积累的一些工作经验。实际工作中我们认识到，在综自改造过程中，通过对现场情况不断地进行危险点分析，找到并做好预防措施，做到安全工作的可控、能控、在控，对保证电网安全稳定运行具有重大意义。因此，在施工中必须遵守《电力建设安全工作规程》，严格按照审批通过的施工作业指导书、二次安措票等进行工作，才能保证在涉及设备众多、工作面广、安全风险大的综自改造工作中杜绝各类事故发生，保证电力系统安全稳定运行。

第十一章　事故案例分析

案例一：安措未恢复造成母差告警事件

一、故障概述

某年某月某日，220kV 某变电站 1 号变压器综自改造工作完成后送电过程中，110kV 母线差动保护报 TA 断线告警。

二、保护动作情况及原因分析

现场工作人员发现 110kV 母线差动保护 TA 断线告警异常后检查保护电流回路端子排，发现 110kV 母线差动保护的 1 号变压器中压侧电流回路短接退出，1 号变压器 110kV 母差电流未流入，引起保护装置发 TA 断线告警。

该变电站此次有 1 号变压器综自改造工作，其中需在 1101 端子箱内进行接电缆接线、刀闸五防闭锁回路增加和测控更换后通流等工作，为了防止误通流到 110kV 母线差动保护，同时隔离运行设备，在做安措时，将 110kV 母线差动保护屏内 1101 母差 TA 短接退出。

当时该变电站除综自改造工作外，还有 1 号变压器冲氮灭火改造、保护大修、2501 电流互感器更换和母差双重化等工作，工作点较多；并且现场部分二次工作存在交叉作业的情况，有两个施工队同时进行作业，每项工作都有相对应的二次安措票和拆搭接表。安措存在重复交叉部分，现场情况复杂，人员在实际工作中存在流动，各类安措执行人员不统一，且三个安措和拆搭接工作实际不在同一时间执行。并且由于工作主要负责人员在施工期间更换，交接工作未交接到位，工作负责人员更换后对现场安全措施熟悉程度不够，在恢复安措过程中未核对清楚，遗漏 110kV 母线差动保护电流回路安措内容，造成 110kV 母差 TA 断线告警。将 110kV 母线差动保护 1 号变压器电流回路连片恢复，拔掉短接块后母线差动保护恢复正常。

在本次综自改造过程中 110kV 母线差动保护异常告警发生，除了客观上存在现场工作点和范围过大，导致工作人员无法全部顾及；同时在恢复安措时，亦未按照二次安措恢复的要求，逐一对每一份执行过的二次安措票进行核对检查，流程上的未闭环造成了此次综自改造工作在送电过程中发生了110kV母线差动保护中1号变压器电流回路安措遗漏恢复，引起110kV母差告警这种异常情况的发生。

案例二：工器具绝缘包裹不到位造成备投动作事件

一、故障概述

某年某月某日，110kV某变电站300备投保护动作跳开2号变压器302开关，合300母联未成功，导致35kV Ⅱ母线失电。

二、保护动作情况及原因分析

当时该变电站正在进行全站综自改造工作，检查人员到达现场后检查35kV Ⅱ段保护电压为0，并结合监控及后台告警信息查询数据可知，35kV Ⅱ保护电压空气开关跳开导致保护电压消失；同时通过监控端负荷数据查询可知35kV Ⅱ母线所带一次负荷大约为26A。2号变压器35kV侧TA变比为800/5，折算到二次值为0.163A，未达到300备投有流闭锁定值0.2A，且满足无压条件，故300备投保护动作，跳开3022号变压器开关，但合300母联开关失败。

后经一次专业检查发现300开关机构合闸回路存在卡涩情况，从而导致300母联开关未能成功合闸。

但造成300备自投动作的原因是当天检修人员在进行35kV某线路保护综自改造工作时，在35kV保护测控屏内工作时，施工人员发现运行电压已接入其电压回路；施工人员在执行安措过程中（将运行电压接入回路的连片打开），在打开B相电压连片的过程中，螺丝刀金属部分误碰A相电压，导致A、B相电压相间短路（如图11-1所示），导致35kV Ⅱ保护电压空气开关跳开，造成此次事故的发生。

当时施工人员使用的螺丝刀如图11-2所示，绝缘包裹未按照要求进行处理，是导致本次事故发生的主要原因之一。另外通过图11-1可知，现场屏柜电压连片布置不合理，存在一定的安全隐患。

图11-1 电压误碰端子排位置

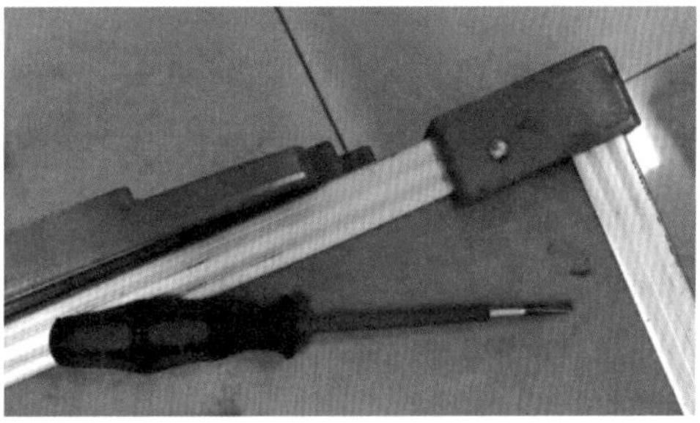

图11-2 施工人员使用的螺丝刀

案例三：220kV 母线差动保护出口压板误投引起的线路开关跳闸事件

一、故障概述

某年某月某日，220kV 某变电站 4H25 线开关三相跳闸。故障前运行方式如图 11-3 所示，除 4H03 线开关检修状态外，其他设备运行。

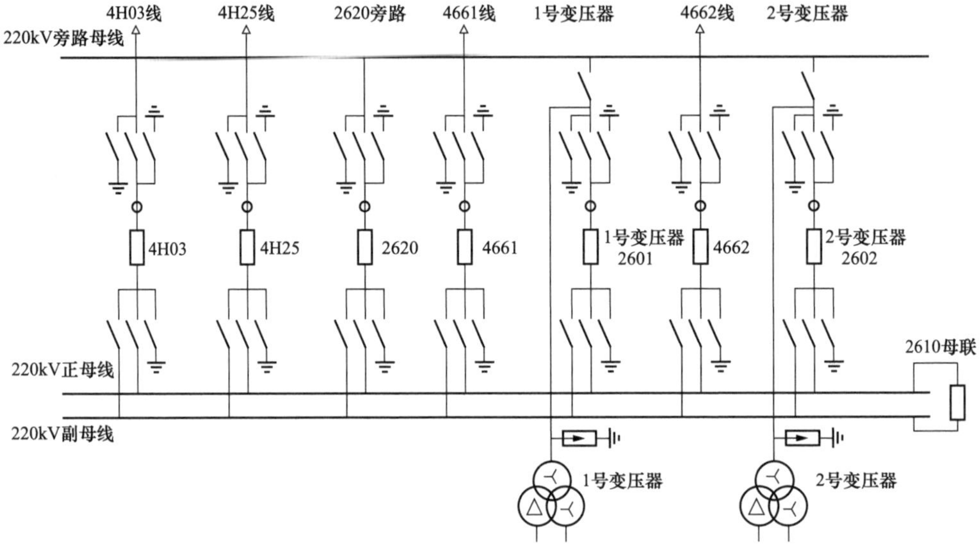

图 11-3　故障前运行方式

二、保护动作情况及原因分析

1. 现场检查情况

为配合该变电站 4H03 线保护更换后投运，现场申请停 220kV 母线差动保护接入验证试验。在 14 点 36 分时，220kV 母线差动保护动作，4H25 线开关第二组跳闸出口。

2. 保护动作情况及分析

4H25 开关跳闸后，经现场变电运维及保护人员检查 4H25 保护无异常，确认为母线差动保护屏标签错误漏退 4H25 第二组跳闸压板导致 4H25 开关跳闸。

3. 结论

直接原因：运行人员安措设置错误，仅凭保护屏柜压板标签进行操作票的填写、审核以及安措设置，对母线差动保护屏压板未能判断其正确性。

主要原因：二次设备压板标识管理疏于管控，在 2013 年 12 月进行线路名称变更后进行变更压板标识时未能严格校核其正确性，运行规程及典型操作票修订未严格审核发现标识变更错误是导致该起事件的主要原因。

次要原因：二次班组在二次安措复核过程中未发现母线差动保护压板标识错误是导致

该起事件的次要原因。

三、暴露的问题

（1）运维专业对保护设备二次压板管理不严，在更换二次屏柜保护压板标签时未认真核对，责任心不强。

（2）检修分部对二次设备管理不严，二次设备（压板等）未能有效管理，安全普查中未能及时发现并更正标识错误。

（3）运维、检修人员技能不足，不能在常规工作中发现问题、解决问题。

（4）对于老设备管理缺乏有效措施，应按最新要求，对保护设备跳闸出口压板进行特殊标识。

四、措施和建议

（1）组织开展事故分析，吸取事故教训，制定反事故措施。

（2）立即组织运维、二次专业班组开展二次标识排查工作。在不影响秋检工作前提下用1个月时间完成母线差动保护屏压板核对检查，完成所有变电站二次压板、空气开关、切换开关位置及保护定值的排查，通过检查修订完善各变电站二次压板表。发现问题立即改正，发现疑问决不放过。修订典型操作票。

（3）加强二次设备验收。把二次可控元件（压板、软压板、控制字、空气开关、切换开关）的状态作为验收重点，认真检查核对，搞清原理、功能、何时操作，不放过任何疑点，把好验收关。

（4）加强二次可控元件标识管理。新建、扩改建工程中，分部将二次设备命名原则与范本交放工单位，由施工单位根据图纸、现场接线，列表汇总二次可控元件命名、状态、操作说明表，分部组织各专业人员审核，再由施工单位盖章确认交分部存档，施工单位根据列表按要求完成二次标识，不得采用临时标识。设备更改命名，分部运维专业根据列表进行修改，两人操作进行标识替换。

（5）加强设备交接试验。在设备进行传动试验时应将压板等试验作为一个重要内容，只投入必须的压板。细化验收方案，采用排它法等手段，保证压板的功能唯一性。

（6）新建、改扩建等设备一、二次标识变更后，由运维专业与检修专业共同核对标识的正确性。

（7）加强倒闸操作管理。进一步重视二次回路的操作，差动回路、电流切换回路、母线保护、变压器保护、安稳装置等二次操作，班组长或值班负责人应到场，作为第二监护人，对操作全过程进行监护。

（8）加强压板定值定期检查制度的执行。严格每季度核对一次制度，班组长合理安排人员，保证检查人员的业务水平，检查人员应用空白压板表进行检查，班组长应对照历史检查表进行审核，分部应定期抽查检查情况。分部还应根据需要组织专业巡视，重点核对现场压板情况。

（9）加强人员培训。应把二次系统作为运维人员培训的重点内容，组织所有运维人员进行一次变电站二次回路专项培训，重点培训常见压板、空气开关、切换开关等的原理、作用、相关回路，提高人员业务水平。

（10）将老保护屏出口压板上、下端子、连接片更换或涂成红色，使出口压板更醒目。

（11）建立二次压板的电子图档，及时更新。

案例四：110kV 某变电站 200 母联开关跳闸事件

一、故障概述

某年某月某日，110kV 某变电站 200 母联开关分闸，20kV Ⅱ段母线失电。200 母联分闸时无保护动作信息。200 母联保护型号为 NSR-3613A-G，投运于 2019 年 11 月。该变电站一次接线图如图 11-4 所示。

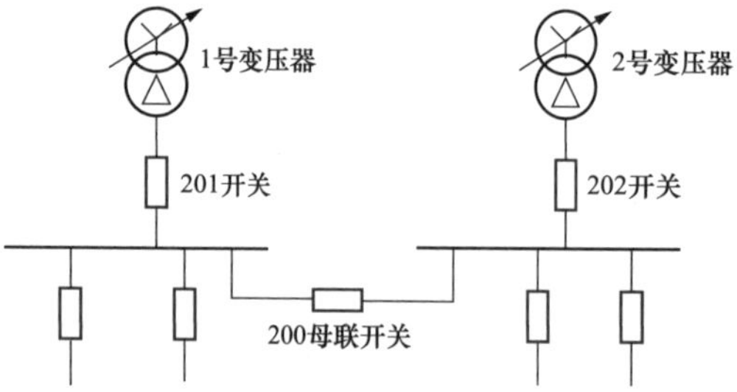

图 11-4　变电站一次接线示意图

二、检查处理情况

1. 设备检查情况

现场检查 200 母联保护装置及后台动作记录，仅有 200 母联开关分闸信息，也无保护动作信息。

现场正在进行 2 号变压器综自改造工作，发现保护屏柜底部拆除的二次电缆芯线均未做绝缘处理。2 号变压器保护屏屏柜底部如图 11-5 所示。

图 11-5　2 号变压器保护屏屏柜底部图

在检查 2 号变压器保护图纸时发现 2 号变压器存在跳 200 母联的联跳回路；同时结合

200 母联图纸，发现确实存在该回路并且在 200 母联开关柜内相关回路二次接线未拆除（“1”和“33”）。

2. 处理情况

在确认跳母联回路功能及电缆编号后（2B-308），为防止以后改造过程中再次发生 200 母联开关误跳闸，先将 200 母联开关柜内“1”和“33 二次线拆除”并确认无电后，再将 2 号变压器保护屏屏底编号“2B-308”电缆找出，核对电缆芯线后确认无误，该电缆芯线也确实未做绝缘处理。同时要求施工队将 2 号变压器保护屏底所有电缆确认无电后做好绝缘处理。

三、暴露的问题

首先，施工方对于现场安措的实施流程没有基本概念，没有基本的回路知识，盲目操作，暴力施工，这是造成事故的根本原因。

其次，在拆线过程中，未确认二次芯线是否带电就拆除保护屏内所有的外部二次接线；在拆除 2 号变压器保护屏侧二次芯线后未将同一电缆对侧对应的二次芯线也同时拆除；在拆除二次芯线后也未作绝缘包裹处理。

正是这一连串的错误操作，从而导致 2 号变压器联跳 200 母联开关的二次芯线直接裸露在屏柜底部，当人员走动或者踩踏屏柜底部电缆时，将跳 200 母联的二次回路导通从而引起 200 母联开关误跳闸。

四、措施和建议

（1）施工单位在综自改造过程中必须按检修规定，提供本期施工的图纸、拆搭接表、配合计划以及验收计划等，明确相关时间节点要求。

（2）施工单位必须在检修人员执行相关安措，与运行设备做好隔离措施，双方签字确认后方可开工。

（3）施工单位严格按照《工程项目技术安全措施》要求开展工作。

（4）加强人员技能培训，培养安全意识，必须经相关考核部门考试合格后方可持证上岗，杜绝非专业人员进行工作。

案例五：110kV 某变电站 2 号变压器 302 分支开关跳闸事件

一、故障概述

某年某月某日，某 110kV 变电站 2 号变压器 35kV 分支 302 开关跳闸，随后 300 备投保护动作，合上 300 母联变压器开关，35kV Ⅱ段母线短时失电，无负荷损失。该变电站一次接线图如图 11-6 所示。

（1）1166 青场线供 1 号变压器，经 1 号变压器 101 分支开关供 10kV Ⅰ段母线，经 1 号变压器 301 分支开关供 35kV Ⅰ段母线。

（2）1284 角凌线供 2 号变压器，经 2 号变压器 102 分支开关供 10kV Ⅱ段母线，经 2

号变压器 302 分支开关供 35kV Ⅱ段母线。

（3）300 母联开关检修，300 母联备投装置检修。

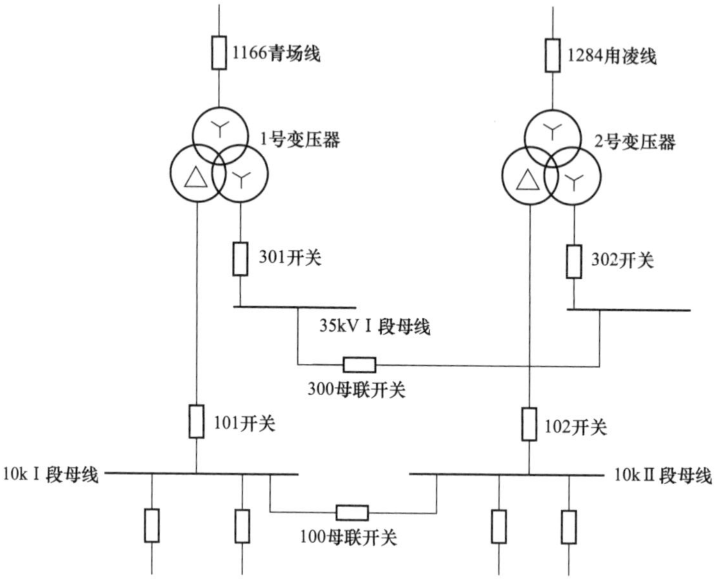

图 11-6　变电站一次接线示意图

二、保护动作情况及原因分析

现场检查该变电站当日正进行 300 母联备投检修工作。开工并执行完二次安措（甲某操作，乙某监护）后，在验证备投保护Ⅰ母失电故障动作逻辑时，2 号变压器 302 分支开关跳闸，35kV Ⅱ母失电；300 母联变压器开关合闸，300 备投保护动作情况面板显示“出口 4 成功”。

询问工作班成员，在拉开Ⅰ母电压空气开关，采取短接方式模拟 301 开关位置信号时，302 开关跳闸。检查当日现场所做二次安措，至 301 开关跳闸回路仅解开 201（X2-25），233（X2-26）因螺丝滑牙未解开；至 302 开关跳闸回路仅解开 233′（X2-30）、201′（X2-29）因螺丝滑牙未解开，且 233′线所使用的绝缘胶带顶部有破损迹象。

次日，对 300 母联备投保护检查试验，未发现异常。

1. 出口回路检查

在控制室中，1 号变压器保护屏中，端子排上 2-4D1（201），拆除端子排上 2-4D46（233）拆除。300 备投柜上 X2-25（201）正电无，300 备投柜上 X2-26（233）负电无。

在控制室中，2 号变压器保护屏中，端子排上 9D-3（201），拆除端子排上 9D24（233′）拆除。300 备投柜上 X2-29（201′）正电无，300 备投柜上 X2-30（201′）负电无。

跳闸回路正确。

2. 模拟正确的整组过程

Ⅰ母、Ⅱ母空气开关合位有电压，Ⅰ母、Ⅱ母电流均为无流状态，301、302 为合位，

300 母联分位。

Ⅰ母无压，无流，7s 给 X2-37（21）负电，1s 后正确合 300 母联开关。

Ⅱ母无压，无流，7s 给 X2-38（23）负电，1s 后正确合 300 母联开关。

3. 模拟事故的整组过程

Ⅰ母，Ⅱ母空气开关合位有电压，Ⅰ母、Ⅱ母电流均为无流状态，301、302 为合位，300 母联分位。

Ⅰ母无压，无流，7s 给 X2-37（21）正电，300 备投出口 1 失败。

Ⅱ母无压，无流，7s 给 X2-38（23）正电，300 备投出口 1 失败。

4. 测试出口回路绝缘

在控制室 1 号变压器保护屏中，端子排上 2-4D1（201），拆除端子排上 2-4D46（233）拆除。300 备投柜上 X2-25（201）拆除，300 备投柜上 X2-26（233）拆除。用绝缘电阻表 500V 测试，电阻无穷大。

在控制室 2 号变压器保护屏中，端子排上 9D-3（201），拆除端子排上 9D24（233′）拆除。300 备投柜上 X2-29（201′）拆除，300 备投柜上 X2-30（201′）拆除。用摇表 500V 测试，电阻无穷大。

综上所述，排除 300 母联备投二次回路或保护逻辑错误，结合现场情况推断为甲某在模拟开关位置信号过程中，将带正电短接线误碰 302 开关跳闸回路 233′线，导致 2 号变压器 302 分支开关跳闸。

事故认定工作人员甲某和乙某，工作不严谨，将带正电短接线误碰 302 开关跳闸回路 233′线，是导致本次事件的直接原因。

现场工作人员执行二次安全措施票不严格，233′线绝缘措施有破损迹象，执行人和监护人均未能发现该错误是本次事件发生的主要原因。

三、暴露问题

（1）前期准备工作不到位。现场二次安措票为手工填写，未做到提前编制审批；现场未提前查勘，现场作业安全分析不全面。

（2）二次安措执行工艺及标准不统一。现场二次安措执行工艺仅凭个人偏好，现场安措执行过程中发生无法执行的情况时，擅自变更二次安措。

（3）现场作业过程监督存在漏洞。对现场工作过程的普遍存在的问题未能及时发现并解决。

四、措施和建议

1. 严格执行二次安措相关要求

（1）二次安措票是保证二次工作安全的重要措施。对于计划停电工作，二次班组至少提前一天查勘现场并对照图纸编制好二次安措票，打印并经班组工程师签字。现场工作时，再次根据图纸及现场接线核对二次安措，如发现二次安措有误或需要改变，需拍照传给班组工程师确认后再修改二次安措。二次安措票执行过程中，要严格按要求进行，杜绝签字人与实际执行人不一致的情况，且要保证每执行或恢复一步打一个勾，杜绝提前打勾等情况发生。

（2）成立二次安措执行群，现场工作时，工作人员将二次安措执行情况拍照上传（包括二次安措票的执行情况及现场二次安措执行后照片）。

（3）工作结束2周内上交保护校验报告，报告应附有校验原始记录及二次安措票，校验报告经批准返回班组后需存档，存档时间不低于一个检验周期。

2. 开展二次安措执行培训

部门全体人员统一二次安措执行工艺及标准。

案例六：110kV某变电站跳闸事故

一、故障概述

某年某月某日，某110kV变电站104 3号变压器开关跳闸，10kV Ⅲ、Ⅳ段母线失电。3号变压器经104开关供10kV Ⅲ、Ⅳ段母线，1032号变压器开关检修状态。该变电站一次接线图如图11-7所示。

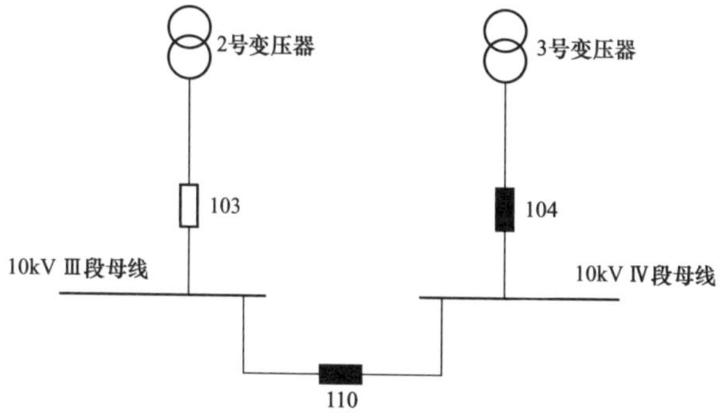

图11-7　变电站一次接线示意图

二、保护动作情况及原因分析

1. 设备检查情况

该日，该110kV变电站进行110母联备投跳2号变压器103开关验证工作，工作负责人为沈某，工作班成员为吴某。工作票许可开工时间为10点10分。

工作票开工后，工作负责人沈某在备自投柜端子排做二次安措，吴某在旁边监护。二次安措实际需要拆除备自投跳104开关电缆（端子排31D54档，电缆白头号233）。由于二次端子排上跳103开关电缆（端子排31D56档，电缆白头号333）与跳104开关电缆为相邻接线，沈某在拆除安措过程中看错了档位，而拆除了跳103开关电缆（31D56档）。吴某在核对安措时也看错了档位，未能及时发现错误。

在备自投传动验证时，备自投动作未能跳开103开关。10点38分51秒，吴某在备自投端子排处用短接跳闸回路的方式试验是否能跳103开关，结果误短接3号变压器104开关跳闸端子（端子排31D54档），造成10kV Ⅲ、Ⅳ段母线失电。

2. 原因分析

（1）变电二次检修班工作人员沈某和吴某，误点3号变压器104开关跳闸端子（端子排31D54档）是导致本次事件的直接原因。

（2）变电二次检修班工作人员沈某和吴某，在执行二次安全措施时，误拆除了跳 103 开关电缆是本次事件发生的主要原因。

三、暴露的问题

1. 二次安措票执行流于形式

虽然现场二次安措票填写内容正确，但在执行过程中未能严格按照安措票执行，错拆除了跳 103 开关回路。且不是执行一步打一个勾而是提前全部打勾，使二次安措票失去作用。

2. 监护人履行职责不到位

在执行二次安措时，监护人除了监护执行人的工作外，在二次安措执行结束后还要严格按照二次安措票再次核对安措。但现场监护人未严格核对安措使得未能及时发现错误。

3. 部分员工技能水平较差

部分青年员工对二次回路不够熟悉，在现场遇到问题时，无法准确判断原因或进行合理的分析推断，导致一旦试验结果与预想不一致时就无从下手。

4. 部分人员工作习惯不好

在 103 开关未跳开时，本应检查相关回路或开关机构，但现场工作人员却用短接跳闸回路的方法试验，这本身就是不安全行为，一旦点错就会误跳开关。

四、措施和建议

（1）修订黑白名单，增加以下条款：现场工作不得使用短接回路的方式实现分合闸，确实需要的，必须经班长或专职签字确认。

（2）完善二次安措票执行机制，加强安措票编制、现场核对、执行等各个环节的全过程管理，将二次安措票落到实处。

（3）增加现场补充安措，将屏柜内与本次工作无关的运行设备二次回路用红布幔隔离等措施。

（4）合理安排工作人员，复杂回路、重要设备等工作安排工作经验丰富的人员做负责人。

（5）培养青年员工良好的工作习惯。

案例七：500kV 安措执行不完善引起的线路差动保护动作

一、事件总体概况

1. 故障简述

某年某月某日 14 时 52 分，500kV 甲变 5013 开关跳闸，500kV 乙变 5051、5052 开关跳闸，500kV 甲乙 5233 线失电。

2. 故障前运方

500kV 甲变：第一串，5011、5012 开关检修，1 号变压器检修，5013 开关运行带甲乙 5233 线，其余串全接线运行。

3. 保护动作情况

14 时 52 分 14 秒，500kV 甲变 1 号变压器第一套、第二套差动保护动作，差动动作电流 0.141A。

14 时 52 分 14 秒，500kV 甲变 1 号变压器/甲乙 5012 开关失灵保护动作，沟通三跳，失灵电流约 0.09A。

14 时 52 分 16 秒，500kV 乙变甲乙 5233 线远方跳闸就地判别装置动作出口。

4. 现场一次设备检查情况

500kV 甲变 1 号变压器外观检查正常，5011、5012、5013 开关外观检查正常；500kV 乙变 5051、5052 开关外观检查正常。

二、现场工作情况

现场工作内容包括：500kV 甲变 1 号变压器 35kV 侧绝缘护套修理；50112、50121 刀闸加装导向装置；5011、5012 开关电流互感器取油色谱、小修预试，1 号变压器 3510 电流互感器 A 相开关侧连接线夹发热缺陷处理，1 号变压器 1 号低抗 3111 刀闸 A、B 相连接线夹发热缺陷处理。

当日 10 时 40 分，二次人员实施二次安措，退出 5012 电流互感器的甲乙 5233 线第一套保护、第二套保护相关电流回路，5011 电流互感器母线差动保护电流回路，其他二次回路未实施安措。

11 时 02 分，甲变值班员许可开工。检修开工后，电气试验人员准备 5012 电流互感器 B 相预试工作，短接二次绕组并接地。

14 时 56 分，省调监控中心告知甲变甲乙线 5013 开关跳闸。

三、故障原因分析

500kV 甲变 5011、5012 开关转检修后，5012 电流互感器二次电流回路（1 号变压器两套差动保护、开关失灵保护）未退出；开关失灵保护出口压板也未退出。

电气试验人员在做 5012 电流互感器预试试验前，现场短接 B 相二次绕组并接地，导致 5012 电流互感器 B 相二次电流回路存在两点接地（另一点在保护小室保护屏内），两接地点间存在电位差，从而产生电流。该电流造成变压器差动回路出现差流，引起差动保护动作，并导致 5012 开关保护失灵判别满足条件（启动失灵、电流判别），动作出口，跳开 5013 开关，同时远跳乙侧开关。

四、暴露出的问题

（1）运维安措执行不到位，500kV 甲变 5011、5012 开关转检修后，开关失灵保护出口压板未退出。

（2）检修作业二次安措执行不到位，5012 开关电流互感器有取油色谱、小修预试工作，但电流互感器相关二次电流回路（1 号变压器两套差动保护、开关失灵保护）未退出。

案例八：500kV 二次安措执行顺序不当造成的启备变保护误动分析

一、事件总体概况

某年某月某日，某发电厂计划进行 3 号机组启动试验。执行安措过程中，试验人员在未断开电流回路情况下就将其对地短接，造成电流回路两点接地，导致 01A/01B 启备变保护 A、B 套差动保护动作，5032 断路器跳闸。

二、故障前运行方式

系统接线如图 11-8 所示。跳闸前运行方式为：500kV Ⅰ母停运，5011 断路器、5021 断路器、5031 断路器、5041 断路器停运冷备用，500kV Ⅱ母、5012 断路器、5013 断路器、5022 断路器、5023 断路器、5032 断路器、5033 断路器、5042 断路器、5043 断路器运行，5618 线、5619 线运行，01A/01B 启备变运行，1 号变压器、2 号变压器、4 号变压器运行。

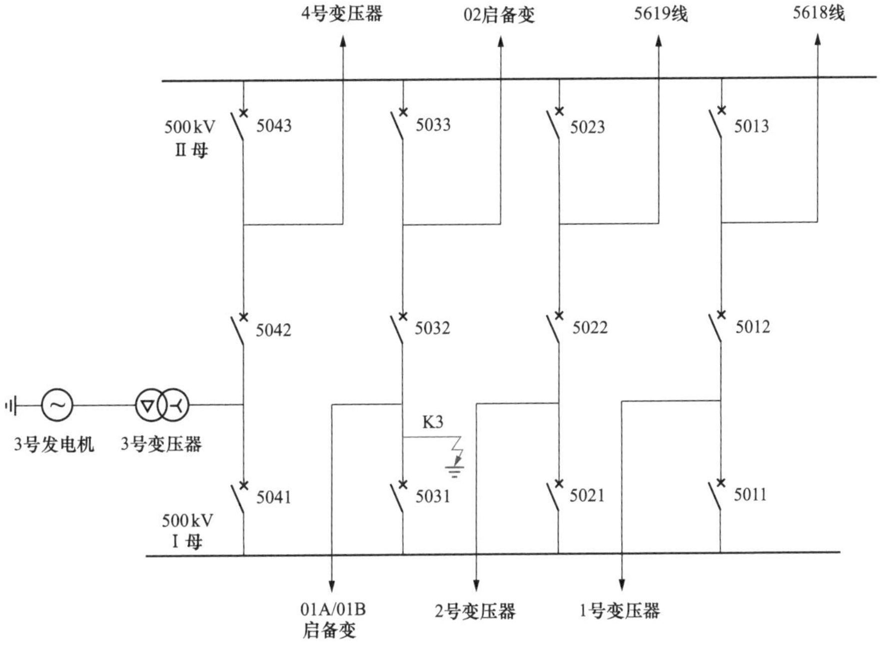

图 11-8　系统接线示意图

三、保护动作情况介绍

计划在 K3 点利用接地刀闸形成三相短路对 3 号机组进行发电机短路电流试验。3 号发电机、3 号变压器、5041 断路器、5031 断路器构成回路，以 01A/01B 启备变 5031 断路器 TA 为基准检查 3 号变压器 5041 断路器电流回路的极性及幅值。此项工作需在 01A/01B 启备变 5031 断路器汇控柜将除 5031 断路器至 500kV Ⅰ母母差的两组 TA 以外的其他 5 组 TA 全部短接退出。

5031TA 次级分布为：第一组 TA 接入启备变 A 套保护；第二组 TA 接入启备变 B 套保护；第三组 TA 接入断路器保护和故障录波器；第四组 TA 接入启备变计量；第五组 TA 接入启备变 NCS 测量；第六组 TA 接入Ⅰ母第二套母差；第七组 TA 接入Ⅰ母第一套母差。

计划执行安措步骤如下：

（1）将第一组 TA 三相短接。

（2）将第二组 TA 三相短接。

（3）将第三组 TA 三相短接。

（4）将第四组 TA 三相短接。

（5）将第五组 TA 三相短接。

（6）将第一组 TA 对地短接。

（7）将第二组 TA 与第一组 TA 短接。

（8）将第三组 TA 与第二组 TA 短接。

（9）将第四组 TA 与第三组 TA 短接。

（10）将第五组 TA 与第四组 TA 短接。

执行到第 6 步，01A/01B 启备变保护 A 套动作，跳开 5032 断路器。执行到第 7 步，01A/01B 启备变保护 B 套保护差动保护动作。

两套启备保护动作行为及录波基本一致，以 A 套保护为例进行分析，如图 11-9 所示。由图 11-9 中数据可知，启备变保护装置差动电流三相电流大小基本相等，为 A 相 0.128A、B 相 0.127A、C 相 0.126A，且三相方向相同。进线差动保护定值启动电流为 0.72A，基准侧为启备变低压侧，其 TA 变比为 150/1，5031 断路器侧 TA 变比为 1000/1，折算至 500kV 侧启动电流为 0.72/1000×150＝0.108（A）。三相差流均超过保护动作值，保护动作出口。

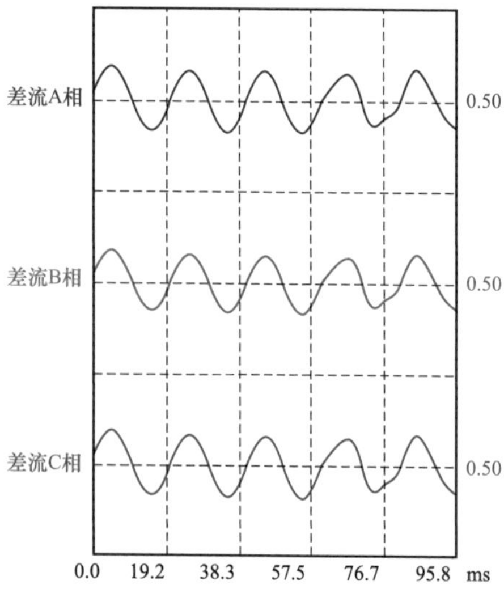

图 11-9　启备变第一套保护电流录波图

四、动作原因分析

启备变 A 套保护电流回路在保护屏处一点接地，符合设计要求。安措执行过程中，第 6 步第一组 TA 短接接地时，由于电流回路未断开就对地短接，导致 5031 断路器电流回路由此形成两个接地点，一个在启备变保护屏，一个在断路器汇控柜，如图 11-10 所示。由于两个接地点之间存在地电位差，从而在两个接地点间产生了电流，造成保护差动回路出现差流，导致保护动作出口。

五、措施和建议

二次安措实施时，对于电流回路，建议

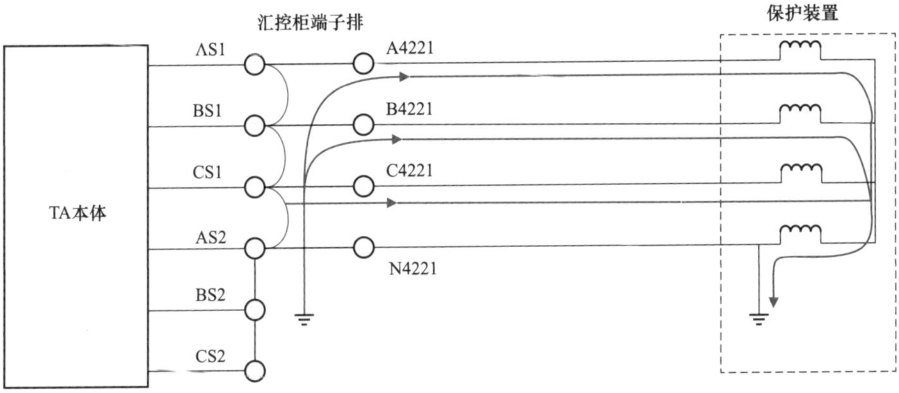

图 11-10　两点接地电流示意图

遵循以下原则。

（1）对于一次设备停电的电流回路安措，例如 TA 更换、间隔停电小修预试及保护校验等工作，执行时应用检测合格的钳表测量确认无二次电流后，先断开再短接 TA 侧端子，尤其是合电流回路，必须先断开再短接。

（2）对于一次设备不停电的电流回路安措，例如故障录波器更换等工作，执行时应先短接后断开，防止出现电流回路开路，短接时需认清电流回路进出装置的位置。

（3）若隔离后电流回路失去接地，还应增设临时接地点，且每组电流回路有且只有一个接地点，严禁电流回路两点接地。

案例九：330kV 检修不一致造成的线路保护拒动分析

一、事故概述

某年某月某日，某 330kV 智能变电站 330kV 甲线发生异物短路 A 相接地故障，由于 3320 断路器合并单元“装置检修”压板投入，对应的线路双套保护“装置检修”压板均未投入，出现检修不一致后线路双套保护被闭锁，未及时切除故障，引起故障范围扩大，导致站内两台变压器高压侧后备保护动作跳开三侧断路器，330kV 乙线路由对侧线路保护零序Ⅱ段动作切除，最终造成该智能站全停。

故障前，330kV 甲智能变电站接线方式如图 11-11 所示。

（1）330kVⅠ、Ⅱ母，第 1、3、4 串合环运行。

（2）330kV 甲线、乙线及 1 号、3 号变压器运行。

（3）3320、3322 断路器及 2 号变压器检修。

二、保护动作行为

330kV 甲线 11 号塔发生异物引起的 A 相接地短路故障，330kV 甲变电站保护动作情况如下：

（1）330kV 甲线路两套线路保护未动作，330kV 乙线路两套线路保护也未动作。

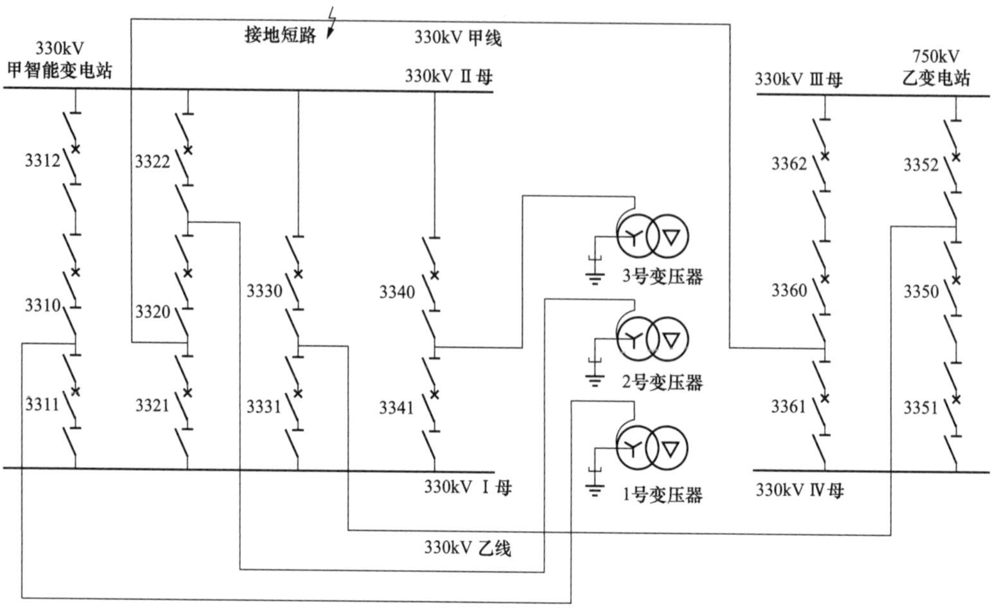

图 11-11　故障前一次接线示意图

（2）1 号变压器、3 号变压器高压侧后备保护动作，跳开三侧断路器。

750kV 乙变电站保护动作情况如下：

（1）330kV 甲线两套保护距离Ⅰ段保护动作，跳开 3361、3360 断路器 A 相，3361 断路器保护经 694ms 后，重合闸动作，合于故障，84ms 后重合后加速动作，跳开 3361、3360 断路器三相。

（2）330kV 乙线路零序Ⅱ段动作，后重合闸加速保护动作，跳开 3352、3350 断路器三相。

三、保护动作原因分析

2 号变压器及三侧设备智能化改造过程中，现场运维人员根据工作票所列安全措施内容，在未退出 330kV 甲线两套线路保护中的 3320 断路器 SV 接收软压板的情况下，投入 3320 断路器汇控柜合并单元 A、B 套“装置检修”压板，发现 330kV 甲线 A 套保护装置“告警”灯亮，面板显示“3320A 套合并单元 SV 检修投入报警”；330kV 甲线 B 套保护装置“告警”灯亮，面板显示“中电流互感器检修不一致”，但运维人员未处理两套线路保护的告警信号。Q/GDW 1396—2012《IEC 61850 工程继电保护应用模型》中 SV 报文检修处理机制要求如下：

（1）当合并单元装置检修压板投入时，发送采样值报文中采样值数据的品质 q 的 Test 位应置 True。

（2）SV 接收端装置应将接收的 SV 报文中的 Test 位与装置自身的检修压板状态进行比较，只有两者一致时才将该信号用于保护逻辑，否则应按相关通道采样异常进行处理。

（3）对于多路 SV 输入的保护装置，一个 SV 接收软压板退出时应退出该路采样值，该 SV 中断或检修均不影响本装置运行。

按照上述第（2）条要求，330kV 甲智能变电站中，330kV 甲线两套线路保护检修压板为退出状态，而 3320 断路器合并单元的检修压板为投入状态，导致 SV 报文中 Test 位置位，使线路保护与 SV 报文的检修状态不一致，而此时线路保护中 3320 断路器的 SV 接收软压板未退出，不满足上述第 3 条要求，因此保护装置将 3320 断路器的 SV 按照采样异常处理，闭锁保护功能。而对侧线路保护差动功能由于本侧保护的闭锁而退出，其他保护功能不受影响。

因此，330kV 甲线发生异物引起的 A 相接地短路时，330kV 甲线区内故障，两侧差动保护退出而不动作，甲变电站侧线路保护功能全部退出，不动作；乙变电站侧线路保护距离Ⅰ段保护动作，跳开 A 相，切除故障电流，3361 断路器和 3360 断路器进入重合闸等待，3361 断路器保护先重合，由于故障未消失，3361 断路器重合于故障，线路保护重合闸后加速保护动作，跳开 3361 和 3360 断路器三相。

对于 330kV 乙线，属于区外故障，在甲变电站侧保护的反方向、在乙变电站侧保护的正方向，因此甲变电站侧乙线线路保护未动作，乙变电站侧乙线线路保护零序Ⅱ段动作后经重合闸加速保护动作，跳开 3352、3350 断路器三相。

故障前，330kV 甲智能变电站中，1 号变压器和 3 号变压器运行，故障点在变压器差动保护区外，在高压侧后备保护区内，因此 1 号和 3 号变压器的差动保护未动作，高压侧后备保护动作，跳开三侧断路器。

由上述分析可知，所有保护正确动作，主要由于 330kV 甲线线路保护闭锁导致故障范围扩大。

四、措施和建议

（1）加强变电站二次系统技术管理。随着智能变电站建设全面推进，运检单位应加强对智能变电站设备特别是二次系统技术、运行管理重视程度，制定针对性的调试大纲和符合现场实际的典型安全措施，编制完善现场运行规程，改造工程施工方案应开展深入的危险点分析，对保护装置可能存在的误动、拒动情况制定针对性措施。

（2）规范智能变电站二次设备各种告警信号应含义。案例中两个厂家的告警信息不统一，分别为“SV 检修投入报警”“电流互感器检修不一致”，容易造成现场故障分析判断和处置失误。装置指示灯、开入变位、告警信号等应符合现场运检人员习惯，直观表示告警信号的严重程度，如上述保护装置判断出 SV 报文检修不一致后，应明确“保护闭锁”。建议进一步提升二次设备的统一性，在继电保护“六统一”基础上，进一步统一继电保护的信号含义和面板操作等，使运检人员对装置信号具有统一的理解，降低智能变电站现场检修、运维的复杂度。

（3）对智能站二次设备装置、原理、故障处置开展有效的技术培训，规范运检人员操作检修压板行为，即在操作完相应检修压板后，查看装置指示灯、人机界面变位等情况，核对相关运行装置是否出现异常信息，确认无误后执行后续操作，提升现场检修、运维人员对保护装置异常告警信息、保护逻辑等智能变电站相关技术掌握程度。

案例十：220kV安措不完善引起的开关误跳闸

一、事件概述

1. 工作情况介绍

现场施工单位持一种票，进行新建2号变压器保护传动110kV侧开关调试工作，调试过程中跳开220kV侧母联2610开关。

2. 跳闸前运行方式

某220kV变电站110kV电压等级为配合工作处于全停状态，220kV电压等级处于运行状态，220kV母联2610开关在合位。

二、事件经过

1. 现场概况

某变电站扩建2号变压器处于保护调试阶段。

某年某月某日至某日，变电站内220kV电压等级全停，进行2号变压器保护高压侧接入220kV电压等级传动试验工作，其中工作内容包含2号变压器保护传动高压侧母联2610开关。验收工作结束后，检修人员执行安措："退出220kV母线差动保护2号变压器间隔SV接收压板""退出220kV母线差动保护2号变压器间隔GOOSE启失灵接收压板"。并口头交代施工单位退出2号变压器保护跳高压侧母联GOOSE出口压板，要求其在调试工作过程中装置均要置检修状态。

某年某月某日至次月某日，变电站内110kV电压等级全停，进行2号变压器保护中压侧接入110kV电压等级传动试验工作，调试过程中跳开母联2610开关。

2. 现场检查情况

某年某月某日11时11分，变电站内2号变压器保护动作，跳开母联2610开关。动作报文如图11-12所示。

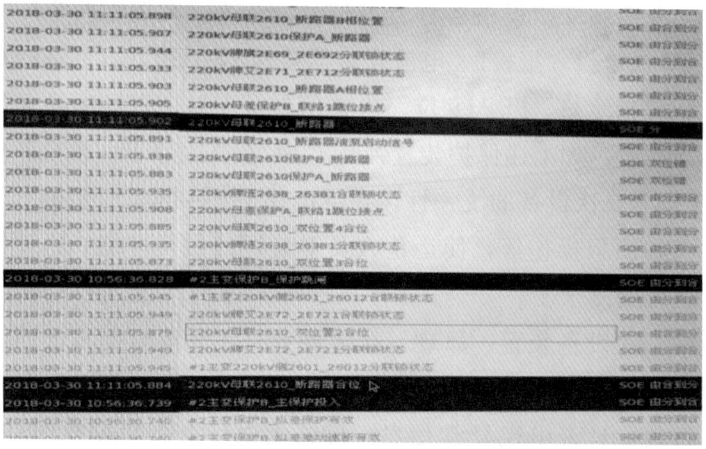

图11-12　动作报文图

本期设计中具备变压器保护动作跳高压侧母联开关的功能，虚端子表中设计有2号变压器保护跳高压侧母联开关的虚回路，变压器保护动作后通过GOOSE组网方式向高压侧母联智能终端发跳闸令，跳开高压侧母联开关。

2号变压器保护组网口光纤未拔出，如图11-13所示。

图11-13 装置背板光纤接线图

2号变压器保护跳高压侧母联GOOSE出口压板处于投入状态。变压器保护逻辑为保护动作跳三侧开关和高压侧母联开关。

施工人员在做传动中压侧试验时，变压器保护动作，跳开高压侧母联2610开关。

三、跳闸原因分析

（1）变电站内新上2号变压器保护高压侧接入220kV电压等级传动试验工作验收结束后，检修人员考虑到由于2号变压器保护与220kV母线差动保护和高压侧母联2610智能终端之间存在GOOSE链路。如果拔掉2号变压器装置上组网口光纤，220kV母线差动保护装置和高压侧母联2610智能终端会发GOOSE断链告警。虽然由2号变压器保护引起的GOOSE断链不影响其正常运行，若此时220kV母线差动保护装置和高压侧母联2610智能终端其他GOOSE链路发生中断，将无法及时甄别告警来源，会严重影响装置的安全稳定运行。并且，在进行2号变压器保护中压侧接入110kV电压等级传动试验工作时，仍然需要验证组网信息流。因此，2号变压器第一、第二套保护组网口光纤均未拔出，导致2号变压器保护与高压侧母联2610开关之间的光纤链路未断开。

（2）2号变压器保护高压侧接入220kV电压等级传动试验工作结束后，施工人员未按检修人员要求，及时退出2号变压器保护跳高压侧母联2610开关的GOOSE出口压板，导致在调试2号变压器保护中压侧传动试验时，跳高压侧母联开关GOOSE出口压板仍处于投入状态。

（3）施工人员在调试2号变压器保护时，未按检修人员要求保持2号变压器保护屏上置检修压板始终处于投入状态，任意退出2号变压器保护屏上置检修压板导致2号变压器保护与运行间隔之间失去了最后一道防线。

四、暴露问题

（1）施工单位安全意识淡薄，未按检修人员交代：及时退出2号变压器保护跳高压侧母联开关GOOSE出口压板，并保持2号变压器保护屏上置检修压板始终处于投入状态。施工调试过程中只考虑110kV电压等级全停，放松了警惕，任意退出2号变压器保护屏上置检修压板，导致2号变压器保护动作出口跳开高压侧母联2610开关。

（2）检修人员安全交底不到位。检修人员对2号变压器220kV侧传动试验验收完成后，口头要求施工人员退出2号变压器保护跳高压侧母联开关GOOSE出口压板，并令其在调试工作时保持装置检修状态。但施工人员并未执行到位，导致事件发生。检修人员对于要求施工人员执行的安措仅作口头交代，未监督其执行并落实到书面交底及签字确认。

（3）停电计划有待优化。本次扩建工程配合日常生产计划，采取按电压等级分别停电进行搭接工作。220kV电压等级验收完成后，2号变压器保护调试工作仍将持续，给运行设备的安全埋下了隐患。

五、措施及建议

（1）加强施工单位安全思想教育，事件发生后分部立即召集本单位二次检修人员、所辖范围内其他智能变电站改扩建工程施工人员共同学习此次事件教训，分析各自工作中存在的危险点并作出书面防范措施。

（2）查找现场安全管理漏洞，理清基建工程安措执行的职责分工。二次设备搭接工作结束后，检修人员需在运行设备上执行安措，对于无法在运行设备上执行需在调试设备上进行安全隔离的二次安措，应由检修人员在调试设备上执行，即退出2号变压器保护跳高压侧母联开关GOOSE出口压板，将调试范围内设备投入置检修硬压板并用红色胶布裹好，拍照留存，并向施工人员现场交底，履行签字确认手续。

（3）优化停电方案，停电搭接工作应安排在施工周期末，验收传动试验完成后，基建设备即处于待投运状态，不得再有其他的调试工作。

（4）加强二次检修人员智能变电站业务培训，掌握智能变电站二次设备间的信息流，做好智能变电站改扩建工程危险点的分析与管控，确保基建工程调试不影响运行中设备。

（5）设计中虽然有变压器保护动作联跳母联开关的功能，但是在实际运行中并不采取这种运行方式，因此建议设计阶段取消变压器保护动作联跳母联开关的虚回路。如果后期调度启用该功能可以单独添加再做传动试验，以减少施工过程中对运行设备带来的安全隐患。

附录A 第三章用附表

附表 A.1　　常规变电站 220kV/110kV 线路保护校验二次安全措施票

单位：__________　　　　　　　　工作票号：__________

被试设备名称：					
工作负责人		工作时间	年　月　日	签发人	
工作内容：					
一、二次设备状态记录					
1	压板状态	打开状态： 打上状态：			
2	切换把手状态				
3	当前定值区				
4	光纤通道 原始识别码	本侧： 对侧：			
5	空气开关状态	断开状态： 合上状态：			
6	端子状态				

工作前签字确认		工作后签字确认	
运行人员		运行人员	
检修人员		检修人员	

二、安全措施

序号	执行	回路类别	安全措施内容			恢复
1		光纤通道自环	A通道	光纤收—标记或颜色		
				光纤发—标记或颜色		
			B通道	光纤收—标记或颜色		
				光纤发—标记或颜色		
2		失灵回路	A相失灵启动			
			B相失灵启动			
			C相失灵启动			
			三相失灵启动			
			失灵启动公共正			
			失灵启动负			

续表

序号	执行	回路类别	安全措施内容		恢复
3		操作回路	第一组电源正		
			第一组电源负		
			第二组电源正		
			第二组电源负		
4		电流回路	电流 A 相		
			电流 B 相		
			电流 C 相		
			电流公共 N		
5		电压回路	正母电压 A 相		
			正母电压 B 相		
			正母电压 C 相		
			副母电压 A 相		
			副母电压 B 相		
			副母电压 C 相		
			电压公共 N		
			线路电压		
6		测控信号回路	信号公共正		
7		故障录波回路	信号公共正		

三、一次系统图及停电范围

四、相关联二次运行设备回路分析

执行人：　　监护人：　　恢复人：　　监护人：

附表 A.2　　智能变电站 220kV/110kV 线路保护校验二次安全措施票

单位：__________　　　　工作票号：__________

被试设备名称：					
工作负责人		工作时间	年　月　日	签发人	
工作内容：					

一、二次设备状态记录		
1	保护、合并单元、智能终端硬压板状态	保护屏： 汇控柜：
2	保护 SV、GOOSE 软压板状态	
3	切换把手状态	
4	当前定值区	
5	光纤通道 原始识别码	本侧： 对侧：
6	空气开关状态	
7	端子状态	

工作前签字确认		工作后签字确认	
运行人员		运行人员	
检修人员		检修人员	

二、安全措施

序号	执行	回路类别	安全措施内容			恢复
1		光纤通道自环	A 通道	光纤收—标记或颜色		
				光纤发—标记或颜色		
			B 通道	光纤收—标记或颜色		
				光纤发—标记或颜色		
2		GOOSE 回路	退出线路保护的所有 GOOSE 发送/出口软压板			
			退出线路保护的所有 GOOSE 接收软压板			
			直采直跳	拔除 GOOSE 光纤______板______口（上）		
				拔除 GOOSE 光纤______板______口（下）		
			组网	拔除 GOOSE 组网光纤______板______口（上）		
				拔除 GOOSE 组网光纤______板______口（下）		

续表

序号	执行	回路类别	安全措施内容	恢复
3		SV 回路	退出线路保护的所有 SV 接收软压板	
			拔除 SV 采样光纤______板______口（上）	
			拔除 SV 采样光纤______板______口（下）	
4		置检修压板	合并单元置检修	
			智能终端置检修	
			保护装置置检修	
			测控装置置检修	
5		采样通道延时	检查保护装置是否报 SV 采样通道延时异常	
三、一次系统图及停电范围				
四、相关联二次运行设备回路分析				
1				

执行人：　　　　监护人：　　　　恢复人：　　　　监护人：

附表 A. 3　　　　常规变电站 500kV 线路保护校验二次安全措施票

单位：________________　　　　工作票号：________________

被试设备名称：500kV××变××线第一套线路保护					
工作负责人		工作时间	年　月　日	签发人	
工作内容：××线第一套线路保护（厂家型号）二次全校					
一、二次设备状态记录					
1	压板状态				
2	切换把手状态				
3	当前定值区				
4	空开状态				
5	端子状态				
6	光纤通道原始识别码				

续表

7	其他（告警等）	
8	安措核查	

工作前签字确认		工作后签字确认	
运行人员		运行人员	
检修人员		检修人员	

二、安全措施

序号	执行	回路类别	安全措施内容	恢复
1		通道光纤	通道光纤自环	
2		启动安稳（如有）	断开端子：端子编号（至××安稳装置） 断开压板：压板编号	
3		电流回路	断开端子：端子编号（从电流互感器端子箱来） 断开端子并短接内侧：端子编号（至××安稳装置）	
4		电压回路	断开端子：端子编号（从电压互感器端子箱来） 断开端子：端子编号（至××安稳装置）	
5		中央信号	断开端子：端子编号（至××测控屏）	
6		录波信号	断开端子：端子编号（至××故障录波屏）	
7		检修压板	投入线路保护检修压板：压板编号 投入就地判别装置检修压板：压板编号	
8		其他		

三、一次系统图及停电范围

四、相关联二次运行设备回路分析

1	安稳装置	线路保护出口至安稳回路
2	安稳装置	线路保护至安稳电流电压回路

五、备注：文字描述（可不填）

执行人：　　　　监护人：　　　　恢复人：　　　　监护人：

附表 A.4　　常规变电站 500kV 线路保护校验二次安全措施票

单位：__________　　　　　　　　　　工作票号：__________

被试设备名称：500kV××变 50×2 开关保护屏					
工作负责人		工作时间	年　月　日	签发人	
工作内容：50×2 开关保护（厂家型号）二次全校					

一、二次设备状态记录		
1	压板状态	
2	切换把手状态	
3	当前定值区	
4	空开状态	
5	端子状态	
6	其他（告警等）	
7	安措核查	

工作前签字确认		工作后签字确认	
运行人员		运行人员	
检修人员		检修人员	

二、安全措施

序号	执行	回路类别	安全措施内容	恢复
1		失灵联跳变压器三侧	断开端子：端子编号（至×号变压器保护屏 C） 断开压板：压板编号	
2		失灵联跳相邻断路器	断开端子：端子编号（至 50×1 开关保护屏） 断开压板：压板编号	
3			断开端子：端子编号（至 50×1 开关保护屏） 断开压板：压板编号	
4		电流回路	断开端子：端子编号（从电流互感器端子箱来）	
5		中央信号	断开端子：端子编号（至××测控屏）	
6		录波信号	断开端子：端子编号（至××故障录波屏）	
7		检修压板	投入检修压板：压板编号	
8		其他		

三、一次系统图及停电范围

续表

四、相关联二次运行设备回路分析		
1	50×1开关保护屏	失灵联跳50×1开关
2	×号变压器保护屏C	失灵联跳变压器三侧
五、备注：文字描述（可不填）		

执行人：　　监护人：　　恢复人：　　监护人：

附表 A.5　　常规变电站500kV线路保护校验二次安全措施票

单位：________　　工作票号：________

被试设备名称：500kV××变50×3开关保护屏					
工作负责人		工作时间	年　月　日	签发人	
工作内容：50×3开关保护（厂家型号）二次全校					
一、二次设备状态记录					
1	压板状态				
2	切换把手状态				
3	当前定值区				
4	空开状态				
5	端子状态				
6	其他（告警等）				
7	安措核查				
工作前签字确认			工作后签字确认		
运行人员			运行人员		
检修人员			检修人员		

二、安全措施				
序号	执行	回路类别	安全措施内容	恢复
1		失灵联跳母线	断开端子：端子编号（至500kVⅡ母第一套母线保护屏） 断开压板：压板编号	
2		失灵联跳母线	断开端子：端子编号（至500kVⅡ母第二套母线保护屏） 断开压板：压板编号	
3		电流回路	断开端子：端子编号（从电流互感器端子箱来）	
4		电流回路	断开端子并短接内侧：端子编号（至××故障录波器柜）	
5		中央信号	断开端子：端子编号（至××测控屏柜）	

续表

序号	执行	回路类别	安全措施内容	恢复
6		录波信号	断开端子：端子编号（至××故障录波器柜）	
7		检修压板	投入检修压板：压板编号	
8		其他		
三、一次系统图及停电范围				
四、相关联二次运行设备回路分析				
1	500kVⅡ母第一套母线保护		失灵联跳母线 1	
2	500kVⅡ母第二套母线保护		失灵联跳母线 2	
五、备注：文字描述（可不填）				

执行人：　　　　　　监护人：　　　　　　恢复人：　　　　　　监护人：

附表 A.6　　　　智能变电站 500kV 线路保护校验二次安全措施票

单位：________________　　　　　　工作票号：________________

被试设备名称：500kV ××变××线第一套线路保护屏					
工作负责人		工作时间		签发人	
工作内容：××线第一套线路保护屏（××型号）二次全校					
一、二次设备状态记录					
1	压板状态	硬压板： 软压板状态： GOOSE 发送软压板： 功能软压板： 智能控制柜压板状态：			
2	切换把手状态				
3	当前定值区				
4	空气开关状态				
5	端子状态				

续表

6	光纤通道原始识别码	
7	其他（告警信息）	
8	安措核查	

工作前签字确认		工作后签字确认	
运行人员		运行人员	
检修人员		检修人员	

二、安全措施

序号	执行	回路类别	安全措施内容	恢复
1		电流回路	断开端子连片：×ID：×/×/×/×（从500kV HGIS智能控制柜来）	
2		电压回路	断开电压空气开关：1ZKK； 断开端子连片：×UD：×/×/×/×（从500kV××线电压互感器端子箱来）	
3		光纤通道	断开通道光纤并自环	
4		检修状态	投入线路保护装置检修压板并用胶布封住：LP×	
5		遥信信号	断开端子连片：×YD：×（至××测控屏）	
6		其他		

三、一次系统图及停电范围

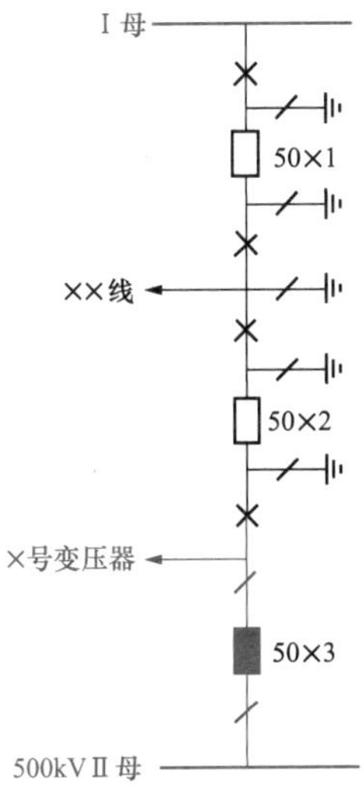

停电范围：50×2，50×1，××线停电

四、相关联二次运行设备回路分析

执行人：　　　　监护人：　　　　恢复人：　　　　监护人：

附表 A.7　　智能变电站500kV线路保护校验二次安全措施票

单位：__________　　　　　　工作票号：__________

<table>
<tr><td colspan="8">被试设备名称：500kV××变50×1开关保护屏A</td></tr>
<tr><td colspan="2">工作负责人</td><td colspan="2"></td><td>工作时间</td><td></td><td>签发人</td><td></td></tr>
<tr><td colspan="8">工作内容：50××开关保护屏A（××型号）二次全校</td></tr>
<tr><td colspan="8">一、二次设备状态记录</td></tr>
<tr><td>1</td><td colspan="2">压板状态</td><td colspan="5">硬压板：
软压板状态：
GOOSE发送软压板：
功能软压板：
智能控制柜压板状态：</td></tr>
<tr><td>2</td><td colspan="2">切换把手状态</td><td colspan="5"></td></tr>
<tr><td>3</td><td colspan="2">当前定值区</td><td colspan="5"></td></tr>
<tr><td>4</td><td colspan="2">空气开关状态</td><td colspan="5"></td></tr>
<tr><td>5</td><td colspan="2">端子状态</td><td colspan="5"></td></tr>
<tr><td>6</td><td colspan="2">其他（告警信息）</td><td colspan="5"></td></tr>
<tr><td>7</td><td colspan="2">安措核查</td><td colspan="5"></td></tr>
<tr><td colspan="4">工作前签字确认</td><td colspan="4">工作后签字确认</td></tr>
<tr><td colspan="2">运行人员</td><td colspan="2"></td><td>运行人员</td><td colspan="3"></td></tr>
<tr><td colspan="2">检修人员</td><td colspan="2"></td><td>检修人员</td><td colspan="3"></td></tr>
<tr><td colspan="8">二、安全措施</td></tr>
<tr><td>序号</td><td>执行</td><td>回路类别</td><td colspan="4">安全措施内容</td><td>恢复</td></tr>
<tr><td>1</td><td></td><td>失灵联跳母线</td><td colspan="4">退出50××开关保护A“失灵启动×母第一套母差GOOSE发送软压板”</td><td></td></tr>
<tr><td>2</td><td></td><td>检修状态</td><td colspan="4">投入50××开关保护A检修压板并用胶布封住：LP×</td><td></td></tr>
<tr><td>3</td><td></td><td rowspan="2">电流回路A</td><td colspan="4">断开端子连片：×ID：×/×/×/×（从500kV HGIS智能控制柜来）</td><td rowspan="2"></td></tr>
<tr><td>4</td><td></td><td colspan="4">断开端子连片并短接内侧：×ID：×/×/×/×（至500kV母线故障录波器屏）</td></tr>
<tr><td>5</td><td></td><td>遥信信号</td><td colspan="4">断开端子连片：×YD：×（至××测控屏）</td><td></td></tr>
<tr><td>6</td><td></td><td>其他</td><td colspan="4"></td><td></td></tr>
<tr><td colspan="8">三、一次系统图及停电范围</td></tr>
<tr><td colspan="8">同上
停电范围：50×2，50×1，××线停电</td></tr>
<tr><td colspan="8">四、相关联二次运行设备回路分析</td></tr>
<tr><td>1</td><td colspan="2">×母第一套母线保护屏</td><td colspan="5">失灵启动母差，核查“50××支路GOOSE接收软压板”已退出</td></tr>
</table>

附表 A.8　　智能变电站 500kV 线路保护校验二次安全措施票

单位：________________　　　　工作票号：________________

<table>
<tr><td colspan="8">被试设备名称：500kV××变 50×2 开关保护屏 A</td></tr>
<tr><td colspan="2">工作负责人</td><td></td><td>工作时间</td><td colspan="2"></td><td>签发人</td><td></td></tr>
<tr><td colspan="8">工作内容：50×2 开关保护屏 A（××型号）二次全校</td></tr>
<tr><td colspan="8">一、二次设备状态记录</td></tr>
<tr><td>1</td><td colspan="2">压板状态</td><td colspan="5">硬压板：
软压板状态：
GOOSE 发送软压板：
功能软压板：
智能控制柜压板状态：</td></tr>
<tr><td>2</td><td colspan="2">切换把手状态</td><td colspan="5"></td></tr>
<tr><td>3</td><td colspan="2">当前定值区</td><td colspan="5"></td></tr>
<tr><td>4</td><td colspan="2">空气开关状态</td><td colspan="5"></td></tr>
<tr><td>5</td><td colspan="2">端子状态</td><td colspan="5"></td></tr>
<tr><td>6</td><td colspan="2">其他（告警信息）</td><td colspan="5"></td></tr>
<tr><td>7</td><td colspan="2">安措核查</td><td colspan="5"></td></tr>
<tr><td colspan="4">工作前签字确认</td><td colspan="4">工作后签字确认</td></tr>
<tr><td colspan="2">运行人员</td><td colspan="2"></td><td colspan="2">运行人员</td><td colspan="2"></td></tr>
<tr><td colspan="2">检修人员</td><td colspan="2"></td><td colspan="2">检修人员</td><td colspan="2"></td></tr>
<tr><td colspan="8">二、安全措施</td></tr>
<tr><td>序号</td><td>执行</td><td colspan="2">回路类别</td><td colspan="3">安全措施内容</td><td>恢复</td></tr>
<tr><td>1</td><td></td><td colspan="2">失灵跳相邻运行开关</td><td colspan="3">退出 50××开关保护 A“失灵跳××出口 GOOSE 发送软压板”</td><td></td></tr>
<tr><td>2</td><td></td><td colspan="2">失灵启动线路远跳（失灵联跳变压器）</td><td colspan="3">退出 50××开关保护 A“失灵启动××远跳（联跳＃×变压器）GOOSE 发送软压板”</td><td></td></tr>
<tr><td>3</td><td></td><td colspan="2">检修状态</td><td colspan="3">投入 50××开关保护 A 检修压板并用胶布封住：LP×</td><td></td></tr>
<tr><td>4</td><td></td><td colspan="2">电流回路 A</td><td colspan="3">断开端子连片：× ID：×/×/×/×（从 500kV HGIS 智能控制柜来）</td><td></td></tr>
<tr><td>5</td><td></td><td colspan="2">遥信信号</td><td colspan="3">断开端子连片：×YD：×（至××测控屏）</td><td></td></tr>
<tr><td>6</td><td></td><td colspan="2">其他</td><td colspan="3"></td><td></td></tr>
<tr><td colspan="8">三、一次系统图及停电范围</td></tr>
<tr><td colspan="8">同上
停电范围：50×2，50×1，××线停电</td></tr>
</table>

续表

四、相关联二次运行设备回路分析		
1	××线第一套线路（变压器）保护屏	失灵启动线路远跳（失灵联跳变压器）
2	相邻运行边开关智能控制柜 A	失灵跳 50××开关

执行人：　　　　监护人：　　　　恢复人：　　　　监护人：

附录B 第 四 章 用 附 表

附表 B.1　　**常规变电站 220kV 变压器保护校验二次安全措施票**

单位：＿＿＿＿＿＿＿＿　　　　工作票号：＿＿＿＿＿＿＿＿

被试设备名称：					
工作负责人		工作时间	年　月　日	签发人	
工作内容：					
一、二次设备状态记录					
1	压板状态	打开状态： 打上状态：			
2	切换把手状态				
3	当前定值区				
4	空开状态	断开状态： 合上状态：			
5	端子状态				
工作前签字确认			工作后签字确认		
运行人员			运行人员		
检修人员			检修人员		
二、安全措施					
序号	执行	回路类别	安全措施内容		恢复
1		跳闸回路	拆除跳各侧母联（分段）开关回路		
			拆除跳各侧旁路开关回路		
			拆除启动母差失灵保护回路		
			拆除至母差保护解复压回路		
			拆除至备自投闭锁回路		
2		高压侧电流回路	电流 A 相		
			电流 B 相		
			电流 C 相		
			电流公共 N		
		中压侧电流回路	电流 A 相		
			电流 B 相		
			电流 C 相		
			电流公共 N		

续表

序号	执行	回路类别	安全措施内容		恢复
2		低压侧 1分支 电流回路	电流 A 相		
			电流 B 相		
			电流 C 相		
			电流公共 N		
		低压侧 2分支 电流回路	电流 A 相		
			电流 B 相		
			电流 C 相		
			电流公共 N		
		公共绕组 电流回路	电流 A 相		
			电流 B 相		
			电流 C 相		
			电流公共 N		
3		高压侧 电压回路	电压空气开关		
			电压 A 相		
			电压 B 相		
			电压 C 相		
			电压公共 N		
		中压侧 电压回路	电压空气开关		
			电压 A 相		
			电压 B 相		
			电压 C 相		
			电压公共 N		
		低压侧 1分支 电压回路	电压空气开关		
			电压 A 相		
			电压 B 相		
			电压 C 相		
			电压公共 N		
		低压侧 2分支 电压回路	电压空气开关		
			电压 A 相		
			电压 B 相		
			电压 C 相		
			电压公共 N		
4		测控信号回路	测控信号公共正		
5		故障录波回路	故障录波信号公共正		

续表

序号	执行	回路类别	安全措施内容		恢复
6		非电量开入	非电量开入公共正		
三、一次系统图及停电范围					
四、相关联二次运行设备回路分析					

执行人：　　监护人：　　恢复人：　　监护人：

附表 B.2　　智能变电站 220kV 变压器保护校验二次安全措施票

单位：____________　　工作票号：____________

被试设备名称：					
工作负责人		工作时间	年　月　日	签发人	
工作内容：					
一、二次设备状态记录					
1	保护、合并单元、智能终端硬压板状态				
2	保护 GOOSE、SV 软压板状态				
3	切换把手状态				
4	当前定值区				
5	空开状态				
6	端子状态				
工作前签字确认			工作后签字确认		
运行人员			运行人员		
检修人员			检修人员		

续表

二、安全措施				
序号	执行	回路类别	安全措施内容	恢复
1		GOOSE 回路	检查母差检修变压器支路 GOOSE 接收软压板确已退出	
			检查变压器至母差保护三相启失灵 GOOSE 出口软压板确已退出	
			检查母差保护至变压器失灵联跳 GOOSE 接收软压板确已退出	
			检查变压器跳母联、分段开关 GOOSE 出口软压板确已退出	
			检查变压器闭锁备自投 GOOSE 出口软压板确已退出	
2		SV 回路	检查母差检修变压器支路 SV 接收软压板确已退出	
			断开高压侧 SV 采样光纤	
			断开中压侧 SV 采样光纤	
			断开低压侧 1 分支 SV 采样光纤	
			断开低压侧 2 分支 SV 采样光纤	
			断开本体合并单元 SV 采样光纤	
3		置检修压板	高压侧第一套合并单元置检修	
			高压侧第一套智能终端置检修	
			高压侧第二套合并单元置检修	
			高压侧第二套智能终端置检修	
			中压侧第一套合并单元置检修	
			中压侧第一套智能终端置检修	
			中压侧第二套合并单元置检修	
			中压侧第二套智能终端置检修	
			低压侧一分支第一套合并单元置检修	
			低压侧一分支第一套智能终端置检修	
			低压侧一分支第二套合并单元置检修	
			低压侧一分支第二套智能终端置检修	
			低压侧二分支第一套合并单元置检修	
			低压侧二分支第一套智能终端置检修	
			低压侧二分支第二套合并单元置检修	
			低压侧二分支第二套智能终端置检修	
			本体第一套合并单元置检修	
			本体第二套合并单元置检修	
			本体智能终端置检修	
			第一套保护装置置检修	
			第二套保护装置置检修	

续表

三、一次系统图及停电范围		
四、相关联二次运行设备回路分析		

附表 B.3　　常规变电站 500kV 变压器保护校验二次安全措施票

单位：＿＿＿＿＿＿＿＿　　　　工作票号：＿＿＿＿＿＿＿＿

被试设备名称：500kV××变×号变压器保护 A 柜					
工作负责人		工作时间	年　月　日	签发人	
工作内容：×号变压器保护 A 柜（厂家型号）二次全校					
一、二次设备状态记录					
1	压板状态				
2	切换把手状态				
3	当前定值区				
4	空开状态				
5	端子状态				
6	其他（告警等）				
7	安措核查				

工作前签字确认		工作后签字确认	
运行人员		运行人员	
检修人员		检修人员	

二、安全措施				
序号	执行	回路类别	安全措施内容	恢复
1		跳中压侧母联开关（如有）	检查断开端子：端子编号（至 220kV×M/×M 母联保护柜） 断开压板：压板编号	

续表

序号	执行	回路类别	安全措施内容	恢复
2		跳中压侧分段开关（如有）	检查断开端子：端子编号（至 220kV1M/3M 分段保护柜） 断开压板：压板编号	
3			检查断开端子：端子编号（至 220kV2M/4M 分段保护柜） 断开压板：压板编号	
4		启动中压侧母差失灵	断开端子：端子编号（至 220kV 第一套母线保护柜） 断开压板：压板编号	
5		解除中压侧母差复压闭锁	断开端子：端子编号（至 220kV 第一套母线保护柜） 断开压板：压板编号	
6		高压侧电流	断开端子：端子编号（从电流互感器端子箱来）	
7			断开端子：端子编号（从电流互感器端子箱来）	
8		中压侧电流	断开端子：端子编号（从电流互感器端子箱来）	
9		低压侧电流	断开端子：端子编号（从电流互感器端子箱来）	
10		公共绕组电流	断开端子：端子编号（从电流互感器端子箱来） 断开端子：端子编号（至××故障录波器柜）	
11		高压侧电压	断开端子：端子编号（从电压互感器端子箱来）	
12		中压侧电压	断开端子：端子编号（从电压互感器端子箱来）	
13		低压侧电压	断开端子：端子编号（从电压互感器端子箱来）	
14		中央信号	断开端子：端子编号（至××测控柜）	
15		录波信号	断开端子：端子编号（至××故障录波器柜）	
16		检修压板	投入检修压板：压板编号	
17		其他		
三、一次系统图及停电范围				

续表

四、相关联二次运行设备回路分析		
1	220kV×M/×M母联保护柜	跳×M/×M母联开关TC1
2	220kV1M/3M分段保护柜	跳1M/3M分段开关TC1
3	220kV2M/4M分段保护柜	跳2M/4M分段开关TC1
4	220kV第一套母线保护柜	启动中压侧母差失灵
5	220kV第一套母线保护柜	解除中压侧母差复压闭锁
五、备注：文字描述（可不填）		

执行人：　　　　　　监护人：　　　　　　恢复人：　　　　　　监护人：

附表 B.4　　　　常规变电站500kV变压器保护校验二次安全措施票

单位：________________　　　　　　　　工作票号：________________

被试设备名称：500kV××变50×2开关保护屏					
工作负责人		工作时间	年　月　日	签发人	
工作内容：50×2开关保护屏（厂家型号）二次全校					

一、二次设备状态记录		
1	压板状态	
2	切换把手状态	
3	当前定值区	
4	空开状态	
5	端子状态	
6	其他（告警等）	
7	安措核查	

工作前签字确认		工作后签字确认	
运行人员		运行人员	
检修人员		检修人员	

二、安全措施				
序号	执行	回路类别	安全措施内容	恢复
1		失灵联跳线路	断开端子：端子编号（至××线第一套线路保护屏） 断开压板：压板编号	
2			断开端子：端子编号（至××线第二套线路保护屏） 断开压板：压板编号	
3		失灵联跳相邻断路器	断开端子：端子编号（至50×3开关保护屏） 断开压板：压板编号	
4			断开端子：端子编号（至50×3开关保护屏） 断开压板：压板编号	
5		失灵闭锁重合闸	断开端子：端子编号（至50×3断路器保护屏） 断开压板：压板编号	

续表

序号	执行	回路类别	安全措施内容	恢复
6		电流回路	断开端子：端子编号（从电流互感器端子箱来）	
7		中央信号	断开端子：端子编号（至××测控柜）	
8		录波信号	断开端子：端子编号（至××故障录波器柜）	
9		检修压板	投入检修压板：压板编号	
10		其他		
三、一次系统图及停电范围				
四、相关联二次运行设备回路分析				
1	××线第一套线路保护屏		失灵联跳线路 1	
2	××线第二套线路保护屏		失灵联跳线路 2	
3	50×3 开关保护屏		失灵跳 50×3 开关 TC1	
4	50×3 开关保护屏		失灵跳 50×3 开关 TC2	
5	50×3 开关保护屏		失灵闭锁 50×3 开关重合闸	
五、备注：文字描述（可不填）				

执行人：　　　　监护人：　　　　恢复人：　　　　监护人：

附表 B.5　　常规变电站 500kV 变压器保护校验二次安全措施票

单位：____________　　　　工作票号：____________

被试设备名称：500kV××变 50×1 开关保护屏					
工作负责人		工作时间	年　月　日	签发人	
工作内容：50×1 开关保护屏（厂家型号）二次全校					
一、二次设备状态记录					
1	压板状态				
2	切换把手状态				
3	当前定值区				
4	空开状态				
5	端子状态				
6	其他（告警等）				
7	安措核查				

续表

<table>
<tr><td colspan="3">工作前签字确认</td><td colspan="2">工作后签字确认</td></tr>
<tr><td colspan="2">运行人员</td><td></td><td>运行人员</td><td></td></tr>
<tr><td colspan="2">检修人员</td><td></td><td>检修人员</td><td></td></tr>
<tr><td colspan="5">二、安全措施</td></tr>
<tr><td>序号</td><td>执行</td><td>回路类别</td><td>安全措施内容</td><td>恢复</td></tr>
<tr><td>1</td><td></td><td rowspan="2">失灵联跳母线</td><td>断开端子：端子编号（至500kVⅠ母第一套母线保护柜）
断开压板：压板编号</td><td></td></tr>
<tr><td>2</td><td></td><td>断开端子：端子编号（至500kVⅠ母第二套母线保护柜）
断开压板：压板编号</td><td></td></tr>
<tr><td>3</td><td></td><td>电流回路</td><td>断开端子：端子编号（从电流互感器端子箱来）
断开端子并短接内侧：端子编号（至××故障录波器柜）</td><td></td></tr>
<tr><td>4</td><td></td><td>中央信号</td><td>断开端子：端子编号（至××测控柜）</td><td></td></tr>
<tr><td>5</td><td></td><td>录波信号</td><td>断开端子：端子编号（至××故障录波器柜）</td><td></td></tr>
<tr><td>6</td><td></td><td>检修压板</td><td>投入检修压板：压板编号</td><td></td></tr>
<tr><td>7</td><td></td><td>其他</td><td></td><td></td></tr>
<tr><td colspan="5">三、一次系统图及停电范围</td></tr>
<tr><td colspan="5"></td></tr>
<tr><td colspan="5">四、相关联二次运行设备回路分析</td></tr>
<tr><td>1</td><td colspan="2">500kVⅠ母第一套母线保护柜</td><td colspan="2">失灵联跳母线1</td></tr>
<tr><td>2</td><td colspan="2">500kVⅠ母第二套母线保护柜</td><td colspan="2">失灵联跳母线2</td></tr>
<tr><td colspan="5">五、备注：文字描述（可不填）</td></tr>
</table>

执行人：　　监护人：　　恢复人：　　监护人：

附表 B.6　　智能变电站500kV变压器保护校验二次安全措施票

单位：__________　　　　　　　　　　　　　　工作票号：__________

<table>
<tr><td colspan="6">被试设备名称：500kV××变×号变压器第一套变压器保护屏</td></tr>
<tr><td>工作负责人</td><td></td><td>工作时间</td><td>年　月　日</td><td>签发人</td><td></td></tr>
<tr><td colspan="6">工作内容：×号变压器第一套变压器保护（厂家型号）二次全校</td></tr>
<tr><td colspan="6">一、二次设备状态记录</td></tr>
<tr><td>1</td><td>压板状态</td><td colspan="4">硬压板：
软压板状态：
GOOSE发送软压板：
功能软压板：
智能控制柜压板状态：</td></tr>
<tr><td>2</td><td>切换把手状态</td><td colspan="4"></td></tr>
<tr><td>3</td><td>当前定值区</td><td colspan="4"></td></tr>
<tr><td>4</td><td>空气开关状态</td><td colspan="4"></td></tr>
<tr><td>5</td><td>端子状态</td><td colspan="4"></td></tr>
<tr><td>6</td><td>其他（告警信息）</td><td colspan="4"></td></tr>
<tr><td>7</td><td>安措核查</td><td colspan="4"></td></tr>
<tr><td colspan="3">工作前签字确认</td><td colspan="3">工作后签字确认</td></tr>
<tr><td>运行人员</td><td colspan="2"></td><td>运行人员</td><td colspan="2"></td></tr>
<tr><td>检修人员</td><td colspan="2"></td><td>检修人员</td><td colspan="2"></td></tr>
</table>

<table>
<tr><td colspan="5">二、安全措施</td></tr>
<tr><td>序号</td><td>执行</td><td>回路类别</td><td>安全措施内容</td><td>恢复</td></tr>
<tr><td>1</td><td></td><td rowspan="3">跳闸出口</td><td>退出×号变压器第一套变压器保护“跳中压侧母联”出口软压板</td><td></td></tr>
<tr><td>2</td><td></td><td>退出×号变压器第一套变压器保护“跳中压侧分段1”出口软压板</td><td></td></tr>
<tr><td>3</td><td></td><td>退出×号变压器第一套变压器保护“跳中压侧分段2”出口软压板</td><td></td></tr>
<tr><td>4</td><td></td><td>启失灵出口</td><td>退出×号变压器第一套变压器保护“启动中压侧断路器失灵”出口软压板</td><td></td></tr>
<tr><td>5</td><td></td><td>检修压板</td><td>投入变压器保护检修压板：压板编号</td><td></td></tr>
<tr><td>6</td><td></td><td>高压侧电压</td><td>断开端子连片：×UD：×/×/×/×（从500kV××电压互感器端子箱来）</td><td></td></tr>
<tr><td>7</td><td></td><td>中压侧电压</td><td>断开端子连片：×UD：×/×/×/×（从220kV××电压互感器端子箱来）</td><td></td></tr>
<tr><td>8</td><td></td><td>低压侧电压</td><td>断开端子连片：×UD：×/×/×/×（从35kV××电压互感器端子箱来）</td><td></td></tr>
</table>

续表

序号	执行	回路类别	安全措施内容	恢复
9		高压侧电流	断开端子连片：×ID：×/×/×/×（从50××智能控制柜来）	
10			断开端子连片：×ID：×/×/×/×（从50××智能控制柜来）	
11		中压侧电流	断开端子连片：×ID：×/×/×/×（从变压器中压侧智能控制柜来）	
12		低压侧电流	断开端子连片：×ID：×/×/×/×（从变压器本体智能控制柜来）	
13		公共绕组电流	断开×号变压器第一套变压器保护公共绕组电流：端子编号	
14		硬接点信号	断开硬接点信号公共端：端子号	

三、一次系统图及停电范围

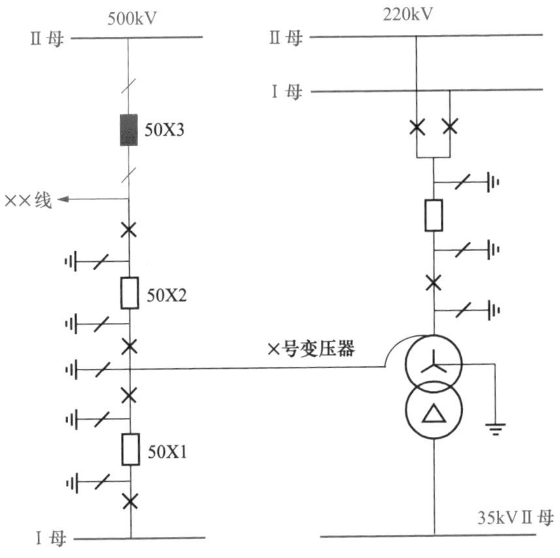

停电范围：×号变压器；50×1开关；50×2开关；220kV侧开关

四、相关联二次运行设备回路分析

1	220kV第一套母差保护屏	启动220kV母差保护失灵
2	220kV母联智能终端A	跳中压侧母联
3	220kV 1M/3M分段智能终端A	跳中压侧分段1
4	220kV 2M/4M分段智能终端A	跳中压侧分段2

执行人：　　　　监护人：　　　　恢复人：　　　　监护人：

附表 B.7　　智能变电站 500kV 变压器保护校验二次安全措施票

单位：__________　　工作票号：__________

<table>
<tr><td colspan="6">被试设备名称：500kV××变第×串开关保护屏 A</td></tr>
<tr><td>工作负责人</td><td></td><td>工作时间</td><td>年　月　日</td><td>签发人</td><td></td></tr>
<tr><td colspan="6">工作内容：50×1 开关保护 A 套、50×2 开关保护 A 套（厂家型号）二次全校</td></tr>
<tr><td colspan="6">一、二次设备状态记录</td></tr>
<tr><td colspan="6">50×1 开关保护 A 套</td></tr>
<tr><td>1</td><td>压板状态</td><td colspan="4">硬压板：
软压板状态：
GOOSE 发送软压板：
功能软压板：
智能控制柜压板状态：</td></tr>
<tr><td>2</td><td>切换把手状态</td><td colspan="4"></td></tr>
<tr><td>3</td><td>当前定值区</td><td colspan="4"></td></tr>
<tr><td>4</td><td>空气开关状态</td><td colspan="4"></td></tr>
<tr><td>5</td><td>端子状态</td><td colspan="4"></td></tr>
<tr><td>6</td><td>其他（告警信息）</td><td colspan="4"></td></tr>
<tr><td>7</td><td>安措核查</td><td colspan="4"></td></tr>
<tr><td colspan="6">50×2 开关保护 A 套</td></tr>
<tr><td>1</td><td>压板状态</td><td colspan="4">硬压板：
软压板状态：
GOOSE 发送软压板：
功能软压板：
智能控制柜压板状态：</td></tr>
<tr><td>2</td><td>切换把手状态</td><td colspan="4"></td></tr>
<tr><td>3</td><td>当前定值区</td><td colspan="4"></td></tr>
<tr><td>4</td><td>空气开关状态</td><td colspan="4"></td></tr>
<tr><td>5</td><td>端子状态</td><td colspan="4"></td></tr>
<tr><td>6</td><td>其他（告警信息）</td><td colspan="4"></td></tr>
<tr><td>7</td><td>安措核查</td><td colspan="4"></td></tr>
<tr><td colspan="3">工作前签字确认</td><td colspan="3">工作后签字确认</td></tr>
<tr><td>运行人员</td><td colspan="2"></td><td>运行人员</td><td colspan="2"></td></tr>
<tr><td>检修人员</td><td colspan="2"></td><td>检修人员</td><td colspan="2"></td></tr>
<tr><td colspan="6">二、安全措施</td></tr>
<tr><td>序号</td><td>执行</td><td>回路类别</td><td colspan="2">安全措施内容</td><td>恢复</td></tr>
<tr><td colspan="6">50×1 开关保护 A 套</td></tr>
<tr><td>1</td><td></td><td>失灵联跳母线</td><td colspan="2">退出 50×1 开关保护 A“失灵出口（跳Ⅰ母第一套母差）”软压板</td><td></td></tr>
</table>

续表

序号	执行	回路类别	安全措施内容	恢复
2		检修状态	投入 50×1 开关保护 A 检修压板：压板编号	
3		电流回路	断开端子连片：×ID：×/×/×/×（从 500kV HGIS 智能控制柜来） 短接内侧并断开端子连片：×ID：×/×/×/×（至 500kV 母线故障录波器柜）	
4		硬接点信号	断开硬接点信号公共端：端子编号	
50×2 开关保护 A 套				
1		失灵联跳 50×3 开关	退出 50×2 开关保护 A“失灵出口（跳 50×3 开关 TC1）”软压板	
2		失灵启动线路远跳	退出 50×2 开关保护 A“失灵出口（启动××线远跳 1）”软压板	
3		检修状态	投入 50×2 开关保护 A 检修压板：压板编号	
4		电流回路	断开端子连片：×ID：×/×/×/×（从 500kV HGIS 智能控制柜来）	
5		硬接点信号	断开硬接点信号公共端：端子编号	
三、一次系统图及停电范围				
同上				
四、相关联二次运行设备回路分析				
1	Ⅰ母第一套母差保护	失灵联跳母线		
2	50×3 开关保护 A	失灵联跳 50×3 开关		
3	××线第一套线路保护	失灵启动线路远跳		

执行人：　　　　监护人：　　　　恢复人：　　　　监护人：

附录C 第五章用附表

附表 C.1　　常规变电站 220kV/110kV 母线保护校验二次安全措施票

单位：____________　　　　　　　　工作票号：____________

被试设备名称：					
工作负责人		工作时间	年　月　日	签发人	
工作内容：					

一、二次设备状态记录		
1	压板状态	
2	切换把手状态	
3	当前定值区	
4	空气开关状态	
5	端子状态	

工作前签字确认		工作后签字确认	
运行人员		运行人员	
检修人员		检修人员	

二、安全措施

序号	执行	回路类别	安全措施内容	恢复
1		母差跳闸回路	母联____：101	
2			R1	
3			1 号变压器____：1101	
4			R1	
5			2 号变压器____：1101	
6			R1	
7			____线：101	
8			R1	
1		电流回路	母联____：A320	
2			B320	
3			C320	
4			N320	
5			1 号变压器____：A320	
6			B320	
7			C320	
8			N320	
9			2 号变压器____：A320	
10			B320	

续表

序号	执行	回路类别	安全措施内容	恢复
11		电流回路	C320	
12			N320	
13			____线：A320	
14			B320	
15			C320	
16			N320	
17			…	
⋮				
1		电压回路	Ⅰ母：A630	
2			B630	
3			C630	
4			N600	
5			Ⅱ母：A640	
6			B640	
7			C640	
8			N600	
1		测控信号回路	测控信号公共头　E800	
⋮				
1		故障录波回路	故障录波公共头　G800	
⋮				

三、一次系统图及停电范围

四、相关联二次运行设备回路分析

执行人：　　　　监护人：　　　　恢复人：　　　　监护人：

附表 C. 2　　智能变电站 220kV/110kV 母线保护校验二次安全措施票

单位：____________________　　　　　　　　　　　　　　工作票号：____________________

设备名称：					
工作负责人		工作时间	年　月　日	签发人	
工作内容：					

一、二次设备状态记录（包括：定值区号、压板、控制开关、空气开关状态等）		
1	压板状态	
2	切换把手状态	
3	当前定值区	
4	空气开关状态	
5	端子状态	

工作前签字确认		工作后签字确认	
运行人员		运行人员	
检修人员		检修人员	

二、安全措施

序号	执行	回路类别	安全措施内容	恢复
1		GOOSE 回路	检查母差跳各支路 GOOSE 发送/出口软压板确已退出	
2			检查母差各支路 GOOSE 接收软压板确已退出	
3			检查母差的变压器联跳三侧开关软压板确已退出（220kV 母差保护）	
4		SV 回路	检查母差各支路 SV 接收软压板确已退出	
5			断开母差电压 _ SV 采样光纤______板______口	
6			断开母差支路 1SV 母联采样光纤______板______口	
7			…	
8			断开母差支路 5SV4 号变压器采样光纤______板______口	
9			…	
10		检修压板	投入母差保护置检修压板	
11		采样通道延时	检查保护装置是否报 SV 采样通道延时异常	

三、一次系统图及停电范围

四、相关联二次运行设备回路分析

执行人：　　　　　　　监护人：　　　　　　　恢复人：　　　　　　　监护人：

附表 C. 3　　常规变电站 500kV 母线保护校验二次安全措施票

单位：________________　　　　工作票号：________________

<table>
<tr><td colspan="6">被试设备名称：500kV××变　Ⅰ母第一套母差保护</td></tr>
<tr><td>工作负责人</td><td></td><td>工作时间</td><td>年　月　日</td><td>签发人</td><td></td></tr>
<tr><td colspan="6">工作内容：500kV Ⅰ母第一套母差保护（厂家型号）二次全校</td></tr>
<tr><td colspan="6">一、二次设备状态记录</td></tr>
<tr><td>1</td><td>压板状态</td><td colspan="4"></td></tr>
<tr><td>2</td><td>切换把手状态</td><td colspan="4"></td></tr>
<tr><td>3</td><td>当前定值区</td><td colspan="4"></td></tr>
<tr><td>4</td><td>空开状态</td><td colspan="4"></td></tr>
<tr><td>5</td><td>端子状态</td><td colspan="4"></td></tr>
<tr><td>6</td><td>其他（告警等）</td><td colspan="4"></td></tr>
<tr><td>7</td><td>安措核查</td><td colspan="4"></td></tr>
<tr><td colspan="3">工作前签字确认</td><td colspan="3">工作后签字确认</td></tr>
<tr><td>运行人员</td><td colspan="2"></td><td>运行人员</td><td colspan="2"></td></tr>
<tr><td>检修人员</td><td colspan="2"></td><td>检修人员</td><td colspan="2"></td></tr>
</table>

<table>
<tr><td colspan="5">二、安全措施</td></tr>
<tr><td>序号</td><td>执行</td><td>回路类别</td><td>安全措施内容</td><td>恢复</td></tr>
<tr><td>1</td><td></td><td>跳边断路器</td><td>断开端子：端子编号（至 50×1 开关保护柜）
断开压板：压板编号</td><td></td></tr>
<tr><td>2</td><td></td><td>启动断路器失灵及闭锁重合闸</td><td>断开端子：端子编号（至 50×1 开关保护柜）
断开压板：压板编号</td><td></td></tr>
<tr><td>3</td><td></td><td>跳边断路器</td><td>断开端子：端子编号（至 50Y1 开关保护柜）
断开压板：压板编号</td><td></td></tr>
<tr><td>4</td><td></td><td>启动断路器失灵及闭锁重合闸</td><td>断开端子：端子编号（至 50Y1 开关保护柜）
断开压板：压板编号</td><td></td></tr>
<tr><td>5</td><td></td><td>电流回路</td><td>端子排处短接退出所有边开关电流（保留接地点）；
用红色胶带封住母差保护所有边开关电流回路</td><td></td></tr>
<tr><td>6</td><td></td><td>中央信号</td><td>断开端子：端子编号（至××测控柜）</td><td></td></tr>
<tr><td>7</td><td></td><td>录波信号</td><td>断开端子：端子编号（至××故障录波器柜）</td><td></td></tr>
<tr><td>8</td><td></td><td>检修压板</td><td>投入检修压板：压板编号</td><td></td></tr>
<tr><td>9</td><td></td><td>其他</td><td></td><td></td></tr>
</table>

<table>
<tr><td colspan="2">工作前签字确认</td><td colspan="2">工作后签字确认</td></tr>
<tr><td>运行人员</td><td></td><td>运行人员</td><td></td></tr>
<tr><td>检修人员</td><td></td><td>检修人员</td><td></td></tr>
<tr><td colspan="4">三、一次系统图及停电范围</td></tr>
<tr><td colspan="4">停电范围：无</td></tr>
</table>

续表

四、相关联的二次运行设备回路分析		
1	50X1 开关保护屏	跳边断路器
2	50X1 开关保护屏	启动断路器失灵及闭锁重合闸
3	50Y1 开关保护屏	跳边断路器
4	50Y1 开关保护屏	启动断路器失灵及闭锁重合闸
五、备注：文字描述（可不填）		

执行人：　　　　监护人：　　　　恢复人：　　　　监护人：

附表 C.4　　智能变电站500kV母线保护校验二次安全措施票

单位：＿＿＿＿＿＿　　　　工作票号：＿＿＿＿＿＿

被试设备名称：500kV××变Ⅰ母第一套母线保护屏					
工作负责人		工作时间	年　月　日	签发人	
工作内容：Ⅰ母第一套母线保护（厂家型号）二次全校					

一、二次设备状态记录		
1	压板状态	硬压板： 软压板状态： GOOSE 发送软压板： 功能软压板： 智能控制柜压板状态：
2	切换把手状态	
3	当前定值区	
4	空开状态	
5	端子状态	
6	其他（告警信息）	

工作前签字确认		工作后签字确认	
运行人员		运行人员	
检修人员		检修人员	

二、安全措施

序号	执行	回路类别	安全措施内容	恢复
1		跳闸出口	退出Ⅰ母第一套母线保护出口×“50×1 出口软压板”	
2			…	
3			…	
4			…	

续表

序号	执行	回路类别	安全措施内容	恢复
5		启失灵出口	退出Ⅰ母第一套母线保护启失灵出口×“50×1启失灵出口软压板”	
6			…	
7			…	
8			…	
9		检修状态	投入母线保护检修压板：压板编号	
10		直跳光纤	断开Ⅰ母第一套母线保护GOOSE直跳光纤：光纤编号	
11		组网光纤	断开Ⅰ母第一套母线保护组网光纤：光纤编号	

三、一次系统图及停电范围

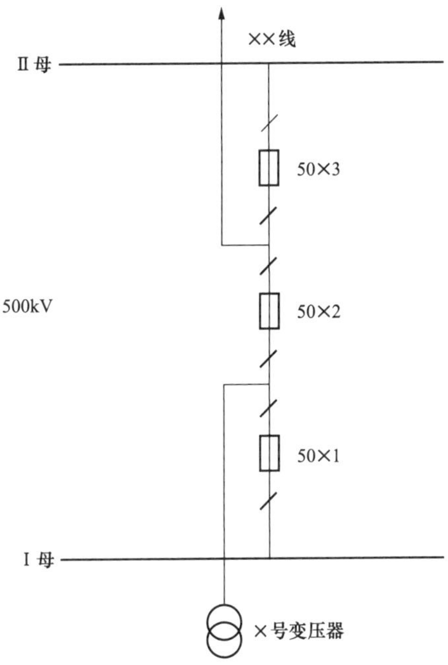

停电范围：无

四、相关联二次运行设备回路分析

1		无

执行人：　　　监护人：　　　恢复人：　　　监护人：

附录D 第六章用附表

附表 D.1 **常规变电站备自投校验二次安全措施票**

单位：__________ 工作票号：__________

被试设备名称：					
工作负责人		工作时间	年 月 日	签发人	
工作内容：					

一、二次设备状态记录		
1	压板状态	打开状态： 打上状态：
2	切换把手状态	
3	当前定值区	
4	空开状态	断开状态： 合上状态：
5	端子状态	

工作前签字确认		工作后签字确认	
运行人员		运行人员	
检修人员		检修人员	

二、安全措施

序号	执行	回路类别	安全措施内容		恢复
1		跳闸出口回路	跳 1DL 正		
			跳 1DL 负		
			跳 2DL 正		
			跳 2DL 负		
			合 3DL 正		
			合 3DL 负		
2		电流回路	电流 A 相		
			电流 B 相		
			电流 C 相		
			电流公共 N		
			进线电流 I_1		
			进线电流 I_1'		
			进线电流 I_2		
			进线电流 I_2'		

续表

序号	执行	回路类别	安全措施内容		恢复
3		电压回路	正母电压 A 相		
			正母电压 B 相		
			正母电压 C 相		
			副母电压 A 相		
			副母电压 B 相		
			副母电压 C 相		
			电压公共 N		
			进线电压 $U'_{\times 1}$		
			进线电压 $U'_{\times 1}$		
			进线电压 $U_{\times 2}$		
			进线电压 $U'_{\times 2}$		
4		测控信号回路	信号公共正		
5		故障录波回路	信号公共正		
6		装置开入回路	开入公共端		
			其他保护闭锁备投		
			1DL 的 TWJ		
			1DL 的 KKJ		
			2DL 的 TWJ		
			2DL 的 KKJ		
			3DL 的 TWJ		
			3DL 的 KKJ		

三、一次系统图及停电范围

四、相关联二次运行设备回路分析

执行人： 监护人： 恢复人： 监护人：

附表 D. 2　　智能变电站备自投校验二次安全措施票

单位：__________　　　　工作票号：__________

<table>
<tr><td colspan="8">被试设备名称：</td></tr>
<tr><td colspan="2">工作负责人</td><td></td><td>工作时间</td><td colspan="2">年　月　日</td><td>签发人</td><td></td></tr>
<tr><td colspan="8">工作内容：</td></tr>
<tr><td colspan="8">一、二次设备状态记录</td></tr>
<tr><td>1</td><td colspan="2">保护装置硬压板状态</td><td colspan="5"></td></tr>
<tr><td>2</td><td colspan="2">保护 GOOSE、
SV 软压板状态</td><td colspan="5"></td></tr>
<tr><td>3</td><td colspan="2">切换把手状态</td><td colspan="5"></td></tr>
<tr><td>4</td><td colspan="2">当前定值区</td><td colspan="5"></td></tr>
<tr><td>5</td><td colspan="2">空开状态</td><td colspan="5"></td></tr>
<tr><td>6</td><td colspan="2">端子状态</td><td colspan="5"></td></tr>
<tr><td colspan="4">工作前签字确认</td><td colspan="4">工作后签字确认</td></tr>
<tr><td colspan="2">运行人员</td><td colspan="2"></td><td colspan="2">运行人员</td><td colspan="2"></td></tr>
<tr><td colspan="2">检修人员</td><td colspan="2"></td><td colspan="2">检修人员</td><td colspan="2"></td></tr>
<tr><td colspan="8">二、安全措施</td></tr>
<tr><td>序号</td><td>执行</td><td>回路类别</td><td colspan="4">安全措施内容</td><td>恢复</td></tr>
<tr><td rowspan="2">1</td><td></td><td rowspan="2">母联合闸出口</td><td colspan="2">合 3DL 正</td><td colspan="2"></td><td></td></tr>
<tr><td></td><td colspan="2">合 3DL 负</td><td colspan="2"></td><td></td></tr>
<tr><td rowspan="5">2</td><td></td><td rowspan="5">GOOSE 组网</td><td colspan="4">检查装置 GOOSE 出口软压板已退出</td><td></td></tr>
<tr><td></td><td colspan="4">断开 GOOSE 组网光纤______板______口（上）</td><td></td></tr>
<tr><td></td><td colspan="4">断开 GOOSE 组网光纤______板______口（下）</td><td></td></tr>
<tr><td></td><td colspan="4">断开 GOOSE 组网光纤______板______口（上）</td><td></td></tr>
<tr><td></td><td colspan="4">断开 GOOSE 组网光纤______板______口（下）</td><td></td></tr>
<tr><td rowspan="3">3</td><td></td><td rowspan="3">进线一 SV 采样</td><td colspan="4">检查装置进线 1 的 SV 接受软压板已退出</td><td></td></tr>
<tr><td></td><td colspan="4">断开进线 1 的 SV 采样光纤______板______口（上）</td><td></td></tr>
<tr><td></td><td colspan="4">断开进线 1 的 SV 采样光纤______板______口（下）</td><td></td></tr>
<tr><td rowspan="3">4</td><td></td><td rowspan="3">进线二 SV 采样</td><td colspan="4">检查装置进线 2 的 SV 接受软压板已退出</td><td></td></tr>
<tr><td></td><td colspan="4">断开进线 2 的 SV 采样光纤______板______口（上）</td><td></td></tr>
<tr><td></td><td colspan="4">断开进线 2 的 SV 采样光纤______板______口（下）</td><td></td></tr>
<tr><td rowspan="4">5</td><td></td><td rowspan="4">分段（母联）
开关电流</td><td colspan="2">电流 A 相</td><td colspan="2"></td><td></td></tr>
<tr><td></td><td colspan="2">电流 B 相</td><td colspan="2"></td><td></td></tr>
<tr><td rowspan="2"></td><td colspan="2">电流 C 相</td><td colspan="2"></td><td></td></tr>
<tr><td colspan="2">电流公共 N</td><td colspan="2"></td><td></td></tr>
<tr><td>6</td><td></td><td>母联位置信号回路</td><td colspan="4">3DL 的 TWJ</td><td></td></tr>
</table>

续表

序号	执行	回路类别	安全措施内容	恢复
7		检修压板	保护装置置检修	
三、一次系统图及停电范围				
四、相关联二次运行设备回路分析				

执行人： 监护人： 恢复人： 监护人：

附录E 第七章用附表

附表 E.1　　常规变电站电容器保护校验二次安全措施票

单位：__________　　　　工作票号：__________

<table>
<tr><td colspan="6">被试设备名称：500kV××变 1 号变压器 312 电容器保护屏</td></tr>
<tr><td>工作负责人</td><td></td><td>工作时间</td><td></td><td>签发人</td><td></td></tr>
<tr><td colspan="6">工作内容：1 号变压器 2 号电容器二次全校</td></tr>
<tr><td colspan="6">一、二次设备状态记录</td></tr>
<tr><td>1</td><td>压板状态</td><td colspan="4"></td></tr>
<tr><td>2</td><td>切换把手状态</td><td colspan="4"></td></tr>
<tr><td>3</td><td>当前定值区</td><td colspan="4"></td></tr>
<tr><td>4</td><td>空开状态</td><td colspan="4"></td></tr>
<tr><td>5</td><td>端子状态</td><td colspan="4"></td></tr>
<tr><td>6</td><td>其他（告警信息）</td><td colspan="4"></td></tr>
<tr><td>7</td><td>安措核查</td><td colspan="4"></td></tr>
<tr><td colspan="3">工作前签字确认</td><td colspan="3">工作后签字确认</td></tr>
<tr><td>运行人员</td><td colspan="2"></td><td>运行人员</td><td colspan="2"></td></tr>
<tr><td>检修人员</td><td colspan="2"></td><td>检修人员</td><td colspan="2"></td></tr>
<tr><td colspan="6">二、安全措施</td></tr>
<tr><td>序号</td><td>执行</td><td>回路类别</td><td colspan="2">安全措施内容</td><td>恢复</td></tr>
<tr><td>1</td><td></td><td rowspan="4">电流回路</td><td colspan="2">断开端子连片：1ID1：A411（从 1 号变压器 1 号电容器 312 端子箱来）</td><td></td></tr>
<tr><td>2</td><td></td><td colspan="2">断开端子连片：1ID2：B411（从 1 号变压器 1 号电容器 312 端子箱来）</td><td></td></tr>
<tr><td>3</td><td></td><td colspan="2">断开端子连片：1ID3：C411（从 1 号变压器 1 号电容器 312 端子箱来）</td><td></td></tr>
<tr><td>4</td><td></td><td colspan="2">断开端子连片：1ID4：N411（从 1 号变压器 1 号电容器 312 端子箱来）</td><td></td></tr>
<tr><td>5</td><td></td><td rowspan="2">桥差
电流回路</td><td colspan="2">断开端子连片：1ID9：A441（从 1 号变压器 1 号电容器本体端子箱来）</td><td></td></tr>
<tr><td>6</td><td></td><td colspan="2">断开端子连片：1ID10：B441（从 1 号变压器 1 号电容器本体端子箱来）</td><td></td></tr>
</table>

续表

序号	执行	回路类别	安全措施内容	恢复
7		桥差 电流回路	断开端子连片：1ID11：C441（从1号变压器1号电容器本体端子箱来）	
8			断开端子连片：1ID12：N441a（从1号变压器1号电容器本体端子箱来）	
9			断开端子连片：1ID12：N441b（从1号变压器1号电容器本体端子箱来）	
10			断开端子连片：1ID12：N441c（从1号变压器1号电容器本体端子箱来）	
11		电压回路	断开端子连片：2-1UD1：A660（端子排内侧进空开电缆）	
12			断开端子连片：2-1UD2：B660（端子排内侧进空开电缆）	
13			断开端子连片：2-1UD3：C660（端子排内侧进空开电缆）	
14			断开端子连片：2-1UD4：N600（端子排内侧进空开电缆）	
15		闭锁无功 自投切回路	断开端子连片：1CD1（至无功自投切保护屏）	
16			断开端子连片：1KD1（至无功自投切保护屏）	
17		信号回路	断开信号回路公共端：1-1YD1（至电容器测控屏）	
18			断开其他信号回路：1YD2～1YD6	
19		检修状态	投入电容器保护装置检修压板并用胶布封住：LP1	

三、一次系统图及停电范围

四、相关联二次运行设备回路分析

1	闭锁无功自投切	电容器保护动作闭锁无功自投切电容器回路

执行人：　　　　监护人：　　　　恢复人：　　　　监护人：

附表 E.2　　智能变电站电容器保护校验二次安全措施票

单位：____________　　　　工作票号：____________

<table>
<tr><td colspan="6">被试设备名称：500kV××变 1 号变压器 312 电容器保护屏</td></tr>
<tr><td>工作负责人</td><td></td><td>工作时间</td><td></td><td>签发人</td><td></td></tr>
<tr><td colspan="6">工作内容：1 号变压器 2 号电容器二次全校</td></tr>
<tr><td colspan="6">一、二次设备状态记录</td></tr>
<tr><td>1</td><td>压板状态</td><td colspan="4"></td></tr>
<tr><td>2</td><td>切换把手状态</td><td colspan="4"></td></tr>
<tr><td>3</td><td>当前定值区</td><td colspan="4"></td></tr>
<tr><td>4</td><td>空开状态</td><td colspan="4"></td></tr>
<tr><td>5</td><td>端子状态</td><td colspan="4"></td></tr>
<tr><td>6</td><td>其他（告警信息）</td><td colspan="4"></td></tr>
<tr><td>7</td><td>安措核查</td><td colspan="4"></td></tr>
<tr><td colspan="3">工作前签字确认</td><td colspan="3">工作后签字确认</td></tr>
<tr><td>运行人员</td><td colspan="2"></td><td>运行人员</td><td colspan="2"></td></tr>
<tr><td>检修人员</td><td colspan="2"></td><td>检修人员</td><td colspan="2"></td></tr>
</table>

<table>
<tr><td colspan="5">二、安全措施</td></tr>
<tr><td>序号</td><td>执行</td><td>回路类别</td><td>安全措施内容</td><td>恢复</td></tr>
<tr><td>1</td><td></td><td rowspan="4">电流回路</td><td>断开端子连片：2-1ID1：A411（从 1 号变压器 2 号电容器智能终端柜来）</td><td></td></tr>
<tr><td>2</td><td></td><td>断开端子连片：2-1ID2：B411（从 1 号变压器 2 号电容器智能终端柜来）</td><td></td></tr>
<tr><td>3</td><td></td><td>断开端子连片：2-1ID3：C411（从 1 号变压器 2 号电容器智能终端柜来）</td><td></td></tr>
<tr><td>4</td><td></td><td>断开端子连片：2-1ID4：N411（从 1 号变压器 2 号电容器智能终端柜来）</td><td></td></tr>
<tr><td>5</td><td></td><td rowspan="6">桥差
电流回路</td><td>断开端子连片：1ID12：A4211（从 1 号变压器 2 号电容器智能终端柜来）</td><td></td></tr>
<tr><td>6</td><td></td><td>断开端子连片：2-1ID15：B4211（从 1 号变压器 2 号电容器智能终端柜来）</td><td></td></tr>
<tr><td>7</td><td></td><td>断开端子连片：2-1ID18：C4211（从 1 号变压器 2 号电容器智能终端柜来）</td><td></td></tr>
<tr><td>8</td><td></td><td>断开端子连片：2-1ID13：N4211（从 1 号变压器 2 号电容器智能终端柜来）</td><td></td></tr>
<tr><td>9</td><td></td><td>断开端子连片：2-1ID16：N4211（从 1 号变压器 2 号电容器智能终端柜来）</td><td></td></tr>
<tr><td>10</td><td></td><td>断开端子连片：2-1ID19：N4211（从 1 号变压器 2 号电容器智能终端柜来）</td><td></td></tr>
</table>

续表

序号	执行	回路类别	安全措施内容	恢复
11		电压回路	断开端子连片：2-1UD1：A6021（端子排内侧进空开电缆）	
12			断开端子连片：2-1UD3：B6021（端子排内侧进空开电缆）	
13			断开端子连片：2-1UD5：C6021（端子排内侧进空开电缆）	
14			断开端子连片：2-1UD7：N600（端子排内侧进空开电缆）	
15		信号回路	断开信号回路公共端：1-1YD1（屏内接线）	
16			断开其他信号回路：1YD4～1YD7	
17		GOOSE回路	检查闭锁无功自投切GOOSE出口软压板确已退出	
18		光纤回路	断开保护装置背板组网光纤	
19			断开保护装置背板直跳光纤	
20		检修状态	投入电容器保护装置检修压板并用胶布封住：1-1KLP1	
21			投入电容器智能终端检修压板并用胶布封住：1KLP1	

三、一次系统图及停电范围

四、相关联二次运行设备回路分析

1	闭锁无功自投切	电容器保护动作闭锁无功自投切电容器回路

执行人：　　　　监护人：　　　　恢复人：　　　　监护人：

附录F 第八章用附表

附表 F.1　　常规变电站电抗器保护校验二次安全措施票

单位：________________　　工作票号：________________

被试设备名称：500kV ××变1号变压器311电抗器保护屏					
工作负责人		工作时间		签发人	
工作内容：1号变压器1号电抗器二次全校					
一、二次设备状态记录					
1	压板状态				
2	切换把手状态				
3	当前定值区				
4	空开状态				
5	端子状态				
6	其他（告警信息）				
7	安措核查				
工作前签字确认			工作后签字确认		
运行人员			运行人员		
检修人员			检修人员		
二、安全措施					
序号	执行	回路类别	安全措施内容	恢复	
1		电流回路	断开端子连片：1ID1：A411（从1号变压器1号电抗器311端子箱来）		
2			断开端子连片：1ID2：B411（从1号变压器1号电抗器311端子箱来）		
3			断开端子连片：1ID3：C411（从1号变压器1号电抗器311端子箱来）		
4			断开端子连片：1ID6：N411（从1号变压器1号电抗器311端子箱来）		
5			断开端子连片：1ID8：A741（从1号变压器1号电抗器311端子箱来）		
6			断开端子连片：1ID9：B741（从1号变压器1号电抗器311端子箱来）		
7			断开端子连片：1ID10：C741（从1号变压器1号电抗器311端子箱来）		
8			断开端子连片：1ID13：N741（从1号变压器1号电抗器311端子箱来）		

续表

<table>
<tr><th>序号</th><th>执行</th><th>回路类别</th><th>安全措施内容</th><th>恢复</th></tr>
<tr><td>9</td><td></td><td rowspan="4">电压回路</td><td>断开端子连片：1-1UD1：A630（端子排外侧进空开电缆）</td><td></td></tr>
<tr><td>10</td><td></td><td>断开端子连片：1-1UD2：B630（端子排外侧进空开电缆）</td><td></td></tr>
<tr><td>11</td><td></td><td>断开端子连片：1-1UD3：C630（端子排外侧进空开电缆）</td><td></td></tr>
<tr><td>12</td><td></td><td>断开端子连片：1-1UD4：N600（端子排外侧进空开电缆）</td><td></td></tr>
<tr><td>13</td><td></td><td rowspan="2">闭锁无功自投切回路</td><td>断开端子连片：1-4CD10（至无功自投切保护柜）</td><td></td></tr>
<tr><td>14</td><td></td><td>断开端子连片：1-4CD13（至无功自投切保护柜）</td><td></td></tr>
<tr><td>15</td><td></td><td rowspan="3">信号回路</td><td>断开信号回路公共端：1-1YD1（电抗器保护屏信号公共端）</td><td></td></tr>
<tr><td>16</td><td></td><td>断开信号回路公共端：1-5YD1（非电量保护装置信号公共端）</td><td></td></tr>
<tr><td>17</td><td></td><td>断开其他信号回路：1-1YD6～1-1YD8</td><td></td></tr>
<tr><td>18</td><td></td><td rowspan="2">跳变压器低压侧总断路器（后置式接线方式）</td><td>断开端子连片：1CD1（至变压器35kV断路器操作箱柜）</td><td></td></tr>
<tr><td>19</td><td></td><td>断开端子连片：1KD1（至变压器35kV断路器操作箱柜）</td><td></td></tr>
<tr><td>20</td><td></td><td>检修状态</td><td>投入电抗器保护装置检修压板并用胶布封住：LP1</td><td></td></tr>
<tr><td colspan="5">三、一次系统图及停电范围</td></tr>
<tr><td colspan="5"></td></tr>
<tr><td colspan="5">四、相关联二次运行设备回路分析</td></tr>
<tr><td>1</td><td colspan="2">闭锁无功自投切</td><td colspan="2">电抗器保护动作闭锁无功自投切电抗器回路</td></tr>
</table>

执行人： 监护人： 恢复人： 监护人：

附表 F.2　　**智能变电站电抗器保护校验二次安全措施票**

单位：＿＿＿＿＿＿＿＿　　　　工作票号：＿＿＿＿＿＿＿＿

被试设备名称：500kV ××变 1 号变压器 311 电抗器保护屏					
工作负责人		工作时间		签发人	
工作内容：1 号变压器 1 号电抗器二次全校					
一、二次设备状态记录					
1	压板状态				
2	切换把手状态				
3	当前定值区				
4	空开状态				
5	端子状态				
6	其他（告警信息）				
7	安措核查				
工作前签字确认			工作后签字确认		
运行人员			运行人员		
检修人员			检修人员		

二、安全措施

序号	执行	回路类别	安全措施内容	恢复
1		电流回路	断开端子连片：4-1ID1：A4111（从 1 号变压器 1 号电抗器 311 端子箱来）	
2			断开端子连片：4-1ID2：B4111（从 1 号变压器 1 号电抗器 311 端子箱来）	
3			断开端子连片：4-1ID3：C4111（从 1 号变压器 1 号电抗器 311 端子箱来）	
4			断开端子连片：4-1ID4：N4111（从 1 号变压器 1 号电抗器 311 端子箱来）	
5			断开端子连片：4-1ID8：A4211（从 1 号变压器 1 号电抗器 311 端子箱来）	
6			断开端子连片：4-1ID9：B4211（从 1 号变压器 1 号电抗器 311 端子箱来）	
7			断开端子连片：4-1ID10：C4211（从 1 号变压器 1 号电抗器 311 端子箱来）	
8			断开端子连片：1ID11：N4211（从 1 号变压器 1 号电抗器 311 端子箱来）	
9		电压回路	断开端子连片：4-1UD1：A6021（端子排外侧进空开电缆）	
10			断开端子连片：4-1UD3：B6021（端子排外侧进空开电缆）	

续表

序号	执行	回路类别	安全措施内容	恢复
11		电压回路	断开端子连片：4-1UD5：C6021（端子排外侧进空开电缆）	
12			断开端子连片：4-1UD7：N600（端子排外侧进空开电缆）	
13		信号回路	断开信号回路公共端：4-1YD1（信号公共端）	
14			断开其他信号回路：4-1YD5～4-1YD8	
15		GOOSE 回路	检查闭锁无功自投切 GOOSE 发送软压板已退出	
16		光纤回路	断开保护装置背板组网光纤	
17			断开保护装置背板直跳光纤	
18		检修状态	投入电抗器保护装置检修压板并用胶布封住：4-1KLP1	
19			投入电抗器智能终端检修压板并用胶布封住：1KLP1	
三、一次系统图及停电范围				
四、相关联二次运行设备回路分析				
1	闭锁无功自投切	电抗器保护动作闭锁无功自投切电抗器回路		

执行人：　　　　监护人：　　　　恢复人：　　　　监护人：

附录G 第九章用附表

附表 G.1　　常规变电站 500kV 边断路器保护校验二次安全措施票

单位：__________　　　　　　　　工作票号：__________

被试设备名称：500kV××变 50×1 断路器保护					
工作负责人		工作时间	年　月　日	签发人	
工作内容：50×1 断路器保护（厂家型号）二次全校					

一、二次设备状态记录

1	压板状态	
2	切换把手状态	
3	当前定值区	
4	空气开关状态	
5	端子状态	
6	其他（告警等）	
7	安措核查	

工作前签字确认		工作后签字确认	
运行人员		运行人员	
检修人员		检修人员	

二、安全措施

序号	执行	回路类别	安全措施内容	恢复
1		失灵联跳母线	断开端子：端子编号（至 500kV Ⅰ母第一套母线保护屏） 断开压板：压板编号	
2			断开端子：端子编号（至 500kV Ⅰ母第二套母线保护屏） 断开压板：压板编号	
3		失灵联跳线路	断开端子：端子编号（至××线第一套线路保护屏） 断开压板：压板编号	
4			断开端子：端子编号（至××线第二套线路保护屏） 断开压板：压板编号	
5		失灵跳相邻断路器	断开端子：端子编号（至 50×2 断路器保护 TC1） 断开压板：压板编号	
6			断开端子：端子编号（至 50×2 断路器保护 TC2） 断开压板：压板编号	

续表

序号	执行	回路类别	安全措施内容	恢复
7		失灵闭锁 重合闸	断开端子：端子编号（至50×2断路器保护屏） 断开压板：压板编号	
8		电流回路	断开端子：端子编号（从电流互感器端子箱来）	
9			断开端子并短接内侧：端子编号（至××故障录波器柜）	
10		中央信号	断开端子：端子编号（至××测控屏）	
11		录波信号	断开端子：端子编号（至××故障录波器柜）	
12		检修压板	投入检修压板：压板编号	
13		其他		

三、一次系统图及停电范围

四、相关联二次运行设备回路分析

1	Ⅰ母第一套母线保护屏	失灵联跳母线1
2	Ⅰ母第二套母线保护屏	失灵联跳母线2
3	××线第一套线路保护屏	失灵联跳线路1
4	××线第二套线路保护屏	失灵联跳线路2
5	50×2断路器保护屏	失灵跳相邻断路器
6	50×2断路器保护屏	失灵闭锁重合闸

五、备注：文字描述（可不填）

执行人： 监护人： 恢复人： 监护人：

附表 G.2　　常规变电站 500kV 中断路器保护校验二次安全措施票

单位：＿＿＿＿＿＿＿＿＿＿　　　　工作票号：＿＿＿＿＿＿＿＿＿＿

<table>
<tr><td colspan="7">被试设备名称：500kV××变 50×2 断路器保护</td></tr>
<tr><td>工作负责人</td><td></td><td>工作时间</td><td colspan="2">年　月　日</td><td>签发人</td><td></td></tr>
<tr><td colspan="7">工作内容：50×2 断路器保护（厂家型号）二次全校</td></tr>
<tr><td colspan="7">一、二次设备状态记录</td></tr>
<tr><td>1</td><td>压板状态</td><td colspan="5"></td></tr>
<tr><td>2</td><td>切换把手状态</td><td colspan="5"></td></tr>
<tr><td>3</td><td>当前定值区</td><td colspan="5"></td></tr>
<tr><td>4</td><td>空气开关状态</td><td colspan="5"></td></tr>
<tr><td>5</td><td>端子状态</td><td colspan="5"></td></tr>
<tr><td>6</td><td>其他（告警等）</td><td colspan="5"></td></tr>
<tr><td>7</td><td>安措核查</td><td colspan="5"></td></tr>
<tr><td colspan="3">工作前签字确认</td><td colspan="4">工作后签字确认</td></tr>
<tr><td>运行人员</td><td colspan="2"></td><td>运行人员</td><td colspan="3"></td></tr>
<tr><td>检修人员</td><td colspan="2"></td><td>检修人员</td><td colspan="3"></td></tr>
</table>

二、安全措施

<table>
<tr><th>序号</th><th>执行</th><th>回路类别</th><th>安全措施内容</th><th>恢复</th></tr>
<tr><td>1</td><td></td><td rowspan="2">失灵联跳线路</td><td>断开端子：端子编号（至××线第一套线路保护屏）
断开压板：压板编号</td><td></td></tr>
<tr><td>2</td><td></td><td>断开端子：端子编号（至××线第二套线路保护屏）
断开压板：压板编号</td><td></td></tr>
<tr><td>3</td><td></td><td>失灵联跳变压器三侧</td><td>断开端子：端子编号（至×号变压器保护屏 C）
断开压板：压板编号</td><td></td></tr>
<tr><td>4</td><td></td><td rowspan="4">失灵跳相邻断路器</td><td>断开端子：端子编号（至 50×1 断路器保护 TC1）
断开压板：压板编号</td><td></td></tr>
<tr><td>5</td><td></td><td>断开端子：端子编号（至 50×1 断路器保护 TC2）
断开压板：压板编号</td><td></td></tr>
<tr><td>6</td><td></td><td>断开端子：端子编号（至 50×3 断路器保护 TC1）
断开压板：压板编号</td><td></td></tr>
<tr><td>7</td><td></td><td>断开端子：端子编号（至 50×3 断路器保护 TC2）
断开压板：压板编号</td><td></td></tr>
<tr><td>8</td><td></td><td>失灵闭锁重合闸</td><td>断开端子：端子编号（至 50×3 断路器保护屏）
断开压板：压板编号</td><td></td></tr>
<tr><td>9</td><td></td><td>电流回路</td><td>断开端子：端子编号（从电流互感器端子箱来）</td><td></td></tr>
<tr><td>10</td><td></td><td>中央信号</td><td>断开端子：端子编号（至××测控屏）</td><td></td></tr>
<tr><td>11</td><td></td><td>录波信号</td><td>断开端子：端子编号（至××故障录波器柜）</td><td></td></tr>
</table>

续表

序号	执行	回路类别	安全措施内容	恢复
12		检修压板	投入检修压板：压板编号	
13		其他		
三、一次系统图及停电范围				
四、相关联二次运行设备回路分析				
1	××线第一套线路保护屏		失灵联跳线路1	
2	××线第二套线路保护屏		失灵联跳线路2	
3	×号变压器保护屏C		失灵联跳变压器三侧	
4	50×1断路器保护		失灵跳相邻断路器	
5	50×3断路器保护		失灵跳相邻断路器	
6	50×3断路器保护屏		失灵闭锁重合闸	
五、备注：文字描述（可不填）				

执行人： 监护人： 恢复人： 监护人：

附表G.3　　智能变电站500kV边断路器保护校验二次安全措施票

单位：________________　　工作票号：________________

被试设备名称：500kV××变50××断路器保护屏A					
工作负责人		工作时间		签发人	
工作内容：50××断路器保护屏A（××型号）二次全校					
一、二次设备状态记录					
1	压板状态	硬压板： 软压板状态： GOOSE发送软压板： 功能软压板： 智能控制柜压板状态：			
2	切换把手状态				
3	当前定值区				
4	空气开关状态				
5	端子状态				

续表

6	其他（告警信息）	
7	安措核查	

工作前签字确认		工作后签字确认	
运行人员		运行人员	
检修人员		检修人员	

二、安全措施

序号	执行	回路类别	安全措施内容	恢复
1		失灵联跳母线	退出50××断路器保护A“失灵启动×母第一套母差GOOSE发送软压板”	
2		检修状态	投入50××断路器保护A检修压板并用胶布封住：LP×	
3		电流回路A	断开端子连片：×ID：×/×/×/×（从500kV HGIS智能控制柜来）	
4			断开端子连片并短接内侧：×ID：×/×/×/×（至500kV母线故障录波器屏）	
5		遥信信号	断开端子连片：×YD：×（至××测控屏）	
6		其他		

三、一次系统图及停电范围

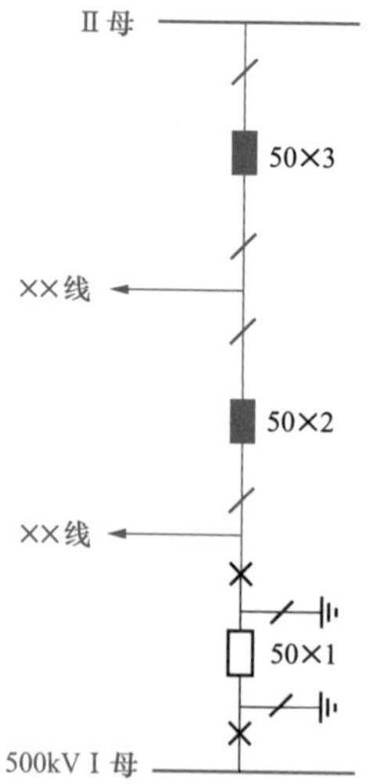

停电范围：50×1开关

四、相关联二次运行设备回路分析

1	×母第一套母线保护屏	失灵联跳母线，核查“50××支路GOOSE接收软压板”已退出

执行人：　　　监护人：　　　恢复人：　　　监护人：

附表 G.4　　智能变电站 500kV 中断路器保护校验二次安全措施票

单位：__________　　　　工作票号：__________

<table>
<tr><td colspan="6">被试设备名称：500kV××变 50××断路器保护屏 A</td></tr>
<tr><td>工作负责人</td><td></td><td>工作时间</td><td></td><td>签发人</td><td></td></tr>
<tr><td colspan="6">工作内容：50××断路器保护屏 A（××型号）二次全校</td></tr>
<tr><td colspan="6">一、二次设备状态记录</td></tr>
<tr><td>1</td><td>压板状态</td><td colspan="4">硬压板：
软压板状态：
GOOSE 发送软压板：
功能软压板：
智能控制柜压板状态：</td></tr>
<tr><td>2</td><td>切换把手状态</td><td colspan="4"></td></tr>
<tr><td>3</td><td>当前定值区</td><td colspan="4"></td></tr>
<tr><td>4</td><td>空气开关状态</td><td colspan="4"></td></tr>
<tr><td>5</td><td>端子状态</td><td colspan="4"></td></tr>
<tr><td>6</td><td>其他（告警信息）</td><td colspan="4"></td></tr>
<tr><td>7</td><td>安措核查</td><td colspan="4"></td></tr>
<tr><td colspan="3">工作前签字确认</td><td colspan="3">工作后签字确认</td></tr>
<tr><td>运行人员</td><td colspan="2"></td><td>运行人员</td><td colspan="2"></td></tr>
<tr><td>检修人员</td><td colspan="2"></td><td>检修人员</td><td colspan="2"></td></tr>
<tr><td colspan="6">二、安全措施</td></tr>
</table>

序号	执行	回路类别	安全措施内容	恢复
1		失灵跳相邻运行开关	退出 50××断路器保护 A“失灵跳××出口 GOOSE 发送软压板”	
2		失灵启动线路远跳（失灵联跳变压器）	退出 50××断路器保护 A“失灵启动××远跳（联跳＃×变压器）GOOSE 发送软压板”	
3		检修状态	投入 50××断路器保护 A 检修压板并用胶布封住：LP×	
4		电流回路 A	断开端子连片：×ID：×/×/×/×（从 500kV HGIS 智能控制柜来）	
5		遥信信号	断开端子连片：×YD：×（至××测控屏）	
6		其他		

续表

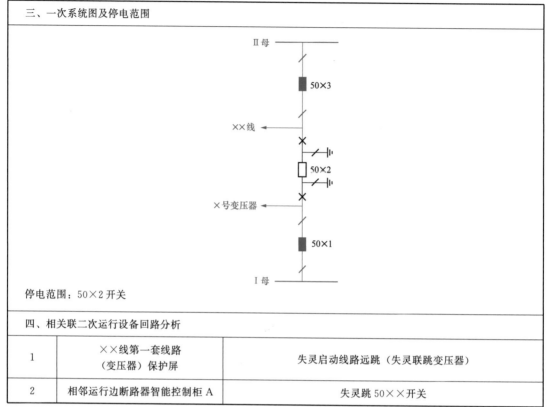

三、一次系统图及停电范围		
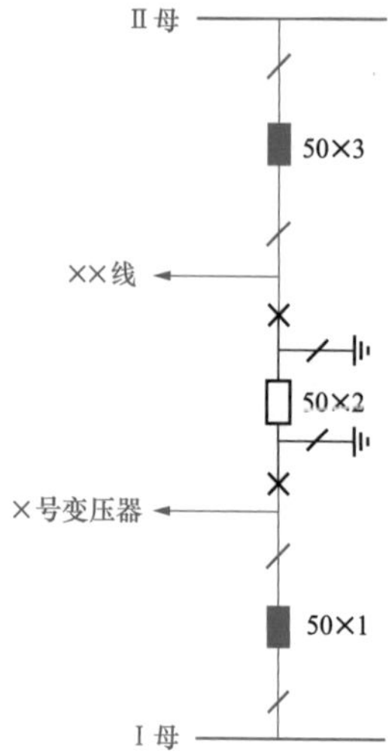 停电范围：50×2 开关		
四、相关联二次运行设备回路分析		
1	××线第一套线路（变压器）保护屏	失灵启动线路远跳（失灵联跳变压器）
2	相邻运行边断路器智能控制柜 A	失灵跳 50××开关

执行人：　　　　监护人：　　　　恢复人：　　　　监护人：

附录H 第十章用附表

附表 H.1 **常规变电站二级动火工作票**

单位（车间）：________________ 编号：________________

1. 动火工作负责人：________________ 班组：________________

2. 动火执行人：________________________________

3. 动火地点及设备名称：________________________________

____

____

4. 动火工作内容（必要时可附页绘图说明）：

____

____

5. 动火方式：________________________________

动火方式可填写焊接、切割、打磨、电钻、使用喷灯等。

6. 申请动火时间：自____年____月____日____时____分至____年____月____日____时____分

7. （设备管理方）应采取的安全措施：

1）许可前应详细了解工作范围，交代清楚安全注意事项。

2）许可时应检查工作所需备用灭火器是否配备到位。

3）应与工作负责人交代清楚带电设备位置，特别应交代清楚油设备的位置

____

____

____

8. （动火作业方）应采取的安全措施：

1）工作时应配备合格的灭火器，工作现场不得有遗留易燃易爆物品。

2）工作时应加强监护，严禁单人工作。

3）工作间断与工作终结时应清理现场

____

____

____

动火工作票签发人签名：________________ 签发时间：____年____月____日____时____分

消防人员签名：________________ 安监人员签名：________________

分管生产的领导或技术负责人（总工程师）签名：________________

9. 确认上述安全措施已全部执行。

动火工作负责人签名：__________ 运行许可人签名：__________

许可时间：____年____月____日____时____分

10. 应配备的消防设施和采取的消防措施、安全措施已符合要求。可燃性、易爆气体含量或粉尘浓度测定合格。

（动火作业方）消防监护人签名：__________ （动火作业方）安监人员签名：__________

动火工作负责人签名：__________ 动火执行人签名：__________

许可动火时间：____年____月____日____时____分

11. 动火工作终结：动火工作于____年____月____日____时____分结束，材料、工具已清理完毕，现场确无残留火种，参与现场动火工作的有关人员已全部撤离，动火工作已结束。

动火执行人签名：__________　（动火作业方）消防监护人签名：__________
动火工作负责人签名：__________　运行许可人签名：__________
12. 备注：
1）对应的检修工作票编号（如无，填写“无”）：______________________________
2）其他事项：______________________________

____
____
____
____
____

附表 H.2　　二次搭接风险分析及防范措施票

单位：__________________　　工作票号：__________________

序号	风险	针对性防范措施	执行
1	在TA回路短接退出时短错端子，开关跳闸	短接端子时，作业人员必须认真核对电缆编号、端子排号、回路编号，经监护人核实无误后实施短接	
2	合电流回路退出、短接顺序错误，开关跳闸	合电流回路应先断开、后短接，断开前用钳形电流表测量确认无电流	
3	二次安措实施时，电流回路短接连线内部不导通，开关跳闸	实施回路短接前，必须认真检查专用短接线的外观完好，并用万用表确认短接线各分接头间处于导通状态	
4	电流二次回路短接退出过程中，电流回路两点接地，保护误动作	短接退出后，在TA侧接地	
5	在安措实施前，拆除TA接线盒中二次电缆，电缆芯线碰接外壳接地，差压导致差流，开关跳闸	必须先行实施二次安措后，方可实施TA接线盒中二次电缆拆除工作，拆除过程中，做好电缆芯线的绝缘包裹工作，拆一根、包一根	
6	安措实施时，连片断开后，螺栓紧固不到位，电流回路连片重新搭通，开关跳闸	安措执行后，通入故障量前，对连片断开情况、螺栓紧固情况进行再次检查确认	
7	电流回路N线虚接（螺丝不紧固）、漏接，开关误动、拒动	在搭接工作中，重点对电流、电压、跳闸等关键回路的螺栓紧固情况、一孔多线情况认真检查并及时处理	
8	风扇、加热器、照明安装等施工过程中，公用交流回路的N线接入运行电流回路，开关跳闸	实施作业过程中，现场确认接线的正确性	
9	在运行屏柜工作中，试验线、短接线、金属丝甩动、滑落误碰二次端子，开关跳闸	规范作业行为，工作场所禁止随意甩动、拖挂金属物件，并做好工器具的防滑落、防误碰运行设备的措施	

续表

序号	风险	针对性防范措施	执行
10	保护改造时，拆除废弃电缆时一头拆除，另一头不拆除，再次改造时，抽除废弃电缆时，芯线接地，开关跳闸	日常工作中，废弃电缆两头必须同时拆除并及时将电缆抽除。如遇抽除历史遗留废弃电缆时，必须确认电缆两头全部拆除并确保安全后，方可抽除电缆	
11	检修、技改、故障检查、故障抢修等过程中，交流回路串入直流回路，造成开关跳闸	确认电缆编号、端子排号、回路编号，必要时核对电缆芯线号	
12	二次安措恢复不到位，设备复役，保护拒动、误动	严格安措执行、恢复工作票制度，运行人员在设备复役操作前，必须得到二次安措负责人关于全部安措已经恢复完毕的确认	

工作负责人：　　　　　　　　　　审核人：　　　　　　　　　　确认人：

附表 H.3　　自动化检修典型二次安全措施票

单位：__________　　　　　　　　　　　　工作票号：__________

工作负责人		工作时间	年　月　日	签发人	
自动化检修申请单号					
工作内容：1. 2. 3.					
检修工作安全风险分析					
对主站系统					
对站内自动化系统					
网络安全风险					

1. 二次系统安全防护设备安全措施

序号	执行	措施类别	安全措施内容	恢复
1		主站	与××调度电话开工申请并录音	
2			重启设备前提醒主站重启安防设备会产生告警	
3		工具检查	检查厂家人员笔记本等工具是否有相应病毒查杀记录	
4		工作流程安全管控	与厂家人员确认所使用笔记本等工具没有连接外部网络	
5			与厂家人员确认工作过程中不会对主站进行非法访问	
6		备份	工作前后对二次安防设备数据库进行备份	
7		其他		

工作前签字确认		工作后签字确认	
厂家人员		厂家人员	
检修人员		检修人员	

附表 H.4　　监控主机自动化检修二次安全措施票

变电站		工作票号		自动化检修申请单号	
工作负责人		工作时间		签发人	

工作内容：1. 监控后台间隔更名
2. 监控后台扩建间隔
3. 监控主机软件升级
4. 监控主机消缺、配置修改

检修工作安全风险分析	
对主站系统	
对站内自动化系统	系统性风险，无法及时恢复系统，事前事后未进行备份
网络安全风险	违规外联，手机链接电脑 USB 充电，厂家笔记本或 U 盘病毒感染系统

序号	安全措施内容	确认结果
1	向所有参与工作人员进行安全交底	
2	对作业人员（厂家）进行身份鉴别和授权，签订保密协议和保密承诺书	
3	向相应调度自动化主站申请开工，并录音	
4	工作前，应备份后台监控服务器工程配置文件、系统程序版本、运行参数、运行数据进行检查，并进行备份	
5	工作前，确认监控后台服务器运行正常，无异常告警信息，监控画面显示遥信、遥测值均与现场实际一致，监控画面数据刷新率满足运行监控要求	
6	工作前，检查作业人员调试计算机及移动存储介质是否专用，调试计算机未接入外网	
7	核对监控主机型号、规格及软件版本信息	
8	检修工作开始前，确认主备机设备的通道、数据、所承载的业务系统均正常；检修工作结束前，确认所检修设备所承载的业务系统运行正常后，方可进行冗余设备的检修工作，并核对两台设备参数的一致性	
9	工作开始前提醒主站网安置牌措施	
10	工作完成后检查未安装与系统无关的软件，未将无关的设备接入监控系统专用网络	
11	工作完成后及时退出登录状态，恢复采取的安全措施	
12	工作完成后，再次备份后台监控服务器工程配置文件、系统程序版本、运行参数、运行数据进行检查，并进行备份，备份路径	
13	向相应调度自动化主站申请竣工和确认运行状态，并录音	

工作前交底签字确认		工作后验收签字确认	
厂家人员		厂家人员	
工作负责人		工作负责人	

附表 H.5 **测控装置检修二次安全措施票**

变电站		工作票号		自动化检修申请单号	
工作负责人		工作时间		签发人	
工作内容：1. 测控装置校验；2. 板件更换；3. 配置文件更改、升级					

检修工作安全风险分析	
对主站系统	未提醒网、省主站数据封锁造成主站遥测突变，影响主站系统正常运行
对站内自动化系统	造成装置误出口、误发出信号
网络安全风险	违规外联，笔记本连外网上运行设备，厂家笔记本或U盘病毒感染系统

序号	安全措施内容	确认结果
1	向所有参与工作人员进行安全交底	
2	对作业人员（厂家）进行身份鉴别和授权，签订保密协议和保密承诺书	
3	向相应调度自动化主站申请开工，并录音	
4	工作前，应备份测控装置程序、配置文件、运行参数、运行数据、装置地址等信息	
5	工作前，确认测控装置升级程序版本兼容性满足系统运行要求	
6	工作前，确认测控装置承载业务运行正常、测控装置已置为“检修”模式	
7	工作前，检查作业人员调试计算机及移动存储介质是否专用，调试计算机未接入外网	
8	工作前：①与电力监控主站复核工作测控装置运行工况；②测控装置检修操作前，申请对测控装置数据信息进行“封锁”，该间隔变电站运行方式转有人值守，确保设备运行正常，对其他运行的各级调度自动化业务不产生任何干扰、不发生业务数据信息跳变、异常等故障	
9	打开________________遥控压板。（记录开关及压板编号）	
10	短接并断开电流端子：______________（如涉及运行电流回路，记录端子号）	
11	断开并包好电压端子：________拉开电压空气开关：________（涉及运行电压回路，记录位置）	
12	断开并包好遥信公共端子：________或拉开遥信开关：________（涉及遥信点位变更，记录位置）	
13	检修工作完成后，恢复原参数设置和相应安全措施	
14	检修工作完成后，与相关调控机构核对业务正常	
15	向相应调度自动化主站申请竣工，并录音	

工作前交底签字确认		工作后验收签字确认	
厂家人员		厂家人员	
工作负责人		工作负责人	

附表 H.6　　数据通信网关机检修二次安全措施票

变电站		工作票号		自动化检修申请单号	
工作负责人		工作时间		签发人	

工作内容：1. 板件更换
2. 软件升级
3. 信息点表变更
4. 配置文件更新

检修工作安全风险分析	
对主站系统	影响上送主站数据，双平面数据中断
对站内自动化系统	工作期间单通道运行
网络安全风险	违规外联，笔记本连外网上运行设备，厂家笔记本或U盘病毒感染系统

序号	安全措施内容	确认结果
1	向所有参与工作人员进行安全交底	
2	对作业人员（厂家）进行身份鉴别和授权，签订保密协议和保密承诺书	
3	向相应调度自动化主站申请开工，并录音	
4	工作前，应备份远动通信服务器：①远动通信服务器；②应用程序、数据通道配置文件、信息点表、数据库文件等	
5	工作前，与电力监控主站核对上送至各级调度监控主站数据通道在“双通道”状态下正常运行；两台远动通信服务器至上级调度全部业务通道均在正常运行状态	
6	工作前，检查作业人员调试计算机及移动存储介质是否专用，调试计算机未接入外网	
7	提醒主站封锁数据、置牌、确认通道等	
8	检修工作开始前，确认主备机设备的通道、数据、所承载的业务系统均正常；检修工作结束前，确认所检修设备所承载的业务系统运行正常后，方可进行冗余设备的检修工作，并核对两台设备参数的一致性	
9	检修工作完成后，与相关调控机构核对业务正常	
10	工作完成后，再次备份远动通信服务器：①远动通信服务器；②应用程序、数据通道配置文件、信息点表、数据库文件等	
11	向相应调度自动化主站申请竣工，并录音	

工作前交底签字确认		工作后验收签字确认	
厂家人员		厂家人员	
工作负责人		工作负责人	

附表 H.7 **交换机检修二次安全措施票**

变电站		工作票号		自动化检修申请单号	
工作负责人		工作时间		签发人	
工作内容：1. 接入交换机更换 2. 接入交换机升级 3. 接入交换机修改配置或消缺					
检修工作安全风险分析					
对主站系统	造成主站业务中断				
对站内自动化系统	退出过程站内单通道运行				
网络安全风险	违规外联，笔记本连外网上运行设备，厂家笔记本或U盘病毒感染系统				
序号	安全措施内容				确认结果
1	向所有参与工作人员进行安全交底				
2	对作业人员（厂家）进行身份鉴别和授权，签订保密协议和保密承诺书				
3	向相应调度自动化主站申请开工，并录音				
4	提醒主站置牌、确认业务已转移				
5	工作前，应备份工作调度数据网网省调接入网实时、非实时交换机对上业务IP地址、划分的业务子网				
6	工作前，与电力监控主站核对“双通道”正常运行；确认网省调接入网实时、非实时交换机各通信端口业务均在运行状态，申请退出工作交换机				
7	工作前，检查作业人员调试计算机及移动存储介质是否专用，调试计算机未接入外网				
8	工作完成后修改登录口令并记录，及时退出登录状态，恢复采取的安全措施				
9	工作完成后，再次备份调度数据网省调接入网实时、非实时交换机对上业务IP地址、划分的业务子网				
10	与主站确认其所承载所有业务均已运行正常				
11	向相应调度自动化主站申请竣工，并录音				
⋮					
工作前交底签字确认			工作后验收签字确认		
厂家人员			厂家人员		
工作负责人			工作负责人		

附表 H.8　　电压互感器改造标准化作业指导卡

电压互感器改造标准化作业指导卡		
序号	内容	执行
1	正母停电，电压互感器停役后检查核对拆搭接表	
2	对于TV并列端子排上电压出线到各屏柜的，在各保护屏后将全部630连片打开贴住	
3	对于TV并列端子排上电压出线上小母线的，在小母线连接处解掉包住以后将新屏过来的短电缆放到位包起来	
4	拆除电压并列屏电压进线、电压出线、重动节点接线（允许并列节点在停母联时拆除并挪到新屏，N600拆除时防止其他等级或副母电压互感器失去接地，若不好辨认可以暂时不拆）	
5	更换电缆或将各保护屏电压老电缆拉至新电压并列屏弯到位包起来	
6	拆除母线测控屏正母TV相关遥控、信号	
7	做好环路电源安措，拆除并更换正母电压互感器端子箱	
8	将新屏进线接入进线端子，在TV接线盒处进行二次通压，在新并列屏出线端子处测试重动、并列功能并认相	
9	退掉电压取消并列后将新屏出线接入出线端子，在TV接线盒处进行二次通压，在各间隔及小母线连接点认相	
10	若更换母线测控则在新母线测控处接入正母TV相关遥信遥控	
11	由运行测试遥信遥控以及相关闭锁功能	
12	从新TV并列屏跨接一路出线到老TV并列屏，提供并列功能以及为老后台提供电压（由运行提出需求）	
13	从新TV并列屏跨接一路N600到老TV并列屏正母电压进线端子（原该TV的N600处），提供接地点	
14	检查正母TV电压回路一点接地情况	
15	各间隔连接点连片恢复，母线连接点搭接	
16	运行验收完成后送电核相	
17	副母停电，电压互感器停役后检查核对拆搭接表	
18	对于TV并列端子排上电压出线到各屏柜的，在各保护屏后将全部640连片打开贴住	
19	对于TV并列端子排上电压出线上小母线的，在小母线连接处解掉包住以后将新屏过来的短电缆放到位包起来	
20	拆除电压并列屏电压进线、电压出线、重动节点接线（允许并列节点在停母联时拆除并挪到新屏，N600拆除时防止其他等级失去接地，若不好辨认可以暂时不拆）	
21	更换电缆或将各保护屏电压老电缆拉至新电压并列屏弯到位包起来	
22	拆除母线测控屏副母TV相关遥控、信号	

续表

序号	内容	执行
23	做好环路电源安措，拆除并更换正母电压互感器端子箱	
24	将新屏进线接入进线端子，在TV接线盒处进行二次通压，在新并列屏出线端子处测试重动功能并认相	
25	退掉电压取消并列后将新屏出线接入出线端子，在TV接线盒处进行二次通压，在各间隔及小母线连接点认相	
26	若更换母线测控则在新母线测控处接入副母TV相关遥信遥控	
27	由运行测试遥信遥控以及相关闭锁功能	
28	拆掉新TV并列到老TV并列的跨接电压（若老后台需要电压则新增一路副母的跨接电压，由运行提出需求）	
29	从新TV并列屏跨接一路N600到老TV并列屏副母电压进线端子（原该TV的N600处），提供接地点	
30	检查副母TV电压回路一点接地情况	
31	各间隔连接点连片恢复，母线连接点搭接	
32	运行验收完成后送电核相	
33	总的电压回路一点接地点在所有电压等级改造完成以后老屏退役时进行转移	

参 考 文 献

[1] 国家电力调度通信中心．国家电网公司继电保护培训教材．上册［M］．北京：中国电力出版社，2009.

[2] 国家电力调度通信中心．国家电网公司继电保护培训教材．下册［M］．北京：中国电力出版社，2009.

[3] 国家电力调度控制中心．智能变电站继电保护技术问答（第二版）［M］．北京：中国电力出版社，2018.

[4] 国家电网公司发布．国家电网公司电力安全工作规程．变电部分［M］．北京：中国电力出版社，2009.

[5] 陈庆．智能变电站二次设备运维检修知识［M］．北京：中国电力出版社，2018.

[6] 陈庆．智能变电站二次设备运维检修实务［M］．北京：中国电力出版社，2018.

[7] 国家电力调度通信中心．电力系统继电保护实用技术问答［M］．北京：中国电力出版社，2000.

[8] 国家电网公司人力资源部．二次回路［M］．北京：中国电力出版社，2010.

[9] 国家电网有限公司．国家电网有限公司十八项电网重大反事故措施（2018年修订版）培训教材与讲座［M］．北京：中国电力出版社，2019.